高等学校教材·计算机教学丛书

北京高等教育精品教材建设项目立项

数字鉴别与认证

蔡永泉 主编

周艺华

姜 楠 编写

杨宇光

北京航空航天大学出版社

BEIHANG UNIVERSITY PRESS

内 容 简 介

数字鉴别与认证涉及理论与应用两方面的内容。第一篇以密码学为基础的数字鉴别与认证；第二篇以人的生理特性为特征的鉴别与认证；第三篇以量子密码学为基础的鉴别与认证。读者通过本书学习，不仅能掌握基本理论与方法，还能学到实际应用技巧。本书可以作为高校计算机专业及相关专业，高年级本科生和研究生的教材，也可以作为网络安全工程技术人员的参考书。

图书在版编目(CIP)数据

数字鉴别与认证 / 蔡永泉主编. --北京：北京航空航天大学出版社，2011.7

ISBN 978-7-5124-0262-1

Ⅰ. ①数… Ⅱ. ①蔡… Ⅲ. ①电子计算机—密码技术 Ⅳ. ①TP309.7

中国版本图书馆 CIP 数据核字(2011)第 222324 号

数字鉴别与认证

蔡永泉 主编

责任编辑 文幼章

*

北京航空航天大学出版社出版发行

北京市海淀区学院路 37 号(邮编 100191) http://www.buaapress.com.cn

发行部电话：(010)82317024 传真：(010)82328026

读者信箱：bhpress@263.net 邮购电话：(010)82316936

涿州市新华印刷有限公司印装 各地书店经销

*

开本：787×1 092 1/16 印张：16.25 字数：416 千字

2011 年 7 月第 1 版 2011 年 7 月第 1 次印刷 印数：3 000 册

ISBN 978-7-5124-0262-1 定价：30.00 元

若本书有倒页、脱页、缺页等印装质量问题，请与本社发行部联系调换。联系电话：(010)82317024

总　前　言

随着科学技术、文化、教育、经济和社会的发展，计算机教学进入了我国历史上最火热的年代，欣欣向荣。就计算机专业而言，全国开办计算机本科专业的院校在2004年之初有505所，到2006年已经发展到771所。另外，在全国高校中的非计算机专业，包括理工农医以及文科（文史哲法教、经管、文艺）等专业，按各自专业的培养目标都融入了计算机课程的教学。过去出版界出版了一大批计算机教学方面的各类教材，满足了一定时期的需求，但是还不能完全适应计算机教学深化改革的要求。

面对《国家科学技术中长期发展纲要（2006年—2020年）》制订的信息技术发展目标，计算机教学也要随之进行改革，以便提高培养质量。教学要改革，教材建设必须跟上。面对各层次、各类型的学校和各类型的专业都要开设计算机课程，就应有多样化的教材，以适应各专业教学的需要。北京航空航天大学出版社是以出版高等教育教材为主的，愿对计算机教学的教材建设做出贡献。

为计算机类教材的出版，北京航空航天大学出版社成立了“高等学校教材·计算机教学丛书”编审委员会。出版计算机教材，得到了北京航空航天大学计算机学院的大力支持。该院有三位教育部高等学校计算机科学与技术教学指导委员会（下称教指委）的成员参加编审委员会的工作。其他成员是北京航空航天大学、北京交通大学等6所院校和中科院计算技术研究所对计算机教育有研究的教指委成员、专家、学者和出版社的领导。

我们组织编写、出版计算机课程教材，以大多数高校实际状况为基点，使其在现有基础上能提高一步，追求符合大多数高校本科教学适用为目标。按照教指委制订的计算机科学与技术本科专业规范和计算机基础课教学基本要求的精神，我们组织身居教学第一线，具有教学实践经验的教师进行编写。在出书品种和内容上，面对两个方面的教学：一是计算机专业本科教学，包括计算机导论、计算机专业技术基础课、计算机专业课等；二是非计算机专业的计算机基础课程的本科教学，包括理工农医类、文史哲法教类、经管类、艺术类等的计算机课程。

教材的编写注重以下几点。

1. 基础性。具有基础知识和基本理论，以使学生在专业发展上具有潜力，便于适应社会的需求。

2. 先进性。融入计算机科学与技术发展的新成果；瞄准计算机科学与技术发展的新方向，内容应具有前瞻性。这样，以使学生扩展视野，以便与科技、社会发展的脉络同步。

3. 实用性。一是适应教学的需求；二是理论与实践相结合，以使学生掌握实用技术。

编写、出版的教材能否适应教学改革的需求，只有师生在教与学的实践中做出评价，我们期望得到师生的批评和指正。

“高等学校教材·计算机教学丛书”
编审委员会

“高等学校教材·计算机教学丛书”
编审委员会成员

前 言

随着计算机网络的广泛应用，人们对网络的依赖性越来越大；因此如何在开放的互联网络中构建安全的应用环境就成为信息安全领域亟待解决的迫切问题。

数字鉴别与认证涉及理论与应用两方面的内容。本书始终把握理论与实践紧密结合，使读者通过本书的学习不但能够掌握到基本的理论与方法，还能学习到实际的应用技巧。本书分为三篇，共 10 章。第一篇以密码学为基础的数字鉴别与论证；第二篇以人生理特性为特征的鉴别与论证；第 3 篇以量子密码学为基础的鉴别与论证。

第 1 章绪论。介绍网络信息安全的基本知识、对网络攻击的主要形式、信息安全提供的服务及数字鉴别与认证的功能和用途。

第 2 章经典密码基础。介绍对称和非对称加密算法和密钥管理的有关内容。其中包括 DES 加密算法、IDEA 加密算法、RSA 加密算法、离散对数加密算法、ECC 加密算法、密钥的协商与分发等。

第 3 章报文鉴别的基本原理及方法。首先介绍报文鉴别的基本原理及方法，然后介绍基于加密算法的报文鉴别、基于报文鉴别码的报文鉴别、基于散列函数的报文鉴别。

第 4 章数字签名。首先介绍数字签名的基本原理及方法；然后介绍常规的数字签名算法，包括基于 RSA 的签名、基于离散对数的签名、基于椭圆曲线的签名等；最后介绍与应用密切相关的非常规签名技术，包括盲签名、代理签名、群签名、多重签名、不可否认签名、失败-终止签名等。

第 5 章身份认证。首先介绍身份认证的目标与基础；接着介绍身份认证协议中的信息新鲜性保证技术、基于口令的身份认证、相互认证、单向认证、群组认证、零知识证明技术、认证令牌技术、生物认证技术及身份认证协议中的典型攻击；最后介绍基于对称密钥的 Kerberos、基于公钥证书的认证框架和基于身份的认证框架。

第 6 章多媒体认证。首先介绍多媒体认证的概念及分类，接着详细阐述多媒体认证中的主动式图像认证与被动式图像认证技术。

第 7 章生物识别技术。首先介绍生物识别技术的特征、过程及系统设计方法；接着详细阐述常用的生物识别中的指纹识别技术、静脉识别技术、面像识别技术、虹膜识别技术、视网膜识别技术等；最后对生物识别技术存在的问题进行分析。

第 8 章量子密码基础。首先介绍了量子力学五大公设；然后介绍量子力学的基本原理，诸如量子 Heisenberg 测不准原理、量子不可克隆定理和非正交量子态不可区分定理等；最后介绍量子的信息特性，如量子位、量子门、量子隐形传态等。

第 9 章量子身份认证。首先介绍共享信息型量子身份认证和共享纠缠态型量子身份认证；然后介绍量子身份认证协议设计的基本要求和未来发展方向。

第 10 章量子数字签名。首先介绍了量子数字签名设计中涉及的几个概念，如量子一次一密、量子单向函数以及量子 Swap Test 等；接着介绍几种典型的量子数字签名方案，包括基于量子单向函数的量子数字签名方案、基于对称密码的针对量子态的量子数字签名和量子门限签名等；最后介绍量子数字签名设计的基本要求和未来发展方向。

本书由蔡永泉主编。

第1、第2、第3、第4、第5章由周艺华编写；第6章、第7章由姜南编写；第8、第9、第10章由杨宇光编写。本书三篇相互独立，读者可根据需求任选某一篇。

本书是作者在多次给计算机专业和信息安全专业的高年级本科生和研究生讲课过程中形成的，可以作为高等院校计算机专业及其相关专业的高年级本科生和研究生教材和参考书，也可作为从事计算机网络安全工程技术人员的参考书籍。本书是北京高等教育精品教育建设项目，也得到了北京工业大学重点课程（群）优秀教学团队建设项目、国家自然科学基金、教育部博士点专项科研基金和北京市自然科学基金的资助。

在编写过程中不可避免出现这样或那样的错误，敬请读者指正。

作者 2010年10月

目 录

第 1 章
绪　论

1.1　概　述

随着网络技术的飞速发展、信息系统商业化应用的进一步加快以及密码学研究的重大进展,各种新兴的网络应用层出不穷,电子商务、电子政务、网络金融、网络媒体、网络对抗迅速兴起,应用领域逐步扩大,涉及政府、军事、文教、商业、金融等各个领域。尤其是随着全球 Internet 的发展,人们能以最快的速度、最便利的方式以及最低廉的价格获得最新的信息,从某种意义上来讲,人们真正有了“千里眼”和“顺风耳”。人们可以自由地阅读世界新闻,毫无约束的同远在国外的朋友聊天,实时地了解股票行情等。

正如任何事物总有它的两面性一样,Internet 在给人们带来了开放、自由、便利的同时,也打开了“潘多拉之盒”。遍布全球的黑客,利用网络和系统的漏洞,肆意攻击各种业务应用系统和网站,造成巨大的经济损失,搅得全球不安。机密信息在网络上被泄漏、篡改和假冒,计算机病毒和垃圾邮件肆意传播,不良信息传播给青少年的成长带来负面影响,计算机犯罪呈上升趋势。Financial Times 做过的统计表明,平均 20 s 就有一个网络遭到入侵,网络安全事件时有发生。例如,1979 年,美国少年米尼克成功打入“北美防空指挥中心电脑系统”,偷看了美国瞄准前苏联所有核弹头的绝密数据资料;1990 年,在海湾战争中,美军首次把网络攻击手段应用于实战。早在战前,美军就在伊拉克进口的一批计算机散件中预置了带病毒的芯片。战争开始不久,伊拉克的整个防空指挥控制网络即遭受病毒感染,组织指挥陷入混乱,几乎丧失了防空作战能力。短短 42 天,伊拉克伤亡 10 多万人,而美军只损失 126 人;1995 年,俄罗斯黑客用笔记本电脑成功地从纽约花旗银行非法转移资金 370 万美元;1999 年,南联盟及俄罗斯计算机高手成功地侵入美国白宫网站,使该网站无法工作。如何在享受计算机网络给人们带来便利的同时,满足信息安全的需要,成为计算机网络亟待解决的迫切问题,如信息加密技术、数字鉴别(identification)与认证(authentication)技术、防火墙技术、病毒检测技术、入侵检测技术、漏洞扫描技术、量子计算技术应运而生。数字鉴别与认证是信息安全领域的研究热点,涉及数字鉴别与认证两个方面: 数字鉴别又称为报文鉴别,在多媒体数字鉴别领域中又称为多媒体认证,指的是对数据完整性的鉴别;数字认证又称为身份认证或身份鉴别,指的是对用户身份真实性的核实或鉴别。随着计算机计算速度提高、功能增强和算法复杂度的加大,特别是量子并行算法的提出,基于数学复杂性的经典密码体制的安全性受到严峻挑战,因此人们将数字鉴别与认证的研究扩展到量子密码领域,利用量子力学的基本原理和量子效应可实现通信信息的完整性认证以及通信方身份真实性的认证。只有通过有效的数字鉴别与认证,才能核实用户身份的真实性、数据的完整性,有效地防止发送方对数据的抵赖。抵御网络犯罪分子的入侵,电子商务、网上银行、电子政务等业务才能有效地展开。因而,近年来与数字鉴别及认证相关的技术,如数字签名技术、PKI 技术、IBE 技术、交互式零知识证明技术、生物认证技术以及量子签名与认证技术等得到了深入的研究和发展。

1.2 网络信息安全的根源

产生网络信息安全问题的根源可以从以下几个方面分析:网络自身的缺陷、网络的开放性、技术发展和人为的因素。

1.2.1 网络自身的安全缺陷

网络自身的安全缺陷主要是指协议的不安全。导致协议不安全的主要原因:Internet 从建立开始就缺乏安全的总体构想和设计;Internet 起源的初衷是方便学术交流和信息流通,并非商业目的;Internet 所使用的 TCP/IP 协议是在假定的可信环境下,为网络互联专门设计的,本身缺乏安全措施的考虑。具体表现在 TCP/IP 协议的各层中。

① 互联层:在 IP 层 TCP/IP 只根据 IP 地址进行数据包的寻址,没有安全认证和保密机制。

② 传输层:TCP 连接是建立在"三次握手"的基础上的,也没有认证和保密机制,能被欺骗、截取、操纵。

如图 1.1 所示,设发起方 A 和被发起方 B 进行通信,主机 A 的 TCP 向主机 B 的 TCP 发出连接请求报文段。其首部的同步比特 SYN 应置 1,同时选择一个序号 X,表明在后面传送数据时的第一个数据字节的序号是 X。

主机 B 的 TCP 收到连接请求报文段后,如同意,则发回确认。在确认报文段中应将 SYN 置为 1,确认序号应为 $X+1$,同时也为自己选择一个序号 Y。主机 A 的 TCP 收到此报文后,还要向 B 给出确认,其确认序号为 $Y+1$。这个过程就叫做三次握手。通过这样一个简单的过程,发起方 A 与接收方 B 之间就建立起了一个有效的连接。

在这个连接过程中,如果发起方 A 发送的连接信息不是被合法的用户 B 收到,而是被一个非法的用户 C 收到,发起方就会和一个非法的用户 C 建立连接。这样就造成了一个非法的连接过程,使信息发往一个非法的用户。这是由于在开始建立 TCP/IP 协议时只考虑建立有效连接问题,而没有考虑安全问题造成的。造成上述安全隐患在当时的安全条件下是不能预料到的。另外,UDP 也容易受到 IP 源路由攻击和拒绝服务攻击的影响。

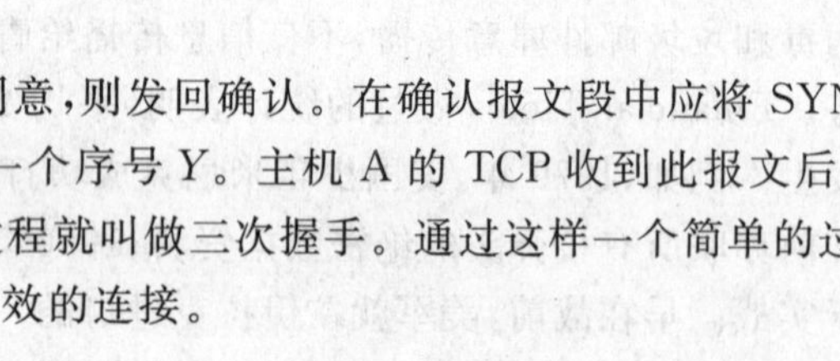

图 1.1 TCP 连接的三次握手

应用层:应用层在认证、访问控制、完整性、保密性等很多安全问题上都存在安全隐患。如 finger:在 TCP/IP 协议中,finger 只需要一个 IP 地址便可以提供许多关于主机的信息。谁在登录、登录时间、登录地址等,这对于一个训练有数的黑客来讲 finger 命令就可以成为进入主机的一把利刃。如匿名 FTP,虽然是一个合法的账号,但它不应具有创建文件和目录的权限;否则,黑客完全可以在一个具有写权限的目录内设置一个"特洛依木马"。再如远程登录在网络上运行 telnet，rlogin 等远程登录命令，可以跨越网络传输口令；而 TCP/IP 对所有传输的信息又不加密，所以黑客只要在所攻击的目标主机的 IP 包所经过的一条嗅探器程序，就可以截获目标命令。

1.2.2 网络的开放性因素

网络的开放性使得计算机网络的触角伸向了地球的各个角落，渗透到每个领域。它正在对人们的生活和工作方式产生前所未有的影响，日渐成为人们生活中不可缺少的组成部分。

网络的开放性主要表现为：业务基于公开的协议；连接是基于主机上的社团彼此信任的原则；远程访问使得各种攻击无须到现场就能得手。

1.2.3 技术发展因素

随着计算机网络的飞速发展，各种新技术层出不穷，比如分布式计算、网格计算、云计算、量子计算等，大大提高了网络的计算能力。原来被认为是安全的密码算法在多年之后就会变得不再安全。比如，1994 年 Bellcore 公司的阿杰恩、伦斯特拉等人，通过 Internet 使用 1 600 台计算机，历时 8 个月成功破译了 RSA 最初发表时使用的密钥。

量子信息科学的研究和发展导致了量子计算机、量子通信和量子密码的出现。而量子计算机最直接的应用领域之一就是密码破译。一旦量子计算机成为现实，目前使用的公钥密码将被攻破，现有基于经典密码学的数字鉴别与认证方案的安全性将大打折扣，因此各种抗量子密码技术及量子签名与认证技术在近几年得到了广泛的关注和研究，并取得了较快的发展。原则上，以数学为基础的密码体制终究会被攻破，而基于物理规律的密码体制是不可能被攻破的。量子密码学作为密码学和量子力学结合的产物。它以量子力学为基础，利用系统所具有的量子性质，使得“一次一密”密码真正能应用于实际，且成本低廉。量子密码学的安全性是由“海森堡测不准原理”或“量子相干性”及“单量子不可克隆定理”来保证的，这一点不同于以往的以数学为基础的密码体制。量子密码学具有可证明的安全性，而且还具有其他密码体制所没有的特性：对窃听者存在的可检测性。这些特性使得量子密码学具有以往密码体制所没有的优势，因而受到密码学界和物理学界的高度重视。

无论是经典密码体制自身的缺陷，还是量子计算机带来的潜在威胁，两者都迫使人们必须设计出不受攻击者计算能力影响的、具有无条件安全性的密码体制，因此各种抗量子计算攻击能力的密码技术及量子签名与认证技术在近几年得到了广泛的关注和研究，并取得了较快的发展。随着光通信的不断发展，量子密码通过光纤传输将成为现实，量子密码学有可能成为光通信网络中信息安全的有力工具。而且在将来，要对付拥有量子计算能力的密码破译者，量子密码学将可能是唯一的选择。

1.2.4 人为因素

人是信息活动的主体，是引起网络信息安全问题的最主要的因素。主要包括以下三方面的内容。

1. 人为的无意失误

人为的无意失误主要是指用户安全配置不当造成的安全漏洞，包括用户安全意识不强、用户的口令设置不当，用户将自己的账号信息与别人共享、用户在使用软件时未按要求进行正确的设置。

2. 黑客攻击

这是人为的恶意攻击，是网络信息安全的最大威胁。黑客一词来源于20世纪60年代的美国麻省理工学院，大意是电脑系统非法入侵者。这是一类闯入计算机网络系统盗取信息、故意破坏他人财产、使服务中断或仅仅为了显示他们可以做什么的人。黑客们对电脑非常着迷，自认为比他人有更高的才能，因此，只要他们愿意，就闯入某些信息禁区，开玩笑或恶作剧，有时干出违法的事。他们常以此作为一种智力上的挑战，好玩、刺激可能是他们最初的动机。但当有利可图时，很多人往往抵制不住诱惑而走上犯罪的道路。

信息战也是开展黑客攻击的一个非常重要的理由。为了减少投入、共享信息、增加迂回路由，军网与民网逐步走向融合，但有极少数核心部分完全独立以外。如美国有95%的军用网络与民用网络相连，由此推动了黑客和网络安全防护的较量，不但敌对双方为了成功进入对方的军事系统培养了大批黑客，也由此引起了许多业余黑客研究网路攻击的兴趣。

在英文中，黑客有两个概念：Hacker 和 Cracker。Hacker 是这样一类人，他们对钱财和权利蔑视，而对网络本身非常专注。他们在网上进行探测性的行动，帮助人们找到网络的漏洞，可以说他们是这个领域的绅士。但是，Cracker 不一样，他们要么为了满足自己的私欲，要么受雇于一些商业机构，具有攻击性和破坏性。从简单的修改网页到窃取机密数据，甚至破坏整个网络系统。因其危害性较大，Cracker 已称为网络安全真正的、主要的防范对象。

3. 管理不善

安全需求通常不能单靠密码算法和协议来满足，还需要某些程序的制定和法律的遵守才能达到期望的效果。例如，信件的隐私是通过一个被认可的邮件服务发送封装的信封来提供的。信封的物理安全是有限的，因此，还需要制定法律以规定未授权打开信封的行为是违法的。对网络信息系统的严格管理是避免受到攻击的重要措施。据统计，美国90%以上的IT企业对黑客攻击准备不足，75%～85%的网站都抵挡不住黑客的攻击。总之，管理的缺陷也可能使系统内部人员泄漏机密，为一些不法分子的利用制造可乘之机。

1.3 网络安全服务与机制

1.3.1 安全服务

安全服务就是加强数据处理系统和信息传输的安全性的一类服务。其目的在于利用一种或多种安全机制阻止安全攻击。对网络信息系统而言，通常需要以下几个方面的安全服务。

1. 机密性(confidentially)

机密性是指信息不泄露给非授权的用户、实体或过程，或不供其利用的特性。它确保在一个计算机系统中的信息和被传输的信息仅能被授权的各方得到。机密性可保护数据免受被动攻击。

① 防止对信息内容的析出。机密性能够确定不同层次的保护，如广义保护可以防止一段时间内两个用户之间传输的所有用户数据被泄漏；狭义保护可以保护单一信息中某个特定字段的内容。

② 防止对于通信量分析。机密性要求一个攻击不能在通信设备上观察到通信量的源端

和目的端、通信频率、通信长度或其他特征。

2. 完整性(integrity)

完整性是数据未经授权不能进行改变的特性,即信息在存储或传输过程中不被修改、不被插入或删除的特性。它保证收到的数据确实是授权实体所发出的数据。

完整性服务旨在防止以某种违反安全策略的方式改变数据的价值和存在的威胁。改变数据的价值是指对数据进行修改和重新排序;而改变数据的存在则意味着新增、删除或替代它。与机密性一样,完整性能够应用于一个信息流、单个信息或一个信息中的所选字段。

面向连接的完整性服务用于处理单个无连接信息,通常只保护信息免受篡改。

对完整性的破坏通常只关注检测而不关注防止,一旦检测到完整性破坏就报告并采取适当的恢复措施。

3. 鉴别(identification)与认证(authentication)

鉴别与认证用于确保一个信息的来源或信息本身被正确地标识,同时确保该标识没有被伪造。在本书中鉴别服务是指对信息内容完整性的甄别,又称为报文鉴别。认证是指对于通信双方而言,确保在连接发起时两个实体是可信的,即每个实体的确是他们宣称的那个实体。认证服务还必须确保该连接不被干扰,使得第三方不能假冒这两个合法方中的任何一方来达到未授权传输或接收的目的。

4. 不可否认性(non-reputiation)

不可否认性是防止发送方或接收方抵赖所传输的信息,要求无论发送方还是接收方都不能抵赖所进行的传输。因此,当发送一个信息时,接收方能证实该信息的确是由所宣称的发送方发来的(源不可否认性)。当接收方收到一个信息时,发送方能够证实该信息的确送到了指定的接收方(宿不可否认性)。

5. 访问控制(access control)

在网络环境中,访问控制是限制或控制通信链路对主机系统和应用程序等系统资源进行访问的能力。防止对任何资源(如计算资源、通信资源或信息资源)进行未授权的访问,即未经授权地使用、泄漏、修改、销毁及颁发指令等。访问控制直接支持机密性、完整性以及合法使用等安全目标。对信息源的访问可以由目标系统控制。控制的实现方式是鉴别或认证。

访问控制是实施授权的一种方法。通常有两种方法用来组织非授权用户访问目标。①访问请求过滤:当一个发起者试图访问一个目标时,需要检查发起者是否被准予访问目标(由控制策略决定)。②隔离:从物理上防止非授权用户有机会访问到敏感的目标。

6. 可用性(availability)

可用性是可被授权实体访问并按需求使用的特性,也就是说,要求网络信息系统的有用资源在需要时可为授权各方使用,保证合法用户对信息和资源的使用不会被不正当地拒绝。例如,网络环境下拒绝服务、破坏网络和有关系统的正常运行等都是对可用性的攻击。网络服务的目标之一就是防止各种攻击对系统可用性的损害。

1.3.2 安全机制

安全机制可分为两类:一类与安全服务有关,是用来实现安全服务的;另一类与管理功能有关,用于加强对安全系统的管理。

1. 与安全服务有关的安全机制

(1) 加密机制

加密机制可用来加密存放着的数据或数据流中的信息。它既可以单独使用,也可以同其他机制结合起来使用。加密算法可分为对称密钥(单密钥)加密算法和非对称密钥(公开密钥)加密算法。

(2) 数字签名机制

数字签名由两个过程组成:对信息进行签字过程和对已签字的信息进行证实的过程。前者使用私有密钥;后者使用公开密钥,用来验证已有签字是否与签字者的私有密钥相关。数字签名机制必须保证签字只能使用签字者的私有密钥。

(3) 访问控制机制

访问控制机制根据实体的身份及其有关信息来决定该实体的访问权限。访问控制实体常基于以下的某一或几个措施:访问控制信息库、证实信息(如口令)、安全标签等。

(4) 数据完整性机制

在通信中,发送方根据发送的信息产生一额外的信息(如校验码),将额外信息加密以后,随信息本体一同发送出去,接收方接收到本信息后,产生额外信息并与接收到的额外信息进行比较,以判断在信息传输过程中信息本体是否被篡改过。

(5) 认证交换机制

用来实现同级之间的认证,可以使用认证的信息,如由发方提供一口令,收方进行验证,也可以利用实体所具有的特征,如指纹、视网膜等来实现。

(6) 路由控制机制

为了使用安全的子网、中继站和链路,既可预先安排网络的路由,也可对其动态地进行选择。安全策略可以禁止带有某些安全标签的信息通过某些子网、中继站和链路。

(7) 防止业务流分析机制

通过填充冗余的业务流来防止攻击者进行业务流分析。填充过的信息要加保密保护才能有效。

(8) 公证机制

公证机制是第三方(公证方)参与数字签名的机制,是基于通信双方对第三方的绝对信任。让公证方具备相应的数字签名、加密或完整性机制等。当实体间互通信息时,由公证方利用所提供的上述机制进行公证。有的公证机制可以在实体连接期间进行实时认证,有的则在连接后进行非实时认证。公证机制既可防止收方伪造签字,或否认收到的信息,又可戳穿发送方对所签发信息的抵赖。

2. 与管理有关的安全机制

(1) 安全标签机制

可以让信息中的资源带上安全标签,以标明其在安全方面的敏感程度或保护级别。可以是显露式或隐藏式的,但都应以安全的方式与相关的对象结合在一起。

(2) 安全审核机制

审核的任务是指探测出和查明与安全有关的事件。要进行审核,必须具备与安全有关的信息记录设备,以便对这些信息进行分析和报告。安全审核机制指的是与安全有关的信息记录设备,分析和报告功能则属于安全管理功能。

(3) 安全恢复机制

安全恢复机制是在破坏发生后采取的各种恢复动作，使其恢复到具有一定模式的正常安全状态。恢复活动有三种：立即的、临时的和长期的。

1.4　网络安全攻击的形式和分类

1.4.1　网络安全攻击的主要形式

网络安全存在着各种形式的潜在威胁。从不同的角度看：有人为的和非人为的、恶意的和非恶意的、内部攻击和外部攻击、主动攻击和被动攻击等。其主要表现形式为：搭线窃听、冒充合法用户、破坏数据完整性、重放攻击、干扰系统正常运行等。

1. 中断(interruption)

又称为拒绝服务(DOS：Denial of Service)，是指防止或禁止通信设施的正常使用或管理，这是对可用性的攻击，如图 1.2(2)所示。这种攻击通常有两种形式：一种是攻击者删除通过某一连接的所有协议数据单元，从而抑制所有的信息指向某个特殊的目的地；另一种是使整个网络崩溃，可能采取的手段是使网络不能工作，或者滥发信息使之过载，以达到降低性能的目的。如硬件的毁坏、一条通信线路的切断、某文件管理系统的失效等。

2. 截取(interception)

即未获得授权，通过对传输进行窃听和监测，从而获取了对某个资源的访问，这是对机密性的攻击，如图 1.2(3)所示。主要分为两种情况：

① 析出信息内容：当人们通过网络进行通信或传输文件时，如果不采取任何保密措施，攻击者就有可能在网路中搭线窃听，以获取他们通信的内容，如电话交谈、电子邮件信息和传送的文件可能包括敏感或机密信息。我们希望阻止攻击者从这些传输中得知相关内容。

② 通信量分析：假定用某种方法(如加密)屏蔽了信息内容，这使得即使攻击者获取了该信息，也无法从信息中提取有用信息。但即使已用加密进行保护，攻击者也许还能观察这些信息的结构模式，即他还能够测定通信主机的位置和标识，能够观察被交换信息的频率和长度。这些信息对猜测正在发生的通信的性质或许是有用的。如通过通信量分析检测到一个用户给另外五个用户发送了一条信息，而这五个用户又给另外多个用户转发了同一条信息，这在军方可能意味着一条军事指挥链的发现。如在战争期间，军方也可以通过电子邮件联系记录逮捕已经抓获人员的同党。军方各部门之间的频繁通信可能意味着可能重大事件的发生等。另外，在实际应用中，公司的合作伙伴之间、电子邮件用户之间可能不希望别人知道自己在跟谁通信、电子现金的支付者可能不想让别人了解自己正在销售什么、Web 浏览器用户也可能不愿让别人知道自己正在浏览哪一个网站等。

3. 篡改(modification)

即更改报文流。它是对通过连接的协议数据单元 PDU 的真实性、完整性和有序性的攻击，意味着一个合法信息的某些部分被改变或信息被延迟或改变顺序，以产生一个未授权的效果，如图 1.2(4)所示。

- 对真实性的攻击可以是更改 PDU 中的协议控制信息：这样就使 PDU 被发送到错误的目的地。

● 对完整性的攻击可以是更改 PDU 的数据部分。如一条信息为“允许张三读机密文件”被篡改为“允许李四读机密文件”。

● 对有序性的攻击则可用删除 PDU 或更改 PDU 中协议控制部分的序号来实现。

4. 伪造(fabrication)

伪造是指一个非法实体假装成一个合法的实体,这是对真实性的攻击,如图 1.2(5)所示。伪造通常与其他主动攻击形式结合在一起才具有攻击性效果。如攻击者重放以前别的合法连接初始化序列的记录,从而获得自己本身没有的某些特权。

5. 重放(replay)

如图 1.2(6)所示,重放涉及一个数据单元被获取以后的后继重传,以产生一个未授权的效果。在这种攻击中,攻击者记录下某次通信会话,然后在某个时刻,重放整个会话或其中的一部分。如一个合法用户刚从银行提取了 2 000 元钱,该记录被截获,攻击者再次向银行提交相同的取款指令。重放还有一种情况在电子商务交易中出现的可能性较大,就是系统的合法用户向一个商家提交了自己的电子货币以后,再次将这些已使用的电子货币向另一个商家提供,即货币的重用问题。

国际标准化组织对具体的攻击定义如下:

● 伪装(pseudonym):某个具有合法身份的攻击者成功地假扮另一实体,随后滥用这个实体的权利。攻击者可以是用户,也可以是程序。

● 非法连接(illegal association):攻击者以非法的手段形成合法的身份,使得网络资源之间建立非法的连接。攻击者可以是用户,也可以是程序,被威胁的对象是各种网络资源。

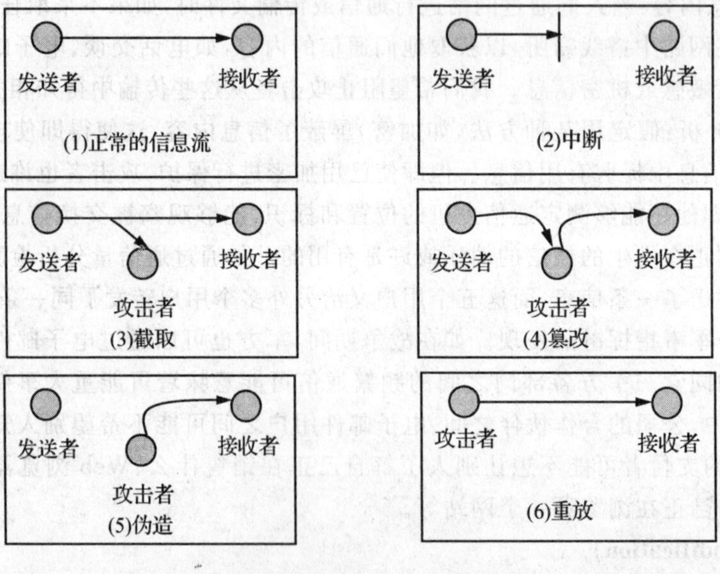

图 1.2 网络安全攻击的主要形式

● 非授权访问(no-authorized access):攻击者成功地破坏了访问控制服务(如修改了访问控制文件的内容),实现了越权访问。攻击者可以是用户,也可以是程序,被威胁的对象则是网络各种资源。

● 重放(replay):攻击者通过截获信息,然后根据需要,将截获的信息再次重放。攻击者主要是用户,被威胁的对象是用户。

- 拒绝服务(denial of service):它是指阻止合法的网络用户或其他执行其合法的权限者,如妨碍执行服务或信息传递。攻击者可以是用户,也可以是程序。
- 抵赖(repudiation):主要是指使网络用户虚假地否认递交过信息或接收到信息。攻击者可以是用户,也可以是程序。被威胁的对象是用户。
- 信息泄漏(leakage of information):是指未经授权的实体(用户或程序)获取了传递中或存放的信息,造成了失密。攻击者可以是用户,也可以是程序,受威胁对象是通信系统中的信息或数据库中的数据。
- 业务流分析(traffic analysis):是指攻击者观察通信协议中的控制信息,或对传送中的信息的长度、频率、源或目的地进行分析。攻击者可以是程序,也可以是用户,受威胁的对象是通信系统中的信息。
- 改变信息流(invalid message sequencing):是指通过对正确的通信信息序列进行非法修改、删除、重排序或重复。攻击者可以是用户,也可以是程序,被威胁的对象是通信系统中的信息。
- 篡改或破坏数据(data modification or destruction):它是针对传送的信息或存放的数据进行有意的非法修改或删除。攻击者可以是用户,也可以是程序,被威胁的对象是通信系统中的信息或数据库中数据。
- 推断或演绎信息(deduction of information):由于统计信息数据含有原始的信息踪迹,非法用户利用公布的统计数据,推导出某个信息源是从何处来的值。攻击者可以是用户,也可以是程序。被威胁的对象是数据库中的数据或通信系统中的信息流。
- 非法篡改(illegal modification of programs):这种威胁具有三种形式:病毒、特洛尹木马和蠕虫。他们通信软件或应用程序破坏操作系统。威胁可以是程序,也可以是用户,威胁的对象是程序。

1.4.2 网络安全攻击形式的分类

根据网络安全攻击的作用形式,可以将安全攻击分为两大类,如图1.3所示。

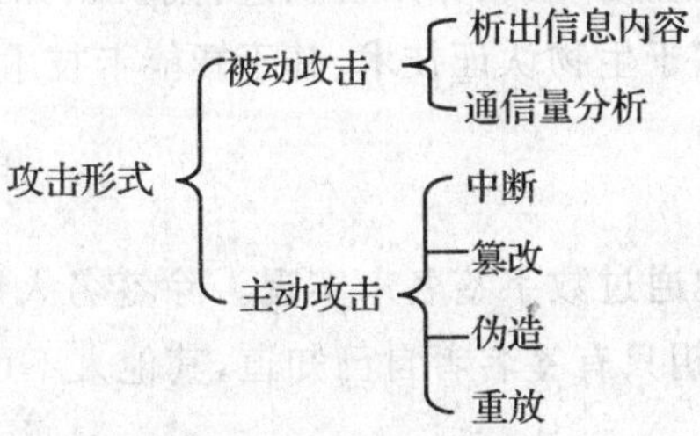

图1.3 攻击形式的分类

1. 被动攻击

在被动攻击中,攻击者只是观察通过一个连接的协议数据单元PDU,以便了解所交换的数据,并不干扰信息流。如搭线窃听、对文件或程序的非法复制等,以获取他人的信息。被动攻击本质上是在传输中的偷听或监视,其目的是从传输中获得信息,被动攻击只威胁数据的机密性。典型的被动攻击形式就是截取,包括析出信息内容和通信量分析。

对于被动攻击，通常是难以检测的，因为它们并不会导致数据有任何变化，对付被动攻击的重点是防止而不是检测，可以采用各种数据加密技术进行数据保护。

2. 主动攻击

主动攻击是指攻击者对连接中的PDU进行各种处理。这些攻击涉及某些数据流的更改或一个虚假流的产生。如有选择地更改、删除、增加、延迟、重放，甚至还可将合成的或伪造的PDU送入到一个连接中去。主动攻击的目的是试图改变系统资源或影响系统的正常工作。它威胁数据的完整性、真实性和机密性等。主动攻击包括四类：中断、篡改、伪造和重放。

主动攻击表现出与被动攻击相反的特点。完全防止主动攻击是相当困难的，对于主动攻击，可采取适当措施（如加密技术和鉴别/认证技术相结合）加以检测，并从主动攻击引起的任何破坏或时延中予以恢复。同时，这种检测也具有一定的威慑作用。

1.5 数字鉴别与认证的功能及应用

1.5.1 数字鉴别与认证的功能

归纳起来，数字鉴别与认证可以解决伪造、篡改、冒充、抵赖等问题。

1. 完整性

原始文件（或其摘要）与报文鉴别码或数字签名一起发送给接收者，接收者可通过计算摘要和报文鉴别码（使用共享的对称密钥）或数字签名（使用公钥验证签名）来判断该文件是否有效，从而保证了数据的完整性；在多媒体研究领域中，主要是通过数字水印或其他信号处理技术来鉴别数据的完整性。在量子密码研究领域中，主要是基于诸如量子纠错码以及"海森堡测不准原理"或"量子相干性"及"单量子不可克隆定理"等量子力学的基本原理来鉴别传输的经典信息的完整性。

2. 身份认证

身份认证是数字鉴别与认证的核心功能，可采用多种技术实现。如基于数字签名技术，发送方用自己的私钥对信息进行签名，接收方用公钥进行验证，如果验证有效，就可以鉴别发送方的身份。其余的技术比如基于生物认证技术、基于智能卡技术、基于量子签名技术等都可以实现身份的认证。

3. 防伪造

防伪造功能可以很容易地通过数字签名来实现。除签名人以外，任何其他人不可能伪造信息的签名，因为签名者的私钥只有签名者自己知道，其他人不可能构造出正确的签名数据。

4. 防抵赖

防抵赖功能也可以通过数字签名来实现。数字签名可以作为身份认证的依据，也可以作为签名者签名操作的证据，因而可以防止签名者的抵赖。对需要防止接收方抵赖的应用中，可以要求接收方返回一个用自己的私钥签名的收条作为响应防止抵赖行为的产生。

5. 防重放攻击

在数字鉴别与认证协议中，可以通过挑战-响应协议、时间戳或序列号机制等检测重放攻击的产生。

1.5.2　数字鉴别与认证的应用

数字鉴别与认证是实现信息安全服务的核心技术之一。它在密钥分配、电子银行、电子证券、电子商务、电子政务等领域具有重要的应用价值。

1. 核试验条约的验证

在 1979 年 G. J. Simmon 的文章中曾讨论到：可以用数字鉴别机制验证美国与苏联两国的禁止核试验条约的执行情况。双方允许把若干地震测试仪放入对方国家，地震测试仪把采集到的数据传回本国分析，以验证对方是否进行了核试验。问题是双方互不信任，所以必须保证接收到的数据的真实性，也就是对接收到的数据进行鉴别。具体来讲就是：收到的数据不是对方篡改后的，收到的数据也不是对方凭空伪造的。要解决上述问题，就需要借用数字鉴别与认证机制中的数字签名技术，因为经过数字签名的数据不可篡改，不可伪造，这样就达到了验证数据真实性和不可否认性的目的。

2. 在线银行业务的提供

如果银行想为客户提供安全的在线银行服务，必须在客户与银行之间建立双向的信任关系，即相互验证对方的身份。银行可以为其 Web 服务器购买一张证书，并且打开服务器的 SSL。这样客户就可以通过 Web 服务器的证书验证 Web 服务器的身份；而 Web 服务器也可以通过 SSL 加密 Web 浏览器到 Web 服务器之间的会话。对于客户端的认证，却没有必要使用证书机制，因为这样的话，会带来不必要的证书分发、验证、撤销等管理负担。客户端的认证可以通过为每个客户发放认证令牌或智能卡的方式实现。当客户通过安全服务器 SSL 会话连接到安全 Web 服务器时，它们必须同时具有账号、账号密码、认证令牌/智能卡及相应的 PIN 码方能认证成功，并享受在线银行服务。在欧洲，已经有很多银行客户使用这种方案。这样，证书与认证令牌/智能卡实现了完美的结合，通过证书，可以对 Web 服务器进行强有力的认证以及提供强加密通信；通过认证令牌或智能卡，可以对客户进行强身份认证。

3. 安全电子邮件的收发

随着网络的发展，电子邮件已经成为人们联系沟通的重要手段。电子邮件的安全问题也越来越多地得到了使用者的重视，邮件的接收者也迫切需要验证发送者的身份以抵御来自非法用户的攻击或网路病毒的传播。在端到端的安全电子邮件传输中，应该保证邮件从被发出到被接收的整个过程中，传输的内容具有保密性、完整性和不可否认性。常用的技术有 PGP 和 S/MIME。它们都是基于数字签名机制实现的。区别是 PGP 不使用证书机制，而 S/MIME 使用证书机制。

4. 安全电子交易 SET

安全电子交易 SET 是 VISA 和 MasterCard 两大信用卡公司和多家科技公司于 1997 年制定的一个在 Internet 上进行的在线交易的安全标准。SET 提供了消费者、商家和银行间的认证，确保了交易数据的安全、完整可靠和交易的不可否认，特别是保证了消费者的隐私。SET 已经成为目前最流行通用的安全电子商务标准。它的核心技术主要有公开密钥加密、数字签名、数字证书、数字信封等。SET 协议中的数字鉴别机制采用的技术之一就是双重数字签名技术。双重签名的特性就是把发给两个不同通信实体的两个不同信息联系在一起，两个通信实体都可以验证该双重签名，例如在典型的 B2C 电子商务中，有顾客、商家、支付网关（银行）等角色。顾客选定所需商品后向商家发出订购信息，并向银行发出支付信息。

5. 数字版权保护

随着数字多媒体的广泛使用，多媒体数据真实性的鉴别变得越来越重要。多媒体数据的真实性鉴别可以通过数字水印技术将一些标识信息（如机构 Logo、产品序列号等）直接嵌入数字载体当中，且不影响原载体的使用价值，也不容易被探知和再次修改。通过这些隐藏在载体中的信息，可以实现版权保护、完整性认证、数字指纹、广播监测、复制控制等目的。

6. 可信计算

随着计算机技术的发展，信息安全面临的挑战越来越多，仅靠"脚痛治脚"的安全措施难以从根源上杜绝威胁信息安全的因素。可信计算通过在 PC 机硬件平台上引入安全芯片（Trusted Platform Module, TPM），设置一个信任的起始点，即信任根，然后通过信任链的方式逐级验证每个运行级别的可信性，只有在低级别节点认证到高一级的节点是可信的条件下，低级节点才会把计算平台的运行控制权转交给高一级节点。这样，就把信任根的可信性扩展到了平台的其他部分，直到操作系统安全启动，最终达到终端可信以至网络可信的目标。

7. 量子认证的潜在应用

不论是经典密码体制自身的缺陷，还是量子计算带来的潜在威胁，两者都迫使人们必须设计出抗量子计算攻击的密码体制，因此抗量子计算攻击能力的量子密码技术及量子签名与认证技术在近几年得到了广泛的关注和研究，并取得了较快的发展。比如人们设计出了基于相位调制的量子身份认证系统、基于偏振调制的量子身份认证系统等。利用现有的光纤信道，构建一个可实现连续变量量子通信的量子 PON 网络，并将在此基础上进行扩展，构建量子 VPN 网络以及相关应用系统。日本一个研究小组近日利用商业光纤线路，成功完成了"Y－00"方式量子密码传输的验证实验。随着光通信的不断发展，量子密码通过光纤传输将成为现实，量子密码学有可能成为光通信网络中信息安全的有力工具。

总而言之，数字鉴别与认证的应用前景非常广阔，可以说哪里有安全的网络应用，哪里就有数字的鉴别与认证的存在。

习 题

1. 网络信息安全问题的根源来源于哪些方面的因素？
2. 网络安全攻击的形式主要有哪些？可以分为哪两大类？
3. 安全服务包括哪几部分？
4. 与安全服务有关的机制包括哪些？
5. 数字鉴别与认证有什么区别？
6. 数字鉴别与认证可以完成哪些方面的功能？

第一篇

基于经典密码的数字鉴别与认证

随着计算机网络、电子商务及电子政务技术的快速发展，信息安全问题像幽灵一样如影随形而至，许多商业活动、电子交易以及政府服务越来越多地受到各种类型的攻击。其中最主要的原因是在通信过程中缺乏数字鉴别与认证。数字鉴别与认证可以通过经典密码的技术实现。

第一篇包括四章内容，介绍经典密码学的基本理论与技术以及基于经典密码学的报文完整性鉴别、数字签名及经典身份认证技术。第 2 章介绍信息加密技术及密钥管理的有关知识，包括对称密码算法、非对称密码算法、密钥的协商与分发等。这部分是数字鉴别与认证的基础，只有具备安全高效的密码算法及相应的密钥管理策略，才能实现安全的数字鉴别与认证协议。第 3 章介绍报文鉴别的有关理论与技术，包括基于加密算法的报文鉴别、基于报文鉴别码的报文鉴别及基于散列函数的报文鉴别。这部分是经典数字鉴别的核心内容，可以基于这些基本的数字鉴别算法设计相应的应用系统，如用于计算机终端，可以设计开发出可信台式机、可信笔记本电脑及可信服务器等；用于存储设备，可以设计开发出可信硬盘、可信移动存储设备等。第 4 章介绍数字签名的有关理论与技术，包括基本的数字签名技术，如基于 RSA、离散对数、椭圆曲线的数字签名技术；基于身份的数字签名技术，盲签名、代理签名、群签名、多重签名算法等；基于不同的签名算法，可以设计出不同的身份认证协议。第 5 章介绍身份认证的有关理论与技术，包括身份认证的目标、基础、信息新鲜性保证技术；基本的身份认证协议、身份认证协议的典型攻击及几种典型的身份认证框架。这一章是身份认证的核心内容，既包含身份认证的基础知识，又包含典型的身份认证协议及可能受到的典型攻击。最后总结出了几种身份认证体系结构，是需要重点掌握的内容。

第 2 章 经典密码基础

2.1 概 述

密码学是数学的一个分支，是以研究秘密通信为目的的学科。它的主要研究内容是对传输信息采用某种秘密的变换，以防止攻击者对截取的信息进行还原。密码学分为两个相互对立的分支：密码编码学和密码分析学。密码编码学的主要目的是寻求保证信息保密性或可认证性的方法；密码分析学的主要目的是研究加密信息的破译或伪造。两者相互对立，又相互促进。

2.1.1 基本术语

明文：加密输入的原始信息，即信息的原始形式，通常用 m 或 p 表示。所有可能明文的有限集称为明文空间，通常用 M 或 P 表示。

密文：明文经加密变换后的结果，即信息被加密处理后的形式，通常用 c 表示。所有可能密文的有限集称为密文空间，通常用 C 标示。

密钥：参与密码变换的参数，通常用 k 表示。一切可能密钥构成的有限集称为密钥空间，通常用 K 表示。

加密算法：将明文变换为密文的变换函数，相应的变换过程称为加密，即编码的过程，通常用 E 表示。

解密算法：将密文恢复为明文的变换函数，相应的变换过程称为解密，即解码的过程，通常用 D 表示。

它们之间的关系，可通过下式表示。

$$c = E_{k_1}(m)$$

$$m = D_{k_2}(c)$$

2.1.2 保密通信系统

在信息传输与处理系统中，除了有授权的接收者外，还有非授权者和攻击者。这些攻击者通过各种方法窃取保密信息，通过分析可能从截获的密文中推断出明文或解密密钥，这就是被动攻击。攻击者或非法入侵者还可以主动向系统窜扰，采用删除、添加、伪造、重放等主动攻击手段向系统注入虚假信息，以达到自己的目的。

保密通信系统可用图 2.1 表示。它由以下几部分组成：明文信息 M，密文信息 C，加密密钥 K_1 和解密密钥 K_2。在对称密码体制下，$K_1 = K_2 = K$，此时密钥 K 需通过安全信道由发送方传给接收方。

以及加密变换 E 和解密变换 D

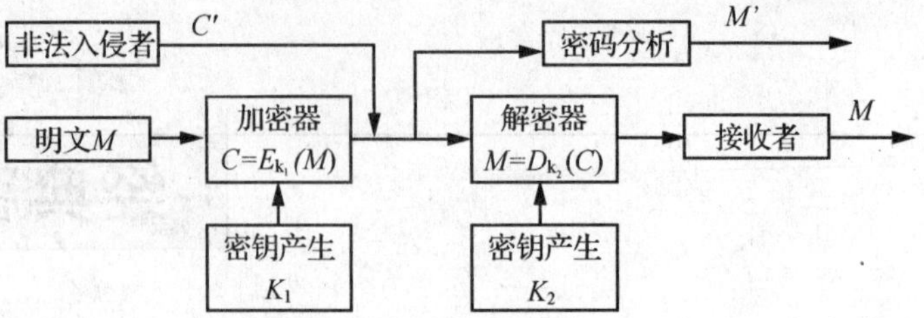

图 2.1　保密通信系统模型

$$D_{k_2}(E_{k_1}(m)) = m$$

为了防止信息被删除、添加、伪造和重放等,一种有效的方法就是使发送的信息具有被验证的能力,使接收者能够识别和确认信息的真伪,具有这类功能的密码通信系统称为认证系统。信息的真实性与信息的保密性不同,信息的保密性是使截获者在不知道密钥的条件下不能解读密文的内容,而信息的真实性是使任何不知道密钥的人不能构造出一个密文,而使议定的接收者解密成一个可理解的合法信息。

2.1.3　密码体制分类

根据密码体制所使用的密钥,可以将其分为两类:对称密码体制与非对称密码体制。

对称密码体制又称为单钥密码体制。在对称密码体制下,加密和解密使用的密钥是相同的,密钥不能公开,因而又称为私有密钥密码体制。对称密码体制的安全性依赖于以下两个因素:第一,加密算法必须是足够强的,仅基于密文本身去解密信息在计算上是不可能的;第二,加密算法的安全性根本上是依赖密钥的秘密性,而不仅是算法的秘密性。因此,即使算法的秘密性暴露,但由于保证了密钥的秘密性,加密的使命依然可以得到保证。这就是现代密码界可以公开密码算法而仍被广泛使用的科学依据。

非对称密钥体制又称为双钥密码体制,或公钥密码体制。它使用的加密密钥(又称为公钥)和解密密钥(又称为私钥)是不同的,且加密密钥是公开的,通过加密密钥 PK 计算解密密钥 SK 是很困难的。因此,在非对称密钥体制中的密钥的分配和管理就很简单。

1. 对称密码体制的优缺点

优点:

- 加密、解密处理速度快,具有很高的数据吞吐率,硬件加密实现可达到几百兆字节每秒,软件也可以达到兆字节每秒的吞吐率。密钥相对较短。

缺点:

- 密钥是保密通信安全的关键,发送方必须安全、妥善地把密钥护送到接收方,不能泄露其内容。如何才能把密钥安全地护送到接收方,是对称密码算法的突出问题。对称密码算法的密钥分发过程十分复杂,所花代价高。
- 多人通信时密钥组合的数量会出现爆炸性膨胀,使密钥分发更加复杂化,N 个人进行两两通信,总共需要的密钥数为 $C_N^2=N(N-1)/2$,而且良好的密码使用习惯要求每次会话都要更换密钥。
- 对称密码体制还存在数字签名困难问题。因为通信双方拥有相同的密钥,如果以密文做为签名,接收方可以伪造签名,而发送方也可以否认发送过某签名信息。

2. 非对称密码体制的优缺点

优点：

- 网络中的每一个用户只需要保存自己的私有密钥，则 N 个用户仅需产生 N 对密钥，密钥少，便于管理；而且一个私钥/公钥对可以在一段相当长的时间内保持不变。
- 密钥分配简单，不需要秘密的信道和复杂的协议来传送密钥。公开密钥可基于公开的渠道（如密钥分发中心）分发给其他用户，而私有密钥则由用户自己保管。
- 可以实现数字签名。

缺点：

- 与对称密码体制相比，加密、解密处理速度较慢，同等安全强度下非对称密码体制的密钥位数要求多一些。

非对称密码体制是 1976 年 W. diffie 和 M. E. Hellman 提出的一种新型密码体制。

最著名的非对称密码算法是 1977 年由 Rivest，Shamir 和 Aleman 三人提出的 RSA 密码算法。通常，在网络加密技术中，将单密钥密码体制和双密钥密码体制结合在一起使用。

2.2　古典密码算法

古典密码算法通过手工或机械操作将原有的信息码打乱，从而实现信息加密的目的。它是密码学的源泉，对于理解、构造和分析现代密码都是十分有益的。最常用的古典密码算法有替代密码和置换密码。

2.2.1　替代密码

其原理就是用一些符号代替明文的一些符号。

例如，abcdefghijklmnopqrstuvwxyz 用 defghijklmnopqrstuvwxyzabc 替代。

即用 d 代替 a，e 代替 b，…，c 代替 z。对明文 goodlife 加密时，便可得到密文 krrgomjh。

由于替代密码的简易性，这种密码算法已经被广泛应用于现代单钥加密算法数据加密标准（DES）和高级加密标准（AES）中。

2.2.2　置换密码

其原理是按照某一规则重新排列信息中的比特或字符的顺序，也称为换位密码。

例如，使用密钥 TYPE 对明文 can you understand 进行置换加密，可写成表 2.1 列举的形式。

注意到，以 26 个字母的顺序号，E 在 TYPE 中为 1，P 在 TYPE 中为 2，T 在 TYPE 中 3，Y 在 TYPE 中为 4。由于 1 对应的是 ynsd，2 对应的是 nurn，3 对应的是 codt，4 对应的是 auea，按照这样的顺序，得到的密文为 ynsdnurncodtauea。

表 2.1　置换密码加密举例

密　钥	T Y P E
顺　序	3 4 2 1
	c a n y
	o u u n
	d e r s
	t a n d

2.2.3 古典密码的安全性

考虑基于字符的替代密码，因为明文信息空间就是字母表，每个信息就是字母表中的每一个字符，加密就是逐字符地将每一明文字符替代为一个密文字符，替代取决于密钥。在加密一个长字符串时，如果密钥是固定的，那么在明文信息中同一个字符将被加密成密文信息中的一个固定的字符。

众所周知，自然语言中的字符有稳定的频度。自然语言中的字符频度分布知识为密码分析提供了线索。简单替代密码不能隐藏基于自然语言的信息，基于字符频度研究的密码分析技术能够轻而易举的攻破这类密码。虽然经过改进的多表密码和置换密码比简单的替代或置换密码更安全；但是，如果密钥短而信息很长，仍然不能有效地抵御各种密码分析技术的破译。于是，在古典密码研究的基础上，产生了安全性更高的现代密码算法 DES 和 AES 等。

2.3 对称密码算法

对称密码算法就是加密和解密用同一个密钥。本章阐述两个最著名的对称加密算法 DES 和 IDEA 的基本原理和实现方法。

2.3.1 数据加密标准 DES

20 世纪 70 年代初期，不仅政府机构，而且工业界、商业界，甚至个人，对计算机数据的保密性要求越来越迫切，因此，美国国家标准局于 1973 年 5 月发出通告，公开征求对计算机数据在传输和存储期间数据加密保护的加密算法。美国很多公司、研究机构和大学在数年里根据这个征求，实现了许多算法，并提交给美国国家标准局。1975 年，美国的 IBM 公司提出的算法被采纳，并向全国公开征求此算法作为美国联邦信息处理标准的意见。经过两年的热烈讨论，美国国家标准局于 1977 年正式采用了此算法作为美国联邦信息处理标准 FIPS - 46。当时规定每隔 5 年由美国国家安全局(NSA)做出评估，并重新批准它是否继续作为联邦加密标准。DES 的最后一次评估在 2001 年 1 月。2002 年 11 月，美国公布了旨在取代 DES 的 AES (高级加密标准)算法。尽管如此，作为迄今为止世界上最为广泛使用和流行的一种分组密码算法，DES 对于推动密码理论的发展和应用起到了重大作用，对于掌握分组密码的基本理论设计思想和实际应用仍然有着重要的参考价值。

DES 加密算法如图 2.2 所示。它是一个 16 轮的迭代型密码算法，使用 56bit 的密钥来加密 64 bit 的明文。其加密、解密算法一样，但加密、解密时所使用的子密钥的顺序刚好相反。

1. 加密过程

① 将一个 64 bit 明文分组 M 通过一个固定初始置换 IP 进行置换，得到 M_0。把这个过程记做 $M_0=IP(M)=L_0R_0$。这里 L_0 是 M 的前 32 bit，R_0 是 M 的后 32 bit。初始置换是将明文 M 中数据的排列顺序按一定的规则重新排列生成新的数据序列的过程。

② 在进行初始置换后，按照以下规则

$$L_i = R_{i-1}$$
$$R_i = L_{i-1} \oplus f(K_i, R_{i-1})$$

计算 L_i 和 R_i。

在上述规则中，$K_i(1\leqslant i\leqslant 16)$是密钥 K 的函数，长度均为 48 bit，称为子密钥。

③ 对比特串 $R_{16}L_{16}$ 应用初始置换 ip 的逆置换 ip^{-1}，获得密文 C。值得注意的是经最后一次迭代后，左边和右边未交换，而将 $R_{16}L_{16}$ 作为 IP^{-1} 的输入，目的是为了使算法可同时用于加密和解密。

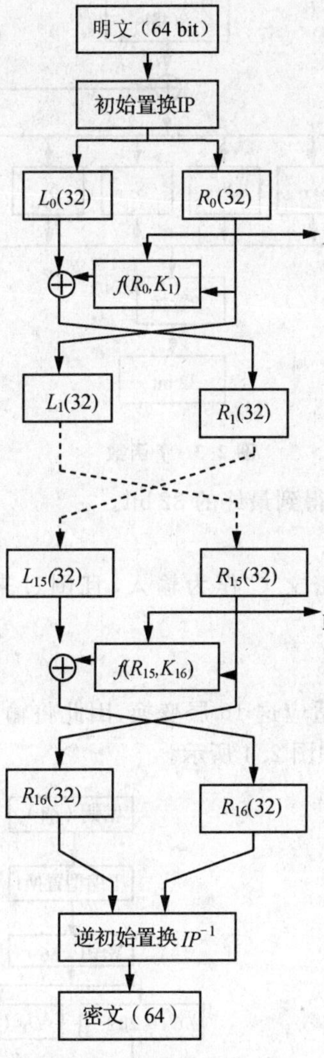

图 2.2 DES 加密算法

④ 加密算法中的 f 函数：在 16 层加密算法中，仅有该函数具有非线性，所以具有很强的保密性。该函数对数据的一半与密钥做运算，并将生成的结果异或到另一半中。实现方法如图 2.3 所示。

32 bit 的 R_i 用 $r_1,r_2,\cdots,r_{32}$ 表示从最低到最高位排列表示的每一位，则在图 2.3 中的扩展型 E 置换中对 $r_1,r_2,\cdots,r_{32}$ 按 $r_{32},r_1,r_2,r_3,r_4,r_5,r_4,r_5,r_6,r_7,r_8,r_9,r_8,r_9,r_{10},r_{11},r_{12},r_{13},\cdots,r_{28},r_{29},r_{30},r_{31},r_{32},r_1$ 进行扩展型置换，得到 48 bit 的 R_i。然后将这 48 bit 的 R_i 和 48 bit 的密钥 K 进行逻辑异或运算，并将其运算的结果分成 8 组（每组 6 位）分别输入到 $S_1,S_2,S_3,S_4,S_5,S_6,S_7,S_8$ 的每个 S_i 中去，从 S_i 表中取出对应的 32 bit 的数作为 P 置换的输入。P 置换将

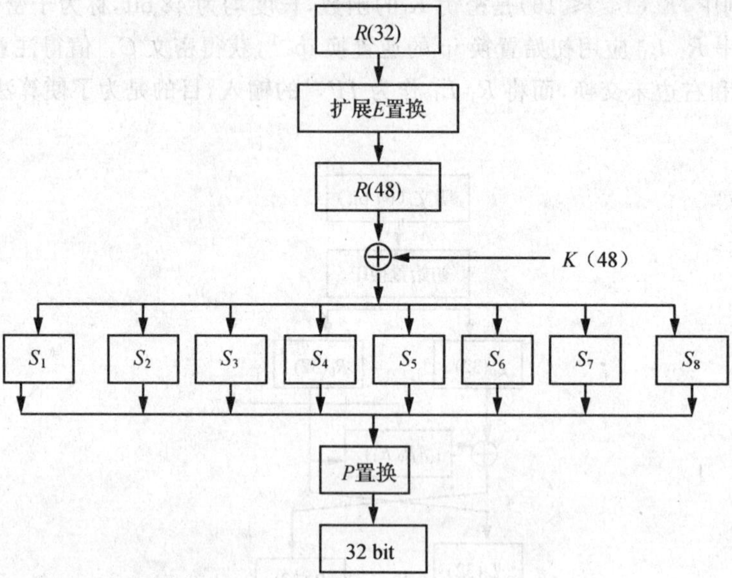

图 2.3　f 函数

32 bit 的输入通过一个固定的置换得到最终的 32 bit。

2. 解密过程

解密采用同一算法实现，把密文 C 作为输入，且倒过来使用密钥方案，即逆序 K_{16}，K_{15}，…，K_1 密钥方案，输出明文 M。

3. 子密钥的生成

加密变换需进行 16 层，为了适应这 16 层变换，因此将输入的 64 bit 密钥生成对应的 16 层变换所需的子密钥。整个变换如图 2.4 所示。

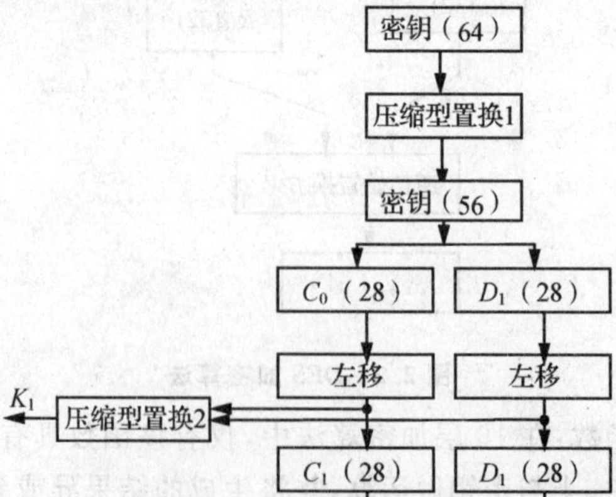

图 2.4　子密钥生成过程

在输入 64 bit 的密钥后，执行压缩型置换 1 操作。因为每层要输出 48 bit 的密钥，所以整个 16 层需要 16×48＝768 bit 的密钥。

在 64 bit 的密钥里，每 8 bit 就有一个奇偶校验位。它们的作用是用于密钥的设置、分配、存储等的校验，也就是在 64 bit 中的第 8，16…64 用作奇偶校验位，所以，实际的密钥长度为56 bit。

然后将这 56 bit 分为两部分，每部分为 28 bit。第一部分由前面 28 bit 构成，记为 C_0；第 2 部分由后面 28 bit 构成，记为 D_0。D_0 和 C_0 依次左移。左移的次数为：在 1，2，9，16 层分别为左移一次，其它各层分别左移两次。

经过左移后，最后再进行压缩型置换 2，形成 48 bit 的密钥输出。这 48 bit 密钥每层输出一次，共计输出 16 次。

DES 的保密性仅取决于对密钥的保密性，而算法是公开的。尽管人们在破译 DES 方面取得了许多进展，但至今仍未能找到无穷举搜索密钥更有效的方法。

4. DES 算法的安全性

在 DES 作为加密标准提出之后不久，学者门就开始争论 DES 的安全性。后来，人们越来越清楚，DES 具有一个严重的弱点：DES 的密钥长度较短。针对这个弱点的攻击包括穷举测试密钥，就是利用一个已知的明文和密文信息对，直到找到正确的密钥，这就是所谓的强力或穷举密钥搜索攻击。

早在 20 世纪 70 年代，就有人提出建造一台特殊目的的机器来实施已知明文攻击，实质就是用穷举法破译 DES 密码。1997 年 1 月 28 日，美国的 RSA 数据安全公司在 RSA 安全年会上公布了一项“秘密密钥挑战”竞赛，悬赏一万美金破译密钥长度为 56 bit 的 DES 算法。美国科罗拉多州的程序员 Verser 从 1997 年 3 月 13 日起，用了 96 天的时间，在 Internet 上数万名志愿者的协同工作下，于 6 月 17 日成功地找到了 DES 的密钥，获得了 RSA 公司颁发的一万美金的奖励。1998 年 7 月 22 日，电子前沿基金会(Electronic Frontier Foundtion)花费 25 万美金制造了一个电脑，在 56 小时内破译了 56 位的 DES。

迄今为止，S 盒的设计原理尚未完全公开，一些密码学家怀疑 S 盒里隐藏了“陷门”，使知道这个秘密的人可以很容易地进行密文解密。不过到目前为止，还没有证据能证明 DES 里确实存在陷门。

5. 三重 DES

三重 DES 是在 DES 基础上发展起来的加密算法，已成为商用标准。其核心是为了解决 DES 密钥过短的问题，使用两个密钥执行三次 DES 算法。加密方式是在两个密钥的控制下，实施加密－解密－加密的过程，整个过程如图 2.5 所示。解密过程如图 2.6 所示。

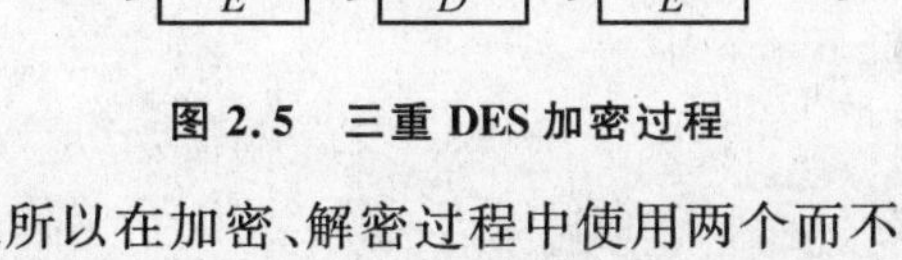

图 2.5　三重 DES 加密过程

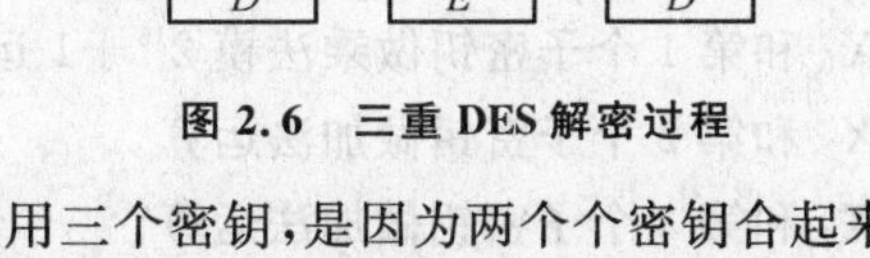

图 2.6　三重 DES 解密过程

之所以在加密、解密过程中使用两个而不使用三个密钥，是因为两个个密钥合起来长度就有 112 bit，这对商用已足够了。如使用总长为 168 bit 的三个密钥，则产生不必要的开销。

为什么在加密时采用 $E-D-E$，而不是 $E-E-E$？这是为了与现有的 DES 系统具有向后兼容性。其实无论是加密过程还是解密过程，都是在两个 64 bit 的数之间的一种映射。从密码的角度来看，这种映射的作用是一样的。但是，使用 E－D－E 的好处是当 $K_1=K_2$ 时，三重 DES 就和 DES 一样，这样有利于推广使用三重 DES。

2.3.2 IDEA 加密算法

IDEA（国际数据加密算法，International Data Encryption Algorithm）是由瑞士苏黎士联邦工业大学的 Xuejia Lai 和 James L. Massey 于 1991 年提出的。IDEA 使用 128 bit 密钥，整个算法和 DES 相似，也是将明文划分成一个个 64 bit 长的数据分组，然后经过 8 轮迭代和一次变换，得到 64 bit 的密文。

IDEA 加密算法如图 2.7 所示。64 bit 的数据分组分成四个子分组，每一个子分组为 16 bit。每一轮迭代过程如图 2.8 所示，X_1，X_2，X_3 和 X_4 作为第一次迭代的输入，每轮的迭代都是 4 个子分组相互间相异或、相加、相乘，且与 6 个 16 bit 子密钥相异或、相加、相乘。最后在输出变换中 4 个子分组与 4 个子密钥进行运算。

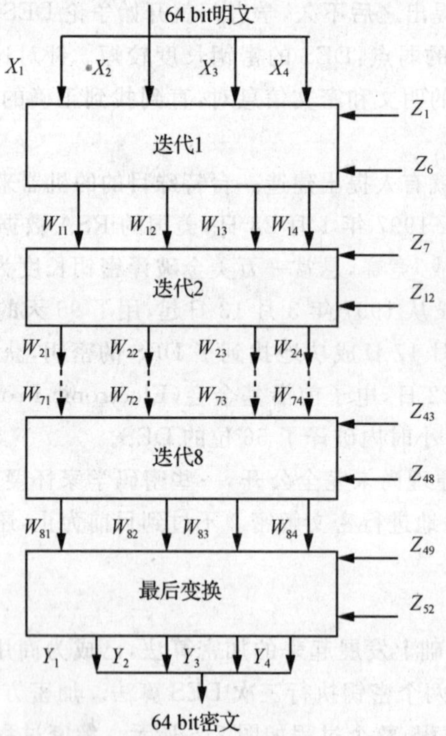

图 2.7 IDEA 采用的 8 次迭代算法

每一轮迭代算法如图 2.8 所示，执行的顺序如下：

① X_1 和第 1 个子密钥做乘法模 $2^{16}+1$ 运算。

② X_2 和第 2 个子密钥做加法运算。

③ X_3 和第 3 个子密钥做加法运算。

④ X_4 和第 4 个子密钥做乘法运算。

⑤ ①和③的结果做异或运算。

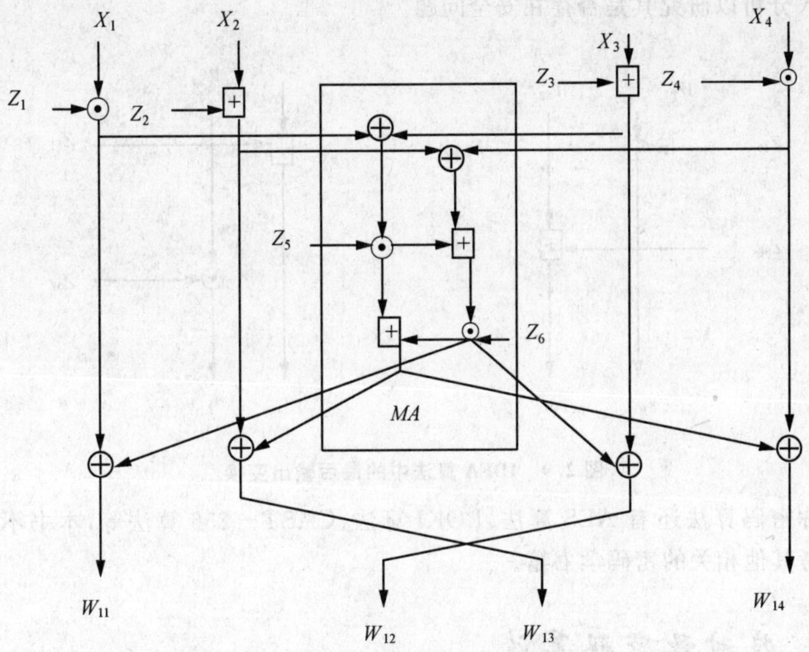

图 2.8　IDEA 算法的第一次迭代

⑥ ②和④的结果做异或运算。

⑦ ⑤的结果与第 5 个子密钥做乘法运算。

⑧ ⑥和⑦的结果做加法运算。

⑨ ⑧的结果与第 6 个子密钥做乘法运算。

⑩ ⑦和⑨的结果做加法运算。

⑪ ①和⑨的结果做异或运算。

⑫ ③和⑨的结果做异或运算。

⑬ ②和⑩的结果做异或运算。

⑭ ④和⑩的结果做异或运算。

每一轮的输出是第⑪,⑫,⑬,⑭步结果形成的 4 个子分组。将中间两个分组交换(最后一轮除外)后,即为下一轮的输入。

经过 8 轮运算后,有一个最终的输出变换,如图 2.9 所示。经过 8 轮迭代运算分别得到 W_{81},W_{82},W_{83}和 W_{84} 分别与 Z_{49},Z_{50},Z_{51}和 Z_{52} 运算得到 Y_1,Y_2,Y_3 和 Y_4。其算法如下:

$$Y_1 = Z_{49} \odot W_{81};Y_2 = Z_{50} + W_{82};Y_3 = Z_{51} + W_{83};Y_4 = Z_{52} \odot W_{84}$$

最后,将这四步运算的结果连到一起就是所要产生的密文。

IDEA 的密钥长度是 128 bit,比 DES 长两倍多,假定穷举法攻击有效的话,那么为获取密钥需要 2^{128} 次加密运算,即使设计一种每秒可以试验 10 亿个密钥的专用芯片,并将这 10 亿片这样的芯片来并行处理,仍需 10^{13} 年才能解决问题。另外,设计者已尽力使这个算法抗差分密码分析的攻击,Xuejia Lai 已证明 IDEA 算法在其 8 轮迭代的第 4 轮之后便不受差分密码分析的影响了。目前,密码学界尚未发现 IDEA 算法存在明显的缺陷。但是,之所以 IDEA 算法没有取代 DES 算法,一方面是因为 IDEA 算法存在专利问题,另一方面是人们一直在对 IDEA

算法进行深入分析以研究其是否存在安全问题。

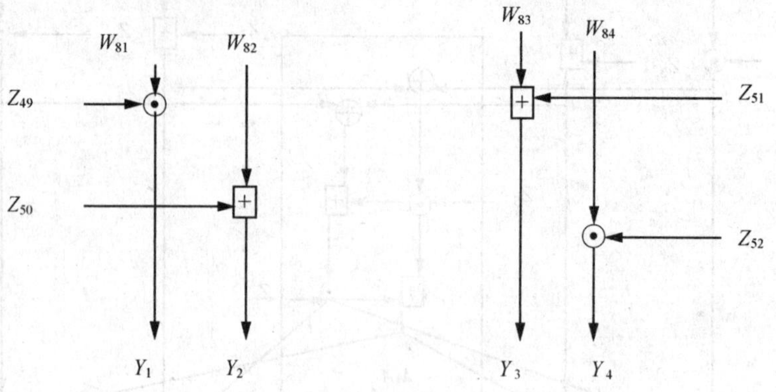

图 2.9　IDEA 算法中的最后输出变换

其他对称密码算法还有 AES 算法、LOKI 算法、CAST－256 算法等，本书不一一详述。读者可以参考其他相关的密码学书籍。

2.4　非对称密码算法

对称密码体制的一个严重的缺陷是在任何密文传输之前，通信双方必须使用一个安全渠道协商加密密钥。在实际应用中，做到这一点是很困难的。另外，如何为数字化的信息或文件提供一种类似于书面文件手写签字的方法以及网络环境下复杂的密钥管理问题，都是对称密码体制难于解决的问题。1976 年，W. Diffie 和 M. E. Hellman 发表了《密码学新方向》一文，提出了非对称密码体制的观点，使密码学发生了一场变革，很好地解决了对称密码体制存在的缺陷。

在非对称密码体制中，最著名，同时也是应用最广的密码算法是 RSA 密码算法、离散对数密码算法和椭圆曲线密码算法。

2.4.1　概　述

非对称密码体制又称公钥密码体制。在非对称密码体制中，非对称密码算法采用了两个相关密钥，将加密与解密分开。其中一个密钥是公开的，称为公钥，用于加密，用 PK 表示；另一个是用户专有的，因而是保密的，称为私钥，用于解密，用 SK 表示。整个非对称密码系统如图 2.10 所示。

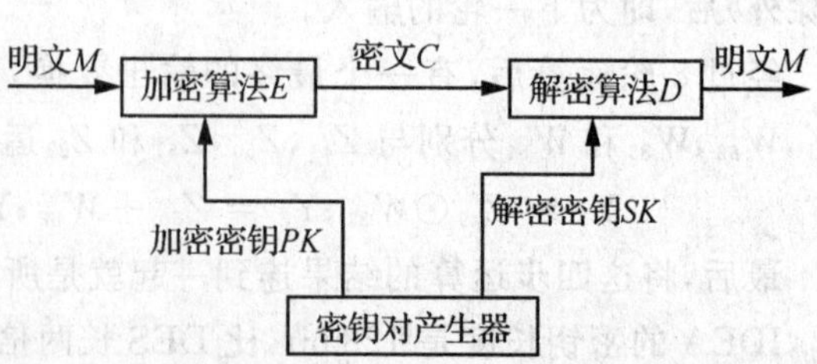

图 2.10　非对称密码体制

非对称密码体制具有如下特点：

① 设发送者用加密密钥 PK 对明文 M 加密后，接收者用解密密钥 SK 解密，即恢复明文。即满足：

$$D_{SK}(C) = D_{SK}(E_{PK}(M)) = M$$

② 加密和解密运算可以互换：

$$E_{PK}(D_{SK}(M)) = D_{SK}(E_{PK}(M)) = M$$

③ 在不同的变换中不能使用相同的密钥，即：

$$D_{PK}(E_{PK}(M)) \neq M$$

④ 在计算机上可以容易地产生成密钥对 PK 和 SK。

⑤ 从已知的 PK 实际上不可能推出 SK，即从 PK 到 SK 在计算上是不可行的。

⑥ 加密算法和解密算法都是公开的。

2.4.2 RSA 算法

RSA 公钥算法是由 Rivest，Shamir 和 Adleman 在 1978 年提出的，并以他们的名字的首字母命名该算法。RSA 算法的数学基础是初等数论中因子分解理论和欧拉定理，并建立在大整数因子分解的困难性之上。

RSA 算法的描述如下

1. 密钥对的产生

产生 RSA 密钥对的过程如下：

① 选择两个大素数 p 和 q。

② 计算：$n=pq$，$\varphi(n)=(p-1)(q-1)$。

③ 随机选择一整数 e，要求 e 和 $\varphi(n)$ 互素。

④ 找到一个整数 d，满足 $ed\equiv 1(\bmod \varphi(n))$

只要 e 和 n 满足以上条件，d 肯定是存在的。最后，e 和 n 便是 RSA 的公钥，d 是私钥，此时 p 和 q 不再需要，它们应该被舍弃掉，但不可泄露。

2. 加密、解密

对 m 做加密运算如下：

$$c = m^e (\bmod n)$$

得到的 c 即为密文，密文 c 为 m 的 e 次方除以 n 的余数。

对密文的解密运算如下：

$$m = c^d (\bmod n)$$

解密运算的结果是得到原来的明文 m，即明文 m 为 c 的 d 次方除以 n 的余数。

3. 算法证明

证明过程如下：

因为 $ed\equiv 1(\bmod \varphi(n))$，可将 ed 表示为：

$$ed = k \times \varphi(n) + 1$$

其中 k 为任意整数。

将 c 用 $m^e(\bmod n)$ 替换后，计算 $c^d(\bmod n)$：

$$c^d(\bmod n) = (m^e \bmod n)^d \bmod n = m^{ed} \bmod n = m^{k\varphi(n)+1} \bmod n$$

又由欧拉定理的推论 $m^{\varphi(n)+1}\equiv m(\bmod n)$，有：

$$m^{k\varphi(n)+1} \equiv m \bmod n$$

由于 m 小于 n，因此，

$$m \bmod n = m$$

即 $c^d(\bmod n)=m$,解密的结果是得到明文 m。

4. RSA 的安全性

RSA 的安全性是基于大整数因子分解的困难性。这一点可以用一些具体的数据来分析,一个 b 位二进制数 n 的因子分解大约需要的机器周期为 $\exp\{[\ln(n)\ln(\ln(n))]^{1/2}\}$。若机器周期为 1 μs,则 b 为不同数值时,分解 $n=2^b$ 所需时间如表 2.2 所列。

表 2.2　分解 $=2^b$ 所需时间(机器周期为 1 μs)

b/bit	100	200	300	500	750	1000
时间	30 秒	3 天	9 年	1 兆年	2×10^9 年	6×10^{15} 年

可见,b 的位数越大,分解越困难。尽管目前尚未从理论上证明大整数的因子分解是难解问题,但迄今还没有找到一个有效算法来分解大素数乘积,这是 RSA 的基础。如果 RSA 的模数 n 被成功分解为 p,q,则立即可算出 $\varphi(n)=(p-1)(q-1)$ 和 d,因此攻击成功。而且分解 n 也是攻击 RSA 最显然的方法。随着计算能力的不断提高和分解算法的进一步完善,原来认为不可能被分解的大整数可以被成功分解。

用于大整数因子分解的软件和硬件有很多,且耗费越来越小,速度越来越快,这为 RSA 算法的安全性造成了很大的威胁。512 bit 的 RSA 早已被证明是不安全的,而 1 024 bit RSA 的安全性在几年之前也有人提出了质疑。目前很多标准中都要求使用 2 048 bit 的 RSA。

2.4.3　离散对数(DL)算法

1984 年,E. l. Gamal 提出了基于离散对数问题的非对称密码体制,即可用于加密,又可用于签名。此后,人们相继提出了基于离散对数问题的多种非对称密码算法的变体。整个算法包括:参数的产生、加密算法和解密算法。

1. 参数的产生

令 Z_p 是一个有 p 个元素的有限域,p 是一个素数,令 g 是 Z_p^*(Z_p 中除去 0 元素)中的一个本原元或生成元。明文集为 Z_p^*,密文集 C 为 $Z_p^*\times Z_p^*$。

离散对数算法中的公钥通常用 y 表示,私钥用 x 表示。

随机选择 $x<p$ 作为私钥,计算公钥 $y=g^x \bmod p$。

2. 加密、解密

对 m 做加密运算如下:

选择随机数 $k\in Z_{p-1}$,且 $(k,p-1)=1$,计算:

$$c_1 = g^k \bmod p$$

$$c_2 = my^k \bmod p$$

密文由上述两部分 c_1 和 c_2 级联构成,即密文 $c=c_1\parallel c_2$

特点:密文由明文和所选随机数 k 来定,因而是非确定性加密,一般称为随机化加密,对同一明文由于不同时刻的随机数 k 不同而给出不同的密文。其代价是使数据扩展一倍。

接收方收到密文后,对密文的解密运算如下:

$$m = c_2/c_1^x = my^k/g^{kx} = mg^{xk}/g^{kx} \bmod p$$

2.4.4 椭圆曲线(ECC)密码算法

椭圆曲线密码(ECC,Elliptic Curve Cryptography)是基于椭圆曲线算数的一种非对称密码算法。椭圆曲线在密码学中的使用是在 1985 年由 Neal Koblitz 和 Victor Miller 分别独立提出的。椭圆曲线密码有一些突出的优点:密钥长度短,抗攻击性强,单位 bit 的安全性强度较高,比如 160 bit 的 ECC 与 1024 bit 的 RSA 有相同的安全强度;此外,ECC 的计算量小,处理速度快,比如在相同的安全强度下,用 160 bit 的 ECC 进行加、解密或数字签名要比用 1024 bit 的 RSA 快大约 10 倍。目前 ECC 算法已经成为一种非常流行的非对称密码算法。

1. 椭圆曲线的基本方程

在椭圆密码体制中通常考虑以下方程:

$$y^2 \equiv x^3 + ax + b(\bmod p)$$

其中 p 为素数域:

方程解的判别式为

$$\Delta - 16(4a^3 + 27b^2)\bmod p \neq 0$$

对于椭圆曲线已给两点 $P(x_1,y_1)$,$Q(x_2,y_2)$求第三点 $R(x_3,y_3)$可利用下式求得

$$x_3 = \lambda^2 - x_2 - x_1 \qquad y_3 = \lambda(x_1 - x_2) - y_1$$

$$\lambda \equiv \begin{cases} (x_2 - y_1)(x_2 - x_1)^{-1}(\bmod P) P \neq Q \\ (3x_1^2 + a)(2y_1)^{-1}(\bmod P) P \neq Q \end{cases}$$

2. 性质

对所有的 $P,Q \in E$,

① O 是加法的单位元,有 $O = -O$。

② 对椭圆曲线上的任何一点 P,有 $P+O=P=O+P$。

③ 如果 $P=(x_1,y_1)$,那么 $-P=(x_1,-y_1-ax_1-b)$。

④ 如果 $Q=-P$ 那么 $P+Q=O$。

⑤ 如果 $P\neq O,Q\neq O,Q\neq -P,Q\neq P$,设 R 是过点 P 和 Q 的直线与 E 的交点,那么

$$Q + P = -R$$

⑥ Q 的倍数定义如下,在点 Q 做 E 的切线并找出另一交点 S,定义 $Q+Q=2Q=-S$,结合⑤,类似地可定义 $3Q=Q+Q+Q,\cdots,nQ=Q+,\cdots,+Q$。

可以证明 E 关于上述定义的加法运算构成了一个交换群。

3. 椭圆曲线上的密码算法

椭圆曲线的离散对数问题:已知椭圆曲线 E 和点 G,随机选择一个整数 k,容易计算 $Q=k\times G$,但是给定 Q 和 G 计算 k 就相当困难。

椭圆曲线密码算法的依据就是利用定义在椭圆曲线点群上的离散对数问题的难解性。

要对明文信息 m 加密,首先必须把要发送的明文信息 m 编码形成为(x,y)的点 P_m,并对点 P_m 进行加密,然后对密文进行解密。注意,不能简单地将信息编码成点的 x 坐标或 y 坐标,因为并不是所有的坐标都在 $E_p(a,b)$中。

具体的加密、解密步骤如下:

首先,挑选一个大的整数 p 及椭圆曲线的参数 a 和 b。由此可以定义出点的椭圆群 $E_p(a,b)$。其次,在 $E_p(a,b)$中挑选基点 $G=(x_G,y_G)$,G 的阶为一个非常大的数 n。

用户 A 选择一个私钥 n_A，并产生 A 的公钥 $P_A = n_A \times G$。同理，用户 B 选择一个私钥 n_B，并产生 B 的公钥 $P_B = n_B \times G$。

若 A 要将信息 P_m 加密后发送给 B，则 A 随机选择一个正整数 k，并产生密文 C_m，该密文是一个点对：

$$C_m = \{kG, P_m + kP_B\}$$

注意，此处用户 A 使用了 B 的公钥 P_B。

若 B 要对密文解密，则需要用第 2 个点减去第 1 个点与 B 的私钥的乘积：

$$P_m + kP_B - n_B(kG) = P_m + k(n_B G) - n_B(kG) = P_m$$

从上面的加密过程可以发现，A 通过将 kP_B 与 P_m 相加来伪装信息 P_m，因为只有 A 知道 k，所以即使 P_B 是公钥，除了 A 之外，任何人均不能去伪装。攻击者想要恢复明文信息，就必须从 G 和 kG 求出 k，但这被认为是非常困难的。

4. ECC 的安全性

椭圆曲线密码的安全性，依赖于椭圆曲线上离散对数问题（ECDLP）的难解性。从目前的研究结果来看，椭圆曲线离散对数问题比有限域上的离散对数问题更难以处理。迄今还没有出现类似于解有限域上的离散对数问题的 index－calculs 类型的亚指数时间的算法来解一般椭圆曲线离散对数问题。这就意味着，可以在椭圆曲线密码体制中采用较小的数，以达到与使用更大的有限域同样的安全。

2.5　密钥管理

2.5.1　概　述

为了保证信息在计算机网络上传输的安全性，常将信息加密以后再传输。信息加密的安全性取决于两个重要的因素；算法的安全性；密钥使用和管理的安全性。通常算法是公开的，信息加密的安全性就取决于密钥使用和管理的安全性。

从理论上说，密钥也是数据，不过它是用来加密其它数据的数据。因此，在密码学的研究中，常将密钥数据与一般数据区分开来。其优点是：

(1)在加密方案中不用担心算法的安全性，只要保护好密钥就可以了，很显然，保护好密钥比保护好算法要容易得多。

(2)可以使用不同的密钥保护不同的秘密。当某一个密钥被破坏时，受威胁的只是这个被攻破密钥所保护的信息，其他秘密仍然是安全的。由此可见，密钥在整个密码算法中处于十分重要的地位。

在设计一个密码系统时，必须考虑到密钥的生成、分发、传输、存储、更新等一系列问题。下面对数字鉴别与认证中经常用到的密钥协商与分发做一简单的介绍。

2.5.2　密钥的协商与分发

两个用户在用单密钥体制下进行保密通信时，首先必须有一个共享的秘密密钥，才能加密要传输的数据，因而，如何得到共享密钥成为保密通信需要解决的首要问题。共享密钥的获得从其产生方式来分：可以分为密钥的协商与分发。

密钥的协商是指保密通信双方(或多方)通过公开信道的通信来共同形成秘密密钥的过程。一个密钥协商方案中,密钥的值是某个函数值,其输入量是由两个成员共同提供的。密钥协商的结果是:参与协商的双方(或多方)都将得到相同的密钥,同时,所得到的密钥对于其他任何方(除可能的可信管理机构外)都是不可知的。

在密钥协商机制中;密钥的生成是由保密双方共同确定的,密钥的分发是保密通信中的一方生成,并选择秘密密钥,然后把该密钥发送给通信参与的其他一方或多方的机制。

1. 密钥的分发

按照密钥分发的内容不同,密钥的分发方式分为秘密密钥的分发和公开密钥的分发两大类。

(1) 秘密密钥的分发

1) 不基于第三方的密钥分发

① 用一个已有的共享密钥加密会话密钥:这种方法要求预先通过秘密渠道分配一个用于密钥加密的密钥,由通信各方共享,而会话密钥可以临时产生,用已有的共享密钥加密后发送给对方。

例如:$A \to B: E_K(K_S, T_A, ID_B)$表示用户 A 发送给用户 B 的由共享密钥 K 加密的临时会话密钥 K_S,除了发送方外,只有约定的接收方持有共享密钥 K,因而只有接收方才能解密获得会话密钥 K_S。时间戳信息 T_A 是为了防止重放,而用户 B 的标识符 ID_B 是为了防止反射攻击。

这种方法的好处是每次通信可以临时选用不同的会话密钥,提高了通信的安全性和密钥使用的灵活性。

② 使用密钥导出或不可逆函数的密钥分发:密钥分发也可以通过密钥导出的方式实现。其中导出的密钥基于每次会话中某一参与方提供的随机输入。在这种情况下,只需要一条单独的信息通信各方就可以用已有的共享密钥导出新的会话密钥,例如:

$$A \to B: N_A$$

用户 A 和用户 B 通过各自计算 $K_S = E_K(N_A)$就可以得到新的会话密钥,而任何其他第三方由于没有密钥 K 不能得到 K_S。

密钥导出也可以基于单向函数来实现(单向函数是一种具有不可逆映射特性的函数)。例如,对上述同一信息,用户 A 和用户 B 可以按公式 $K_S = h_K(N_A)$计算会话密钥。这种方式本身不需要解密,在受出口限制的领域具有潜在的应用优势。

2) 基于可信第三方的密钥分发

上述方法的特点是不需要可信第三方,参与双方或多方中的一方生成会话密钥,将会话密钥传输给通信中的其他参与方。这类方法一般适用于通信各方事先认识的应用场合,对于通信各方事先不认识的应用领域,可以借助一个可信的第三方来实现会话密钥的分发。根据会话密钥是由可信第三方生成还是用户自己生成,可以将可信第三方分为密钥分发中心 KDC 和密钥转换中心 KTC。

① 基于 KDC 的密钥分发:KDC 方式中,所有通信各方与 KDC 共享一个主密钥,用户的主密钥放在可信第三方集中管理,不同用户之间相互通信时(假设 A 和 B 之间相互通信),由 KDC 生成会话密钥 K_S,然后用 A 的主密钥 K_{AT} 加密后发送给 A,同时用 K_{BT} 将 K_S(给 B 的)加密后也发送给 A,由 A 转发给 B。KDC 也可以将 K_S 直接传送给 B(在 K_{BT} 的加密保护下),

如图 2.11(1)(2)所示。

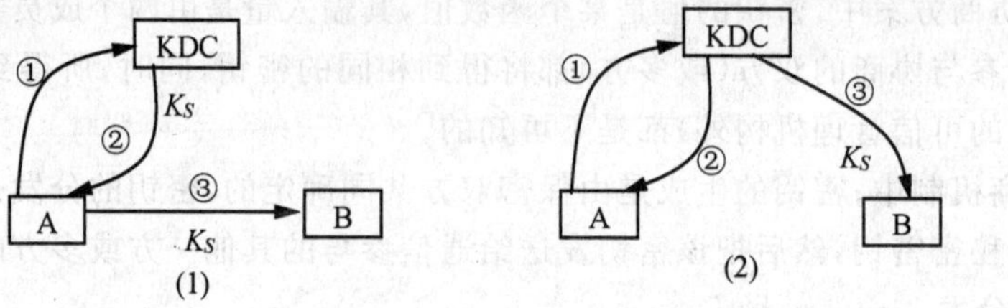

图 2.11 基于 KDC 的密钥分发

以上密钥传输过程可以用以下协议来表示。

图 2.22(1)对应的过程为：

$$①A \rightarrow T: ID_A, ID_B$$
$$②T \rightarrow A: E_{K_A}(K_S, ID_B, E_{K_B}(K_S, ID_A))$$
$$③A \rightarrow B: E_{B_T}(K_S, ID_A)$$

图 2.22(2)对应的过程为：

$$①A \rightarrow T: ID_A, ID_B$$
$$②T \rightarrow A: E_{K_A}(K_S, ID_B)$$
$$③T \rightarrow B: E_{B_T}(K_S, ID_A)$$

其中，T 代表可信第三方 TA。为了叙述的需要，协议中没有加入抵抗主动攻击的手段。

② 于 KTC 的密钥分发：KTC 方式中，所有通信各方与 KTC 共享一个主密钥，用户的主密钥也放在 KTC 集中管理，与 KDC 不同的是 KTC 并不生成用户的会话密钥，不同用户之间相互通信时(假设 A 和 B 之间相互通信)，会话密钥由通信的一方生成。例如 A 想与 B 通信，A 将密钥 K_S 用 K_{AT} 加密后发送给密钥转换中心 KTC，KTC 接收后解密，并用 K_{BT} 重新加密 K_S，然后返回给 A(中转给 B)或直接发给 B，如图 2.12(1)(2)所示。

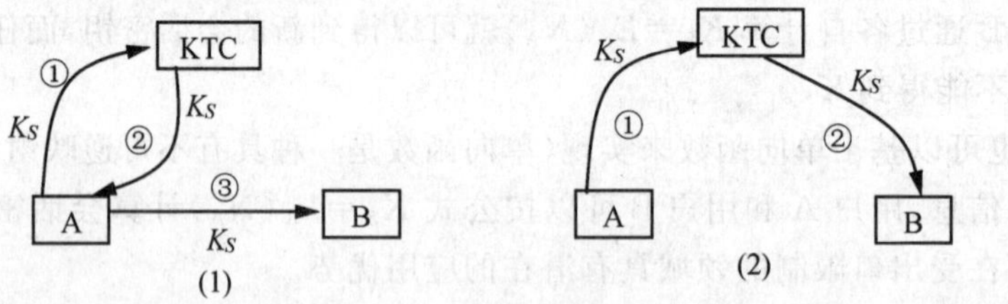

图 2.12 基于 KTC 的密钥分发

以上传输过程可以用以下协议来表示。

对图 2.23(1)的过程：

$$A \rightarrow T: E_{K_A}(K_S, ID_B)$$
$$T \rightarrow A: E_{B_T}(K_S, ID_A)$$
$$A \rightarrow B: E_{B_T}(K_S, ID_A)$$

对图 2.23(2)的过程：

$$A \rightarrow T: E_{A_T}(K_S, ID_B)$$
$$T \rightarrow B: E_{B_T}(K_S, ID_A)$$

基于可信第三方的密钥分发的优、缺点：

优点：具有存储效率高的优势，每个参与方只需与可信第三方共享一个主密钥就可以与任何其他参与方通信。

缺点：如果可信第三方泄密，就会丧失整个系统的安全性（给敌手提供一个有吸引力的目标）；如果可信第三方超载，就会导致性能瓶颈；如果可信第三方节点失败，就会丧失服务；要求在线服务器。

（2）公开密钥的分发

公钥密码体制出现的原因之一就是为了解决密钥分配问题，因此，公钥密码体制中的公钥是可以公开的，任一通信方可以将他的公钥发送给另一通信方或广播给其他通信各方。但采用这种方法可能出现伪造公钥的公开发布，即某个用户可以假冒别的用户发送或广播公钥，从而读取到其他方利用该伪造的公钥加密后的信息。

为了增强公钥分发的安全性，出现了建立公钥目录的公钥分发、带认证的公钥分发、使用数字证书的公钥分发等多种方案。其中最常用的就是使用数字证书的公钥分发。这种方法要求每一用户与一个称为认证中心 CA 的离线可信方相联系，用户要登记他的公钥并获得 CA 的证书以证实公钥。CA 通过将用户的公钥与他的身份绑定来认证用户的公钥，结果生成一个证书。证书的内容包括用户的名称、用户的公钥、证书的发行者、证书的有效期等，最后用 CA 的私钥签名以表明证书的真实性。证书由证书管理员产生，并发送给拥有相应私钥的通信方（即证书的拥有者），通信一方通过传递证书将自己的公钥信息传递给另一方，其他通信各方可以验证该证书确实是由证书管理者产生的来获得公钥认证。这种方法的缺点是需要一个专门的机构来认证用户的身份，并管理证书的分发、撤销、更新等工作，管理复杂，维护成本较高。

2. 密钥的协商

（1）基于对称技术的密钥协商

基于对称技术的密钥协商要求通信双方或多方预先共享一个长期密钥，然后在这个密钥的基础上协商一个共同的会话密钥。典型的协议描述如下：

①B→A：N_B

②A→B：$E_K(r_A, N_B, N_A, ID_B)$

③B→A：$E_K(r_B, N_A, N_B, ID_A)$

其中，N_A，N_B 是为防止重放攻击而引入的一次性随机数，r_A，r_B 分别为 A 和 B 产生的密钥材料，则 A 和 B 协商的会话密钥为：$K_S = h_K(r_A, r_B)$，$h(\cdot)$为单向散列函数。

（2）基于非对称技术的密钥协商

① 基本的 Diffe－Hellman 密钥协商：Diffe－Hellman 密钥协商协议是在有限域上离散对数问题困难性的基础上提出的。协议描述如下。

参数建立：选择一个大素数 p 及 Z_p^* 上的一个生成元 $g(2 \leqslant g \leqslant p-2)$。通信双方 A 和 B 分别秘密选择随机数 $x, y, 1 \leqslant x, y \leqslant p-2$。

$$A \rightarrow B: g^x \bmod p \quad B \rightarrow A: g^y \bmod p$$

A 和 B 分别计算$(g^y)^x \bmod p$ 和$(g^x)^y \bmod p$ 得到共同的会话密钥 $K_S = g^{xy} \bmod p$。

该方案不能抵抗主动攻击，要想抵御主动攻击，可以加入身份认证机制。

② Needham－Schroeder 密钥协商：Needham－Schroeder 提出了一种基于公钥技术的密

钥协商协议，不仅具有抵御被动攻击的能力，还有一定的抵御主动攻击的能力。协议描述如下：

$$A \rightarrow B: E_{PK_B}(r_A, ID_A)$$

$$B \rightarrow A: E_{PK_A}(r_B, r_A)$$

$$A \rightarrow B: E_{PK_B}(r_B)$$

其中 PK_A，PK_B 分别为 A 和 B 的公开密钥，r_A，r_B 分别为 A 和 B 产生的密钥材料，协议完成后，A 和 B 可计算共同的会话密钥 $K_S = h(r_A, r_B)$。

除了通信双方的密钥协商，根据应用的需求，还有适用于群组通信的群组密钥协商。群组密钥协商比普通的双方密钥协商需要更多的计算和通信资源，为了减少计算和通信资源，研究者们提出了许多改进的方案，例如树型群组密钥协商、基于椭圆曲线的密钥协商等，需要深入研究的读者可以参阅相关参考文献。

习　题

1. 用替代法将 computer network security 加密成密文。
2. 用置换法将 computer network security 加密成密文（密钥为 cipher）。
3. 试简述 DES 加密过程的非线性加密过程。
4. 试比较 A⊙B 和 A⊞B 的区别。
5. 比较 DES 和 IDEA 算法的差别。
6. 比较对称密码体制与非对称密码体制的优缺点。
7. 为什么要进行密钥管理？
8. 什么是密钥的协商与分发？
9. 秘密密钥的分发方式有哪些？公开密钥的分发方式有哪些？各有什么特点？
10. 密钥协商方式有哪些？

第 3 章 报文完整性鉴别

3.1 概　述

在信息安全领域中，对付被动攻击的重要措施是加密，而对付主动攻击，诸如篡改、删除和伪造，则要用报文鉴别(message authentication)的方法。它是信息的接收者对信息进行的验证。报文鉴别实际上是一种过程，用以验证接收到的信息的真实性。确切地说，报文鉴别主要是验证信息的完整性，即信息在传送过程中未被篡改、重放或延迟。

报文鉴别与加密技术的主要区别是，加密是保护信息内容，所以接收方必须解密；而报文鉴别只是检查报文的来源和报文在传送过程中是否被修改，因而，从某种意义上说，就不需要解密。

3.2 基于加密算法的报文鉴别

3.2.1 单密钥加密算法实现的鉴别

假设通信双方为 A 和 B，双方使用共享密钥 K，发送方为 A，接收方为 B。这个过程如图 3.1所示。

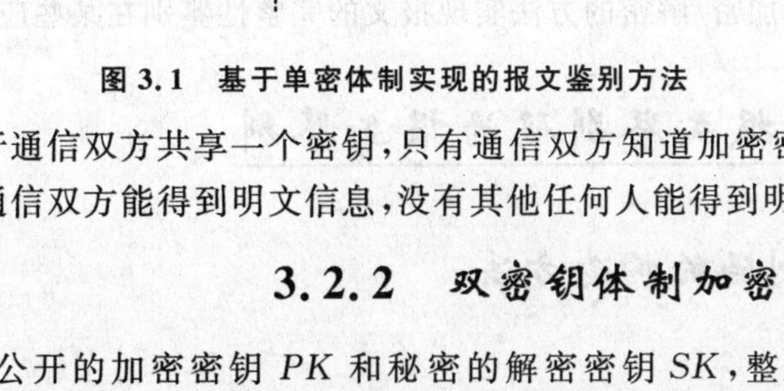

图 3.1　基于单密体制实现的报文鉴别方法

在图 3.1 中，由于通信双方共享一个密钥，只有通信双方知道加密密钥，没有其他任何人知道密钥；因而只有通信双方能得到明文信息，没有其他任何人能得到明文信息。

3.2.2 双密钥体制加密算法实现的鉴别

假设接收方具有公开的加密密钥 PK 和秘密的解密密钥 SK，整个鉴别过程如图 3.2 所示。

在图 3.2 接收方产生两个密钥，即公开密钥以及与公开密钥 PK 有关联的私有密钥 SK，发送方从接收处获取公开密钥，对传送的信息进行加密；然后传送给接收方，接收方用自己的私有密钥进行解密，获取明文信息。

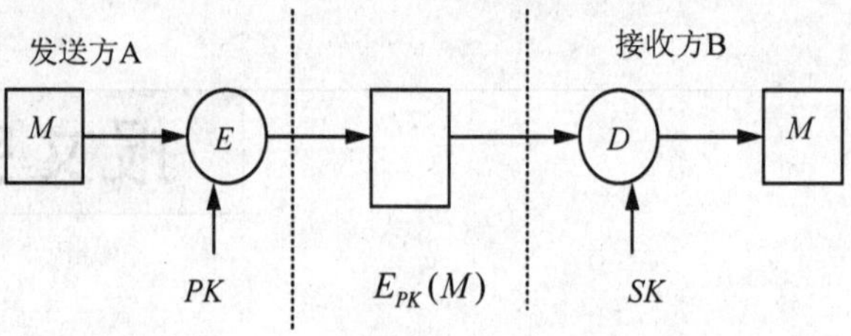

图 3.2 基于双密钥加密实现的报文鉴别方法

3.2.3 存在问题

基于加密算法的报文鉴别能正确实施的基础是基于这样一种假定：接收端能正确地对报文解密，就可确定信息是完整的，是由议定的发送者产生的，从而实现了对信息的鉴别。因而这种方法会存在如下问题：

① 要求明文信息 M 必须是有规律的。但是，有规律的信息容易被黑客破译。如一个明文信息经过 K 右移一位加密为

nbsftfbupbutboeeptftbupbutboemjuumfmbnctfbujwz

然后发送到接收方，接收方经过解密后得到的明文信息为

mareseatoatsanddoeseatoatsandlittlelambseativy

对于这样的有规律信息，黑客经过一个简单的序列分析，就可以确定这个信息一定是一个有序的英文信息。这就要求明文信息必须是一个无规律的信息。如果明文信息是一个任意无规律的信息，接收方就无法验证。所以，这种方法的适用范围有限。

② 明文信息只是一个相对的概念，在绝大多数明文信息中，只了解明文信息 M 的部分信息。如对一个可执行 exe 文件，所了解只是文件大小，无法了解其具体的内容，更谈不上其规律性。

③ 接收方接收的加密密文 $E_K(M)$来自网络的任何一个站点，无法得到解密密钥，从而也无法得到明文 M。

一般情况下，要求在接收端能够自动监测报文是否是完整的，但是，在接收端没有自动的方法来确定收到的报文是否是合法的报文密文。

鉴于以上问题，用加密/解密的方法实现报文的完整性鉴别在某些应用领域是行不通的。

3.3 基于报文鉴别码的报文鉴别

3.3.1 报文鉴别码的构造方法

1. 基本方法

在这种方法中，是用一个加密算法生成的一个小的数据块(称为报文鉴别码或信息验证码MAC：Message Authentication Code)追加在明文报文的后面，发送给接收方。接收方收到信息后，将加密的数据块和明文报文分开，用发送方同样的方法和同样的加密算法生成一个小的

数据块，然后用这个数据块和发送方发来的数据块进行比较。如果相等，则报文是完整的；否则在传输过程被黑客攻击。其过程如下：

(1) 发送方执行以下操作

- 将信息 M 加密，即执行 $F(M)$。
- 将 M 和 $F(M)$ 合为一体，即执行 $M+F(M)$。
- 发送给接收方。

(2) 接收方对收到的 $M+F(M)$ 进行以下操作

- 将收到的 $M+F(M)$ 分离成 M 和 $F(M)$ 两个信息。
- 接收者用 F 函数对信息 M 进行操作，即执行 $F(M)$。
- 判断执行操作的 $F(M)$ 和接收到的 $F(M)$ 是否相等。如果在传输过程中 $M+F(M)$ 变为 $M'+F(M)$，则 $F'(M)\neq F(M)$，表示信息在传输过程中被黑客修改过；否则未被修改。其原理如图 3.3 所示。

在图 3.3 中当 $F(M)=F'(M)$，说明信息是完整的，即没有被黑客攻击。如果 $F(M)\neq F'(M)$，则信息是不完整的，也就是说被黑客攻击过。

在图 3.3 所示的鉴别方法中，接收方由于不需要解密，就不需要被鉴别的信息是一个有规律的有序信息，以防止攻击者破译信息。

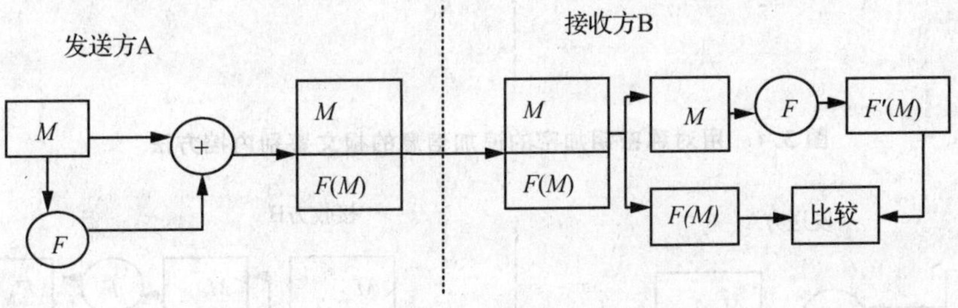

图 3.3　基于报文鉴别码的鉴别方法

2. 扩展方法

在以上的基本方法中，信息 M 是以明文形式出现的，不利于安全传输，所以必须用以下的方法进行改造，即用对称密钥加密或不对称密钥加密方法对传送的信息进行加密。有以下两种方法。

(1) 内控制加密方法

所谓的内控制加密方法，就是将要传送的 M 和 $F(M)$ 信息加密后再传送；接收方对此解密，然后再分离 M 和 $F(M)$，最后进行比较。使用这个方法又分为对称密钥加密法和非对称密钥加密法。

① 对称密钥加密法：在这种方法中，加密和解密使用同一个密钥。首先对 M 和 $F(M)$ 进行加密后，再传送给接收方。接收方收到后，进行解密，然后将 M 和 $F(M)$ 分离，用发送方使用的函数 F 对 M 进行加密，得 $F'(M)$，最后比较 $F(M)$ 和 $F'(M)$。其操作如下。

发送方的操作：

- 将 M 信息用 F 加密，即执行 $F(M)$。
- 将 M 和 $F(M)$ 合并成一个信息，即执行 $M+F(M)$。
- 执行 $E_K(M+F(M))$。

● 发送给接收方。

接收方的操作：

● 执行 $D_K(E_K(M+F(M)))$，得到 $M+F(M)$。
● 将 $M+F(M)$ 分离成 M 和 $F(M)$。
● 用发送方同样的 F 加密 M，得到 $F'(M)$。
● 判断 $F'(M)$ 是否等于 $F(M)$。如果 $F(M)=F'(M)$，则报文传输完整；否则不完整。整个过程如图 3.4 所示。

② 不对称密钥加密法：与对称密钥方法相同，发送方只是用 E_{PK} 代替 E_K，接收方用 D_{SK} 代替 D_K 操作，即使用不同的密钥进行加密、解密操作，代替对称密钥加密算法中使用同一个密钥进行加密、解密操作，如图 3.5 所示，图中 PK 为公开密钥，SK 为私有密钥，E 表示为加密，D 表示为解密，阴影部分为用公开密钥加密的信息。

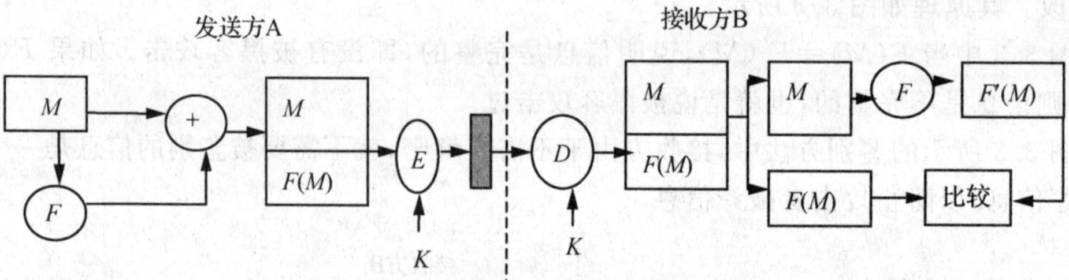

图 3.4　用对称密钥加密的追加信息的报文鉴别内控方法

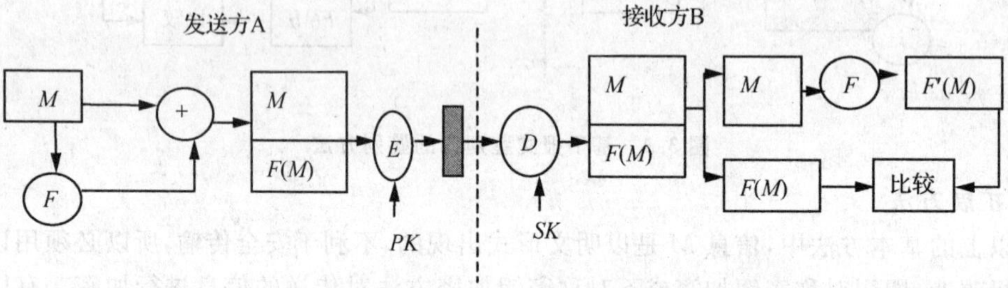

图 3.5　用非对称密钥加密的追加信息的报文鉴别内控方法

(2) 外控制加密方法

外控制加密方法与内控制加密方法相比，不是将所有要发送的信息进行加密，而只是加密传送的明文信息 M。所以，外控制加密方法也有两种方法：对分离出的信息 M 用 F 加密，并进行比较，以鉴别报文的完整性；对分离出的加密信息 $E(M)$ 用 F 加密并进行比较，以鉴别报文的完整性。两种方法都一样，本书只给出后一种。外控制方法也有两种，即对称密钥加密和非对称密钥加密。

① 对称密钥加密方法：此方法用对称密钥加密信息 M，然后用 F 加密，计算鉴别码，最后将 M 与鉴别码合并后发送给接收方。接收方对收到的信息分离后进行完整性鉴别。其操作如下：

发送方执行的操作：

- 将信息 M 用密钥 K 加密，即执行 $E_K(M)$。
- 用 F 对 $E_K(M)$加密，得到 $F(E_K(M))$。
- 执行 $E_K(M)+F(E_K(M))$操作，并发送给接收方。

接收方执行的操作：

- 将 $E_K(M)+F(E_K(M))$分离成 $E_K(M)$和 $F(E_K(M))$。
- 将 F 加密 $E_K(M)$，设为 $F'(E_K(M))$。
- 判断 $F'(E_K(M))$是否等于 $F(E_K(M))$。如果相等，说明报文在传输过程中是完整的；否则被黑客攻击。如果完整，则执行 $D_K(E_K(M))$操作，得到 M，如果 3.6 所示。

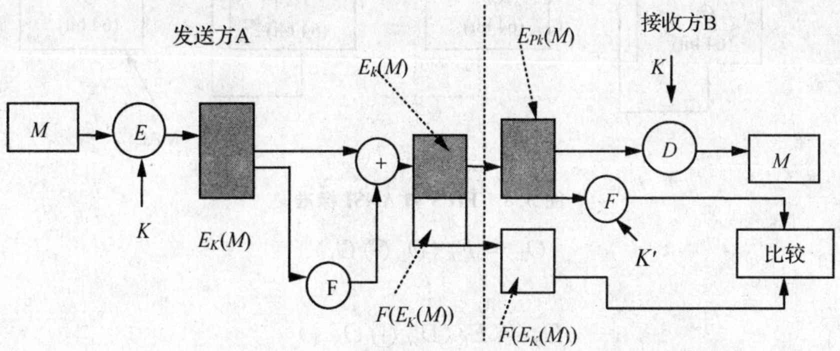

图 3.6　用对称密钥加密的追加信息的报文鉴别的外控方法

② 非对称加密方法。此方法如图 3.7 所示。

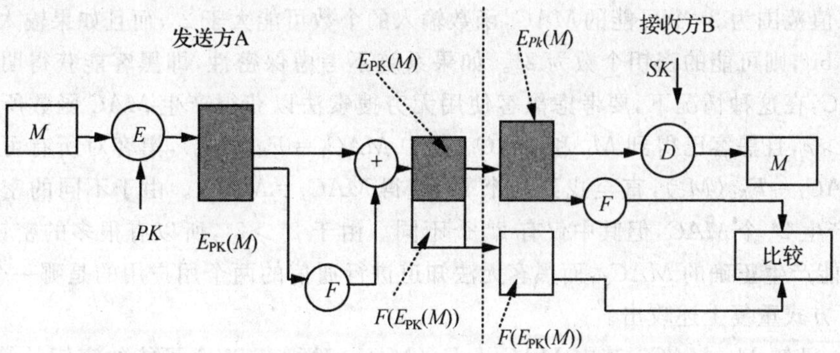

图 3.7　用非对称密钥加密的追加信息的报文鉴别的外控方法

3.3.2　基于 DES 构造报文鉴别码

上节所述的报文鉴别中的鉴别函数 F，只给出了它的基本加密功能，没有给出具体算法和标准。有很多算法和标准，可以实现函数 F 功能。下面介绍一种已成为 FIPS 标准和 ANSI 标准的算法。此算法是基于 CBC 模式的 DES 算法。CBC 是英文 Cipher Block Chaining，其含义是采用了与密文有关的加密方式。它将被加密的数据分成 $D_1, D_2, \cdots, D_n$分别为 64 bit 数据块。如果最后一个数据块不够 64 bit，用 0 补足为 64 bit。整个操作过程如图 3.8 所示。

从图 3.8 中可以得到以下等式：

$$O_1 = E_K(D_1)$$

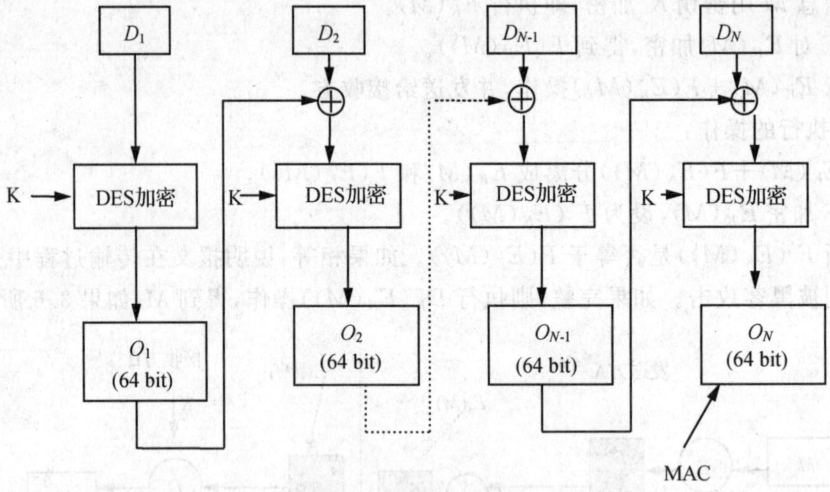

图 3.8 FIPS 和 ANSI 标准

$$O_2 = E_K(D_2 \oplus O_1)$$

$$\vdots$$

$$O_N = E_K(D_N \oplus O_{N-1})$$

3.3.3 报文鉴别码的安全性分析

由于产生报文鉴别码的 MAC 函数一般都为多到一的映射。如果产生 n bit 长的 MAC，则函数的取值范围为 2^n 个可能的MAC，函数输入的个数可能大于 2^n，而且如果输入函数所用的密钥为 k bit，则可能的密钥个数为 2^k。如果系统不考虑保密性，即黑客能获得明文信息和相应的MAC，在这种情况下，要考虑黑客使用无穷搜索法以获得产生 MAC 函数所使用的密钥。假定 $k>n$，且黑客已得到 M_1 和 MAC_1，其中 $MAC_1=F_{K_1}(M_1)$，黑客对所有可能的密钥值 K_i 求 $MAC_i=F_{K_i}(M_1)$，直至找到某个 K_i 使得 $MAC_i=MAC_1$。由于不同的密钥个数为 2^k，因此将产生 2^k 个MAC，但其中仅有 2^n 个不同。由于 $2^k>2^n$，所以有很多的密钥（平均有 $2^k/2^n$）都可能产生正确的 MAC_1，而黑客无法知道进行通信的两个用户用的是哪一个密钥，还必须按一下方式重复上述攻击。

第一轮：已知 M_1、MAC_1，其中 $MAC_1=F_K(M_1)$。对所有 2^k 个可能的密钥计算 $MAC_i=F_{K_i}(M_1)$，得 2^{k-n}个可能的密钥。

第二轮：已知 M_2、MAC_2，其中 $MAC_2=F_k(M_2)$，对上一轮得到的 2^{k-n}个可能的密钥计算 $MAC_i=F_{K_i}(M_2)$，得 2^{k-2n}个可能的密钥。

如此下去，如果 $k=\alpha n$，则上述攻击方式平均需要 α 轮。例如，密钥长度为 80 bit，MAC 长为 32 bit，则第一轮将产生大约 2^{48} 个可能的密钥，第二轮将产生 2^{16} 个可能的密钥，第三轮即可找出正确的密钥。

如果密钥的长度小于 MAC 的长度，则第一轮就有可能找到正确的密钥，也可能找出多个密钥。如果是后者，则仍须执行第二轮搜索。

对报文鉴别码的穷搜索攻击比使用相同的长度密钥的加密算法的穷搜索难度要大。然而有些攻击却不需要寻找产生 MAC 所使用的密钥。

例如，设 $M=(X_1 \| X_2 \| \cdots\cdots \| X_m)$是由 64 bit 长的分组 $X_i(i=1,2,\cdots,m)$连接得到的，那么其追加的报文鉴别码可由以下方式得到：

$$\Delta(M) = X_1 \oplus X_2 \oplus \cdots \oplus X_m$$

$$F_K(M) = E_K(\Delta(M))$$

其中符号⊕表示异或运算。如果加密算法采用 DES 算法，密钥的长度为 56 bit，MAC 的长为 64 bit。如果黑客得到 $M \| F_K(M)$，那么黑客使用穷搜索攻击寻找 K 需要作 2^{56} 次加密。然而，黑客可用以下方式攻击系统，将 X_1 到 X_{m-1} 分别选择用自己选取的 Y_1 到 Y_{m-1} 替换，求出 $Y_m=Y_1 \oplus Y_2 \oplus \cdots \oplus Y_{m-1} \oplus \Delta M$(因为黑客由 M 容易得到)并用 Y_m 替换 X_m。因此黑客可成功伪造一新信息 $M'=Y_1 \oplus Y_2 \oplus \cdots \oplus Y_m$，且 M'的 MAC 与原 M 的 MAC 相同。

考虑到 MAC 存在以上类型的攻击，假若黑客知道函数 F，但不知道密钥 K，所构造的 MAC 必须满足以下要求：

① 如果黑客获得 M 和 $F_K(M)$，试图生成一个报文 M'，使得 $F_K(M')=F_K(M)$在计算上是不可行的。

② $F_K(M)$在以下意义上是均匀分布的：对于随机选择报文 M 和 M'，使得 $F_K(M')=F_K(M)$的概率应为 2^{-n}，其中 n 为 $F_k(M)$的 bit 长。

③ 若 M'是 M 的某个变换，即 $M'=f(M)$，例如 f 为插入一个或多个 bit，那么 $F_K(M')=F_K(M)$的概率应为 2^{-n}。

第①的要求是针对上例中的攻击类型的，此要求是说黑客不需要找出密钥 K 而伪造一个与截获的 MAC 相匹配的新信息在计算上是不可行的。第②的要求是说黑客如果截获一个 MAC，则伪造一个相匹配的信息的概率为最小。最后一个要求是说函数 F 不应在信息的某个部分或某些比特弱于其他比特，否则黑客获得 M 和 MAC 后就有可能修改 M 中的弱的部分，从而伪造一个与原 MAC 相匹配的新信息。

3.4　基于散列函数的报文鉴别

3.4.1　散列函数

散列函数又称 Hash(哈希)函数、杂凑函数。它是一种单向密码体制，即它是一个从明文到密文的不可逆映射，只有加密过程，不能解密。同时，散列函数可以将任意长度的输入经过变换以后得到固定长度的输出。散列函数的这种单向特性和输出数据的长度固定的特性使得它可以生成信息或其他数据块的“数字指纹”(也称为信息摘要、报文摘要)

散列函数可用下式表示：

$$C = H(M)$$

这里 M 是一个可变长的信息，而 $H(M)$是一个固定长度的值。由于这个特性，可将这个散列函数值追加到信息中，用于鉴别。由于散列函数值不需要保密，它常用于接收者做验证用。

散列函数必须具备以下特点：

① 它必须对任意长度的数据块进行运算。

② 它必须输出一个固定长度的值。

③ 对任意 x,$H(x)$在计算上必须容易实现。

④ 对于给定的 $H(x)$,无法推导出 x 的值。

⑤ 对于给定的 x 的值,不可能再找出另一个 y 使得 $x \neq y$,满足 $H(x)=H(y)$。

⑥ 找不出任何一对(x,y),满足 $H(x)=H(y)$。

以上的前三个特性,常用于报文的完整性鉴别;后三个特性具有单向函数特点,它具有较容易产生虚拟信息代码的特性。这个特性是非常重要的。假如散列函数不具有单向性,如果一个袭击者能够观察和拦截传输,袭击者就能就能获得信息 M 和单向函数值。设此值为:$C=H(S_{AB} \parallel M)$,袭击者通过反变换获得 $S_{AB} \parallel M=H^{-1}(C)$,就能够发现 S_{AB}。

第五个特性保证一个可变的信息通过散列函数不能变换为同一个值。这就可利用散列函数加密,来防止伪造。

第六个特性主要用于阻止著名的生日攻击。

3.4.2　MD5

MD 是英文报文摘要(Message Digest)的简写。其功能是将一个不定长度的报文,加密成固定长的报文,其标准有 MD2,MD4 和 MD5 不同的标准,但基本功能大体都一样,最流行的是 MD5,算法是最复杂的。所以只介绍 MD5。

MD5 在 1992 年的[RFC 1321]公布了此算法的细节。它是 Riverst(即 RSA 中的第一个人"R")提出的第 5 版本的 MD。

1. 加密算法

如图 3.9 所示,它是对输入的明文信息分割为 512 bit 的分组,输出为 128 bit 信息摘要。MD5 的加密算法如下:

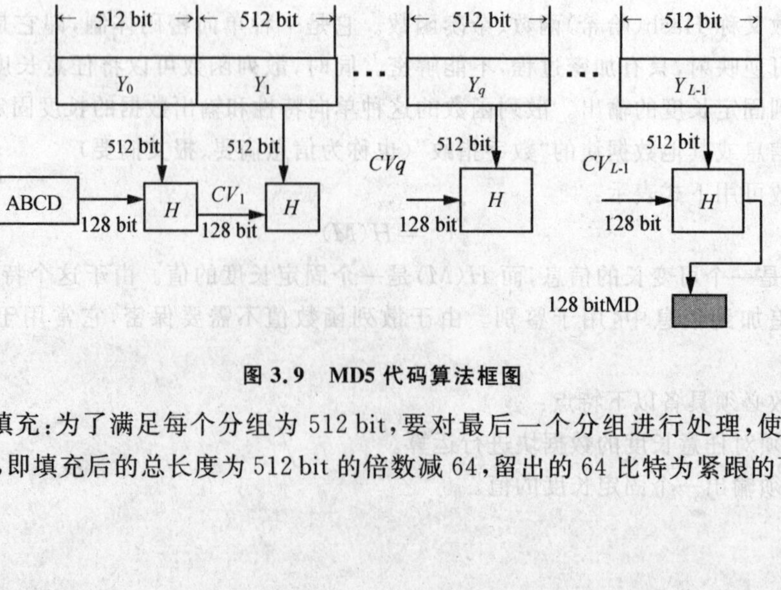

图 3.9　MD5 代码算法框图

① 信息填充:为了满足每个分组为 512 bit,要对最后一个分组进行处理,使之满足在模 512 下的 448,即填充后的总长度为 512 bit 的倍数减 64,留出的 64 比特为紧跟的下一步使用。

填充的方式是固定的，即第 1 位为 1，其后各位为 0。

② 附加信息的长度：由上一步留出的 64 bit，按最低字节存最低地址的原则来表示被填充前的长度。如果大于 2^{64}，则以 2^{64} 为模数取模。

执行①②两步执行完毕以后，信息的长度为 512 的倍数（设为 L 倍），则将信息表示为分组长为 512 的系列分组 $Y_0, Y_1, \cdots, Y_{L-1}$，而每一分组又可表示为 16 个 32 bit 长的字，则信息的总字数为 $N=L\times 32$，因此此信息又可按字表示为 $M(0,1,\cdots,n-1)$。

③ 对缓冲区赋初始值：此算法使用 128 bit 长的缓冲区以存储中间结果值和最终值。缓冲区可表示 4 个 32 bit 长的寄存器（A,B,C,D）。每个寄存器的存储也是按最低字节存最低地址的原则方式。其初始值为：

$$A = 01234567$$
$$B = 89ABCDEF$$
$$C = FEDCBA98$$
$$D = 76543210$$

④ 以分组为单位对信息进行处理：每一分组 Y_q（$q=0,\cdots,L-1$）都经过压缩函数 H 处理。H 是 MD5 的算法核心。其中又有 4 轮处理过程，如图 3.10 所示。图中的 Y_{L-1} 包含了填充数和按模 2^{64} 计算余数。

图 3.10 的 4 轮分别用 $FGHI$ 表示；其处理结果完全一样，但所用逻辑函数不同，每轮输入为当前处理报文分组 Y_q 和缓冲区的当前值 A,B,C,D，输出仍放在缓冲区中以产生新的 A,B,C,D。每轮处理过程中还需加上常数表 T 中的 1/4 的元素，这 1/4 的元素分别是 $T[1]\sim T[16]$，$T[17]\sim T[32]$，$T[33]\sim T[48]$，$T[49]\sim T[64]$。

如表 3.1 所列，它的第 i 个元素 $T[i]$ 为 $2^{32}\times abs(\sin(i))$ 的整数部分。其中 sin 是表示正弦函数，i 为弧度单位，$abs()$ 表示求绝对值。由于 $abs(\sin(i))$ 在 0 到 1 之间，所以 $T[i]$ 可由 32 bit 字表示。每 4 轮的输出再与第一轮的输入 CVq 相加，相加时将 CVq 看作 4 个 32 比特的字，每个字与第四轮输出的对应的字按模 2^{32} 相加，相加的结果即为压缩函数 H_{MD5} 的输出。

⑤ 输出：信息的 L 个分组都被处理完后，最后一个 H_{md5} 的输出即为 MD5 的信息摘要。

表 3.1　$T[i]$功能值

T[1]=D76AA478	**T[17]=F6E2562**	**T[33]=FFFA3942**	**T[49]=F4292244**
T[2]=E8C7B756	T[18]=C040B340	T[34]=8771F681	T[50]=432AFF97
T[3]=242070DB	T[19]=265E5A51	T[35]=699D6122	T[51]=AB9423A7
T[4]=C1BDCEEE	T[20]=E9B6C7AA	T[36]=FDE5380C	T[52]=FC93A039
T[5]=F57COFAF	T[21]=D62F105D	T[37]=A4BEEA44	T[53]=655B59C3
T[6]=4787C62A	T[22]=02441453	T[38]=4BDECFA9	T[54]=8F0CCC92
T[7]A8304613	T[23]=D8A1E681	T[39]=F6BB4B60	T[55]=FFEFF47D
T[8]=FD469501	T[24]=E7D3FBC8	T[40]=BEBFBC70	T[56]=85845DD1
T[9]=698098D8	T[25]=21E1CDE6	T[41]=289B7EC6	T[57]=6FA87E4F

续表 3.1

T[1]=D76AA478	**T[17]=F6E2562**	**T[33]=FFFA3942**	**T[49]=F4292244**
T[10]=8B44F7AF	T[26]=C33707D6	T[42]=EAA127FA	T[58]=FE2CE6E0
T[11]=FFFF5BB1	T[27]=F4D50D87	T[43]=D4EF3085	T[59]=A3014314
T[12]=895CDD7BE	T[28]=455A14ED	T[44]=04881D05	T[60]=4E0811A1
T[13]=6B901122	T[29]=A9E3E905	T[45]=D9D4D039	T[61]=F7537E82
T[14]=FD987193	T[30]=FCEFA3F8	T[46]=E6DB99E5	T[62]=BD3AF235
T[15]=A679438E	T[31]=676F02D9	T[47]=1F2A7CF8	T[63]=2AD7D2BB
T[16]=49B40821	T[32]=8D2A4C8A	T[48]=C4AC5665	T[64]=EB86D391

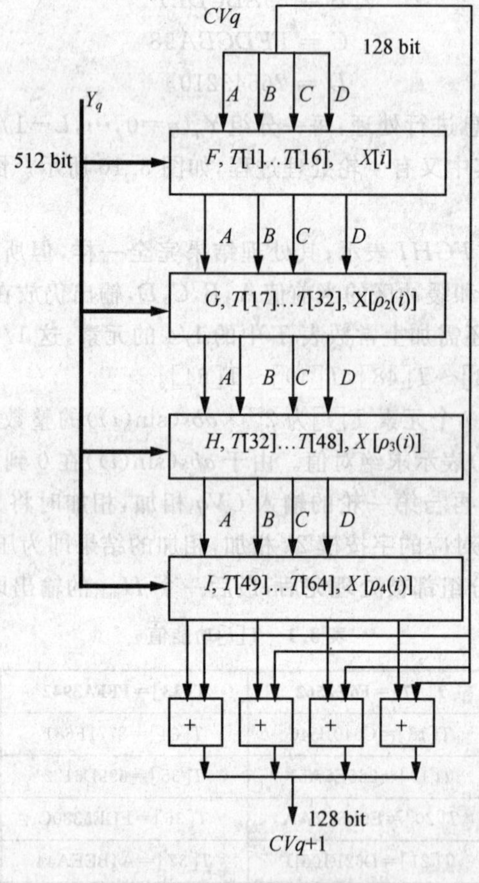

图 3.10 H 函数处理原理

最后 3 步的处理过程用以下关系式表示：

$$CV_0 = IV$$

$$CV_{q+1} = SUM_{32}(CV_q, RF_I(Y_q, RF_H(Y_q, RF_G(Y_q, (Y_q, CF_q)))))$$

$$MD = CV_L$$

其中：

IV 为寄存器 A,B,C 和 D 的初始值；

Y_q 为第 q 个 512 bit 分组数据信息；

L 为经过前两步①、②处理的分组数；

CV_q 为处理第 q 个数据块信息输入的连接变量；

$RF_x(RF_x=RF_F/RF_G/RF_H/RF_I)$ 为使用基本逻辑函数 x 的轮函数；

$+$ 为对应字的模 2^{32} 加法；

MD 为经处理后的最后值；

$SUM32$ 为分别对每一对输入寄存器的值按模 2^{32} 取值。

2. 压缩函数

在图 3.10 中的四轮处理过程中，每轮具有如图 3.11 所示的压缩过程，每次又对缓冲区 A,B,C,D 进行 16 步迭代运算，并重新赋值。每轮的运算为：

$$b \leftarrow b + L_s((a + g(b,c,d) + X[k] + T[i])$$

$$a \leftarrow d$$

$$c \leftarrow b$$

$$d \leftarrow c$$

其中：

a,b,c,d 为可改变的寄存器值，g 为 RF_F,RF_G,RF_H,RF_I 中的一个函数。其函数在每一轮处理，如图 3.11 所示；L_s 为对 32 bit 循环左移 s（见表 3.2 所列）bit；$X[k]=M(q\times 16+k)$，即信息第 q 个分组中的第 $k(k=1,2,...,16)$ 个字；$T[i]$ 为矩阵中的第 i 个 32bit；$+$ 表示模 32 加运算。

在 4 轮的每轮的运算中，使用相同的压缩，只是 g 的逻辑运算不同，其操作如表 3.3 所列，其逻辑操作符 $\wedge,\vee,-,\oplus$，分别表示“与”、“或”“非”、“异或”逻辑操作。

对于以上的每一步操作，如图 3.11 所示，其中 A,B,C,D 为缓冲区的四个字，运算完后再右移一个字，即可得到这一步的输出。g 为四轮 RF_F,RF_G,RF_H,RF_I 中的四个函数之一，L_s 是 32 bit 左移 s 位，s 的取值由表 3.2 给出。$T[i]$ 为表中的第 i 个字，$+$ 为模 2^{32} 加法。$X[k]=M[q\times 16+k]$，即所处理信息第 q 个分组中的第 k 个字（$k=1,2,\cdots,16$）。

四轮处理过程中，每轮以不同的次数使用 16 个字，其中在第一轮以字的初始次序使用，第二轮到第四轮，分别对此次序 i 作置换后得到一个新次序，然后以新的次序使用 16 个字，这 3 个置换分别为：

$$\rho_2(i) = (1+5i)\mathrm{mod}16$$

$$\rho_3(i) = (5+3i)\mathrm{mod}16$$

$$\rho_4(i) = 7i\mathrm{mod}16$$

图 3.10 中的四轮输出过程分别使用 RF_F,RF_G,RF_H,RF_I 函数，每个函数输入为 3 个 32 bit 的字，输出是一个 32 bit 的字。其中的运算为逐 bit 的逻辑运算，即输出的第 n 个 bit 是 3 个输入的第 n 个比特的函数，函数的功能由表 3.3 所示，取值如表 3.4 所示。

表 3.2 s 的取值

步数 轮数	1	2	3	4	5	6	7	8	9	10	11	12	13	14	15	16
1	7	12	17	22	7	12	17	22	7	12	17	22	7	12	17	22
2	5	9	14	20	5	9	14	20	5	9	14	20	5	9	14	20
3	4	11	16	23	4	11	16	23	4	11	16	23	4	11	16	23
4	6	10	15	21	6	10	15	21	6	10	15	21	6	10	15	21

表 3.3 g 的功能

对应层	对应的操作
F	$(b \wedge c) \vee (\overline{b} \wedge d)$
G	$(b \wedge d) \vee (c \wedge \overline{d})$
H	$b \oplus c \oplus d$
I	$c \oplus (b \vee \overline{d})$

表 3.4 g 对应的 F,G,H,I 层操作真值表

b	c	d	g_F	g_G	g_H	g_I
0	0	0	0	0	0	1
0	0	1	1	0	1	0
0	1	0	0	1	1	0
0	1	1	1	0	0	1
1	0	1	0	1	0	1
1	1	0	1	1	0	0
1	1	1	1	1	1	0

3. 安全性

*MD*5 有这样一个性质，即单向函数码中的第一个比特是所有输入比特的函数，因此获得了很好的混淆效果，从而使得不可能随机选择两个具有相同的单向函数值的信息，Rivest 猜想作为 128 bit 长的值来说，*MD*5 的强度达到了最大，比如说找出具有相同的函数值的两个信息须执行 $O(2^{64})$ 次运算，而寻找具有给定的散列值的一个信息需要执行 $O(2^{128})$ 次的运算。目前对 *MD*5 的攻击已取得以下进展：

① 对单轮 *MD*5 使用差分攻击密码分析，可在合理的时间内找出具有相同的散列值的两个信息，但这种攻击还未能成功地推广到 4 轮 *MD*5。

② 可找出一个信息分组和两个连接的相关的变量使得算法产生相同的输出。目前这种攻击还未能成功推广到整个算法。

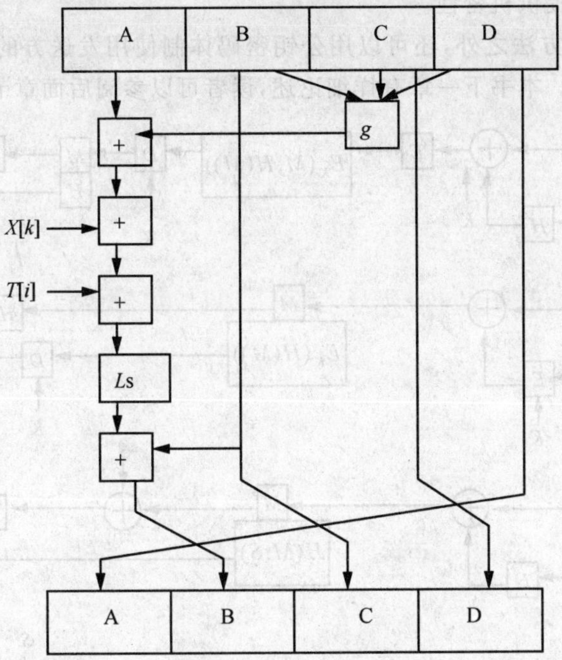

图 3.11　压缩函数

3.4.3　基于散列函数的报文鉴别

与 MAC 相似，散列函数也可以用于报文鉴别。散列函数的输入是可变大小的信息 M，输出是固定长度的散列值，但它不需要使用密钥。由于散列值是输入信息的函数值，只要输入信息有任何改变，就会导致得到不同的散列值，因此可用于报文鉴别。

基于散列函数的报文鉴别方法主要有以下几种情形，如图 3.12 所示。

1. 用对称秘密体制加密信息及其散列值

即 A→B:$E_K(M,H(M))$。由于只有发送方 A 和接收方 B 共享密钥 K，因此通过相应的比较鉴别可以确定信息一定是来自于 A，且未被修改过。散列值在方法中所起的作用是提供用于鉴别的冗余信息，同时 $H(M)$ 受密码保护。该方法实现了对信息的明文加密保护，因此可提供机密性。

2. 用对称密码体制只对散列值进行加密

即 A→B:$M,E_K(H(M))$。这种方法中信息 M 是以明文的形式传递的，因此不能提供机密性，适合于不要求机密性的场合，有助于减少处理的代价。

3. 这种方法使用了散列算法，但未使用密码体制

为了实现鉴别，要求发送方 A 和接收方 B 共享一个秘密值 S，发送方生成信息 M 和秘密值 S 的散列值，然后与消息 M 一起发送给对方，即 A→B:$M,H(M,S)$；接收方 B 可以按照发送方相同的处理方法生成消息 M 和秘密值 S 的散列值，二者进行对比，从而实现鉴别。这种方法，秘密值 S 并不参与传递，因此，可以保证攻击者无法伪造。

4. 在方法 3 的基础上，使用对称密码体制

对消息 M 和所生成的散列值进行加密保护，即 A→B:$E_K(M,H(M,S))$。因此，这种方法除了提供鉴别,还可以提供机密性。

除了图 3.12 所述方法之外,还可以用公钥密码体制使用发送方的私钥对散列值进行签名,从而实现报文鉴别。本书下一章有详细论述,读者可以参阅后面章节。

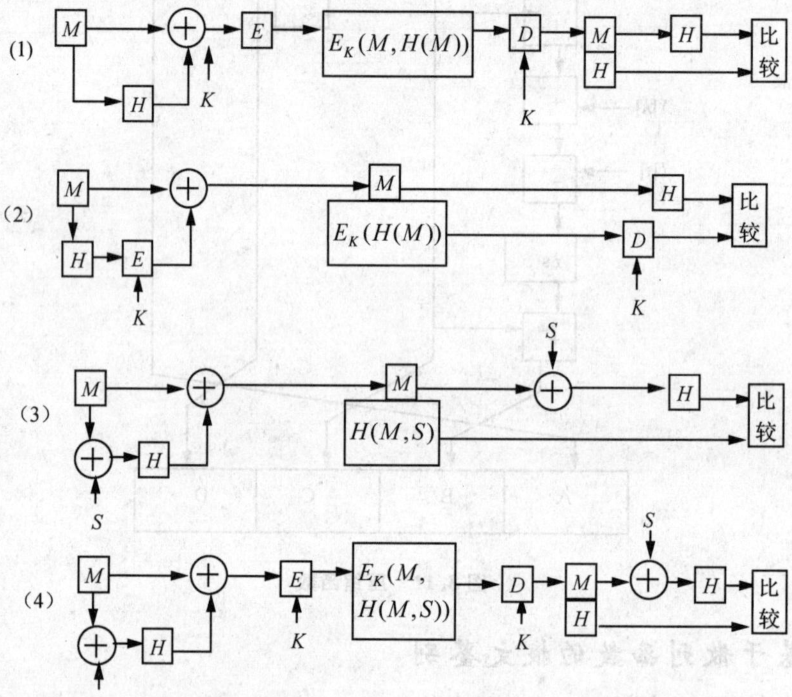

图 3.12 基于散列函数的报文鉴别

3.4.4 HMAC

最初,一般是用对称加密算法来构造 MAC 的。近年来,随着散列函数的发展,促进了 MAC 技术的发展。其主要原因:

- MD5 等散列函数比 DES 对称的加密算法执行的速度快。
- 散列函数加密可以得到广泛的应用。
- 其算法已经完全公开,所以使用起来比较方便。

前面叙述的散列函数没有使用秘密密钥而直接使用单向函数进行加密,能否将具有散列函数算法改造成具有密钥控制的 MAC 算法。这种改进方案得到了 BELL 的支持[BELL96a, BELL96b]。HMAC 也已经发表在 RFC2104 上,目前已经用在 Internet 协议中,如 SSL。

1. HMAC 的设计目标

在 RFC2104 中列出了它的设计目标:

- 对散列函数不需要做任何定义就可以使用。特别是那些易于用软件实现的,源代码可方便获取且免费使用的散列函数。
- 可以根据需要,容易、快速、安全地替代原有的每一个组件。
- 保持散列函数的最初性能,不因用于 HMAC 而使其性能降低。

● 可以用一个简单的方法处理和使用密钥。

● 在对散列函数进行合理假设的基础上,易于分析 HMAC 用于认证时的密码强度。

前面两个对于容易接受 HMAC 是十分常重要的。HMAC 将散列函数视为“黑箱”。这有两个优点:首先,散列函数只是作为 HMAC 的一个功能模块,这样较庞大的 HMAC 代码可以进行预压缩,以便不需要任何定义进行使用。其次,如果需要的话,可在 HMAC 中用新的散列函数替代旧的散列函数。例如用 SHA 的模块代替 MD5 模块。最后一个设计目标,主要优点是克服了其他一些散列函数的缺点,即它的每一个组件的加密长度是一个比较合理的长度。

2. HMAC 算法

算法如图 3.13 所示,每一项的含义如下:

H 具有嵌入式散列函数功能;

M 为输入到 HMAC 的明文信息;

Y_i 为明文信息的第 i 个块,$0\leqslant i\leqslant L-1$;

L 为明文信息的数据块的个数;

b 为明文信息块的位数;

n 为散列函数处理后的长度;

K 为秘密密钥。如果密钥长度大于 b 比特 ,这个密钥必须输入到散列函数中,以产生 n 位的密钥长度;

$K+$ 为在左边产生一定数量的 0,以达到 b 位长度的 K;

ipad 为 b/8 个 00110110

opad 为 b/8 个 01011010

HMAC 为

$$HMAC = H[(K^{+}\oplus opad),H[(K^{+}\oplus ipad),M]]$$

整个操作可用以下叙述:

● 在密钥 K 的左边添加 0 是为了产生一个 b 位的字符串 K^{+}(如果 K 的长度为 160 位,$b=512$,则 K 将添加 44 个 0 字节)。

● $K+$ 与 *ipad* 进行异或操作产生 b 位块 S_i

● 将 M 添加到 S_i 中,并用 H 函数对其操作。

● K^{+} 和 *opad* 进行异或操作产生具有 b 位的数据块 S_0。

● 由第 4 步骤产生的 S_0 追加到散列函数中去。

● 由 H 产生的数据流,作为输出结果。

3. HMAC 的安全性

当袭击者攻击 HMAC 时,袭击者不能用离线方式产生信息和验证码对,因为它不知道密钥 K。因此,袭击者必须观察由 HMAC 在相同密钥下产生的一系列报文,并对得到的信息序列进行攻击,对于一个长度为 128 bit 散列码,需要观察同一个密钥产生的 2^{64} 个分组。在 1 Gb 的链路上,为了获得成功,需要连续观察大约 25 万年没有变化的报文流,因此 MD5 完全适合 HMAC,而且用 MD5 的 HMAC 要快于用 SHA 的 HMAC。

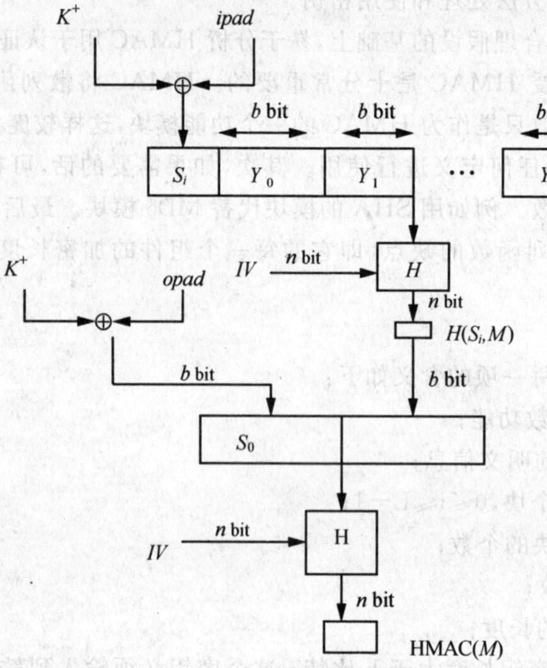

图 3.13　HMAC 算法结构

习　题

1. 报文的完整性鉴别针对哪一种威胁?

2. 报文的完整性鉴别为什么不直接用在发送方将明文加密后发送,在接收方对所加密的密文解密,来达到验证目的?

3. 简述利用 MAC 实现鉴别的好处?

4. 散列函数应具备哪些功能?

5. 简述利用 MAC 实现鉴别的过程。

6. 试述 MD5 算法的步骤。

7. 在图 3.11 中寄存器 A,B,C,D 的初始值 A=1234567,B=89ABCDEF,C=FEDCBA98,D=76543210,求最终的 A,B,C,D 的值。

第 4 章　数字签名

4.1　数字签名概述

数字签名是实现电子交易安全的核心技术之一。它在实现身份认证、数据完整性、不可抵赖性等方面都有重要的应用，尤其在密钥分配、电子政务、电子商务等许多领域有重要的应用价值。

在平常生活中，人们使用手写签字与印章来签署双方所要签署的文件。由于手写签字和印章的可识别性，人们可以通过眼睛来加以区分，从而使文件得到法律上的认证、核准。在网络环境中，人们使用数字签名代替平常生活中的手写签字来实现对文件的签署。数字签名使用非对称密码技术，签名人用自己的私钥对文件进行签名，验证者通过公开密钥检验签名者是否拥有相对应的私钥来验证签名的有效性。数字签名必须保证以下三点：

① 接收者能够核实发送者对信息的签名；

② 发送者事后不能抵赖对信息的签名；

③ 接收者不能伪造对信息的签名。

数字签名的实现基础是公钥密码技术，常用的数字签名算法有：RSA，ECC，DSS，ElGamal 等。

4.2　数字签名工作过程

假设发送者为 A，接收者为 B，设 A 的公开密钥为 PK_A，私有密钥为 SK_A，B 的公开密钥为 PK_B，私有密钥为 SK_B。其工作过程是如下。

① A 用 SK_A 对 M 进行以下运算：

$$D_{SK_A}(M)$$

并发给 B。

② B 收到 $D_{SK_A}(M)$ 后，用 A 的公开密钥进行运算，即：

$$E_{PK_A}(D_{SK_A}(M)) = M$$

因为除 A 外，没有别人能具有 A 的私有密钥 SK_A，所以只有 A 能产生这样的密文 $D_{SK_A}(M)$。因为 A 的公开密钥 PK_A 和私有密钥是成对产生的，所以用 A 的私钥运算后得到密文只有用 A 的公开密钥运算才能得到明文信息 M，没有其他任何密钥通过运算可得到明文 M。整个过程如图 4.1 所示。

但是，上述过程仅对报文进行签名，对报文本身却未保密，因为截获到密文 $D_{SK_A}(M)$，并知道发送者身份的任何人，就可在公开栏上获得 A 的公开密钥 PK_A，从而就可得到所签名的内容。若采用图 4.2 就可以同时实现秘密通信和数字签名双重功能。

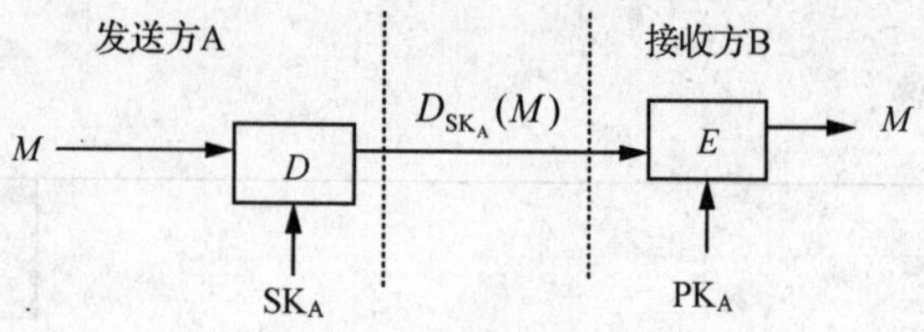

图 4.1　数字签名过程

在图 4.2 中，发送者 A 先用自己的私有密钥进行数字签名，然后用接收者 B 的公开密钥加密再传送，因为传送的签名信息是用接收者的公开密钥进行加密，任何人得到此信息，而不能获得 $D_{SK_A}(M)$，从而无法得到明文信息 M。

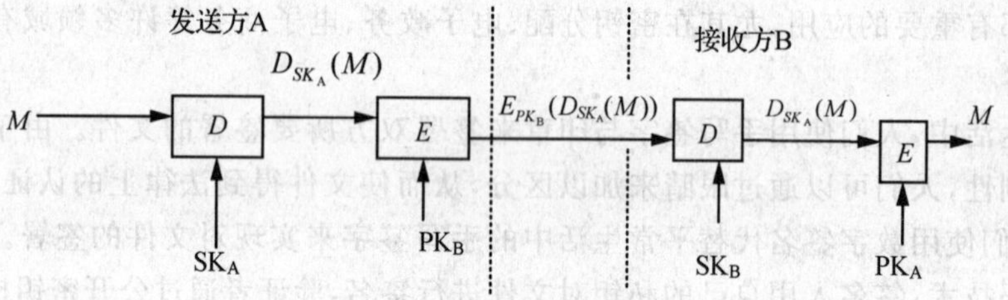

图 4.2　具有机密的数字签名过程

4.3　基本数字签名算法

所谓基本数字签名算法，就是直接用所给的加密/解密算法来实现数字签名的算法。

4.3.1　基于 RSA 的数字签名

基于 RSA 的数字签名实际上是利用私钥 d 对信息 m 进行签名，用公钥 e 进行验证。其过程如下。

1. 密钥的生成

① 计算 n：

选择两个大素数 p 和 q，计算 $n=p\times q$

② 计算 $\varphi(n)$：

$$\varphi(n) = (p-1)(q-1)$$

$\varphi(n)$为不超过 n，并与 n 互素的数的个数。

③ 选择 e，从$[0,\varphi(n)-1]$中选择一个与 $\varphi(n)$互素的数 e 作为公开的加密指数。

④ 计算 d：由 $ed=1 \bmod \varphi(n)$ 计算出 d。

⑤ 得出所需的公开密钥和私有密钥：

$$PK = \{e,n\}$$

$$SK = \{d,n\}$$

2. 利用私钥 d 对 m 的签名

$$S = m^d \bmod n$$

3. 验证

其过程是执行操作：

$$S^e \bmod n$$

如果求出是 m，则表明验证成功。否则拒绝签名。

【例 4.1】 根据 RSA 数字签名的算法，对 $m=5$ 的签名信息进行数字签名，然后验证其签名。

第一步 密钥生成

随机产生两个不同的大素数 $p=3,q=11$。

① 计算 $n=pq=33,\varphi(n)=(p-1)(q-1)=20$。

随机选择公钥 e 满足 $\gcd(e,\varphi(n))=1$，公钥 $e=7$。

② 利用扩展欧几里得算法求私钥 d，使 $ed\equiv 1 \bmod \varphi(n)$，私钥 $d=3$。

第二步 签名生成(设 $m=5$)

计算签名 $s= m^d \bmod n=125 \bmod 33 =26$。

第三步 签名验证

计算 $m'= s^e \bmod n=8031810176 \bmod 33=5$；

由于 $m'=m$，故接受签名。

4.3.2 基于离散对数(DL)的数字签名

1. 参数组生成 $\{p,q,g\}$

在离散对数中，公钥和私钥与公开参数组 $[p,q,g]$ 有关。

1) 选择一个 t 位的素数 q，l 位的素数 p，使得 q 整除 $p-1$。

2) 选择一个 q 阶元素 g。

① 任意选择一个 $h\in[1,p-1]$，并计算

$$g = h(p-1)/q \bmod p$$

② 若 $g=1$，则转到①，否则输出 (p,q,g)

2. 签 名

设实体 A 对给定的任意长度的二元信息 m 签名。任何实体 B 都能利用 A 的公钥验证。

① 选择 $k\in R[1,q-1]$，私钥 x。

② 计算 $T=g^k \bmod p$。

③ 计算 $r=T \bmod q$。

④ $h=H(m)$。

⑤计算 $s=k^{-1}(h-xr) \bmod q$。

⑥ 判断 r，若 $r=0$，则转到步骤①。

⑦ 将 r,s 作为签名信息。

3. 验 证

① 检验 r 和 s 是否都是在区间 $[1,q-1]$ 内的整数，若任何一个不满足，则返回(拒绝签名)。

② 获取发送方的公钥 y。

③ 计算 $h=H(m)$。

④ 计算 u_1：

$$u_1 = y^r r^s \bmod p$$

⑤ 计算 u_2：

$$u_2 = g^h \bmod p$$

⑥ 若 $u_1=u_2$ 则返回“接受签名”否则返回“拒绝签名”

在以上算法中，如果签名正确，即可满足 $u_1=u_2$，证明如下：

因为

$$s = k^{-1}(h - xr) \bmod q$$

所以

$$sk = (h + xr) \bmod q$$

$$h = xr + ks \bmod q$$

所以

$$u_2 = g^h \bmod p = g^{xr+ks \bmod q} \bmod p =$$

$$(g^x)^r (g^k)^s \bmod p = u_1$$

【例 4.2】 设签名信息 $m=4$，并设 $h(m)=m$，利用基于离散(DL)对数的数字签名算法对 m 进行签名，并对此签名进行验证。

第一步 密钥生成

① 在有限域 F_{11} 上($p=11$)随机选择生成元 $g=3$。

② 随机选择私钥 $x=7$。

③ 计算公钥 $y=g^x(\bmod p)=9$。

第二步 签名生成

① 随机选择 k 满足$(k,p-1)=1$，$k=3$。

② 签名 $r=g^k(\bmod p)=5$。

③ 签名 $s=k^{-1}(m-xr)\ (\bmod p-1)=7\times(4-7\times5) \bmod 10=3$，$k^{-1}(\bmod p-1)$，由扩展欧几里得算法求出。

第三步 签名验证

① 计算 $u_1=y^r r^s(\bmod p)=9^5\times5^3 \bmod 11=4$。

② 计算 $u_2=g^m=3^4 \bmod 11=4$。

③ 由于 $u_1=u_2=4$，故接受签名。

4.3.3 基于椭圆曲线的数字签名

椭圆曲线数字签名算法(ECDSA)是数字签名算法(DSA)的椭圆曲线版本。最广泛标准化的基于椭圆曲线数字签名包括 ANSI X9.62、FIPS186-2、IEEE1363-2000 和 ISO/IEC15946-2 标准，以及一些标准的草案。

设签名信息为 m，其算法包括以下两项。

1. 签名算法

① 选择参数 q,F_R,s,a,b,p,n 和私钥 d。

② 选择 $k \in R[1, n-1]$。

③ 计算 $kP=(x_1, y_1)$，并将 x_1 转换为整数 $\overline{x}_1$。

④ 计算 $r=\overline{x}_1 \bmod n$。

⑤ 判断 $r=0$，则跳转至步骤 1；否则执行以下步骤。

⑥ 计算 $e=H(m)$。

⑦ 计算 $s=k^{-1}(e+dr) \bmod n$。

⑧ 判断若 $s=0$，则跳转到步骤①；否则输出签名信息 r、s。

2. 签名验证

① 选择参数 q, F_R, s, a, b, p, n，公钥 Q 和信息 m。

② 验证 r 和 s 是否是$[1, n-1]$内的整数。若任何一个检验失效，则返回拒绝签名。

③ 计算 $e=H(m)$。

④ 计算 $w=s^{-1} \bmod n$。

⑤ 计算 $u_1=ew \bmod n$ 和 $u_2=rw \bmod n$。

⑥ 计算 $X=u_1P+u_2Q$。

⑦ 判断 $X=\infty$，则返回“拒绝签名”信息。

⑧ 将 X 的坐标 x_1 转换为整数 $\overline{x}_1$，计算 $v=\overline{x}_1 \bmod n$。

⑨ 若 $v=r$，则返回“接受签名”信息；否则返回“拒绝签名”。

以上 H 是单向函数，以下说明为什么 $v=r$ 说明签名成功。

因为在签名时得 $s=k^{-1}(e+dr) \bmod n$，所以可得 $k=s^{-1}(e+dr) \bmod n$，整理得：

$$k = (s^{-1}e + s^{-1}dr) \bmod n = (s^{-1}e \bmod n + s^{-1}dr \bmod n) \bmod n = (we + wrd) \bmod n$$

于是有 $X=u_1P+u_2Q=(u_1+u_2d)P=kP$，因此有 $v=r$。

4.3.4 数字签名标准(DSS)

数字签名标准 DSS 是美国国家标准局继 1977 年推出数字加密标准后，又于 1991 年公布的数字签名标准。

DSS 是 Data Signature Standard 的缩写。它包含发送者的签名和接收者的验证两部分。

DSS 的主要参数有：

① 素数 p，$2^{511}<p<2^{512}$。

② q 是 $p-1$ 的一个素因子，$2^{159}<q<2^{160}$。

③ $h^{(p-1)/q} \bmod p>1$。

④ 正整数 x，$0<x<q$。x 作为密钥。

⑤ $y=g^x \bmod p$。

⑥ k 为随机数，$0<k<q$。

其中 p, q, g 公开，用户的秘密密钥为 x。

签名过程为：

用户随机选择数 k，计算：

$$r = (g^k \bmod p) \bmod q$$

$$s=(k^{-1}(H(m)+xr))\bmod q$$

其中 $k^{-1}k\bmod q=1,0<k^{-1}<q$，则 (r,s) 构成了对信息 m 的数字签名。

验证过程：

如果接收者收到 m,r,s 后，若 $0<r<q,0<s<q$，则计算

$$w=s^{-1}\bmod q$$

$$u_1=((H(m)w)\bmod q$$

$$u_2=(rw)\bmod q$$

$$v=((g^{u_1},y^{u_2})\bmod p)\bmod q$$

若 $r=v$，则确认签名正确。

证明：

$$v=((g^{u_1}\times y^{u_2}))\bmod p)\bmod q$$

因为

$$u_1=((H(m)w)\bmod q$$

$$u_2=(rw)\bmod q$$

所以

$$v=((g^{(H(m)\times w)\bmod q}\times y^{(r\times w)\bmod q}))\bmod p)\bmod q$$

又因为

$$y=g^x\bmod p$$

所以

$$v=((g^{H(m)\times w)\bmod q}\times g^{(x\times r\times w)\bmod q}))\bmod p)\bmod q=$$
$$((g^{(wH(m)+xrw)\bmod q})\bmod p)\bmod q$$

又因为

q 是素数，必存在 $k,0<k<q$，满足 $(kk^{-1})\bmod q=1$ 使得

$$\begin{aligned}(ks)\bmod q&=(k((k^{-1}(H(m)+xr))\bmod q)\bmod q\\&=((k(k^{-1}(H(m)+xr)))\bmod q\\&=((kk^{-1}\bmod q\times(H(m)+xr)\bmod q)\bmod q\\&=(H(m)+xr)\bmod q\end{aligned}$$

又因为

$$w=s^{-1}\bmod q$$

因而有

$$ws\bmod q=1$$

因此有

$$\begin{aligned}((H(m)+xr)w)\bmod q&=(((H(m)+xr)\bmod q)(w\bmod q))\bmod q\\&=(((ks)\bmod q)w\bmod q))\bmod q\\&=(kws)\bmod q\\&=((k\bmod q)((ws)\bmod q))\bmod q\\&=k\bmod q\\&=k\end{aligned}$$

从而有

$$\begin{aligned} v &= ((g^{(H(m)\times w)\bmod q} \times g^{(x\times r\times w)\bmod q}))\bmod p)\bmod q \\ &= ((g^{(wH(m)+xrw)\bmod q})\bmod p)\bmod q \\ &= (g^k \bmod p)\bmod q \\ &= r \end{aligned}$$

证毕。

从上式可见 DSS 是基于不对称密钥体制的数字签名系统。DSS 的实现要解决寻找满足条件 $2^{511}<p<2^{512}$ 的素数 p,以及满足条件 $2^{159}<q<2^{160}$ 的 $p-1$ 得素数因子 q。素数的产生可用数论中提到的方法,至于 q 的产生可按下述步骤进行,即

① 选一个数 q,q 满足 $2^{159}<q<2^{160}$。

② 在$((2^{511}-1)/2q,(2^{512}-1)/2q$ 之间产生一个整数 n。

③ $t\leftarrow 2nq+1$。

④ 测试 t 是否为素数,若 t 是素数,则 $p\leftarrow t$,结束;否则转②。

4.4 基于身份的数字签名

传统的数字签名体制中,私钥通常是由用户自己保存,而公钥是公开的。为了保证公钥的真实性和完整性,公钥通常以数字证书的形式保存,这就极大地增加了证书管理的负担。为了减小证书管理的负担,提高数字签名系统的效率,Shamir 在 1984 年提出了基于身份的密码系统 IBE(Identity Based Encryption)。在基于身份的密码系统中,每个用户的公钥可以是用户的姓名、E_mail 地址、车牌、手机号、身份证号码等,甚至是它们的组合,用户的私钥由认证中心产生。在用户之间相互通信时,不需要交换公钥证书,不需要保存公钥证书列表,也不必使用在线的第三方,极大地方便了公开密钥的管理,提高了加密和签名的效率。自从 Shamir 提出 IBE 以来,已经提出了多种基于身份的数字签名方案。

4.4.1 基于 RSA 的数字签名

Shamir 提出的基于 RSA 的签名方案由系统参数建立、用户密钥生成、签名生成及签名验证四个步骤组成。系统包含一个可信密钥生成中心 KGC。

1. 系统参数建立

① 选择两个大素数 p 和 q,计算 $n=p\times q$。

② 计算 $\varphi(n)=(p-1)(q-1)$。

③ 选择 e,满足 $\gcd(e,\varphi(n))=1$。

④ 计算 d,满足 $ed=1\bmod(\varphi(n))$。

⑤ 选择单向 Hash 函数 $h:\{0,1\}^*\to Z_{\varphi(n)}$。

则 KGC 的私钥(主密钥)是 d,公开系统参数是(n,e,h)。

2. 用户密钥生成

假设用户 A 的唯一可识别身份是 ID,KGC 生成的用户的私钥为:

$$g = \mathrm{ID}^d \bmod n$$

3. 签名生成

对信息 $m\in\{0,1\}^*$,用户 A 执行如下操作。

① 随机选取 $r \in_R Z_n^*$。

② $t = r^e \bmod n$。

③ $s = g r^{h(t \| m)} \bmod n$。

则(t,s)为用户 A 对信息 m 的签名。

4. 签名验证用

用用户 A 的身份 ID 作为公钥对,签名(t,s)验证。

$$s^e = \mathrm{ID} \cdot t^{h(t \| m)} \bmod n$$

证明:$s^e = (g r^{h(t \| m)})^e = g^e r^{e^{h(t \| m)}} = \mathrm{ID}^{de} t^{h(t \| m)} = \mathrm{ID} \cdot t^{h(t \| m)} \bmod n$

4.4.2 基于双线性映射的数字签名

1. 双线性映射的基本概念

设 G_1, G_2 是两个阶为素数 q 的循环群,其中 G_1 为加法群,G_2 为乘法群,双线性映射 e: $G_1 \times G_2 \to G_2$ 具有以下性质:

① 双线性:对所有的 $P,Q,R,S \in G_1$,有

$$e(P+Q, R+S) = e(P,R)e(P,S) = e(Q,R)e(Q,S)$$

特别地对于任意 $a,b \in Z_q^*$,则

$$e(aP, bQ) = e(P, abQ) = e(abP, Q) = e(P,Q)^{ab}$$

② 非退化性:存在一个 $P \in G_1$ 使得 $e(P,P) \neq 1$。

③ 可计算性:对于 $P,Q \in G_1$ 存在一个有效的算法计算 $e(P,Q)$。双线性映射可以从超奇异椭圆曲线中的 Weil 和 Tate 配对中得到。

2. 双线性映射的数学难题

设 G_1 是一个加法群,在 G_1 上的数学难题主要有以下 4 类:

① 离散对数难题 DLP(Discrete Logarithm Problem):设 $P,Q \in G_1$ 要找到某一个正整数 $n \in Z_q^*$,使得 $Q = nP$ 是很困难的。

② 判断 Diffie-Hellman 难题 DDHP(Decision Diffie-Hellman Problem):给定 $P, aP, bP, cP \in G_1$,其中 $a,b,c \in Z_q^*$,要判定 $c \equiv ab \bmod q$ 是否成立是很困难的。

③ 计算 Diffie-Hellman 难题 CDHP(Computational Diffie-Hellman Problem):给定 P, $aP, bP \in G_1$,其中 $a,b \in Z_q^*$,计算 abP 是很困难的。

④ 间隙 Diffie-Hellman 难题 GDHP(Gap Diffie-Hellman Problem):给定 $P, aP, bP, cP \in G_1$,其中 $a,b,c \in Z_q^*$,要判定 $c \equiv ab \bmod q$ 是容易的,但是计算 abP 是困难的。

3. Boneh-Franklin 的签名方案

Boneh-Franklin 的签名方案由系统参数建立、用户密钥生成、签名生成及验证过程组成。

(1) 系统参数的建立

① 生成两个阶为素数 q 的循环群,其中 G_1 为加法群,G_2 为乘法群,e 是一个双线性映射,任意选择生成元 $P \in G_1$。

② 选取 $s \in_R Z_q^*$ 作为主密钥,计算 $P_{PK} = sP$。

③ 选择 Hash 函数 $h: \{0,1\}^n \to G_1$,将用户的身份 ID 映射到 G_1 中间的一个元素。

④ 选择 Hash 函数 $h: \{0,1\}^* \to Z_q^*$。

系统的公开参数为:$(G_1, G_2, e, n, q, P, P_{PK}, h, h_1)$

(2) 用户密钥的生成

假设用户 A 的唯一可识别身份是 ID,KGC 计算 $Q_{ID}=h(\mathrm{ID})$ 作为用户 A 的公钥,对应的用户私钥为

$$S_{\mathrm{ID}} = sQ_{ID} \bmod n$$

(3) 签名生成

对信息 $m\in\{0,1\}^*$,用户 A 执行如下操作:

① 随机选取 $r\in RZ_q^*$。

② 计算 $U=rQ_{\mathrm{ID}}, r_1=h_1(m,U)$。

③ 计算 $V=(r+r_1)S_{\mathrm{ID}}$。

则(U,V)为用户 A 对信息 m 的签名。

(4) 签名验证用

用户 A 的身份 ID,进行验证签名(U,V),验证以下等式是否成立。

$$e(P,V) = e(P_{PK}, U + r_1 Q_{\mathrm{ID}})$$

证明:$e(P,V)=e(P,(r+r_1)S_{\mathrm{ID}})=e(sP,(r+r_1)Q_{\mathrm{ID}})=e(P_{PK},U+r_1Q_{\mathrm{ID}})$

4. 防止 KGC 伪造签名的基于身份的签名方案

上述方案不能防止 KGC 伪造用户的签名。下面介绍一种可以防止 KGC 伪造用户签名的方案。方案由系统参数建立、用户私钥生成、签名生成及签名验证四个过程组成。

(1) 系统参数建立

① 生成两个阶为素数 q 的循环群,其中 G_1 为加法群,G_2 为乘法群,e 是一个双线性映射,任意选择生成元 $P\in G_1$。

② 选取 $s\in_R Z_q^*$ 作为主密钥,计算 $P_{PK}=sP$。

③ 选择强无碰撞的 Hash 函数 $h_1:\{0,1\}^n\times G_1\rightarrow Z_q$ 和 $h_2:\{0,1\}^n\times G_1\rightarrow G_1$。

则系统的公开参数为:$(G_1,G_2,e,n,q,P,P_{PK},h_1,h_2)$。

(2) 用户密钥的生成

假设用户 A 的唯一可识别身份是 ID,KGC 计算用户私钥的过程如下。

① A 随机选取 $r\in_R Z_q^*$ 作为其长期私钥,并发送 rP 给 KGC。

② KGC 计算 $Q_{\mathrm{ID}}=h_2(\mathrm{ID}\parallel t,rP)$,$t$ 是 r 的有效期。

③ KGC 计算 $S_{\mathrm{ID}}=sQ_{\mathrm{ID}}$,并通过安全的信道发送给 A,则 A 的私钥为$(r,S_{\mathrm{ID}})$。

(3) 签名生成

设 m 为待签名的信息,用户 A 的签名过程如下。

① 随机选取 $k\in_R Z_q^*$,计算 $U=kP$。

② 计算 $T=rh_2(m,U)$。

③ 计算 $V=kQ_{\mathrm{ID}}+r_1S_{\mathrm{ID}}$,其中 $r_1=h_1(m,U)$。

则(T,U,V,t,rP)为用户 A 对信息 m 的签名。

(4) 签名验证

签名验证者执行下面的操作,验证签名的正确性。

① 计算 $Q_{\mathrm{ID}}=h_2(\mathrm{ID}\parallel t,rP)$,$r_1=h_1(m,U)$。

① 验证等式 $e(rP,h_2(m,U))=e(P,T)$和 $e(U+r_1P_{PK},Q_{\mathrm{ID}})=e(P,V)$是否成立,两等式成立,签名正确,否则是无效签名。

证明：$e(rP, h_2(m,U)) = e(P, rh_2(m,U) = e(P,T))$

$$e(P,V) = e(P, kQ_{ID} + r_1 S_{ID}) = e(P, (k+r_1 s)Q_{ID}) = e((k+r_1 s)P, Q_{ID}) = e(U + r_1 P_{PK}, Q_{ID})$$

4.5 盲签名

4.5.1 盲签名概述

前面介绍的数字签名，签名者可以查看所签署信息的具体内容，这和日常生活中的情形相符合。而盲签名是指签名者在不知道所签署信息的具体内容的情况下所做的签名。这类似于在实际生活中，信息拥有者首先将要签名的文件进信封里，然后在信封里放一张复写纸，签名者在信封上签名时，他的签名便透过复写纸签到了文件上。

盲签名是由 David Chaum 于 1983 年提出的。它的诞生对数字现金、电子投票等领域的应用，起到较大的推动作用。由于盲签名的特殊性，目前的数字现金大部分都是采用盲签名的原理实现。

盲签名的基本思想是，首先，被签名者把明文信息 M 盲变换为 M'，M' 隐藏了明文信息 M 的内容，然后把 M' 给签名者进行签名，得到的签名结果 $S(M')$，最后，被签名者取回 $S(M')$，采用解盲变换得到 $S(M)$，如图 4.3 所示。

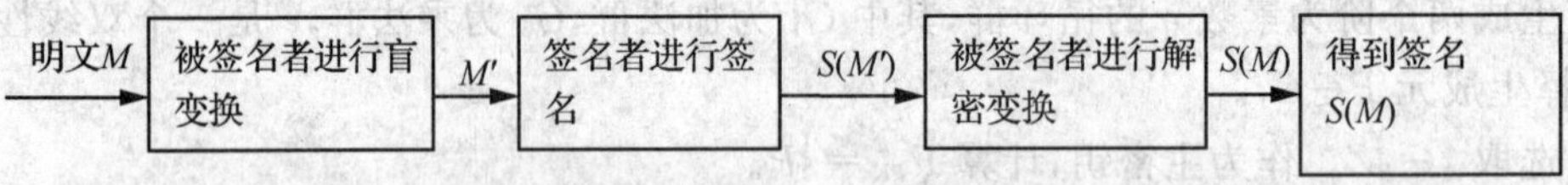

图 4.3 盲签名原理

盲签名除了具有一般数字签名的特性之外，一般还应具有如下性质。

① 盲性：信息的内容对签名人来说是盲化的，签名人看不到信息的内容。同时，签名者也无法把他的签名同信息 m 联系起来。

② 不可追踪性：签名者仅知道 $\text{Sign}(\widetilde{m})$，$\widetilde{m}$ 是被盲化后的信息，而不知道 $\text{Sign}(m)$。即使签名者保留签名 $\text{Sign}(\widetilde{m})$ 及其他有关数据，仍难以找出 $\text{Sign}(\widetilde{m})$ 和 $\text{Sign}(m)$ 之间的内在联系，不可能对信息 m 的拥有者进行追踪。

盲签名方案根据不同的特点可分为不同的类别。

1. 按照签名者对所签信息的知晓程度可进一步划分

完全盲签名：签名者对所签署的信息一无所知。

部分盲签名：也称概率盲签名、半盲签名，签名者知道所签署的内容是哪方面的内容，但是不知道所签文件的具体内容。

穷举盲签名：仅限于每个文件是一种选择的结果。它构成全集的一个元素，集中所有将签文件就得到一个全集（选择集），签名者 B 得到后并不知道请求签名者 A 的真正意图，B 对所有文件（每一种选择结果）都做了数字签名，而 A 收到后只抽出所需部分，摒弃不需要部分，从而达到使 B 数字签名而不让 B 了解有效信息的目的。

例如,A 向 B 提供的合法文件是秘密投标的标书,标以万无为单位,在 1 万元～100 万元之间,A 向 B 提供 100 份文件,均有编号,第 k 号文件对应的投标金额为 k 万元,B 对 100 份文件均做数字签名,但从中得不到任何有效信息,只知 A 要投标。A 得到 B 的 100 个数字签名文件后,按心目中的投标额抽出其中的一份文件,其他文件丢弃,便完成了穷举盲签名。

2. 按照信息拥有者对签名人是否可以追踪划分

弱盲签名:信息拥有者对消息 m 和签名 $\mathrm{Sign}(\widetilde{m})$ 进行了盲化。若签名者保留 $\mathrm{Sign}(\widetilde{m})$ 及有关数据,待 $\mathrm{Sign}(m)$ 公开后,签名者可以找出 $\mathrm{Sign}(\widetilde{m})$ 和 $\mathrm{Sign}(m)$ 的内在联系,从而达到对消息 m 拥有者追踪的目的。

强盲签名:信息拥有者对信息 m 和签名 $\mathrm{Sign}(\widetilde{m})$ 进行了盲化。即使签名者保留 $\mathrm{Sign}(\widetilde{m})$ 及有关数据,仍难以找出 $\mathrm{Sign}(\widetilde{m})$ 和 $\mathrm{Sign}(m)$ 之间的内在联系,不可能对消息 m 的拥有者进行追踪。在电子支付系统和电子投标系统中,为了保障用户和投标者的匿名性及保密性,大多采用强盲签名技术。

3. 按照不同的盲化对象划分

盲信息签名方案:仅对待签名的信息进行了盲化。在这种签名方案中,签名者对盲信息 $\widetilde{m}$ 进行签名,并不知道真实信息 m 的具体内容。

签名被盲化方案:也称盲参数签名方案。在这种签名方案中,签名者知道所签信息 m 的具体内容,信息拥有者仅对签名 $\mathrm{Sign}(\widetilde{m})$ 进行了盲化,即改变 $\mathrm{Sign}(\widetilde{m})$ 而得到新的签名 $\mathrm{Sign}(m)$,但又不影响对新签名的验证。盲参数签名可用于电子商务系统 CA 中心为交易双方颁发口令,也可用于构造代理签名机制中原始签名人和代理签名人之间的授权方程,以用于多层 CA 机制中证书的颁发和验证。

4. 按照签名人数的多少划分

简单签名方案:签名人为一人,这时的盲签名就是普通的盲签名。

多重(群)盲签名方案:若签名人为一群人,这时的签名就是多重(群)盲签名。这类签名方案必须经多人同时盲签名才可生效。

5. 按照签名人是否接受别人的代理划分

简单盲签名:如果签名人不受别人的委托。

代理盲签名:如果原始签名人委托代理签名人行使其签名权,这时的签名就称为代理盲签名。

4.5.2 完全盲签名协议

完全盲签名是指签名者对要签名的信息一无所知。假定被签名者 A,签名者 B,A 让 B 签署一个文件,而不让 B 知道文件的内容,仅仅要求以后在需要时 B 可以对他所签署的文件进行仲裁,则可以通过以下称为完全盲签名的协议来完成。

① A 把文件用一个随机数乘之,该随机数常称为盲因子。

② A 将上面处理后的文件——盲文件传送给 B。

③ B 对盲文件签名。

④ A 取回 B 的签名结果，并用盲因子除之，得到原文件的签名。

显然，在上面协议中，如果签名函数与乘法因子可交换，那么上述协议成立；否则盲变换不能用乘法，而采用其他变换方法。

在上面的协议中，B 可以获得文件内容吗？如果盲因子是完全随机数，显然 B 不能获得所签署文件的内容，即使他签署了 A 的上万份文件。但是这些文件确实是他签署的，并且可以在以后得到证实。

上面的协议使签名者一无所知，虽然具有了盲签名的特点，但是与实际应用还有差距。有时签名者希望知道他正在签署的文件是哪方面的内容，而被签名者又要求签名者不能知道所签文件的确切内容。满足该要求就需要使用下面的协议。

4.5.3 部分盲签名协议

在部分盲签名协议中，使用分割——选择技术，可以使签名者 B 知道他签署的是哪方面的内容，但是还保留盲签名的特征——他不知道所签署文件的具体内容。下面主要通过对反间谍人员的化名签署来理解部分盲签名协议。

设被签名成员用 A 表示，签名者用 B 表示，其过程如下：

① 成员 A 准备 n 份文件，其中各使用不同的别名(即用假名来掩盖其真名)。

② 成员用不同的盲因子进行盲变换上述文件。

③ 将变化后的 n 份文件传送给 B。

④ B 随机选择 $n-1$ 份文件，并向每一个成员索取其相应的 $n-1$ 个盲因子。

⑤ 成员 A 向 B 发送相应的盲因子。

⑥ B 用盲因子解读这 $n-1$ 份文件，确认其符合要求。

⑦ 若上述步骤通过，B 签署剩下的那一份文件。

⑧ 成员 A 取回已经签署的文件，取回盲因子得到原文件的签名。

4.5.4 基本的盲签名算法

1. 基于 RSA 的盲签名算法

第一个盲签名算法是 D. Chaum 于 1985 年提出并实现的。该算法是使用 RSA 算法。

设签名者 B 的公钥为 e，私钥为 d，模为 n。被签名者为 A，签名信息为 m。

(1) A 盲变换

① 选用盲因子 k，$1<k<m$；

② 计算：

$$\widetilde{m} = mk^{e}\bmod n$$

③ 将 $\widetilde{m}$ 传送给 B；

(2) B 签名

① B 对 $\widetilde{m}$ 进行签名，即计算：

$$S(\widetilde{m}) = \widetilde{m}^{d}\bmod n = (mk^{e})^{d}\bmod n$$

② 将签名 $S(\widetilde{m})$ 传送给 A。

(3) A取得签名

A计算：

$$S(m)=k^{-1}S(\widetilde{m})\bmod n=m^d \bmod n$$

$m^d \bmod n$ 为签名信息。

(4) 验 证

验证者收到签名后，验证等式 $S(m)^e=m$ 是否成立来验证签名的有效性。很显然，若为有效签名，上面的等式一定成立。此方案属于盲信息签名方案，也属于强盲签名方案。

(5) 安全性分析

① 盲性：对于签名人来说，要从 $\widetilde{m}$ 中恢复 m 是不可能的，因为 $\widetilde{m}=mk^e \bmod n$，签名人不知道随机数 k；另一方面，当公布 m 后，签名人无法把 $\widetilde{m}$ 与 m 联系起来，因而也不能把对盲信息的签名 $S(\widetilde{m})$ 与 m 联系起来。

② 不可追踪性：当公布原信息的签名 $(m,S(m))$ 后，即使签名人保留盲签名 $(\widetilde{m},S(\widetilde{m}))$，也不可能把他们联系起来，从而不可能追踪信息拥有者，达到保护用户隐私的目的。

2. 基于DSA变体的盲签名算法

基于DSA变体的签名算法描述如下：

(1) 对有关参数及密钥对的产生

① 选择两个素数 p、q，且满足 $q|p-1$。

② 选择 g，$g\in Z_p$，其阶为 q。

③ 选择私钥 x

选择随机数作为私钥 x，且 $x\in Z_p$

④ 根据以上选择计算公钥

$$y=g^x \bmod p$$

⑤ 选择一个随机数 k'，$k'\in Z_q$。

⑥ 计算 R'

$$R'=g^{k'} \bmod p$$

⑦ 进行以下判断：

如果 $(q,R')=1$，则把 R' 发送给A，否则返回到步骤⑤。

(2) 验证者进行盲变换

① 检查是否满足：$(q,R')=1$，如满足则执行以下步骤，否则退出。

② 选择盲因子：α，β，且满足 $\alpha,\beta\in Zq$ 进行以下计算：

$$R=R'^{\alpha}g^{\beta} \bmod p$$

③ 检查 (q,R) 是否满足 $(q,R)=1$，如果满足则执行下一步，否则回到步骤②。

④ 计算 m'

$$m'=\alpha mR'R^{-1} \bmod q$$

⑤ 将 m' 发送给签名者。

(3) 签名者签名者进行签名

计算 S'

$$S' = k'm' + R'x \bmod q$$

(4) A 取得签名信息(r,s)

计算 r

$$r = R \bmod q$$

计算 s

$$s = S'rR'^{-1} + \beta n \bmod q$$

则(r,s)就是基于 DSA 变体签名算法生成的签名。

(5) 对签名信念进行验证

因为验证者收到签名后，验证等式 $g^s = r^m y^r \bmod p$ 是否成立来验证签名的有效性。

证明：$(g^s y^{-r})^{m^{-1}} = g^{(S'RR'^{-1}+\beta m - xr)m^{-1}} = g^{(S'RR'^{-1}-xR)m^{-1}+\beta} = g^{((k'm'+R'x)RR'^{-1}-xR)m^{-1}+\beta}$

$= g^{k'\alpha+\beta} \bmod p = R \bmod p = r \bmod q \bmod p$

即 $g^s = r^m y^r \bmod p$。

说明：在上述盲签名方案中，如果签名者 B 保留(m',R',S')，则当信息拥有者 A 公开(m,r,s)后，B 可求得 α,β，从而确认 $\mathrm{Sign}(\widetilde{m})$ 和 $\mathrm{Sign}(m)$的对应关系，即签名者能够把所签文件的行为与签了名的文件联系起来，达到对信息拥有者追踪的目的，因而此方案是一个弱盲签名方案。

3. 基于双线性映射的盲签名方案

方案由参数建立、用户密钥生成、信息盲化、签名、验证过程组成。其中参数建立与用户密钥生成同 4.4.2 Boneh-Franklin 的签名方案，即系统的公开参数为

$$(G_1, G_2, e, n, q, P, P_{PK}, h, h_1)$$

系统主密钥为 s。

签名者的公钥为 $Q_{ID} = h(ID)$，私钥为 $S_{ID} = sQ_{ID}$。

本节仅介绍其他过程。

① 盲化：用户随机选择一个整数 $\alpha \in Z_q^*$，计算 $r' = e(P, P_{PK})^{\alpha}$，$m' = \alpha h_1(m) \bmod q$ 将(r', m')传递给签名人。

② 签名：签名人随机选取一个整数(也称为信息密钥)$k \in Z_q^*$，计算 $r = (r')^k \bmod q$，$c = h_1(m' \parallel r)$和 $S = cS_{ID} + m'kP_{PK}$，将(c,r,S)发送给用户，则(c,r,S)为消息 m 的盲签名。

③ 验证：验证者收到签名后，验证等式 $e(S,P) = e(cQ_{ID}, P_{PK})r^{h_1(m)}$ 是否成立来验证签名的有效性。

证明：

$$e(S,P) = e(cS_{ID} + m'kP_{PK}, P) = e(cQ_{ID} + m'kP, P_{PK}) = e(cQ_{ID}, P_{PK})e(P, P_{PK})^{\alpha h_1(m)k} = e(cQ_{ID}, P_{PK})r^{h_1(m)}$$

④ 安全性分析

1) 盲性：信息对签名人来说已经被盲化了。签名人虽然可以得到(r',m')，但是从 r' 中不能得到盲化参数 α，因为面临求解离散对数难题；另外，从 m' 中也不能得到 m，同样因为不知道盲化参数 α。即使知道 α，求解散列函数的逆仍然是一个计算上的难题。

2) 攻击者从系统公钥 P_{PK} 获得系统的主密钥 s 是不可能的。这是因为假定 DLP 问题的困难性，从系统的公钥不可能获得相应的私钥。

3）攻击者截取签名后，试图获得签名人的私钥是不可能的，因而不可能冒充签名人伪造签名。因为在签名方程 $S=cS_{ID}+m'kP_{PK}$ 中存在两个未知变量信息密钥 k 和签名人的私钥 S_{ID}。

4）信息密钥 k 不能重复使用，否则签名人的私钥有可能被破解。例如，假设信息密钥 k 在两次签名中重复使用，对不同的信息 m_1,m_2，产生两个签名分别为 $(c_1,r_1,S_1),(c_2,r_2,S_2)$，此时

$$S_1=c_1S_{ID}+m'_1kP_{PK},S_2=c_2S_{ID}+m'_2kP_{PK}。$$

两式相减得：$S_1-S_2=(c_1-c_2)S_{ID}+(m'_1-m'_2)kP_{PK}$。

如果攻击者选择两个相同的明文让签名人签名，而签名人对不同的信息没有做任何判断而使用相同的信息密钥，即当 $c_1\neq c_2$ 且 $m'_1=m'_2$ 时，就有 $S_{ID}=(c_1-c_2)^{-1}(S_1-S_2)$，签名人的私钥被破解。

4.6 代理签名

代理签名(proxy signature)，也称为委托签名，是指原始签名人委托其他人来代替自己进行签名的签名方案。代理签名在某些特殊的应用领域有着广泛的应用，如一个公司的经理在外出度假期间，需要让他的秘书代替他处理公司的业务，包括以公司的名义在一些文件上签名；如一个软件公司为了向客户证实它出品的程序的可靠性，需要以公司的名义对所有这些程序进行数字签名，由于程序太多，公司经理无法亲自检测每个程序，并在这些程序上签名。比较实际的做法是：公司经理将代表公司生成数字签名的权力委托给某程序员，让他以公司的名义为他们开发的程序生成数字签名。

4.6.1 代理签名概述

1. 代理签名的特点

一般的代理签名应具有以下基本性质。

① 代理签名的可区分性(distinguishability)：任何一个代理签名都与原始签名人的普通签名有明显的区别；不同的代理签名人生成的代理签名之间也有明显的区别。此性质可以防止签名人之间的相互抵赖。

② 基本的不可伪造性(unforgeability)：除了原始签名人外，任何人(包括代理签名者)都不能生成原始签名人的普通数字签名。这个性质可以保证原始签名人的基本安全需求。

③ 代理签名的不可伪造性：除了代理签名人外，任何人(包括原始签名者)都不能生成有效的代理签名。这个性质可以保证代理签名人的基本安全需求。

④ 不可抵赖性(undeniablity)：任何签名人不能事后抵赖他所建立的已被认可的数字签名。

⑤ 身份可识别性(identifiablility)：原始签名者可以从代理签名中识别出代理人的身份。这个性质可以防止代理签名人滥用他的签名权力。

⑥ 密钥依赖性：代理签名密钥依赖于原始签名人的私有密钥。

⑦ 可注销性：如果原始签名人希望代理签名人只能在一定时间内拥有生成代理签名的权力，那么必须能够让代理签名人的代理签名密钥在指定的时刻失去作用。

2. 代理签名的分类

代理签名从授权程度上来分，可以分为三类：完全代理签名(full delegation)、部分代理签名(partial delegation)、许可证授权代理签名(delegation by warrant)。

(1) 完全代理签名

在完全代理签名中，原始签名者直接把自己的私钥通过安全信道发送给代理签名者，二者具有同等的签名权力。代理签名与原始签名者所产生的签名是不可区分的，不能防止可能的签名滥用，不具有可识别性和不可否认性，因而不适用于商业应用。

(2) 部分代理签名

在部分代理签名方案中，原始签名人使用自己的私钥 x_A，产生一个代理签名密钥 σ，并把 σ 通过安全的信道传送给代理签名人。这时，代理签名人的代理签名和原始签名人的签名是可区分的。并且，从代理签名密钥 σ 不能求出原始签名人的私钥 x_A。部分代理签名根据是否保护代理签名人又可以分为两类：

① 代理非保护型代理签名：原始签名者和代理签名者均能产生有效的代理签名。但是，没有指定为代理签名者的第三方不能产生有效的代理签名。在这种代理签名方案中，代理签名密钥就是 σ。

② 代理保护型代理签名：只有指定的代理签名者能够代表原始签名者产生有效的代理签名，原始签名者和第三方均不能产生有效的代理签名。这时，代理签名密钥是由 σ 和代理签名人的私钥 x_B 产生的。

因为代理签名密钥或者是由原始签名者的私钥 x_A 产生的，或者是由原始签名者的私钥 x_A 与代理签名人的私钥共同产生的。因此验证签名时，验证方程中必须有原始签名者的公钥信息，从而验证者能够确信代理签名是经原始签名者授权的。代理保护型代理签名因为可以有效地防止原始签名人与代理签名人之间的相互抵赖，因而具有良好的不可否认性，在商业应用中有广泛应用。

(3) 许可证授权代理签名

许可证授权方式又分为两类：

① 授权代理签名(delegate proxy)：原始签名者用自己的私钥按普通方式签署一个授权证书给代理签名者，声明该人作为自己签名的代理者。

② 持票代理签名(bearer proxy)：许可证中包括信息和原始签名者用自己的私钥按普通签名方式完成的数字签名，信息中包括一个全新的公钥，而对应的私钥以安全的方式发送给代理签名者保存，并用其进行数字签名。

3. 代理签名的产生方式

一个代理签名体制一般由以下四个过程组成。

① 系统初始化：选定签名体制的参数、用户的密钥等。

② 数字签名权力的委托：原始签名人将自己的数字签名权力委托给代理签名人。

③ 代理签名的生成：代理签名人代表原始签名人生成数字签名。

④ 代理签名的验证：验证人验证代理签名的有效性。

4.6.2 基于离散对数的代理签名方案

1. 代理非保护性 K-P-W 代理签名方案

选取大素数 p,q 为 $p-1$ 或 $p-1$ 的大素数因子,g 是 Z_p^* 的一个生成元,$h(\cdot)$是一安全的 Hash 函数。用户 A,B 的公、私钥对分别是(x_A,y_A),(x_B,y_B)。其中

$$y_A = g^{x_A} \bmod p, y_B = g^{x_B} \bmod p$$

(1) 委托过程

① A 随机地选取一个整数 $k \in Z_q^*$,计算 $K = g^k \bmod p$。

② A 计算 $e = h(K)$。

③ A 计算 $\sigma = x_A e + k \bmod p$,将$(\sigma, K)$秘密发送给 B。

④ B 计算 $e = h(K)$,验证等式 $g^\sigma = y_A^e K \bmod p$ 是否成立,如果不成立,返回步骤①或终止协议。

(2) 代理签名的生成

对信息 m,B 执行如下操作:

① 选择随机数 $n \in Z_q^*$,计算 $r = g^n \bmod p$;

② 计算 $s = n^{-1}(m - \sigma r) \bmod (p-1)$;

以(r,s,K)作为 m 的代理签名。

(3) 代理签名的验证

代理签名的接收方收到信息 m 和代理签名(r,s,k),按下列步骤验证代理签名的有效性。

① 计算 $e = h(K)$。

② 计算 $v = y_A^e K \bmod p$。

③ 验证 $g^m = r^s v^r \bmod p$ 是否成立,如果成立,则代理签名正确。

这是因为:$v = y_A^e K \bmod p = g^{x_A e} g^k \bmod p = g^{x_A e + k} \bmod p = g^\sigma \bmod p$,即 v 可以看作是 σ 对应的验证公钥。

(4) 安全性分析

① 基本的不可伪造性:在这个代理签名方案中,B 难以根据所得到的(σ, K)计算出 x_A,从而不能伪造 A 的普通的数字签名。由此说明,任何其他的攻击者都难以伪造 A 的普通数字签名。

② 代理签名的不可伪造性:由于 A 和 B 都知道(σ, K),所以,A 和 B 都能生成代理签名。但是除了 A 和 B 以外,其他任何人都难以伪造一个有效的代理签名。

③ 代理签名的可区分性:代理签名(r,s,k)由两部分组成:一部分是普通数字签名 r,s;另一部分是某个数 K。由于代理签名比普通数字签名多出一部分,所以容易将代理签名与普通的数字签名区分开。同理,也可以将不同的代理签名人的代理签名区分开。

④ 不可抵赖性:由于任何人都不能伪造 A 的普通数字签名,所以 A 不能否认他的一个有效的普通签名。由于除了 A 和 B 外,任何人都不能伪造 B 的代理签名,所以 A 和 B 都不能否认一个有效的代理签名(r,s,k)是他们中的某个人生成的。但是,A 和 B 可以互相对有效的代理签名进行抵赖,声称它是由对方而不是由自己产生的,因而此方案被称为是代理非保护型代理签名方案。

⑤ 身份证实性:在这个代理签名体制中,如果 A 向 B 发送了(σ, K)的时候,将 K 和 B 的

身份保存在一起，那么当 A 看到一个有效的代理签名(r,s,k)的时候，就可以通过 K 确认 B 的身份。

⑥ 密钥依赖性：在这个代理签名体制中，代理签名密钥 σ 是 A 的私钥 x_A 的函数值，即它依赖于 x_A。

⑦ 可注销性：A 如果想注销 B 拥有的代理签名密钥 σ，可以向大家广播一条信息（这条信息由 A 签名），宣布 K 不再有效，从而 B 生成的所有代理签名随之失效。

2. 代理保护性 K-P-W 代理签名方案

从上面的分析可以看出，代理非保护型方案中原始签名人与代理签名者均可以产生有效的代理签名，因而不能有效地保护代理签名者的权力。下面的代理保护性 K-P-W 方案能有效保护代理签名者的签名权力。具体过程描述如下（系统主要参数同上面的方案）：

(1) 委托过程

① A 随机地选取一个整数 $k\in Z_q^*$，计算 $K=g^k \bmod p$。

② A 计算 $e=h(K)$。

③ A 计算 $\widetilde{\sigma}=x_A e+k \bmod q$，将$(\widetilde{\sigma},K)$秘密发送给 B。

④ B 计算 $e=h(K)$，验证等式 $g^{\widetilde{\sigma}}=y_A^e K \bmod p$ 是否成立，如果不成立，返回步骤①或终止协议。

⑤ B 计算 $\sigma=\widetilde{\sigma}+x_B \bmod q$。

(2) 代理签名的生成

对信息 m，B 执行如下操作：

① 选择随机数 $n\in Z_q^*$，计算 $r=g^n \bmod p$；

(3) 代理签名的验证

代理签名的接收方收到信息 m 和代理签名(r,s,k)，按下列步骤验证代理签名的有效性。

① 计算 $e=h(K)$。

② 计算 $v=y_A^e y_B K \bmod p$。

③ 验证 $g^m=r^s v^r \bmod p$ 是否成立，如果成立，则代理签名正确。

这时因为：$v=y_A^e y_B K \bmod p=g^{x_A e} g^{x_B} g^k \bmod p=g^{x_A e+k+x_B} \bmod p=g^{\sigma} \bmod p$，即 v 可以看作是 σ 对应的验证公钥。

安全性分析方法类似上一方案，在此不再赘述。

3. 许可证授权 K-P-W 代理签名方案

在这种签名方案中，原始签名人将自己的签名权力以许可证 m_W（证书）的形式授权给代理签名者。m_W 中包含原始签名者 A 的身份 ID_A，代理签名者 B 的身份 ID_B 以及授权期限等信息。原始签名人将 m_W 发送给 B，B 验证后代表 A 行使签名权。具体过程描述如下。

(1) 委托过程

① A 随机地选取一个整数 $k\in Z_q^*$，计算 $K=g^k \bmod p$。

② A 计算 $e=h(m_W,k)$。

③ A 计算 $\widetilde{\sigma}=x_A e+k \bmod q$，将$(m_W,\widetilde{\sigma},K)$秘密发送给 B。

④ B 计算 $e=h(m_W,K)$，验证等式 $g^{\widetilde{\sigma}}=y_A^e K \bmod p$ 是否成立，如果不成立，返回步骤①或

终止协议。

⑤ B 计算 $\sigma=\widetilde{\sigma}+x_B e \bmod q$。

(2) 代理签名的生成

对信息 m,B 执行如下操作：

① 选择随机数 $n\in Z_q^*$,计算 $r=g^n \bmod p$;

② 计算 $s=n^{-1}(m-\sigma r)\bmod(p-1)$

则(r,s,m_W,K)就是B代表A生成的对信息 m 的代理签名。

(3) 代理签名的验证

代理签名的接收方收到信息 m 和代理签名(r,s,m_W,K),按下列步骤验证代理签名的有效性。

① 计算 $e=h(m_W,K)$。

② 计算 $v=(y_A y_B)^e K \bmod p$。

③ 验证 $g^m=r^s v^r \bmod p$ 是否成立,如果成立则代理签名正确。

这是因为:$v=(y_A y_B)^e K \bmod p=g^{x_A e}g^{x_B e}g^k \bmod p=g^{x_A e+x_B e+k} \bmod p=g^{\sigma} \bmod p$,即 v 可以看作是 σ 对应的验证公钥。

4.6.3 基于椭圆曲线的代理签名方案

一般情况下,基于离散对数的签名方案均可以移植到椭圆曲线密码体制中来。下面介绍一种基于椭圆曲线的许可证授权代理签名方案。

1. 初始化过程

① 设 E 是定义在有限域 $GF(q)$上的一条安全的椭圆曲线,使得 E 上的有理点构成的群的阶被一个大素数 n 整除,$n>2^{160}$,$n>4\sqrt{q}$保证椭圆曲线上的有理点的离散对数问题是难解的。

② 选取椭圆曲线 E 上的基点 $G=(x_G,y_G)$,$x_G,y_G\in GF(q)$,$G\in E$,G 的阶为 n,即 $nG=O$,O 为无穷远点。

③ 设系统的两个用户为A和B,A的私钥为 $k_A\in_R Z_n^*$,$P_A=k_A G\in E$,则 P_A 为A的公钥,同样B的私钥为 $k_B\in_R Z_n^*$,公钥为 $P_B=k_B G\in E$。P_A,P_B 在系统内公开,并记为 $P_A=(x_A,y_A)$,$P_B=(x_B,y_B)$。

④ 选择一安全 Hash 函数 $h:\{0,1\}^*\rightarrow Z_n$。

2. 委托过程

① 原始签名人A随机选取一个整数 $k\in Z_n^*$,计算 $K=kG=(x_K,y_K)$,计算 $K_x=x_K \bmod n$。

② A计算 $e_1=h(m_W,K_x,x_B)$。

③ A计算 $\widetilde{\sigma}=k_A e_1+k \bmod n$,将$(m_W,\widetilde{\sigma},K)$秘密发送给B。

④ B收到$(m_W,\widetilde{\sigma},K)$后,首先计算 $e'_1=h(m_W,K_x,x_B)$,然后检验 $\widetilde{\sigma}G=e'_1 P_A+K$ 是否成立;如果不成立,返回①或终止协议;如果成立,接受A的委托 m_W,并计算 $e_2=h(m_W,K_x,x_A)$,代理签名密钥 $\sigma=\widetilde{\sigma}+k_B e_2 \bmod n$。

3. 代理签名的生成

① 对于待签信息 m,B计算 $e=h(m)$。

② 随机选取整数 $k_1\in[1,n-1]$，计算 $k_1G=(x_1,y_1)$。

③ 计算 $r=x_1 \bmod n$，如果 $r=0$；返回②重新选择 k_1。

④ 计算 $s=k_1^{-1}(e+\sigma r)\bmod n$，如果 $s=0$，返回②。

信息 m 的签名为 (r,s,m_W,K)。

4. 代理签名的验证

① 判断 r,s 是否属于 $[1,n-1]$，若不属于，签名无效。

② 计算 $e=h(m)$，$e_1=h(m_W,K_x,x_B)$，$e_2=h(m_W,K_x,x_A)$。

③ 计算 $w=s^{-1}\bmod n$。

④ 计算 $u_1=ew\bmod n$，$u_2=rw\bmod n$。

⑤ 计算 $X=u_1G+u_2(e_1P_A+e_2P_B+K)$，如果 $X=0$，签名无效；否则，由 $X=(x_1,y_1)$ 得 $r'=x_1\bmod n$。

⑥ 若 $r'=r$，签名有效；否则，签名无效。

证明：如果 (r,s) 是 m 的合法签名，则 $s=k_1^{-1}(e+\sigma r)\bmod n\Rightarrow k_1=s^{-1}(e+\sigma r)\bmod n=(s^{-1}e+s^{-1}\sigma r)\bmod n=(u_1+u_2\sigma)\bmod n\Rightarrow k_1G=u_1G+u_2\sigma G$

又因为

$$\sigma=\tilde{\sigma}+k_Be_2\bmod n\Rightarrow \sigma G=\tilde{\sigma}G+k_Be_2G=(k_Ae_1+k)G+e_2k_BG=e_1P_A+K+e_2P_B$$

所以有：$X=u_1G+u_2(e_1P_A+e_2P_B+K)=u_1G+u_2\sigma G=k_1G$

若设 $X=(x_1,y_1)$，则有 $r'=x_1\bmod n$，又因 $r=x_1\bmod n$，故而 $r'=r$。

4.6.4 基于双线性映射的代理签名方案

除了基于离散对数的代理签名方案和基于椭圆曲线的代理签名方案以外，同样可以借助于椭圆曲线上的双线性映射构造代理签名方案。下面介绍一种基于双线性映射的代理签名方案。

1. 系统参数建立

① 生成两个阶为素数 q 的循环群，其中 G_1 为加法群，G_2 为乘法群，e 是一个双线性映射，任意选择生成元 $P\in G_1$。

② 选取 $s\in_R Z_q^*$ 作为主密钥，计算 $P_{P_K}=sP$。

③ 选择安全的 Hash 函数 $h:\{0,1\}^n\rightarrow G_1$ 和 $h_1:\{0,1\}^n\rightarrow Z_q$。

则系统的公开参数为：$(G_1,G_2,e,n,q,P,P_{P_K},h,h_1)$。

④ 用户 A 选择随机数 $s_A\in Z_q^*$ 作为私钥，计算 $P_A=s_AP$ 作为公钥；同样 B 的公私钥对为 (s_B,P_B)。

2. 委托过程

① A 计算 $V=s_Ah(m_W)$，将 (V,m_W) 发送给 B。

② B 收到 (V,m_W) 后，验证 $e(V,P)=e(h(m_W),P_A)$ 是否成立。若不成立，则拒绝接受 A 的委托；否则接受委托，并计算代理签名密钥 $V_W=V+s_Bh(m_W)$。

3. 代理签名生成

B 任意选取 $k\in Z_q^*$，计算 $\tilde{U}=kP$，$\tilde{V}=k^{-1}(h_1(m)P+V_W)$，则代理签名为 $(\tilde{U},\tilde{V},m_W,P_A,P_B)$。

4. 代理签名验证

接收或验证者通过验证等式 $e(\widetilde{U},\widetilde{V})=(e(P,P)^{h_1(m)}e(h(m_W),P_A+P_B)$ 是否成立验证代理签名的有效性。

证明：

$$e(\widetilde{U},\widetilde{V})=e(kP,k^{-1}(h_1(m)P+V_W))=e(P,h_1(m)P+V_W)=e(P,P)^{h_1(m)}e(V_W,P)$$

而

$$e(V_W,P)=e(V+s_Bh(m_W),P)=e(s_Ah(m_W)+s_Bh(m_W),P)=e(h(m_W),(s_A+s_B)P)=e(h(m_W),P_A+P_B)$$

所以：$e(\widetilde{U},\widetilde{V})=e(P,P)^{h_1(m)}e(V_W,P)=e(P,P)^{h_1(m)}e(h(m_W),P_A+P_B)$

除了前面介绍的几种代理签名之外，还可以根据应用的需求提出具有不同特殊功能的代理签名方案，例如：门限代理签名方案、匿名代理签名方案、不可否认代理签名方案、多重代理签名方案、具有接收者的代理签名方案、具有时间戳的代理签名方案、具有信息恢复功能的代理签名方案等，极大地丰富和发展了基本的代理签名方案，推动了电子商务的发展。

4.7　群数字签名

1991 年，Chaum 和 Van Heyst 首次提出了群签名(group signature)的概念。他们是基于下面的一个问题提出的。

一个公司有几台计算机，每台都连在局域网上。公司的每个部门有其自己的打印机，并且只有本部门的人员才能被允许使用其部门的打印机，因此，打印前必须确认用户在哪个部门工作，同时，公司想保密，不可以暴露用户的姓名。然而，如果有人在当天结束时发现打印机使用的太频繁，主管者必须能找出谁滥用了哪台打印机，并给他一个账单。

在群签名中，群成员可以用群体的名义进行匿名签名，验证时能够验证签名者为群中成员所签，但不能确定是哪位成员所签。这种性质就是群签名的匿名性。群签名的匿名性是相对的，当出现争议时，可以由群管理员打开签名，揭示签名人的身份，使得签名人不能否认其签名，称这个性质为群签名的可追踪性。

一般来说，群签名方案由群、群成员、群管理员(group manager，群权威 GA：group authority 或群中心 group center)和签名接受者(或签名验证者组成)。群签名具有如下特点：

① 只有群中的合法用户才能对信息签名，并产生群签名；

② 签名的接收者能验证群签名的有效性；

③ 签名的接收者不能辨认是谁的签名；

④ 一旦发生争论，群签名的权威或组中所有成员的联合可以辨别出签名者。

因而，一个设计合理的群签名方案应满足如下安全性要求。

① 匿名性：给定一个群签名后，对除了唯一的群管理员之外的任何人来说，确定签名人的身份在计算上是不可行的。

② 不可伪造性：只有群成员才能产生有效的群签名，其他任何人都不能伪造有效的群签名。

③ 可跟踪性：群管理员在必要时可以打开群签名以确定出签名人的身份，而且群成员不

能阻止一个合法群签名的打开。

④ 抗联合攻击：即使群成员串通在一起也不能产生一个合法的不能被跟踪的群签名。

⑤ 不关联性：在不打开群签名的情况下，确定两个不同的群签名是否为同一个群成员所签在计算上是困难的。

4.7.1 一个简单的群签名协议

下面介绍一个基于可信第三方的简单的群签名协议。协议描述如下。

① 第三方产生 $n\times m$ 对密钥（公私钥对），然后给每一个成员 m 对互异的密钥。

② 第三方把 $n\times m$ 个公钥用随机的顺序加以公开，作为群体的公钥表；并且第三方记住每一个成员对应哪 m 对密钥。

③ 当群体中某一个成员签名时，从自己的 m 个私钥中随机选择一个进行签名。

④ 验证签名时，用该团体的公钥表进行签名认证即可。

⑤ 当发生争议时，第三方知道密钥对与成员之间的对应关系，所以可以确定出签名者是团体中的哪一个成员。

4.7.2 K-P-W 可变群签名方案

1996 年，Kim，Park 和 Won 提出了一种利用离散对数、RSA 算法和 Hash 函数的群签名方案，简称 K-P-W 可变群签名方案。方案由初始化过程、成员加入过程、签名过程、验证过程、打开过程组成。

1. 初始化过程

系统参数建立：选取 $n=pq=(2kp'+1)(2kq'+1)$，其中 p,q,k,p',q' 为互素的大素数，g 的阶为 k，e 和 d 为整数，满足 $ed\equiv 1(\bmod\varphi(n))$，其中 $\varphi(n)=(p-1)(q-1)$，$\gcd(e,\varphi(n))=1$，h 为安全的 Hash 函数，ID_G 为群管理员的身份 ID。则群公钥为 (n,e,g,k,h,ID_G)；群私钥为 (d,p',q')

2. 成员加入过程

设成员 A 的身份信息为 $\mathrm{ID_A}$，A 随机选取 $k_A\in(0,k)$，计算 $y_A=g^{k_A}\bmod n$，y_A 将作为 A 的公钥，将 $(\mathrm{ID_A},y_A)$ 发送给 GA。GA 计算 $x_A=(\mathrm{ID}_G y_A)^{-d}\bmod n$，并将 x_A 秘密地传送给 A，则 A 的私有密钥为 (k_A,x_A)，同时 GA 保存 $(\mathrm{ID_A},x_A,y_A)$。

3. 签名过程

对于签名信息 m，A 随机的选取整数 $k_1,k_2\in[0,k]$，计算 $V=g^{k_1}k_2^e\bmod n$，$r=h(V,m)$，$s_1=k_1+k_A r\bmod k$，$s_2=k_2 x_A^r\bmod n$，则群签名为 (r,s_1,s_2)

4. 验证过程

接收者收到信息和签名后，计算 $\widetilde{V}=(\mathrm{ID}_G)^r g^{s_1}s_2^e\bmod n$，验证等式 $r=h(\widetilde{V},m)$ 是否成立来确定签名的有效性。若等式成立，签名有效；否则，签名无效。

5. 打开过程

GA 保存有全体成员的信息 (ID_j,x_j,y_j)，其中 $j=\{A,B,\cdots\cdots\}$，$y_j=g^{k_j}\bmod n$。依次验证每个成员的信息，对每一组数据而言，先计算 $\widetilde{k}_2=s_2x_j^{-r}\bmod n$，$V=(\mathrm{ID}_G)^r g^{s_1}s_2^e\bmod n$，检验 $g^{s_1}=V\widetilde{k}_2^{-e}y_j^r\bmod n$ 是否成立，若不成立，换另一对进行试验；若成立，则 $\mathrm{ID_j}$ 就是签名人。

证明：

验证过程：

$$\widetilde{V}=(\mathrm{ID}_G)^r g^{s_1} s_2^e \bmod n=(\mathrm{ID}_G)^r g^{k_1+k_A r}(k_2 x_A^r)^e=(\mathrm{ID}_G)^r y_A^r x_A^{er} g^{k_1} k_2^e=$$
$$(ID_G)^r y_A^r(\mathrm{ID}_G y_A)^{-r} g^{k_1} k_2^e=g^{k_1} k_2^e \bmod n。$$

打开过程：$\widetilde{k}_2=s_2 x_j^{-r} \bmod n, g^{s_1}=g^{k_1} y_j^r \bmod n$。

$V\widetilde{k}_2^{-e} y_j^r \bmod n=g^{k_1} k_2^e(s_2 x_j^{-r}) y_j^r \bmod n=g^{k_1} k_2^e(k_2)^{-e} y_j^r \bmod n=g^{k_1} y_j^r \bmod n$。

方案的安全性分析：

① 当 p' 和 q' 具有相同的比特位时，攻击者可以采用对参数 n 进行因式分解的方法，分解 $n=pq=(2kp'+1)(2kq'+1)$ 只需要 $2^{(|p|-|k|)^2}$ 次整数乘法，这里的 $|x|$ 为 x 的比特位数。

② 在群中成员诚实时，虽然可以识别签名者，但当成员伪造或共谋伪造时，仍然能生成有效的签名。

设群中成员 A 随机地选取两个整数 a 和 b，计算 $k_A=ab \bmod k$ 和 $k'_A=k_A+b \bmod k$，

将 k_A, k'_A 分别作为 A 的两个私钥。相应的公钥为

$$y_A=g^{k_A} \bmod n, y'_A=g^{k'_A} \bmod n$$

从 GA 处秘密获得相应的另外两个私钥 x_A, x'_A，则有：

$$g^{bd} \bmod n=g^{(k'_A-k_A)d} \bmod n=(y'_A)^d(y_A)^{-d} \bmod n=(x'_A)^{-1} x_A \bmod n$$
$$(\mathrm{ID}_G)^{-d}=x_A y_A^d \bmod n=x_A(g^{ab})^d \bmod n=x_A(g^{bd})^a \bmod n$$
$$g^d \bmod n=(g^{bd})^{b^{-1}} \bmod n$$

对于任意的 k_A，由于 A 知道 $(\mathrm{ID}_G)^{-d}$ 和 g^d，故可计算：

$$x_A(x_A=(ID_G y_A)^{-d})=(\mathrm{ID}_G)^{-d}(g^d)^{-k_A})$$

然后可以对任意信息产生有效的签名，而 GA 无法识别签名人的身份。

当群中的两个成员共谋，利用上述办法可以获得其另外的两个私钥，从而产生有效的签名，而 GA 检查签名人的身份时，却找不到与某一身份对应的公钥 y_A，从而无法识别签名人的身份。

③ GA 可以将群成员的有效签名转化为群中其他成员的有效签名，因而此方案不符合不可伪造性。

设 (r, s_1, s_2) 为 A 产生的有效群签名，因为 $x_A=(\mathrm{ID}_G y_A)^{-d} \bmod n$，设另一成员为 B，其私钥为 $x_B=(\mathrm{ID}_G y_B)^{-d} \bmod n$，那么不妨设 $x_B=x_A g^{-\delta} \bmod n$，其中 $\delta=(k_B-k_A)d$，则 $k_B=\delta e+k_A$，$\widetilde{k}_2=s_2 x_B^{-r}=s_2 x_A^{-r} g^{\delta r}=k_2 g^{\delta r} \bmod n$。因为下述身份识别方程成立：

$$g^{s_1}=\widetilde{V} k_2^{-e} y_B^r \bmod n$$

GA 认为群签名是由 B 产生的。

上述方程证明如下：

$$V\widetilde{k}_2^{-e} y_B^r=V(k_2 g^{\delta r})^{-e} g^{k_B r}=g^{k_1} k_2^e(k_2 g^{\delta r})^{-e} g^{k_B r}=g^{k_1+k_A r}=g^{s_1} \bmod n$$

4.8 多重数字签名

4.8.1 多重数字签名概述

随着计算机网络的广泛应用，在一些应用场合，单一的签名和验证已经满足不了需要，如在办公自动化系统中。一个公司的文件，可能需要经过经理、副经理、部门负责人等对一个文件的多重签名。

多重数字签名(digital multisignature)是一种能够实现多个用户对同一信息签名的数字签名方案。根据签名的过程不同，多重数字签名方案可以分为广播多重数字签名方案(broadcasting multisignature)、有序多重数字签名方案(sequential multisignature)。通常用得较多的是有序多重数字签名方案。

一般来说，多重数字签名方案包含信息的发送者(issuer)、信息签名者(signer)、签名验证者(verifier)和签名收集者(collector)。

对于广播多重数字签名方案，首先由信息的发送者将待签名的信息同时发送给每一个签名者进行签名，然后签名者将签名的信息发送给签名的收集者。收集者将签名的信息整理后发给签名的验证者，最后由签名的验证者验证多重签名的有效性。完整的广播多重数字签名方案过程的描述如图 4.4 所示。

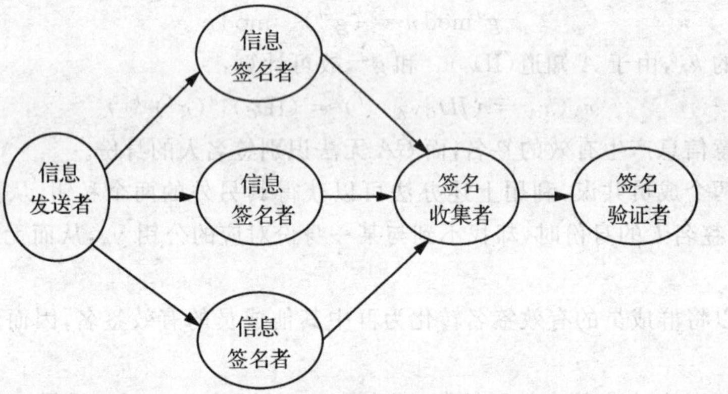

图 4.4 广播多重数字签名方案

在有序多重数字签名方案中，信息的发送者规定了信息的签名顺序，并按此顺序将待签信息一次发送给每一个签名者。除了第一个签名者外，任意一个签名者在签名之前都要验证上一签名者签名的有效性。如果签名无效，则拒绝对信息签名，终止整个签名；若签名有效，则继续签名，并将签名信息发送给下一个签名者。最后，当签名的验证者收到签名信息后，验证多重签名的有效性。完整的有序多重签名方案过程的描述如图 4.5 所示。

一个多重数字签名体制由以下几个部分组成。

① 初始化过程：选定签名体制的参数、用户的密钥等；

② 单个签名人的签名过程：签名人按照协议要求对信息进行签名；

③ 签名产生过程：按照协议要求，产生总的签名；

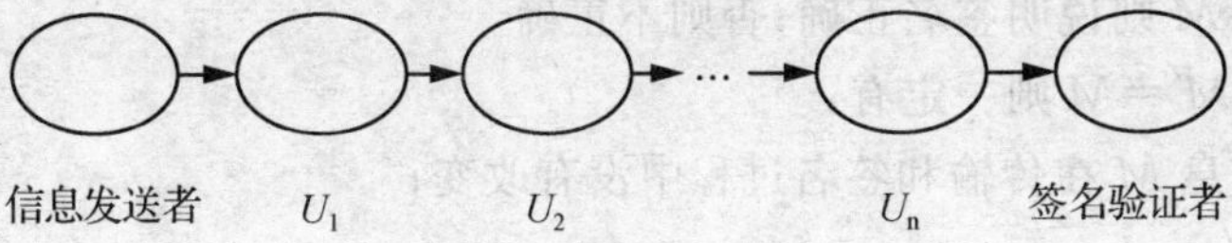

图 4.5　有序多重数字签名方案

④ 签名验证过程：验证人验证签名的有效性。

多重数字签名具有以下安全性质：

① 不可伪造性：除签名组成员共同完成签名外，任何人不可能伪造多重签名，包括签名成员的一部分，也不可能合谋产生有效签名。

② 不诚实签名者的可识别性：如果签名组成员中有不诚实者试图伪造签名，则在签名过程中或验证过程中就能被发现。如果签名组中有不诚实者，那么整个签名不可能完成。

③ 不可否认性：签名一旦形成，签名组全体成员不能否认其签名。

④ 可验证性：接收人或验证人能根据协议要求，检验签名的真伪。

4.8.2　广播多重数字签名

所谓广播多重签名方案，是指在签名过程中，签名组成员之间没有签名的先后顺序，但要求必须有一个签名收集者，最终完成整个签名。下面介绍几种常见的广播多重数字签名方案。

1. 基于 RSA 密钥分割技术的多重数字签名

基于 RSA 密钥分割技术的数字签名，要求签名者将签名密钥进行分割成 n 份，即将签名密钥 d 分割成 $d_1, d_2, \cdots, d_{n-1}, d_n$。然后将这被分割的 n 份签名密钥的每一个 d_i 分发给 $S_1, S_2, \cdots, S_{n-1}, S_n$，$n$ 个签名者，每个签名者分别用收到的 d_i 对签名信息 M 进行签名，然后发给要求签名者，要求签名者用验证密钥进行验证。具体算法如下：

(1) 要求签名者的操作

① 选择两个大素数 p, q，并且计算 $n=p\times q$ 和 $\varphi(n)=(p-1)(q-1)$。

② 选择一个公钥 e 作为验证密钥，并使得 $e, \varphi(n)$ 互为素数，且 $1<e<\varphi(n)$。

③ 由 $ed\equiv 1(\mathrm{mod}(\varphi(n))$，计算私钥 d 作为签名密钥。

④ 将签名密钥 d 分割成 $d_1, d_2, \cdots, d_{n-1}, d_n$，且满足 $d_1+d_2+\cdots+d_{n-1}+d_n=d$。

⑤ 将 $d_1, d_2, \cdots, d_{n-1}, d_n$ 分别分发给签名者 $S_1, S_2, \cdots, S_{n-1}, S_n$。

(2) 签名者的签名操作

① 每个签名者 S_i 收到 d'_i 和收到的信息 M'，计算 $M'^{d'_i}$。

② 将计算得出 $M'^{d'_i}$ 的发给签收集者。

(3) 要求签名者对签名的信息进行验证

① 对收到的每个 $M'^{d'_i}$ 进行以下计算：

$$M'^{d'_1} \times M'^{d'_2} \times \cdots M'^{d'_{n-1}} \times M'^{d'_n} \bmod n = M'^{(d'_1+d'_2+\cdots d'_{n-1}+d'_n)} \bmod n$$
$$= M'^{d'} \bmod n$$

② 计算

$$M' = (M'^{d'} \bmod n)^e$$

③ 判断 $M'=M$

如果 $M'=M$ 则说明签名正确；否则不正确。

这是因为如果 $M'=M$ 则一定有：

① 签名信息 M 在传输和签名过程中没有改变；

② 满足 $d'_i=d_i$。

2. 基于 RSA 密钥非分割技术的多重数字签名

整个系统必须有一个可信赖的子系统。整个操作过程包括可信赖中心的操作计算、签名者进行签名的计算、验证者进行验证的计算。

(1) 可信赖中心的操作

首先可信赖中心 TC 随机的选择两个不同的大素数 p,q，并且计算 $n=p\times q$，n 是一个 RSA 模数，因此有，$\varphi(n)=(p-1)(q-1)$，TC 随机选择一个公钥 e，并使得 $e,\varphi(n)$ 互素，且 $1<e<\varphi(n)$，最后计算私钥 d 使得 $ed\equiv 1(\bmod(\varphi(n))$，同时可信赖中心公布公钥 (n,e)，并将 (d,p,q) 保密。

设 M 为待签的信息，$\mathrm{ID}_i(i=1,2,\cdots,n)$ 表示签名者的身份并且公开。为了使每个签名者 U_i 能对信息 M 签名：

可信赖中心 TC 为每个 U_i 计算：

$$h_i = H(\mathrm{ID}_i)$$

$$s_i = h_i^{-d} \bmod n$$

其中，$H(\mathrm{ID}_i)$ 表示对用户 ID_i 进行 Hash 运算。$h_i^{-d}\bmod n$ 表示对每一个 ID_i 所作的 Hash 值再作数字签名。

做上述运算以后，然后把证书 $(\mathrm{ID}_i s_i)$ 分发给每个签名者 U_i，每个签名者 U_i 计算 $h_i\overset{?}{=}s_i^{-e}(\bmod n)$ 验证证书 (ID_i,S_i) 是否正确。

(2) 签 名

设 U_r 为签名验证者，整个过程如下。

① 每个签名者 $U_i(i=1,2,\cdots,n)$ 随机选一个数 r_i，并计算 $R_i=r_i^e \bmod n$，然后将 R_i 发送给验证者 U_r。

② 接收者 U_r 计算 $T=R_1\times R_2\times\cdots\times R_n \bmod n$，并把 T 广播出去。

③ 每个签名者 U_i 进行以下计算：

a. 计算 $m=H(T,M)$

b. 计算 $D_i=r_i s_i^m \bmod n$

并把 D_i 发送给验证者 U_r。

(3) 验 证

验证者 U_r 计算 $D=D_1D_2\cdots D_n$，将信息 (T,D,m) 作为最后的签名，执行以下操作来验证：

① 计算
$$\begin{aligned}h_1&=H(\mathrm{ID}_1)\\h_2&=H(\mathrm{ID}_2)\\&\vdots\\h_n&=H(\mathrm{ID}_n)\end{aligned}$$

② 计算 $T^*=D^e(h_1h_2\cdots h_n)^m$

③ 计算 $m^*=H(M,T^*)$

④ 验证 $m=m^*$ 是否成立，如果成立，说明签名正确，否则不正确。

【例 4.3】 设 $U_1=1,U_2=1$ 为签名者，U_3 为验证者，试用上述方法实现对信息 $M=5$。设 $H(x)=x,H(a,b)=a\ xor\ b$。

解 U_3 执行以下操作：

① 选择 $p=7,q=11$。

② 计算 $n=p\times q=77$，

$$\varphi(n)=(p-1)(q-1)=6\times 10=60$$

③ 选取公钥 $e=43$ 使得 $e,\varphi(n)$ 互为素数，由 $ed\equiv 1(\bmod\varphi(n))=1$，得私钥 $d=7$。

④ U_1 选择随机数 $r_1=3$，并计算 $R_1=r_1^e \bmod 77=38$，并将 38 发给 U_3。

⑤ U_2 选择随机数 $r_2=5$，并计算 $R_2=r_2^e \bmod 77=26$，并将 26 发给 U_3。

⑥ U_3 计算 $T=R_1R_2 \bmod n=38\times 26 \bmod 77=64$，将 64 发送给 U_1,U_2。

⑦ U_1,U_2 分别计算：

$$m=H(T,M)=64 \text{xor} 5=69$$

$$D_1=r_1 s_1^m \bmod n=3 \bmod 77=3$$

$$D_2=r_2 s_2^m \bmod n=5 \bmod 77=5$$

并将 3,5 发送给验证者 U_3。

⑧ U_3 进行以下计算：

● $h_1=H(U_1)=1,h_2=H(U_2)=1$

● $T^*=D^e(h_1h_2\cdots h_n)^m=15\times 43 \bmod 77=64$

● $m^*=H(M,T^*)=64 \text{xor} 5=69$

● $m^*=m$ 成立，验证成功。

3. ElGamal 型广播多重签名方案

ElGamal 型广播多重数字签名包括如下几个过程：系统初始化、单用户签名的产生、单用户签名的验证、多重签名的产生、多重签名的验证。该方案的参与者包括信息发送者 U_I，签名者 $U_i(i=1,2,\cdots,n)$，签名收集者 U_C 和签名验证者 U_V。整个签名过程描述如下：

(1) 系统初始化

选取大素数 p,g 是 Z_p^* 的一个生成元，h 为单向 Hash 函数。每一位签名者 U_i 的私钥为 $x_i,x_i\in[1,p-1]$，公钥为 $y_i=g^{x_i} \bmod p$。系统公开参数为 (p,g,y_i,h)，私钥 x_i 由相应的签名者秘密保管。

(2) 单用户签名的产生

信息发送者 U_i 将待签信息 m 发送给每一位签名者 U_i。当 U_i 收到待签信息 m 后，做如下工作：

① 随机选取 $k_i\in[1,p-1]$，计算 $r_i=g^{k_i} \bmod p$，并将 r_i 发送给其他的签名者 $U_j(j\neq i)$。

② 计算 $R=\prod_{i=1}^{n} r_i^{r_i} \bmod p, s_i=(R+h(m))x_i-r_ik_i \bmod \varphi(p)$。

③ 将签名信息 $(m,(r_i,s_i))$ 发送给签名收集者 U_C。

(3) 单用户签名的验证

U_C 收到签名信息 $(m,(r_i,s_i))$ 后，做如下验证工作：计算 $R=\prod_{i=1}^{n} r_i^{r_i} \bmod p$，通过验证方程

$r_i^{r_i} g^{s_i} = y_i^{h(m)+R} \bmod p$ 是否成立来判断签名者 U_i 签名的有效性。方程成立，签名有效；否则，签名无效。若签名无效，终止签名；签名有效，U_C 继续产生多重签名。

(4) 多重签名的产生

U_C 计算 $s = s_1 + s_2 + \cdots + s_n$，则多重签名是 $(m,(R,s))$，U_C 将 $(m,(R,s))$ 发送给签名验证者 U_V。

(5) 多重签名的验证

当 U_V 收到 $(m,(R,s))$ 后，通过验证等式

$$Rg^s = \prod_{i=1}^{n} y_i^{h(m)+R} \bmod p$$

是否成立验证签名的有效性。

证明：由单签名验证过程可知 $r_i^{r_i} g^{s_i} = y_i^{h(m)+R} \bmod p$ 成立，又因为 $s = s_1 + s_2 + \cdots + s_n$，所以

$$\prod_{i=1}^{n} y_i^{h(m)+R} = \prod_{i=1}^{n} r_i^{r_i} g^{s_i} = \prod_{i=1}^{n} r_i^{r_i} \prod_{i=1}^{n} g^{s_i} = Rg^{s_1+s_2+\cdots+s_n} = Rg^s \bmod p$$

4.8.3 有序多重数字签名

有序多重数字签名要求所有的签名者按照一定的顺序进行签名，而不是所有签名者分别对某一信息同时签名。有序多重数字签名与普通数字签名相比还具有如下特征：

① 签名的长度与签名人的数目无关；

② 不必知道每个签名者的公钥而使用组公钥就可以验证签名；

③ 签名者必须按照特定的次序一次对信息进行签名，否则无法获得有效的多重签名。

④ 没有所有的签名者的联合操作就获得有效的有序签名，在计算上是不可行的。

1. 基于 RSA 的有序多重数字签名

与 4.6.1 中基于 RSA 密钥非分割技术的广播多重数字签名相似，整个操作过程包括可信赖中心的操作计算、签名者进行签名的计算、验证者进行验证的计算。

(1) 可信赖中心的操作

在此不再详述。

(2) 签名

假设签名的顺序为 $(U_1, U_2, \cdots, U_n)$，为了使 U_i 能够对信息 M 进行签名，需要公布每个签名者的身份 $ID_i (i=1,2,\cdots,n)$ 和签名顺序，在签名者得到签名者顺序后，被签名者按此顺序进行签名，从序号为"1"开始到序号为"n"止。操作步骤如下：

步骤 1：签名者 U_1 随机选择一个数 $r_1 (1 < r_1 < n)$，并计算

① $T_1 = r_1^e \bmod n$

② $m_1 = H(M, T_1)$

③ $D_1 = r_1 s_1^{m_1} \bmod n$

其中，m_1 为签名密钥。它和一般的签名密钥有很大的区别。一般的签名密钥实际上就是原始的密钥，而这里的密钥经过 $r_1^e \bmod n$，$H(M, T_1)$ 两次运算得到，而且其签名密钥与签名信息有关。

步骤 2：将 (T_1, m_1, D_1) 发送给后续签名者 U_2。U_2 首先验证签名的正确性，如果验证正确再作签名，即执行以下步骤

步骤(1)：验证。

① 计算 $f_1=H(ID_1)$

② 计算 $T_1^*=D_1^e\times h_1^{m_1}\bmod n$

③ 计算 $m_1^*=H(M,T_1^*)$

如果 $m_1^*=m_1$ 说明该签名正确，否则签名不正确。如果签名不正确，则终止整个过程。当验证此签名正确后，U_2 执行步骤(2)操作：

步骤(2)：数字签名。

随机地选择一个数 $r_2(1<r_2<n)$，并执行以下计算：

① 计算 $T_2=T_1r_2^e\bmod n$

② 计算 $m_2=H(M,T_2)$

③ 计算 $D_2=D_1r_2s_2^{m_2}\bmod n$

执行以上步骤以后，将(T_2,m_2,D_2,f_1)(其中 $f_1=h_1^{m_1}\bmod n$)发送给签名者 U_3。以此类推下去。

步骤(3)：当签名者 $U_i(2<i<n)$将信息的部分签名(T_i,m_i,D_i,f_{i-1})(其中：$f_{i-1}=f_{i-2}h_{i-1}^{m_{i-1}}$)给签名者 U_{i+1}时，U_{i+1}首先验证信息 M 的签名(T_i,m_i,D_i,f_{i-1})的正确性，即执行以下操作：

① 计算 $h_i=H(ID_i)$

② 计算 $T_i^*=D_i^e\times f_{i-1}h_i^{m_i}\bmod n$

③ 计算 $m_i^*=H(M,T_i^*)$

如果 $m_i^*=m_i$ 说明签名正确，否则不正确。当签名正确以后，签名者 U_{i+1}就继续对 M 进行如下签名操作。

1) 随机的选择一个数 $r_{i+1}(1<r_{i+1}<n)$并执行以下操作：

① 计算 $T_{i+1}=T_ir_{i+1}^e\bmod n$

② 计算 $m_{i+1}=H(M,T_{i+1})$

③ 计算 $D_{i+1}=D_ir_{i+1}s_{i+1}^{m_{i+1}}\bmod n$

④ 计算 $f_i=f_{i-1}h_i^{m_i}\bmod n$

2) 将$(T_{i+1},m_{i+1},D_{i+1},f_i)$发送给下一个签名者 U_{i+2}。

直到传递给 n 个签名者为止。最后得到信息 M 的签名为(T_n,m_n,D_n,f_{n-1})。

(3) 验 证

验证实际上是最后一个签名者，他不作签名，只做验证，而其他签名者需做验证和签名两项。

为了对信息 M 的签名(T_n,m_n,D_n,f_{n-1})的验证，须作如下计算。

① 计算 $h_n=H(ID_n)$。

② 计算 $T_n^*=D_n^e\times f_nh_n^{m_n}\bmod n$。

③ 计算 $m_n^*=H(M,T_n^*)$。

如果 $m_n=M_n^*$ 说明签名正确；否则，说明签名不正确。

【例 4.4】 设用户 u_1,u_2,u_3,u_i，试利用 RSA 的多重签名算法，对 $m=5$ 签名。

解：设签名的顺序为 U_1,U_2,U_3，设 $H(M)=m$，$H(M_1,M_2,\cdots,M_i)=M_1\,\mathrm{xor}\,M_2\,\mathrm{xor}\cdots\mathrm{xor}\,M_i$

其中 xor 表示异或操作。令 $ID_1=ID_2=ID_3=1$。

(1) 可信赖中心进行以下计算：

选择 $p=7,q=11$，

所以有：

$$n = p \times q = 77$$

$$\varphi(n) = (p-1)(q-1) = 6 \times 10 = 60$$

选取公钥 $e=43$ 使得 $e,\varphi(n)$ 互素，由 $ed(\bmod \varphi(n))=1$，得私钥 $d=7$。

由 $h_i=H(ID_i)$ 得：

$$h_1 = H(ID_1) = H(1) = 1$$

$$h_2 = H(ID_2) = H(1) = 1$$

$$h_3 = H(ID_3) = H(1) = 1$$

由式 $s_i=h_i^{-d} \bmod n$ 计算：

$$s_1 = 1^{-7} \bmod 77 = 1$$

$$s_2 = 1^{-7} \bmod 77 = 1$$

$$s_3 = 1^{-7} \bmod 77 = 1$$

可信赖中心把如 (ID_i, S_i) 的证书，(1,1)，(1,1)，(1,1) 分发给 U_1,U_2,U_3。

(2) 按序签名

步骤 1：签名者 U_1 随机选择 $r_1=2$，计算：

① $T_1=r_1^e \bmod n=2^{43} \bmod 77=30$

② $m_1=H(M,T_1)=30 \text{xor} 5=27$

③ $D_1=r_1 s_1^{m_1} \bmod n=2 \bmod 77=2$

步骤 2：将(30,27,2)发送给后续签名者 U_2。U_2 首先验证签名正确性，验证步骤如下：

① $h_1=H(ID_1)=1$

② $T_1^*=D_1^e h_1^{m_1} \bmod n=2^{43} \bmod 77=30$

③ $m_1^*=H(M,T_1^*)=30 \text{xor} 5=27$

可知 $m_1^*=m_1$，说明该签名正确。之后，U_2 所如下操作。

选择 $r_2=2$ 并执行以下操作：

$$① \ T_2 = T_1 r_2^e \bmod n = 30 \times 2^{43} \bmod 77 = 53$$

$$② \ m_2 = H(M,T_2) = 53 \text{xor} 5 = 48$$

$$③ \ D_2 = D_1 r_2 s_2^{m_2} \bmod n = 2 \times 2 \bmod 77 = 4$$

$$④ \ f_1 = h_1^{m_1} \bmod n = 1 \bmod 77 = 1$$

执行以上步骤以后，将(53,48,4,1)发送给签名者 U_3。

步骤 3：当签名者 U_3 得到(53,48,4,1)，U_3 首先验证，即执行以下操作：

① $h_2=H(ID_2)=1$

② $T_2^*=D_2^e \times f_1 h_2^{m_2} \bmod n=4^{43} \bmod 77=53$

③ $m_2^*=H(M,T_2^*)=53 \text{xor} 5=48$

因为 $m_2=m_2^*$，所以 U_3 继续对 M 进行如下签名操作。

(1) 随机选择一个数 5，并执行以下操作：

① $T_3 = T_2 r_3^e \bmod n = 53 \times 4^{43} \bmod 77 = 69$

② $m_3 = H(M, T_3) = 69 \text{xor} 5 = 64$

③ $D_3 = D_2 r_3 s_3^{m_3} \bmod n = 4 \times 5 \bmod 77 = 20$

④ $f_2 = f_1 h^{m_2} \bmod n = 1$

(2) 验　证

其步骤如下：

① $h_3 = H(\mathrm{ID}_3) = 1$

② $T_3^* = D_3^e f_3 h_3^{m_3} = 20^{43} \bmod 77 = 69$

③ $m_3^* = H(M, T_3^*) = 48 \text{xor} 5 = 64$

所以 $m_3^* = m_3$

2. E. l. Gamal 型有序多重数字签名

E. l. Gamal 有序多重数字签名包括系统初始化、签名及签名验证三个过程。整个签名过程描述如下。

(1) 系统初始化

参数生成方法同 E. l. Gamal 广播型多重数字签名。区别是 U_I 事先规定了签名的顺序，不妨设签名的顺序为 $(U_1, U_2, \cdots, U_i)$，并将这种签名顺序发送给每一位签名者和签名验证者 U_V。

(2) 签　名

签名者 U_i 收到上一签名者发送的待签信息后 $(m, (s_{i-1}, r_{i-1}))$ 后 $(s_0 = 0)$，首先对签名信息进行验证，然后执行如下操作：

① 随机选取 $k_i \in [1, p-1]$，计算 $r_i = g^{k_i} \bmod p$，$s_i = s_{i-1} + h(m) x_i - r_i k_i \bmod \varphi(p)$。

② 将签名信息 $(m, (s_i, r_i))$ 发送给下一个签名者 U_{i+1}。

③ 将 r_i 发送给 U_i 以后的签名者和签名验证者 U_V。

(3) 验 证

对于 U_i 通过验证等式

$g^{s_{i-1}} \prod_{j=1}^{i-1} r_j^{r_j} = \prod_{j=1}^{i-1} y_j^{h(m)} \bmod p$ 是否成立，验证签名的有效性。若等式成立，则有效；否则无效。

对于 U_V，通过验证等式 $g^{s_n} \prod_{j-1}^{n} r_j^{r_j} = \prod_{j-1}^{n} y_j^{h(m)} \bmod p$ 是否成立，来验证 $(U_1, U_2, \cdots, U_n)$ 签名的有效性。若等式成立则签名有效；否则签名无效。

证明：

由递推关系式 $s_i = s_{i-1} + h(m) x_i - r_i k_i \bmod \varphi(p)$ 得 $s_i = s_0 \sum_{j=1}^{i} (h(m) x_j - r_j k_j) \bmod \varphi(p)$，

变形后得：

$$s_0 + \sum_{j=1}^{i} h(m) x_j = \sum_{j=1}^{i} h(m) x_j = \sum_{j=1}^{i} r_j k_j + s_i \bmod \varphi(p)$$

对任意的 i，下面的等式成立：

$$g^{\sum_{j=1}^{i} r_j k_j + s_i \bmod \varphi(p)} = g^{\sum_{j=1}^{i} h(m) x_j \bmod \varphi(p)}$$

即 $g^{s_i} \sum_{j=1}^{i} r_j^{r_j} = \sum_{j=1}^{i} y_j^{h(m)} \bmod p$

因为 i 是任意的，故上式证明了 E.l.Gamal 方案的正确性。

4.9 不可否认数字签名

一般的数字签名方案，数字签名能被准确复制，而且可以被任何人进行验证。这种特性对类似于公开宣传品发布的应用场景是适合的，但对于某些特殊的应用领域，如私人签名信件的验证、商业函件的验证等并不适合，因为这些私人信息是不希望其他人验证的。由此产生了不可否认数字签名。

所谓不可否认数字签名，是指在无签字者的配合下，不可能验证签名有效性的一种签名方案。如果确实是签字者的数字签名，而签字者又拒绝合作时，可以在法庭等第三方监督下，启用否认协议(disavowal protocol)，以证明签名的真假。如果对方拒绝参与否认协议，那么，就是他签名的；如果不是他签名的，否认协议可以确认他没有签名。

下面介绍一种基于离散对数的不可否认数字签名方案。

4.9.1 参数生成

1. 全局参数

选择两个大素数 p,q，满足 $p=2q+1$，在 Z_p^* 中构造一个 q 阶乘法子群 G。g 是 Z_p^* 的一个生成元。

2. 用户密钥

随机选取 $x\in[1,q-1]$ 作为用户的私钥，计算 $y=g^x \bmod p$ 作为用户的公钥。

4.9.2 签名过程

对待签信息 m，计算 $s=m^x \bmod p$，s 就是签字者对 m 的数字签名。无签字者配合的情况下，签名 s 不能被证实。

4.9.3 签名验证

① 接收者收到信息和签名(m,s)。

② 接收者选择两个随机数 $a,b\in[0,p]$。

③ 接收者计算 $c=s^a y^b \bmod p$，将 c 发送给签名者。

④ 签名者计算 $d=c^{x^{-1} \bmod q} \bmod p$，将 d 发送给接收签名的用户。

⑤ 接收者通过验证下面的等式是否成立验证签名的有效性。

$$d = m^a g^b \bmod p$$

证明：$d=c^{x^{-1} \bmod q} \bmod p=(s^a y^b)^{x^{-1} \bmod q} \bmod p=s^{ax^{-1}} y^{bx^{-1}} \bmod p$

又因为：$y=g^x \bmod p \Rightarrow y^{x^{-1}}=g \bmod p$；$s=m^x \bmod p \Rightarrow s^{x^{-1}}=m \bmod p$

因而：$d=c^{x^{-1} \bmod q} \bmod p=s^{ax^{-1}} y^{bx^{-1}} \bmod p=m^a g^b \bmod p$，证毕。

4.9.4 否认协议

如果签名者拒绝配合验证过程，就需要启动否认协议来确定签名的有效性，在第三方的监督下使用否认协议。如果签名者还是拒绝参加否认协议，那么应该判定签名确实是他签署的。

1. 否认协议过程

① 接收者选择两个随机数 $a,b\in[0,p]$。

② 接收者计算 $c=s^a y^b \bmod p$，将 c 发送给签名者。

③ 签名者计算 $d=c^{x^{-1}\bmod q} \bmod p$，将 d 发送接收者。

④ 接收者验证：$d=m^a g^b \bmod p$。若等式成立，签名有效，终止协议。

⑤ 接收者再选择两个随机数 $i,j\in[0,p]$。

⑥ 接收者计算 $C=s^i y^j \bmod p$，将 C 发送给签名者。

⑦ 签名者计算 $D=C^{x^{-1}\bmod q} \bmod p$，将 D 发送接收者。

⑧ 接收者验证：$D=m^i g^j \bmod p$。若等式成立，签名有效，终止协议。

⑨ 接收者判定，如果下述等式成立，签名无效；否则签名有效。

$$(dg^{-b})^i = (Dg^{-j})^a \bmod p$$

2. 否认协议的功能

① 签名者可以有证据说明接收签名人提供的签字是伪造的。

② 接收签名人提供的签名者所签的字不可能（概率极小）被签名者证明是伪造的。

对以上功能说明如下：

由否认协议的第②③步，即 $c=s^a y^b \bmod p$，$d=c^{x^{-1}\bmod q} \bmod p$，因此有：

$$(dg^{-b})^i = (c^{x^{-1}}g^{-b})^i = s^{aix^{-1}}y^{bix^{-1}}g^{-bi} \bmod p = m^{ai}g^{bi-bi} \bmod p = m^{ai} \bmod p$$

同理，使用否认协议⑥⑦，也可以计算 $(Dg^{-j})^a = m^{ai} \bmod p$，也就是说否认协议的第⑨步的等式成立。如果签名合法，否认协议的第④，⑧步应该终止协议，现在执行到了第⑨步，所以可以证明签字是伪造的。

如果签名者要否认他自己的数字签名，他只好在执行否认协议时采取措施，如不遵守协议的第③，⑦步，即 $d\neq c^{x^{-1}\bmod q} \bmod p$，$D\neq C^{x^{-1}\bmod q} \bmod p$，在满足此条件的情况下通过第⑨步的否认协议是相当困难的，即 $(dg^{-b})^i\neq(Dg^{-j})^a \bmod p$ 的概率为 $(1-1/q)\to 1$。

4.10　失败-终止数字签名

失败-终止数字签名最初是由 B. Pfitzmann 和 M. Waidner 于 1991 年提出的一种经过安全性强化的数字签名方案。其目的在于防范有强大计算资源的攻击者，即在攻击者分析出密钥的条件下，也难以伪造出签字者的签名。

其基本原理是：对每个可能的公开密钥，对应着很多私有密钥，它们都可以正常工作。而签名者仅仅持有，并知道私有密钥中的一个；所以强大的攻击者恢复出来的私有密钥刚好是签名者持有的私有密钥的概率是相当小的。而不同的私有密钥产生的签名是不相同的，以此可以鉴别出伪造者的签名。

下面介绍一种由 van Heijst-Pedersen 提出的基于离散对数的失败-终止数字签名。

4.10.1　参数生成

1. 全局参数

选择两个大素数 p,q，满足 $q|(p-1)$。在 Z_p^* 中构造一个 q 阶乘法子群 G。g 是 Z_p^* 的一个生成元。

可信第三方选取秘密密钥 $x\in[1,q-1]$，计算 $y=g^x \bmod p$ 作为公开密钥。第三方公开 (p,q,g,y) 作为全局公开参数，x 对所有人保密。

2. 签名者产生私钥参数 (a_1,a_2,b_1,b_2)

随机选取 $a_1,a_2,b_1,b_2\in[0,q-1]$ 作为签名者的私钥参数。

3. 签名者产生公钥参数 (r_1,r_2)

$$r_1 = g^{a_1} y^{a_2} \bmod p;r_2 = g^{b_1} y^{b_2} \bmod p$$

4.10.2 签名过程

对待签信息 m，计算：$s_1=(a_1+mb_1)\bmod q$，$s_2=(a_2+mb_2)\bmod q$，则信息 m 的数字签名为 $S=(s_1,s_2)$。

4.10.3 验证过程

接收者收到信息 m 和签名 $S=(s_1,s_2)$ 后，计算：

$v_1=r_1 r_2^m \bmod p$；$v_2=g^{s_1} y^{s_2} \bmod p$；若 $v_1=v_2$，签名有效；否则，签名无效。

证明：

$$v_1 = r_1 r_2^m \bmod p = g^{a_1} y^{a_2} (g^{b_1} y^{b_2})^m \bmod p = g^{a_1+b_1 m} y^{a_2+b_2 m} \bmod p = g^{s_1} y^{s_2} \bmod p = v_2$$

有关该数字签名方案的几个结论介绍如下。假设签名者的私钥为 (a_1,a_2,b_1,b_2)。

① 存在 q^2 个四元组 (a'_1,a'_2,b'_1,b'_2)，其中 $a'_1,a'_2,b'_1,b'_2\in[0,q-1]$，都可以求解产生相同的 (r_1,r_2)。

② 把上述 q^2 个四元组构成集合 T，那么对任意信息 $m\in Z_q$ 和相同的公钥参数 (r_1,r_2)，用上述签名算法对信息 m 签名。T 中有 q 个元素可以产生相同的签名 S。用 T 中的所有元素对 m 签名，可以产生 q 个不同的 S。

③ 对于信息 $m'\neq m$，T 中有 q 个四元组对 m 产生相同的签名，而这 q 个四元组对信息 m' 产生 q 个不同的签名。

4.10.4 对伪造的证明算法

若攻击者对信息 m 产生了伪造的数字签名 $S'=(s'_1,s'_2)$，用下面的过程判断签名 S' 的真伪。

① 签名者用前面的签名算法产生自己的真实签名 $S=(s_1,s_2)$。

② 若 $S=S'$，签名是真实的，终止算法。

③ 计算 $x=(s_1-s'_1)/(s_2-s'_2)\bmod q$。

因为 $S=S'$ 的概率为 $1/q$，所以可以排除两者相等的情况，由于为 S,S' 的签名都是验证有效的，即：

$$r_1 r_2^m \bmod p = g^{s_1} y^{s_2} \bmod p = s^{s'_1} y^{s'_2} \bmod p \Rightarrow g^{s_1} g^{xs_2} \bmod p = g^{s'_1} g^{xs'_2} \bmod p$$

$$\Rightarrow g^{s_1+xs_2} \bmod p = g^{s'_1+xs'_2} \bmod p \Rightarrow x = (s_1 - s'_1)/(s'_2 - s_2)\bmod q$$

因为参数 x 是由第三方持有并保密的秘密数据，签名者不可能知道，所以可以证明 S' 是伪造的。

4.11 其他具有特殊用途的数字签名方案

随着电子商务的不断发展，新的应用层出不穷，研究者们针对不同的应用需求，提出了许多带有特殊附加功能的数字签名方案，例如批量签名、同时签名、指定确定人的数字签名、前向安全数字签名等。本节对它们给予简单介绍。

4.11.1 批量签名

批量签名(batch signature)是指能够用一次签名动作，完成对若干个不同信息的签名，并且以后可以对每一条信息进行独立认证的签名技术。批量签名提高了数字签名的效率，在电子商务的某些领域有着较好的应用。下面介绍一种基于 RSA 算法的 Batch RSA 签名方案。

整个签名过程可以分为三个阶段：

① 把若干个信息合并成一条待签名的信息 M。

② 对信息 M 签名。

③ 在总的签名结果上划分出每一条信息的签名。

具体过程描述如下(设待签信息为 m_1, m_2，相应的公钥指数为 e_1, e_2)。

① 计算公钥 $E=e_1 \cdot e_2$，然后合并信息 $M=m_1^{E/e_1} \cdot m_2^{E/e_2} \bmod n$。

② 对信息 M 签名：$S=M^{1/E} \bmod n$，即 $S=m_1^{1/e_1} m_2^{1/e_2} \bmod n$。

③ 划分出每一条信息的签名。

先求出 X，满足 $X=0 \bmod e_1$，$X=1 \bmod e_2$ 则 m_2 的签名为：

$$m_2^{1/e_2} \bmod n = S^X / (m_1^{X/e_1} m_2^{(x-1)/e_2}) \bmod n$$

$$m_1 \text{ 的签名为：} m_1^{1/e_1} \bmod n = S / m_2^{1/e_2} \bmod n$$

上面每一条信息的签名都是 RSA 签名，可以用 RSA 验证算法进行验证。

4.11.2 同时签约

在商务应用中，如果签约双方同意签约，但是双方都希望同时签署。这在实际生活中是比较容易实现的；但是在网络环境中，签约双方不可能如日常生活中那样面对面签约，所以需要特定的技术加以解决，于是产生了同时签约(simultaneous contract signing)技术。

1. 有仲裁者的同时签约

假设签约双方 A 和 B 不是面对面的，可以引入一个公正的第三方——仲裁者，此时同时签约就很好解决。具体过程如下。

① A 签署合同的一份副本，并发送给仲裁者。

② B 也签署合同的一份副本，并发送给仲裁者。

③ 仲裁者给 A,B 各发送信息通知，指明双方都已经签约。

④ A 签署合同的两份副本，并都发送给 B。

⑤ B 签署两份收到的合同副本并都进行签名，然后一份自己保存，一份发送给 A。

⑥ A,B 都通知仲裁者，各自拥有了双方签署的合同文件。

⑦ 仲裁者销毁最初两份仅有一个签名的合同副本。

在上述协议中的第③步之前，仲裁者可以保证双方都不受合约的约束。在此之后，A,B

双方任何一方不继续进行上述协议，另一方都可以向仲裁者索要有对方单独签名的合同副本，以此保证了双方都受到约束。

2. 无仲裁者的同时签约

下面介绍一种不需仲裁者的基于概率方式的同时签约协议。协议双方 A，B 通过交换一系列经过签名的信息。信息中写明“我同意以概率 p 的程度接受该合约”，双方通过不断地增加 p 值来最终完成合同的签署。

① 双方确定一个对方都接受的概率差，例如 A 决定每一次以增加概率 a 接受合约，B 以每一次增加概率 b 接受合约。

② A、B 双方商定在某个时刻 T 之前完成合约签署。

③ A 向 B 发送已经签署的信息，接受概率 $p=a$。

④ B 签署信息并发送给 A，信息中注明接受概率 $p=a+b$。

⑤ 当 $p<1$ 时，A 每一次都把接受概率增加 a，签署信息发送给 B。

⑥ 当 $p<1$ 时，B 每一次都把接受概率增加 b，签署信息发送给 A。

⑦ 步骤⑤ ⑥交替进行，直到双方都接收到 $p=1$ 的信息，此时双方都承认合同生效，或者超过了规定的时间，合同签署失败。

通过上述协议，双方都有对方以某个概率值承认的签约合同。这就防止了一方对另一方的欺骗。假设 A 突然终止协议，B 可以申请仲裁者解决。仲裁者可以在看 B 提交的 A 方最后一份签署信息之前，随机在 0～1 之间选择一个概率值 p'，设 A 方最后一份签署信息的概率值为 p，若 $p>p'$，双方都受合同约束；否则双方都不受约束。

除了使用概率方式的无仲裁同时签约外，还有许多基于其他技术的同时签约协议，如基于不经意传送协议的同时签约等，在此不详细论述。

3. 指定确认人的签名

在某些实际应用中，签名者不希望参与烦琐的签名验证过程，而是想让指定的某个人来负责签名验证，由此产生了指定确认人的数字签名。

指定确认人的数字签名是普通数字签名与不可否认数字签名的折中。

普通数字签名是任何人都可以验证签名是否有效，这是签名者不希望的；另一方面，如果其他人不能验证签名的有效性，那么签名者就可以随意抵赖，这又违背了数字签名的最终目的。所以，引入指定确认人的数字签名，一方面可以保护签名者，同时又克服了签名者滥用签名；另一方面，当发生一些意外时，确认人可以保护签名者，如签名者在某时确实把私钥丢失或发生人身意外，此时确认人知道该段时间内发生的签名是非法的。

为了保证公证性，指定确认人中的确认人一般是指版权事务所、政府机构等承担。

4. 前向安全数字签名

在普通的数字签名中，一旦密钥泄漏，别人可以用你的密钥签署任何文件，而前向安全数字签名是一种可以防止别人使用你的密钥签署你以前文件的数字签名技术。

其基本思想如下：

验证签名使用固定的公钥参数 PK；而用于签名的私钥按不同的时期分为若干个：SK_1，SK_2，…，SK_T，也就是说，这若干个私钥对应于同一个公钥。有一个公开的单向函数 h 作用于私钥：$SK_i=h(SK_{i-1})$。即使攻击者获得了第 i 时期的私钥 SK_i，也不能恢复以前的私钥参数 SK_1，SK_2，…，SK_{i-1}，因而攻击者不能签署第 i 时期以前的文件。

随着电子商务应用的不断发展，数字签名研究的不断深入，将会有更多的具有不同特殊功能的数字签名涌现出来。

习　题

1. 数字签名应达到的目标是什么？

2. 试述数字签名的过程。

3. 验证者是通过签名者的什么信息验证签名有效性的？

4. 使用离散对数(DL)写出多重数字签名算法。

5. 设现有用户 U_1，U_2 和 U_3，利用 RSA 算法写出对 $M=5$ 的有序多重签名和广播多重签名。

6. 基于身份的数字签名与传统的数字签名方法相比有什么特点？如何防止 KGC 伪造签名用户的签名？

7. 什么是盲签名？举例说明盲签名主要应用于哪些应用领域？

8. 代理签名有什么特点？主要应用于哪些应用领域？

9. 代理保护型代理签名是如何防止原始签名者和代理签名者相互抵赖，从而保护代理签名者的代理签名权力的？

10. 什么是群数字签名？群签名有什么特点？主要应用于哪些应用领域？

11. 什么是多重数字签名？多重数字签名主要有哪些类别？主要用于哪些实际应用？

12. 什么是不可否认数字签名及失败-终止数字签名？它们主要用于哪些实际应用？

13. 考察现有的网络应用，分析在实际应用中还需要哪些具有特殊功能的数字签名？

第 5 章 身份认证

5.1 概 述

5.1.1 引 言

在计算机网络系统中，加密是为了保证数据传输的机密性，即防止被动攻击，而仅有机密性还不能保证数据传输的安全性。例如，在实际应用中，陌生用户 A 和用户 B 之间虽然可以有一条专用的绝对安全的秘密通道，在未解决对方是谁的情况下（也就是身份认证），他们是不敢将自己的机密数据传送给对方的。另外，在仅有机密性的应用中，也不能有效地防止中间人攻击。例如，两个合法用户 A 和 B 进行数据通信，假如发起方为 A，接收方是 B，A 告诉 B 发送信息给我，实际上是执行：

A→B："发送信息给 A"。

如果这条信息被一个非法用户 C 拦截后，将发送的信息修改为"发送信息给 C"，这样本应该发送给合法用户 A 的信息，结果被一个非法用户欺骗后，错误地发送给了非法用户 C。之所以会造成这样的信息误传，就是因为在数据传输之前没有进行必要的身份认证。

本章首先介绍身份认证的基本原理，然后介绍基于口令的身份认证技术、基本的身份认证协议、零知识证明技术及智能卡等其他相关认证技术。

5.1.2 身份认证的目标

身份认证是信息安全的基础，是数据传输和资源访问的首要步骤，广泛用于对资源的存取控制、安全信道的建立以及移动通信中的收费管理等各种应用领域。

身份认证必须保证协议的一方（认证方）确信另一方（声称者）所声称的身份。具体地讲，身份认证协议应达到以下目标。

① 身份认证性：对诚实方 A 和 B 而言，A 可成功地向 B 认证他自己，即 B 完成协议接收 A 的身份。

② 不可传递性：B 不能重新使用已识别的 A 的身份信息成功地向第三方 C 假冒 A。

③ 不可假冒性：任何不同于 A 的实体 C 执行协议并担当 A 的角色，使得 B 接收 A 的身份的概率可以忽略不计。

即使 A 和 B 之间的大量认证信息被观察到；敌手 C 参与了与 A 和 B 一方或双方的上述协议的执行；由 C 发起的协议的多个实例可能同时运行，上述三点恒为真。

5.1.3 身份认证的基础

要实现有效的身份认证，取决于各种不同的因素，最常见的因素有以下 3 种。

① 已知事物：例如标准口令（有时用于得到一个对称密钥）、个人识别码（PIN）、公钥体制中用户的私钥以及在挑战-响应协议中已被证实的秘密或密钥等。

② 已拥有事物：例如信用卡、智能卡以及提供按时间变化的手持式口令生成器等。

③ 固有事物：例如手写签名、指纹、声音、视网膜模式、手的几何特征等。

口令认证称为单因素认证。如果有人知道了你的口令，就可以访问所有用这个口令保护的任何内容。而令牌认证就是双因素认证。要使用令牌认证，需要有令牌（你有某事物）和正确的 PIN（你知道某事物）。

5.2 信息新鲜性保证技术

身份认证协议就是参与协议的一方通过获得必要的证据确信参与协议的第二方的身份，并确信第二方真正参与了该协议的一个过程。因此身份认证协议必须保证协议双方在获得证据之时或之前是活动的，发送的信息是新鲜的。这种主体活动性和信息新鲜性是防止重放攻击，避免主动攻击的主要措施。

重放攻击是主动攻击的主要手段之一，如不加以防范，不仅可以使攻击者获得会话密钥，而且还有可能中断正常的操作。重放攻击具有以下几种方式。

① 简单重放：攻击者简单地复制信息，经过一段时间后，再重放原来的信息。

② 合理时间内重放：攻击者在一个有效的时间内，重放一个含有合理时间戳的信息。

③ 反射式重放：攻击者将重放信息重新返回给发送者。重放信息返回到发送者后，发送者很难区别是自己发送的信息还是接收到别人信息。

为了有效地避免重放攻击，在身份认证协议中常采用挑战-响应（或称为询问-应答）机制、时间戳机制以及序列号机制三种技术。

5.2.1 挑战-响应机制

在挑战-响应机制中，认证者 B 首先生成一个足够大的一次性随机数 N_B，发送给声称者 A 作为挑战信息。A 收到挑战信息后，用 A、B 的共享密钥的秘密密钥对一次性随机数进行加密操作，将结果返回给 B。B 通过验证自己输入信息的新鲜性来认证 A 的真实性。这种信息新鲜性机制通常具有如下形式：

① $B \rightarrow A: N_B$。

② $A \rightarrow B: E_{K_{AB}}(M, N_B)$。

③ B 解密接收到的密文，如果 B 看到 N_B，就认为接收到的信息 M 是新鲜的，否则有可能是重放的信息，拒绝接受该信息。

这种信息新鲜性机制的直观基础是 B 确信 A 的密码操作肯定是在接收到 B 的一次性随机数之后进行的。这是因为 B 的一次性随机数是在一个足够大的空间中抽样得到的，所以没有人能够在抽样之前预测该值。

在某些不需要提供机密性或加密算法受到限制的应用中，可以通过使用篡改检测码 MAC（MAC 可以通过单向 Hash 等来实现）来实现信息新鲜性保证。基于 MAC 的信息新鲜性机制通常具有如下形式。

① $B \rightarrow A: N_B$；

② A→B：M，MAC(K_{AB}，M，N_B)；

③ B 用 K_{AB}、N_B 和接收到的 M 重构 MAC(K_{AB}，M，N_B)。如果重构的 MAC 与接收到的 MAC 相等，就认为接收到的信息 M 是新鲜的；否则有可能是重放的信息，拒绝接受该信息。

信息新鲜性保证也可以通过非对称密码技术来实现。其机制如下。

① B→A：N_B；

② A→B：M，$\mathrm{sig}_{SK_A}(M,N_B)$

③ B 使用他的一次性随机数验证签名。如果通过了签名验证，就认为信息是新鲜的；否则，信息有可能是重放的，拒绝接受该信息。

在这种机制中，不但可以验证信息的新鲜性，还具有防止发送方抵赖的作用。但要注意的是，A 必须能够自由地选择信息 M。其目的是防止 B 用该机制来欺骗 A 使他不经意地为 B 精心准备好的信息签名。例如，B 可能已经按照下面的方式准备了"一次性随机数"诱使 A 对该信息签名。

$N_B = h$(从 A 的账户取 10 000 元转入 B 的号码为 12345 的账户)

5.2.2 时戳机制

在时戳机制中，A 把当前时间通过密码操作合成到他的信息中，以此来防止重放攻击，实现信息新鲜性保证。基于共享密钥的时戳机制描述如下：

① A→B：$E_{K_{AB}}(M,T_A)$。

式中 T_A 表示 A 在合成他创建的信息时创建的时戳。

② B 解密密文分组。如果他认为 T_A 是有效的，就认为接收到的信息 M 是新鲜的；否则有可能是重放的信息，拒绝接受该信息。

时戳机制避免了交互的需求，因而适用于不涉及交互的应用。例如电子邮件中的应用。然而，时戳机制的缺点在于需要同步时钟，并且必须对时钟进行安全维护。这在某些应用中可能比较难以实现。

同挑战-响应机制类似，时戳机制也可以通过 MAC 或签名机制来实现。

使用 MAC 实现的时戳机制描述如下。

① A→B：M，T_A，MAC(K_{AB}，M，T_A)。

② B 用 K_{AB}，M 和接收到的 T_A 重构 MAC(K_{AB}，M，T_A)，如果重构的 MAC 与接收到的 MAC 相等且收到的 T_A 是有效的，就认为接收到的信息 M 是新鲜的；否则有可能是重放的信息，拒绝接受该信息。

使用数字签名实现的时戳机制描述如下。

① A→B：$\mathrm{Sig}_{SK_A}(M,T_A)$。

② B 验证签名，如果签名验证通过，并且 T_A 是有效的，接收到的信息 M 是新鲜的；否则接收到的信息有可能是重放的，拒绝接受。

5.2.3 序列号机制

在序列号机制中，A 和 B 维护某个同步的序列号，这样序列号 N_A 应该以一种 B 知道的方式增加。在对序列号成功地接收和验证之后，两个主体中的每一方都应该将序列号管理器更新到某个新的状态。

序列号的使用方式与时间戳方式相同，只不过是将其中的 T_A 更改为 N_A。

序列号机制有两个缺点。首先，对于每一个可能存在的通信方都必须维护一系列的状态信息。这在开放环境下的应用中可能比较困难。这种环境下一个主体可能会与其他多个主体进行通信，因而一次序列号机制在规模上不可能很大。其次，管理序列号在通信出错的时候会很麻烦。这种错误可能真正是通信传输的错误，也可能是人为的（例如，拒绝服务攻击造成的）。

因为认证协议一般是无状态的，因而在认证协议中不主张使用序列号机制来实现信息新鲜性保证。

5.3　基于口令的身份认证技术

口令是最常用的身份认证方式。由于口令简单易记，在远程访问计算机系统的“用户－主机”模式中，广泛应用基于口令的认证。

5.3.1　基于明文口令的认证方式

基于明文口令认证方式的基本思路是，与每个用户相关联的口令充当用户和认证系统（AS）共享的秘密。为了访问系统资源（如打印机、软件应用程序以及计算机账户等），用户需输入一个（用户 ID，口令）对，AS 系统检查口令是否与系统存储的相应用户的口令相匹配。如果匹配，批准声明的用户访问系统资源。

基于明文口令认证方式的缺点如下：

① 对于特权内部用户或超级用户，拥有对口令的完全访问权，因而不能保护用户的口令安全；

② 口令以明文方式传输，不能防止被动攻击；

③ 口令以明文方式存储，必须考虑存储介质的安全性。

由于明文口令方式存在着很大的不足，在一般的商务应用中，很少采用明文口令的认证方式。

5.3.2　基于密文口令的认证方式

基于密文口令的认证方式的基本思路是，用每个用户口令的单向函数（也称为口令摘要）代替口令本身进行存储，如图 5.1 所示。为了访问系统资源，用户需输入一个（用户 ID，口令）对；然后，用户终端计算用户的口令摘要，将（用户 ID，口令摘要）传送到 AS 系统。AS 系统检查口令摘要是否与系统存储的相应用户的口令摘要相匹配。如果匹配，批准声明的用户访问系统资源。

基于密文口令的认证方式可以描述如下。

① $A \rightarrow AS: ID_A, h(P_A)$。

② AS 比较系统存储的 $h(P_A)$ 与收到的 $h(P_A)$ 是否相等，如果相等，允许访问；否则，拒绝访问。

基于密文口令认证方式的优点：

① 系统不存储明文口令，解决了明文口令库被攻击的危险；

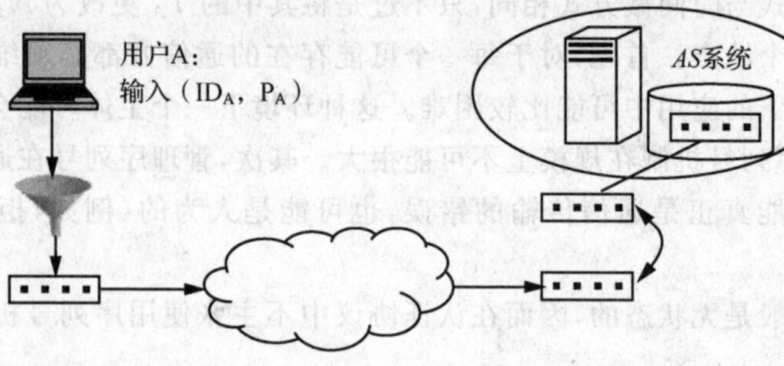

图 5.1　基于密文口令的认证方式

② 明文口令不在输入终端和认证系统之间传输，可有效地抵御被动攻击；

③ 因为根据摘要不能得出任何有关产生摘要的口令的信息，所以即使攻击者看到了从输入终端传到认证系统的摘要也无法获得口令；

④ 根据单向 Hash 函数的特点，攻击者找到一个口令，使得他产生的摘要恰好是他所看到的摘要在计算上是不可行的。

基于密文口令认证方式的缺点：攻击者可以重放截获的口令摘要信息，从而取得对系统资源的访问。

5.3.3　基于挑战-响应机制的口令认证方式

为了有效地抵御重放攻击，可以引入挑战-响应机制，使每次认证的会话都不一样。认证过程如图 5.2 所示。

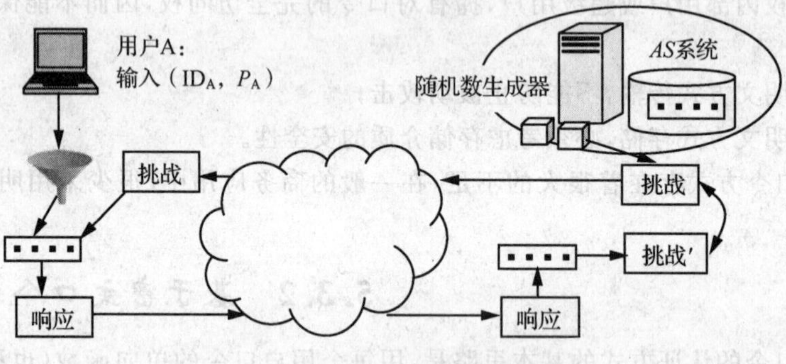

图 5.2　基于挑战-响应的口令认证方式

具体描述如下。

① AS→A：N_{AS}，AS 给用户 A 发送一次性随机数 N_{AS}。

② A→AS：$E_{h(P_A)}(N_{AS})$，用户 A 用口令的散列值加密收到的 N_{AS} 作为响应，返回给 *AS*。

③ AS 计算：$D_{h(P_A)}(E_{h(P_A)}(N_{AS}))$，如果解密得到的 N_{AS} 与挑战信息中原有的 N_{AS} 相等，则 *A* 是合法用户，允许访问；否则，拒绝访问。

基于挑战-响应口令认证方式的优点：

① 口令摘要存储在系统的认证系统数据库中，不必在输入终端和认证系统之间传输口令摘要；

② 在输入终端和系统之间传输的只有系统为每次会话产生的挑战随机数和加密的响应

随机数；

③ 由于不同的会话对应的挑战随机数不同，所以能有效地抵御重放攻击。

基于挑战-响应口令认证方式的缺点：由于系统数据库中存储的口令摘要是不变的，经过长时间的攻击，攻击者有可能获得摘要数据库。假设用户使用的口令是一些常用的弱口令，也就是用户的口令不是随机分布在所有可能的字符空间，攻击者通过穷举攻击可以很容易获得用户的口令。

为了避免口令穷举攻击，可以在不超出人类记忆能力的前提下，将输入口令扩展为输入通行短语，增加口令熵，提高穷举攻击的困难性；也可以通过在固定时间内限制用户无效尝试次数(如银行 ATM 机取款只允许输入三次)提高口令认证方式的安全性；还可以采用下面的一次性口令机制来抵御口令穷举攻击。

5.3.4 一次性口令认证 OTP(One Time Password Authentication)方式

OTP 系统使用一个秘密的通行词，产生一系列一次性口令。这里的一次性是指用户 A 发送给主机 B 的口令不会重复，使用一次之后就不再使用了，从而可以有效地挫败在线口令窃听，抵御重放攻击。其实现过程描述如下。

前提：用户 A 和主机 B 预先设定初始口令记录(ID_A，$h^n(P_A)$，n)。其中 $h(\cdot)$ 为单向 Hash 函数，P_A 为用户设定的初始口令。假设主机 B 中用户 A 的当前口令记录是(ID_A，$h^i(P_A)$，i)，其中 $1 \leqslant i \leqslant n$。

目标：A 向 B 认证的同时不以明文形式传输 P_A。

① A→B：ID_A。

② B→A：i，“输入口令？”。

③ A→B：$h^{i-1}(P_A)$。

④ B 计算 $h(h^{i-1}(P_A))$，并在口令数据库中查找(ID_A，$h^i(P_A)$，i)。如果计算得到的 $h(h^{i-1}(P_A))$ 与数据库中存储的用户 A 的 $h^i(P_A)$ 相等，认证通过，将 A 的口令记录更新为(ID_A，$h^{i-1}(P_A)$，$i-1$)；否则认证不通过，拒绝访问，不更新口令记录。如果计数器从 n 递减到 1，用户 A 和主机 B 应该重新设置口令。

从这种方式的实现过程可以看出，用户 A 在网络中每次传输的口令是不同的，依次为 $h^{n-1}(P_A)$，$h^{n-2}(P_A)$，…，$h^i(P_A)$，$h^{i-1}(P_A)$，…，Hash 函数的单向性保证了即使攻击者截获了第 i 次的口令 $h^{i-1}(P_A)$，也不能计算出第 $i-1$ 次的口令 $h^{i-2}(P_A)$，有效地避免了口令窃听等方式的被动攻击。但此方法因为没有在信息交换的两个方向上都提供数据源认证服务，容易受到中间人方式的主动攻击。

5.4 相互认证

相互认证协议的主要功能是满足参与网络通信的各方相互认证和交换会话密钥。在认证过程中实现密钥交换必须考虑两个问题：

① 为了防止攻击者得到基本的标识和会话密钥，必须将它们以加密的形式传输；

② 为了防止重放攻击，必须在认证信息中加入时间戳、挑战一响应等信息新鲜性机制。

5.4.1 基于秘密密钥加密的相互认证

基于秘密密钥加密的相互认证协议，因为通信双方事先并不认识，必须借助于一个可信赖的第三方，在第三方的帮助下，实现通信双方的相互认证和密钥交换。在这种基于第三方的双方认证协议中，所有参与认证的用户将自己的秘密密钥放在这个可信赖的第三方保管。这个第三方称为密钥分配中心(KDC)，参与通信的每一方和KDC共享一个由KDC产生的秘密密钥，称为主密钥。当参与通信方需要进行相互认证时，必须向KDC申请，KDC响应后，产生一个双方进行认证的秘密密钥。这个密钥只在一个较短的时间内使用。由于这个密钥只是仅限于认证方共享的，所以又称为会话密钥。以下介绍基本的认证方法、带有时间戳的认证以及优化的相互认证。

1. 基本的认证方法

首先发起方A，向KDC发送一个要与B认证的信息。其过程如下：

① A→KDC：ID_A，ID_B，N_1

其中：ID_A为A的标识；ID_B为B的标识，N_1是A产生的随机数，用来表示此信息不是一个过期的信息。

KDC收到A发来的信息后，查看自己是否有A和B的秘密密钥。如有，在同意认证的条件下，产生一个会话密钥用于A和B相互认证。

② KDC→A：$E_{K_A}(K_s, ID_B, N_1, E_{K_B}(K_s, ID_A))$

在这个操作中，KDC发给A的信息是用A的秘密密钥加密的，所以A收到后解密出$(K_s, ID_B, N_1, E_{K_B}(K_s, ID_A))$，并得到用于和B认证用的会话密钥$K_S$、$B$的标识符$ID_B$和随机数$N_1$，对于A来说这三个数都是明文信息，唯一不是明文信息的是$E_{K_B}(K_S, ID_A)$，然后A执行以下操作。

③ A→B：$(E_{K_B}(K_S, ID_A))$

B收到$E_{K_B}(K_S, ID_A)$，用自己的K_B进行解密得到会话密钥K_S和A的标识符ID_A；B明白此信息是A发送过来的，知道A要与自己认证，并知道K_S是A和B共享的会话密钥。B产生一个随机数N_2，并用会话密钥K_S加密后发送给A。其过程如下。

④ B→A：$E_{K_S}(N_2)$

A收到此信息，根据通信者的互相约定对随机数N_2进行变换计算，然后用K_S加密后发送给B。此过程如下。

⑤ A→B：$E_{K_S}(f(N_2))$

B收到$E_{K_S}(f(N_2))$后，用K_S解密出$f(N_2)$，从而认证了A。这里需要指出的是，$f(N_2)$可以为N_2本身或N_2+1或为其他值。

在此认证过程中，步骤②和步骤③除了具有密钥分发功能外，还兼顾对B的认证功能。因为对于信息$(E_{K_B}(K_S, ID_A))$，只有B才能得到明文信息(K_S, ID_A)，从而间接地认证了B。步骤⑤对A进行认证。

以上整个过程，如图5.3所示。

2. 基于时间戳的认证

对于以上的认证过程，采用了随机数N，在一定程度上扼制了重放过程，但是步骤④和步骤⑤对重放威胁还是较脆弱的。若有一个黑客X获得了旧的会话密钥，可以通过使用旧的会话密钥扮演 A，从而欺骗 B，除非 B 记住以前和 A 认证过程中使用的所有会话密钥；否则，B 无法检测出这是一个重放信息。

如果 X 能截获第④步的信息，它就能够执行第⑤步，即 A 的响应。从这个观点出发，实际上，X 就能够发送一个模糊信息给 B。这个模糊信息通常是一个过期的信息，使得 B 还认为这是来自 A 使用，并经认证过的会话密钥。

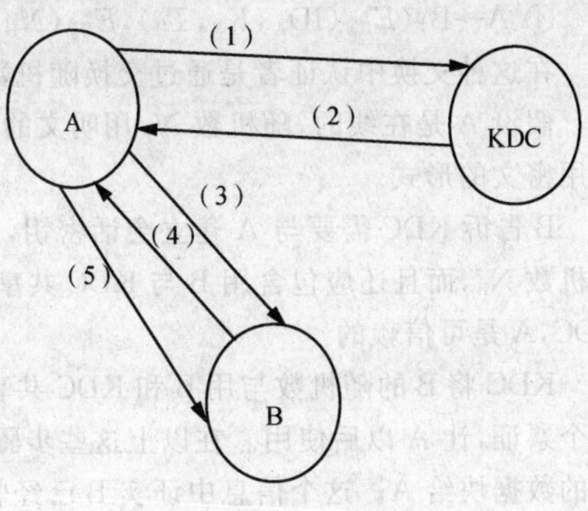

图 5.3　基于对称密钥加密的认证过程

为了克服以上这些脆弱性，可在以上的第②步骤和第③步骤中加上时间戳。整个过程如下。

① A→KDC：$E_{K_A}(ID_A, ID_B)$

在这个步骤中，A 并没有向 KDC 发送随机数 N，而是向 KDC 发送自己的标识符 ID_A 和需认证的标识符 ID_B。当 KDC 响应后，首先产生一个用于 A 和 B 认证的会话密钥 K_s、时间戳 T，然后用 B 的密钥加密会话密钥 K_s，ID_A 和时间戳 T，即产生 $E_{K_B}(K_S, ID_A, T)$。最后将 K_s，ID_B，时间戳 T 和 $E_{K_B}(K_S, ID_A, T)$ 再用 A 的密钥加密后，发送给 A，即执行以下操作。

② KDC→A：$(E_{K_A}[K_s, ID_B, T, E_{K_B}(K_s, ID_A, T)])$

A 收到 KDC 发送来的信息后，用自己的密钥进行解密，得到明文 K_S，T，ID_B，确信可以和 B 进行认证，执行以下操作。

③ A→B：$E_{K_B}(K_S, ID_A, T)$

以下两个步骤和基本的认证方法一样，即：

④ B→A：$E_{K_S}(N_2)$

⑤ A→B：$E_{K_S}(f(N_2))$

时间戳 T 使得 A 和 B 确信会话密钥是最近产生的，即密钥分配是最新的。这是因为 A 和 B 可通过 $|\mathrm{Clock}-T|<\Delta t_1+\Delta t_2$ 确定信息的新鲜性。

其中 Δt_1 是表示 KDC 时钟和 A 或 B 的时钟的误差值；Δt_2 是估计网络时延值。每一个节点可以按照标准参考值建立自己的时钟值。因为时间 T 是用安全的主密钥被加密的，即使黑客知道以前使用过的会话密钥，也不能成功地重放第 3 步。

对时钟的使用必须注意的是，如果发送方的时钟超前接收方的时钟，黑客就会中断发送的信息以后再重放，这会产生非常不良的后果，必须避免。

在一个计算机网络系统中，各个站点时钟差别很大。为了减小这种差别，常在参与认证的系统中增加时钟同步器来减小时钟的差别。

为了减小时钟差别而带来的重放，还有一个方法，就是强迫每一个参与认证者，按照 KDC 时钟值来校准自己的时钟值。

3. 优化的相互认证

以上两种认证方法都需要经过 5 个步骤，经过优化以后仅需 4 步。具体过程为如下。

① A→B：ID_A, N_A

② B→KDC：$ID_B, N_B, E_{K_B}(ID_A, N_A, T_B)$

③ KDC→A：$E_{K_A}(ID_B, N_A, K_S, T_B), E_{K_B}(ID_A, K_S, T_B), N_B$

④ $A \to B: (E_{K_B}(ID_A, K_S, T_B), E_{K_S}(N_B))$

在这种交换中认证者是通过交换随机数来达到相互认证的。

假设A是在线的，随机数N_A用明文的形式发送给B，返回给A的标识符、N_A和会话密钥是用密文的形式。

B告诉KDC需要与A建立会话密钥，所以B在发给KDC信息中，不仅包含标识符ID_B、随机数N_B，而且还应包含用B与KDC共享的主密钥加密的与A有关的数据项。目的是通知KDC，A是可信赖的。

KDC将B的随机数与用B和KDC共享的密钥加密的数据块发送给A。这个数据块作为一个票证，让A以后使用。在以上这些步骤中可以看到，KDC也用KDC与A的共享密钥加密的数据块给A。这个信息中证实B已经收到了A的初始信息N_A以及证实收到的信息不是重放的信息，并且提供给A会话密钥和有限的时间T_B。

A将票证、B的标识符和会话密钥一起传送给B。票证是提供给B用来解密$E_{K_S}(N_B)$，从而得到随机数N_B的。事实上，B的随机数用会话密钥加密，是验证此信息是来自A，而不是重放的。

这种认证为A和B建立一个安全的会话密钥提供一种有效的方法。更进一步说，是用来减少服务器的重复工作。假设A和B通过上述已提到的步骤建立会话，但是由于协议中已有时间的限制，A需要和B建立新的会话，可由下列协议来保证。

① $A \to B: (E_{K_B}(ID_A, K_S, T_B), N'_A)$；

② $B \to A: N'_B, E_{K_S}(N'_A)$；

③ $A \to B: E_{K_S}(N'_B)$。

在第①步，当B收到信息后，它可以证实这票证没有过期，由新的N'_A和N'_B来确保每一部分不是攻击者重放的。

在以上所有的信息交换中，时间戳T_B始终是相对于B的时钟。这是B自己产生的时间戳，因而不需要同步时钟。

5.4.2 基于公开密钥加密的相互认证

基于公开密钥加密的认证协议(也称为验证协议)与基于秘密密钥的认证一样，也必须有一个认证服务器(也称为验证服务器)，只是功能不一样。基于秘密密钥加密的认证服务器是用来分发会话密钥的；而基于公开密钥加密认证的服务器是用来提供公开密钥证书的。所以称基于秘密密钥加密认证服务的服务器称作密钥分配中心(KDC)；而称基于公开密钥加密的服务器称为认证服务器(AS)。

它的基本思路是参与协议的每一个认证者将其所谓的公开密钥放在AS处保存，即每一个认证者的公开密钥对AS是公开的，对其他认证者并不是直接公开的。其他认证者只有通过AS验证(签名)才能获得别的用户的公开密钥。它比基于秘密密钥的认证安全系数更高，因为AS仅知道每一个认证者的公开密钥，不知道认证者的私有密钥，其他认证用户相互不知道对方的公开密钥PK，但AS的公开密钥对它们是公开的。

下面介绍一种基于公开密钥技术通过会话密钥分发实现的相互认证协议。

1. 基于会话密钥分发的相互认证

在这个认证过程中，认证服务器AS只须将自己的公开密钥公开，其他的公开密钥都保存在认证服务器中，从而保证了认证者公开密钥的安全性。

首先用户 A 向认证服务器（AS）发送自己的标识 ID_A 和需认证者的标识 ID_B。其过程如下。

① $A \to AS: (ID_A, ID_B)$

认证服务器 AS 收到以上信息后，向 A 发送证书。此证书包含公开密钥 PK_A、PK_B、时间戳 T、ID_A 和 ID_B。其操作如下。

② $AS \to A: D_{SK_{AS}}(ID_A, PK_A, T, K_S), D_{SK_{AS}}(ID_B, PK_B, T)$

A 收到此信息后在原有的信息中增加一些额外的信息。整个过程如下。

③ $A \to B: D_{SK_{AS}}(ID_A, PK_A, T), D_{SK_{AS}}(ID_B, PK_B, T), E_{PK_B}(D_{SK_A}(K_S, T))$

以上只是证书的分发过程，还没有起到认证作用。由于带上时间戳信息，所以每一个机器必须同步。下面介绍一个完整的认证过程，且认证的信息不带时间戳。

首先 A 向 AS 发送要认证的对象。

① $A \to AS: D_{SK_A}(ID_A, ID_B)$

AS 收到信息后，返回 B 的公开密钥证书给 A。这个证书包含 ID_B 和 B 的公开密钥 PK_B。

② $AS \to A: (D_{SK_{AS}}(ID_B, PK_B))$

A 收到此信息后，通过利用 AS 的公开密钥对此信息解密后，得到与 B 有关的 ID 和公开密钥。与此同时 A 知道 AS 同意与 B 认证，然后 A 产生随机数 N_A，并用 B 的公开密钥对此所产生的随机数和 ID_A 进行加密后，传给 B。

③ $A \to B: (E_{PK_B}(N_A, ID_A))$

B 收到此信息后，向认证服务器发送 ID_A 和 ID_B，以及经认证密钥加密的随机数 N_A。

④ $B \to AS: (ID_A, ID_B, E_{PK_{AS}}(N_A))$

AS 返回给 B 复制的 A 公开密钥证书和信息 $[N_A, K_s, ID_B]$。

⑤ $AS \to B: (D_{SK_{AS}}(ID_A, PK_A), E_{PK_B}(D_{SK_{AS}}(N_A, K_S, ID_B)))$

N_A, K_S, ID_B 被加密是证实 N_A, K_S 和 ID_B 是最新的信息，K_s 是 AS 代表 B 产生的会话密钥。这里要利用 AS 的私钥进行加密。

B 收到此信息后，再用 A 的公开密钥对 $D_{SK_{AS}}(N_A, K_S, ID_B), N_B)$ 进行加密，然后再发送给 A。

⑥ $B \to A: E_{PK_A}(D_{SK_{AS}}(N_A, K_S, ID_B), N_B)$

A 收到信息后，解密得到明文 N_A、K_s、N_B，然后加密 N_B，发送给 B，即执行以下操作：

⑦ $A \to B: E_{K_S}(N_B)$

步骤⑥、步骤⑦是对 A 的认证，同时也是对 B 的认证。对于步骤⑥和步骤⑦是对 A 的认证是很容易理解的，因为 B 产生随机数 N_B 给 A，然后 A 又将 N_B 发送给 B。步骤③、步骤④、步骤⑤和步骤⑥是对 B 的认证。在这 4 个步骤中由 A 产生的随机数在传送过程中经 B 到步骤⑥又传到 A。

以上认证看上去是比较安全的。但是，没有考虑到它们内部自己存在一些薄弱环节。例如在第⑥步中 B 发给 A 的信息没有 ID_A 而出现一些不安全因素。所以应对以上的认证过程进行改造。具体改造过程如下。

① $A \to AS: ID_A, ID_B$。

② $AS \to A: D_{SK_{AS}}(ID_B, PK_B)$。

③ $A \to B: E_{PK_B}(N_A, ID_A)$。

④ $B \to AS: ID_A, ID_B, E_{PK_{AS}}(N_A)$。

⑤ $AS \to B: D_{SK_{AS}}(ID_A, PK_A), E_{PK_B}(D_{SK_{AS}}(N_A, K_S, ID_B, ID_A))$。

⑥ $B \to A: E_{PK_A}(D_{SK_{AS}}(N_A, K_S, ID_B, ID_A), N_B)$。

⑦ $A \to B: E_{K_S}(N_B)$。

在步骤⑥中 A 收到随机数 N_A时，认证了 B，因为在步骤③中随机数 N_A使用 B 的公开密钥加密了。由于在第⑤和第⑥步增加了 A 的标识 ID_A用于会话过程中，是考虑到 N_A是 ID_A产生的，而不是所有参与认证者产生的，所以$\{ID_A, N_A\}$是为认证 A 的。

2. 基于私钥解密的相互认证

以上认证过程是通过 AS 分发会话 K_s 实现认证的。下面介绍的认证方法也是基于公开密钥的，密钥的保管方法也相同，只是通过分配每一个公开密钥给认证者，即将认证者 A 的公开密钥 PK_A给参与认证者 B。认证者 B 的公开密钥 PK_B分发给参与认证者 A。其基本思路是，认证者 A 用认证者 B 的公开密钥加密一个一次性随机数 N_A，因为 N_A是用 B 的公开密钥加密的，只有通过 B 的私钥才能解开。因而只要 B 给 A 的响应信息中包含 N_A，就说明他已解开并得到了 N_A，一定具有 B 的私钥，从而认证了 B 的身份，同理，也可以认证 A 的身份。其过程如下：

① $A \to AS: ID_A, ID_B$

② $AS \to A: D_{SK_{AS}}(PK_B, ID_B)$

③ $A \to B: E_{PK_B}(N_A, ID_A)$

④ $AS \to B: D_{SK_{AS}}(PK_A, ID_A)$

⑤ $B \to A: E_{PK_A}(N_A, N_B)$

⑥ $A \to B: E_{PK_B}(N_B)$

在步骤⑤中 A 收到 $E_{PK_A}(N_A, N_B)$，并用自己的私钥解密得到 N_A 时，就认证了 B。因为在步骤③中 A 发送的随机数 N_A是使用 B 的公开密钥加密的，只有用 B 的私钥才能解开。在步骤⑥中 B 收到 $E_{PK_B}(N_B)$，并用自己的私钥解密得到 N_B 时，就认证了 A。因为在步骤⑤中 B 发送的随机数 N_B是使用 A 的公开密钥加密的，只有用 A 的私钥才能解开。

3. 基于私钥签名的相互认证

基于私钥解密的认证是用接收方的公钥加密一个一次性随机数，通过验证接收方是否具有相应的私钥来认证接收方的身份。而基于私钥签名的相互认证协议的基本思路是，认证方首先发送一个挑战随机数给被认证方，被认证方用自己的私钥签名挑战随机数，然后，认证方通过证书中的公钥认证被认证方的身份。

(1) ISO 公钥三次传输双方认证协议

基于私钥签名的相互认证协议的典型代表是 ISO 公钥三次传输双方认证协议。其过程如下（A 的证书 $D_{SK_{AS}}(ID_A, PK_A, T)$表示为 $Cert_A$，B 的证书 $D_{SK_{AS}}(ID_B, PK_B, T)$表示为 $Cert_B$）。

① $B \to A: N_B$

② $A \to B: Cert_A, N_A, N_B, ID_B, Sig_{SK_A}(N_A, N_B, ID_B)$

③ $B \to A: Cert_B, N_B, N_A, ID_A, Sig_{SK_B}(N_B, N_A, ID_A)$

B 接收到信息②，通过证书中 A 的公开密钥验证签名中的 N_B，从而认证了 A 的身份。A

使用信息③，通过 B 对 N_A 的签名认证 B 的身份。

值得注意的是：相互认证协议并不等同于两个单独的单向认证协议，在步骤②和步骤③中的 N_B 是相同的，也就是说这两条协议是相互联系的。如果将两条协议独立开来，即步骤②和步骤③中的 N_B 不相同，将会受到加拿大人 Wiener 发现的 Wiener 攻击。其攻击过程如下（假设恶意攻击者 Malice 拥有证书 $Cert_M$）。

① M(“B”)→A：N_B

② A→M(“B”)：$Cert_A, N_A, N_B, ID_B, Sig_{SK_A}(N_A, N_B, ID_B)$

1) ′M(“A”)→B：N_A

2) ′B→M(“A”)：$Cert_B, N'_B, N_A, Sig_{SK_B}(N'_B, N_A, ID_A)$

③ M(“B”)→A：$Cert_B, N'_B, N_A, ID_A, Sig_{SK_B}(N'_B, N_A, ID_A)$

式中 M(“B”)→A 表示 M 假冒 B 给 A 发送信息，A→M(“B”)表示 A 本应该发送给 B 的信息被 M 截获。

上述协议运行的结果是，A 认为 B 发起了这次运行，并接受了 B 的身份；而 B 实际上并没有发起这次运行，并且在等待由 M(“A”)发起的运行结束。

ISO 公钥三次传输双方认证协议只是实现了通信双方的相互认证，协议本身并没有实现认证的会话密钥建立。下面介绍一种基于公钥密码技术实现的具有密钥协商功能的相互认证协议。

(2) 具有密钥协商功能的相互认证协议

系统参数：选择并公布一个足够大的素数 p 和 Z_p^* 上的生成元 g，使以 p 为模的离散对数问题在计算上是不可行的。

A 秘密选取某个大整数 $x \in [1, p-1]$，B 秘密选取某个大整数 $y \in [1, p-1]$。

① A→B：g^x

② B→A：$g^y, Cert_B, E_K(Sig_{SK_B}(g^y, g^x))$

③ A→B：$Cert_A, E_K(Sig_{SK_A}(g^x, g^y))$

其中：协议协商的会话密钥为 $K = g^{xy}$

协议中步骤②，③分别完成对 B 和 A 的身份认证，$E_K(\cdot)$实现密钥确认功能。如果应用不需要对签名进行加密，步骤②中的 $E_K(Sig_{SK_B}(g^y, g^x))$可以用 $Sig_{SK_B}(g^y, g^x)$或 $MAC_K(Sig_{SK_B}(g^y, g^x))$来代替。

5.5 单向认证

在相互认证中双方都必须在线；但是，随着网络的更进一步应用，有些应用仅需要一方在线，如 E-mail 就是一个很好的例子。发送者发送的信息是发往接收者的电子邮箱的，放在缓冲区，等待着接收者来阅读。这就需要邮件满足以下条件：

① 在电子邮件信息中的头部或信封上的信息必须完整清晰，使信息能够通过简单邮件传输协议(SMTP)或 X.400 进行传输。由于简单邮件传输协议不仅需要访问明文形式的信息，而且需要可信的邮件传输机制，所以邮件信息加密系统不需要处理加密密钥。

② 认证需求：最典型的是接收者要确信信件是来自一个合法的发送者。

单向认证和双向认证一样也有两种机制，即基于秘密密钥加密认证和基于公开密钥加密认证。

5.5.1 基于秘密密钥加密的认证

基本过程如下：

① A→KDC：(ID_A, ID_B, N_1)

② KDC→A：$(E_{K_A}(K_S, ID_B, N_1), E_{K_B}(K_S, ID_A))$

③ A→B：$(E_{K_B}(K_S, ID_A), E_{K_S}(M))$

在这个过程中，不要求B同时在线，但保证了只有B能解读秘密信息M，同时还提供了对信息发送方A的身份认证。这种协议不能防止重放攻击。为了防止重放，在此协议中，可以增加时间戳。

5.5.2 基于公开密钥加密的认证

基于公开密钥的加密方法，特别是电子邮件的机密传输和认证，接收者需要知道发送者的公开密钥，或发送者也需要知道接收者的公开密钥。

如果考虑机密传输，可以执行以下操作：

A→B：$(E_{PK_B}(K_S), E_{K_S}(M))$

在这一过程中，信息M被秘密密钥K_S（也称为会话密钥）加密，而K_S又被B的公开密钥加密，所以只有B能得到会话密钥K_S，又因为明文信息M是用K_S加密的，所以除了A，只有B才能得到明文信息M。

如果需要认证，可执行以下操作：

A→B：$M, D_{SK_A}(H(M))$

这个过程是保证A以后不能否定他发送的信息。以上操作在传送过程M是以明文的形式发送的，所以必须改造成以下形式才能实现M的机密性传输。其过程如下：

A→B：$E_{PK_B}(M), D_{SK_A}(H(M))$

具有数字签名的操作如下：

A→B：$M, D_{SK_A}(H(M)), D_{SK_{AS}}(T, ID_A, PK_A)$

具有数字签名和机密性的过程如下：

A→B：$E_{PK_B}(M), D_{SK_A}(H(M)), D_{SK_{AS}}(T, ID_A, PK_A)$

5.6 群组认证

IP组播通信的特点是发送者确定而接收者不确定，即在任一时刻，参与某一特定组播的群中一定有一个发送者，否则群将不存在，但不一定有接收者，而且接收者的数量通常也是不固定的。因此，面向组播的群组认证的主要对象是发送者，接收者应当有办法来确定所接收的数据来自预期的发送者。在一些应用场合下，发送者也需要确定接收者的身份。例如需要核实身份以接受特定的内容，但是这种身份认证需要组播中继系统的配合，并可转化为发送者与特定接收者之间点对点的单向或双向认证。

群组认证的最直观的方法是使用公开密码体制技术，使用发送方的私钥SK计算群组数据M的数字签名，并将数字签名附在M后面，组成数据包$P=M \| Sig_{SK}(M) \|$后发送给所有

组员。这样，不仅提供了组员数据源及完整性认证，而且还提供了不可否认性。这是因为只有发送方拥有私钥 SK。但是由于数字签名使用的是公开密钥算法，计算强度非常大，对一个数据包的签名和认证都要耗费非常大的时间和空间，并且数据包的签名部分一般比较大，增加了数据包的荷载。如果群组通信的数据量不大，而且组员的计算能力都很强，则直接对所有数据包计算数字签名是组员数据源及完整性认证的最佳方案。但是，如果群组数据量特别大，且实时性要求高（如视频流及音频流）、数字签名技术需要的强计算量和大负荷引起的时间延迟是不能忍受的，因此一般不直接运用数字签名技术对群组通信中每个数据包进行认证，而是采用某种技术在尽量不增加计算、存储负担的情况下对数据流中的多个数据包同时进行认证。

5.6.1　数字签名与单向函数相结合的群组通信数据源认证协议

这种方法将数字签名技术与单向函数（Hash）相结合，仅对整个数据流的一个数据包签名，其余的数据包只计算散列值，既实现了对数据源的认证，又大大减少了计算负担。其基本思路是，由于发送者知道他要发送的全部内容，因此可以将第一个数据包的单向函数值嵌入第二个数据包，第二个数据包的单向函数值嵌入第三个数据包，依次类推，形成摘要链，仅用发送方的私钥对最后一个数据包签名，如图 5.4 所示。

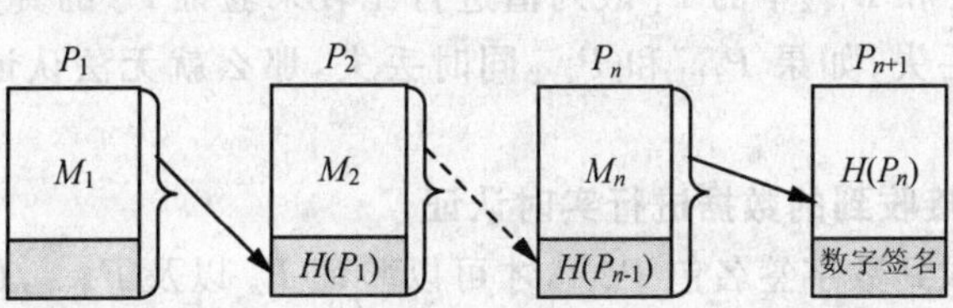

图 5.4　数字签名与单向函数相结合的群组数据源认证

图中 $P_i(1\leqslant i\leqslant n)$是第 i 个数据包，M_i 为 P_i 的信息，$H(P_i)$是 P_i 的散列值，即摘要。最后一个数据包 P_{n+1}为数字签名包，使用 RSA 或 DSA 等算法对数据包 P_n 的散列值 $H(P_n)$进行签名。接收方收到数据包序列$\{P_1,P_2,\cdots,P_{n+1}\}$后，首先使用发送方的公钥验证 P_{n+1}的数字签名。如果验证通过，再计算 P_n 的散列值 $H(P_n)$，并和 P_{n+1}中的 $H(P_n)$进行比较。如果两者相等就表示 P_n 没有被修改。然后使用 P_n 中的 $H(P_{n-1})$验证 P_{n-1}，直到 P_1。该方案只是对最后一个数据包进行数字签名，而实现了对前面所有数据包的源认证、不可否认性、完整性认证。攻击者修改或插入任何一个数据包都会被接收方检验出来。比如攻击者只修改了 P_i 为 $\widetilde{P_i}$，那么 $H(\widetilde{P_i})$就不等于 P_{i+1}中的 $H(P_i)$，从而不能验证通过。攻击者可以修改 P_1 到 P_n 的所有数据包，并重新计算新数据包的散列值，但是由于攻击者没有发送方的私钥，所以不能计算得到 $H(P_n)$的数字签名。该方案具有计算速度快、增加的通信载荷小等特点。但是它也存在着许多不足：

1. 对数据包的丢失不具有鲁棒性

任何数据包的丢失都会终止整个认证过程。比如 P_i 丢失后，接收方由于没有 P_i 中的 $H(P_{i-1})$，从而不能验证 P_{i-1}。同理，接收方不能验证 $P_j(1<j<i)$。

为了使得数据流签名认证协议能够支持数据包的丢失，Berkeley 大学在 IBM 的资助下提出了有效多链数字流签名协议 EMSS（Efficient Multi-chained Stream Signature）。EMSS 将每个数据包的散列值按一定方式嵌入到其他多个数据包，并对一些数据进行数字签名，如

图5.5所示。

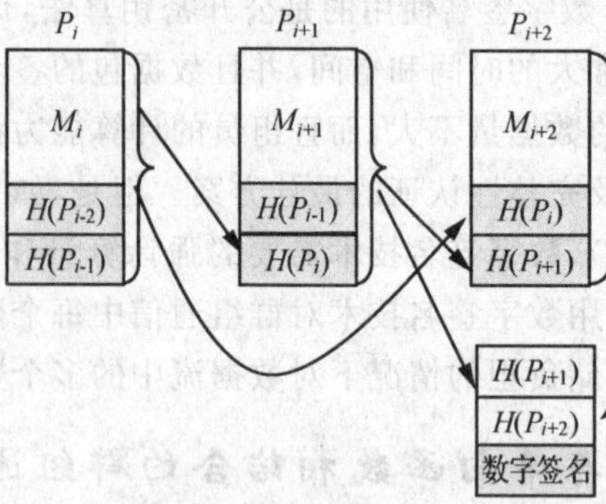

图 5.5 有效多链数据流签名协议

图 5.5 中，将 P_i 的散列值 $H(P_i)$ 嵌入到 P_{i+1} 和 P_{i+2} 中，并对 $H(P_{i+1})$ 和 $H(P_{i+2})$ 进行数字签名。这样当 P_{i+1} 或 P_{i+2} 中的一个数据包丢失，接收方仍然能够认证 P_i 的数据源和完整性。比如，P_{i+1} 数据包丢失后，接收者可以首先在签名包中验证 $H(P_{i+2})$ 的有效性，然后计算 P_i 的散列值 $H(P_i)$，并和 P_{i+2} 中的 P_i 散列值进行比较来验证 P_i 的真实性。但是，EMSS只能支持一定数据包的丢失，如果 P_{i+1} 和 P_{i+2} 同时丢失，那么就无法认证 P_i 的数据源和完整性了。

2. 接收方不能对接收到的数据进行实时认证

这是由于必须接收到数字签名包 P_{n+1}，才可以验证 P_n 以及 $P_{n-1}, P_{n-2}, \cdots, P_1$，不能满足很多群组通信应用的实时性要求。另外，该协议要接收方缓存整个数据流，这就要求接收方需要很大的存储空间。

为了实现对数据的实时认证，并减少需要的存储空间，Gennaro 和 Roatgi 提出了一种与上述方案类似的方案。与上述方案不同的是，该方案对第一个数据包进行数字签名，然后将后续数据包的散列值嵌在前面数据包内，使得接收方可以实时验证接收到的数据包。但是该方案要求发送方在计算第一个数据包的数字签名时缓存整个数据流，然后从后向前构造数据包，最后计算得到第一个数据包的数字签名。这不能应用于在线生成数据流的群组应用，如足球比赛的直播系统。

5.6.2 适用于在线数据流的一次性签名认证协议

此方法将传统的签名协议和一次性数字签名协议相结合，适用于群组通信中在线数据流的数据源认证。一次性数字签名协议就是一对签名/认证密钥对 (SK, PK) 只能使用一次。设 (SK, PK) 分别为发送方的签名/认证密钥对，则在线流为 $S=P_1, P_2, \cdots, P_n$ 的签名流为

$$\widetilde{S} = \widetilde{P}_0, \widetilde{P}_1, \widetilde{P}_2, \cdots, \widetilde{P}_n$$

其中：$\widetilde{P}_0=(PK_0, \mathrm{Sig}_{SK}(PK_0))$，$\forall i\in\{1,2,\cdots,n\}$，$\widetilde{P}_i=(P_i, PK_i, \mathrm{Sig}_{SK_{i-1}}(H(P_i, PK_i)))$。

接收方收到签名流 $\widetilde{S}=\widetilde{P}_0, \widetilde{P}_1, \widetilde{P}_2, \cdots, \widetilde{P}_n$ 后，认证过程为首先使用传统数字签名协议判定附在 P_0 后面的签名 $\mathrm{Sig}_{SK}(PK_0)$，即判定 $\mathrm{Ver}_{PK}(PK_0, \mathrm{Sig}_{SK}(PK_0))$ 是否为真。如果为假则 $\widetilde{S}$ 为无效签名流，否则验证对于所有 $i\in\{1,2,\cdots,n\}$，使用一次性数字签名协议验证附在

$\widetilde{P}_i$ 后面的 $Sig_{SK_{i-1}}(H(P_i, PK_i))$ 的有效性，如果都有效，则签名流为有效签名流；否则无效。

这种方法虽然适合于在线数据流，但同样不适用于数据包的丢失。

5.6.3　星形链认证方案

为了有效抵御数据包的丢失，又使得每个数据包可以分别得到验证，Taxas 大学计算机系在美国国家安全局(NSA)的资助下，提出了星形链认证方案和树形链认证方案。在星形链认证方案中，整个数据流分成连续的数据块，每个数据块又包含相同数目的数据包，然后将每一个数据包的散列值按顺序连接起来，再做单向散列运算成为整个数据块的信息摘要，对整个数据块的信息摘要进行数字签名作为整个数据块的认证信息，将数字签名和其他必要的信息一起附加在每个数据包中，就可以实现对每个数据包的验证，如图 5.6 所示。图中每个数据块由 8 个数据包组成。每个数据包的信息摘要分别为 $D_1, D_2, \cdots, D_8$，整个数据块的摘要为 $D_{1\sim8} = h(D_1, D_2, \cdots, D_8)$，块签名为 $Sig_{SK}(D_{1\sim8})$。为了使得每个数据包得到独立验证，每个数据包需要有它自己的验证信息，称为包签名。包签名由块签名、包在块中的位置、块中其他数据包的信息摘要组成。例如，第 3 个数据包的包签名信息为：

$$(Sig_{SK}(D_{1\sim8}), 3, D_1, D_2, D_3, D_4, D_5, D_6, D_7, D_8)。$$

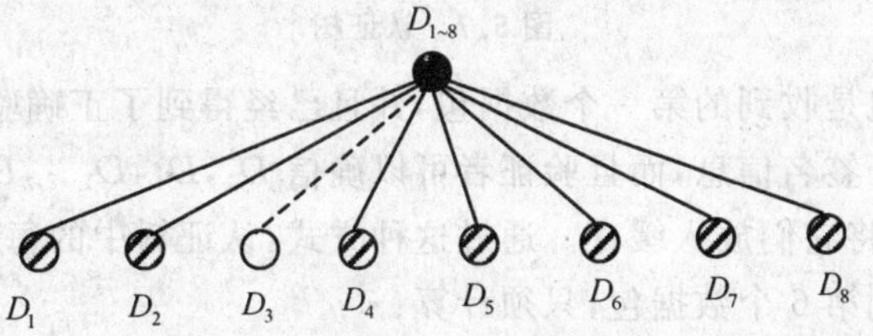

图 5.6　星形链数据流认证方式

当第 3 个数据包收到后，其认证过程为：首先计算收到的第 3 个数据包的信息摘要 D'_3，然后计算 $D'_{1\sim8} = h(D_1, D_2, D'_3, D_4, \cdots, D_8)$，最后通过公开密钥验证签名 $Sig_{SK}(D_{1\sim8})$。如果签名验证通过，说明 $D'_{1\sim8} = D_{1\sim8}$，数据包是确定的数据源发送的，且没有被更改。如果签名验证不通过，数据包无效，拒绝接收。

假设第 3 个数据包是收到的第一个数据包，并且已经得到了正确验证，整个数据块中其余的数据包就不用再验证签名信息，只须验证信息摘要即可。因而认证者可以缓存整个数据中其他数据包的摘要信息。例如，再接收到第 6 个数据包，只须计算 D'_6 是否等于 D_6 就可以得到验证。

5.6.4　树形链认证方案

星形链认证方式中，每个数据包都需要携带大量的认证信息，造成通信量的大量增加，而树形链认证方式(也称为认证树)通过二叉树的方式有效减少了每个数据包的签名负载，提高了通信效率。如图 5.7 所示，每个数据块由 8 个数据包组成，每个数据包的信息摘要分别为 $D_1, D_2, \cdots, D_8$，整个认证树中叶节点就是每个数据包的信息摘要。中间节点是相应子节点信息摘要的散列值，如 $D_{1\sim2} = h(D_1, D_2)$，$D_{3\sim4} = h(D_3, D_4)$。根节点就是块摘要，即 $D_{1\sim8} = h(D_{1\sim4}, D_{5\sim8})$，块签名为 $Sig_{SK}(D_{1\sim8})$。为了使得每个数据包得到独立验证，每个数据包需要有自己的包签名。包签名信息包括块签名、包在块中的位置、从叶节点到根节点路径上所有节点的邻居节点。如第 3 个数据包的包签名为($Sig_{SK}(D_{1\sim8})$,3,D_4,$D_{1\sim2}$,$D_{5\sim8}$)。当第 3 个数据包收到后,从叶节点到根节点路径上的所有节点都需要进行验证,如图 5.7 中点画线所示。验证过程为:计算机首先计算收到的第 3 个数据包的信息摘要 D'_3,然后计算 $D'_{3\sim4}=h(D'_3,D_4)$,$D'_{1\sim4}=h(D_{1\sim2},D'_{3\sim4})$和 $D'_{1\sim8}=h(D'_{1\sim4},D_{5\sim8})$,其中 D_4,$D_{1\sim2}$,$D_{5\sim8}$ 在包签名中得到。最后通过公开密钥验证签名 $Sig_{SK}(D_{1\sim8})$。如果签名验证通过,说明 $D'_{1\sim8}=D_{1\sim8}$,数据包是确定的数据源发送的,且没有被更改。如果签名验证不通过,数据包无效,拒绝接收。

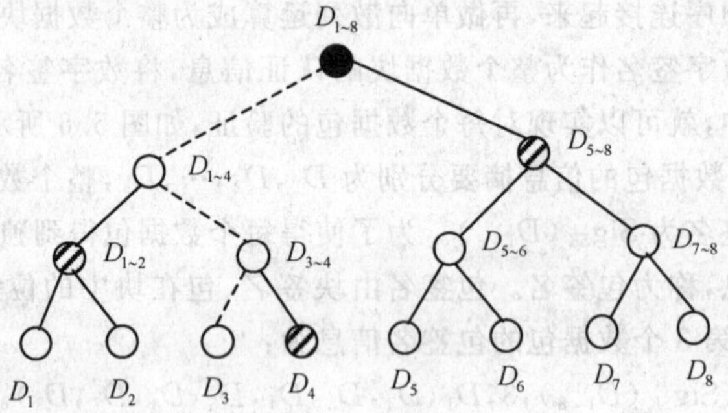

图 5.7　认证树

假设第 3 个数据包是收到的第一个数据包,并且已经得到了正确验证,整个数据块中其余的数据包就不用再验证签名信息,而且验证者可以确信 D_3,D_4,$D_{1\sim2}$,$D_{3\sim4}$,$D_{1\sim4}$,$D_{5\sim8}$ 和 $D_{1\sim8}$ 都是正确的,因而可以将它们放入缓存。通过这种方式,认证树中的每个节点最多只须计算一次。假设以后再接收到第 6 个数据包,只须计算:

$$D'_{5\sim6}=h(D_5,D'_6) \text{ 和 } D'_{5\sim8}=h(D'_{5\sim6},D_{7\sim8})$$

如果 $D'_{5\sim8}=D_{5\sim8}$ 就可以得到认证。

5.6.5　基于共享密钥的认证

G. Itkis 于 1996 年提出另一种群组认证的方法是基于对源点的共享密钥的认证。

其基本思想是,每一个源点都有 n 个密钥,同时源点给每个接收者分配 k 个密钥,而且每个接收者的 k 个密钥可以不一样。源点对每个发送的报文都分别用这 n 个密钥作单向函数计算,并连通报文一起发送。各个接收者用自己所知道的该源点的 k 个密钥进行认证。如果认证通过,则可以认为报文源点是真实的;否则丢弃该报文。群中的其他成员由于不知道该源点的所有密钥,因此很难伪造该源点的报文。

该方法的缺点是源点的计算量较大,因为他要对每个报文计算 n 个不同的单向函数值。这同样使网络带宽的开销也相应增大。源点对其群成员的密钥分配需要有一定的技巧,因为一些成员如果联手作弊,有可能发现他的所有密钥,因此密钥的分配既要使每个成员得到的密钥不能太少,又要使群内的成员难以形成作弊所需的组合。

5.7　零知识证明技术

简单口令协议的缺点是,当声称者 A 将他的口令给认证者 B 后,B 就能假冒 A。挑战一响应协议对此进行了改进：A 响应 B 的挑战，以随机变化的方式证明 A 知道的秘密，但提供给 B 的是不能被重新使用的信息。尽管如此，还是泄露了声称者所拥有的部分秘密信息，敌对的认证者还是能策略地选择挑战来获得提供这种信息的响应（选择文本攻击）。为了尽可能少地泄露秘密信息，人们提出了零知识证明协议。

零知识证明协议在设计时充分考虑了秘密泄露问题，在证明人传送知识证明给他人时允许证明人证明知道一个秘密而不泄露任何可用信息给认证者。零知识证明协议可以使用非对称技术实现，但不依赖于数字签名或公钥加密，而且可以避免使用分组密码、序列号和时间戳。

零知识证明的常见例子是证明一部分隐藏信息具有一定的结构，例如，在电子拍卖应用中，不打开密封标书 $E_k(x)$ 和 $E_k(y)$ 而证明 $x>y$。

5.7.1　交互式证明系统与零知识证明

因为零知识证明是交互式证明的特例，首先介绍交互式证明系统的概念。

交互式证明系统由两方参与，分别称为证明者（Prover，记为 P）和认证者（Verifier，记为 V）。其中 P 知道某一秘密，P 希望使 V 相信自己的确掌握这一秘密。交互式证明由若干轮组成，在每一轮，P 和 V 可能需根据从对方收到的信息和自己计算的某个结果向对方发送信息。比较典型的方式是在每轮 V 都向 P 发出询问，P 向 V 做出应答。所有轮完成后，V 根据 P 是否在每一轮对自己发出的询问都能正确应答，以决定是否接受 P 的证明。

之所以称为交互式证明，是因为数学证明的证明者可以自己独立的完成证明，而交互式证明由 P 产生证明、V 认证证明的有效性来实现，双方之间的交互是必须的。

交互式证明系统必须满足以下要求。

① 完备性：如果 P 知道某一秘密，V 将接受 P 的证明。

② 正确性：如果 P 能以一定的概率使 V 相信 P 的证明，则 P 知道相应的秘密。

零知识证明起源于最小泄露证明，即在交互式证明系统中，P 知道某一秘密，并向 V 证明自己掌握这一秘密，但又不向 V 泄露这一秘密。进一步，如果 V 除了知道 P 能证明某一事实外，不能得到其他任何信息，则称 P 实现了零知识证明，相应的协议称为零知识证明技术。

【例 5-1】　图 5.8 表示一个简单的迷宫，C 和 D 之间有一道门，需要知道秘密口令才能将其打开。P 向 V 证明自己能打开这道门，但又不愿向 V 泄露秘密口令。可采用如下协议：

① V 在协议开始时停留在位置 A。

② P 一直走到迷宫深处，随机选择位置 C 或位置 D。

③ P 消失后，V 走到位置 B，然后命令 P 从某个出口返回位置 B。

④ P 服从 V 的命令，必要时利用秘密口令打开 C 与 D 之间的门。

⑤ P 和 V 重复以上过程 n 次。

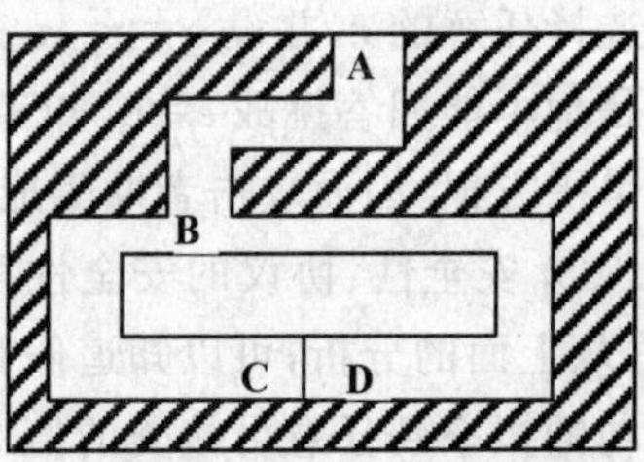

图 5.8　零知识证明协议示例

协议中，如果 P 不知道秘密口令，就只能从来路返回 B，而不能走另外一条路。此外，P 每次猜对 V 要走哪一条路的概率是 1/2，因此每一轮中 P 能够欺骗 V 的概率是 1/2。假定 n 取 16，则执行 16 轮后，P 成功欺骗 V 的概率是 $1/2^{16}=1/65536$。于是，如果 P 能 16 次都按 V 的要求返回，V 就能证明 P 确实知道秘密口令。从上面的问题还可以看出，V 无法从上述证明中获取丝毫关于 P 的秘密口令的信息，因而它是一个零知识证明协议。

5.7.2 Fiat - Shamir 基于二次剩余的零知识证明协议

零知识证明的典型代表是 Fiat - Shamir 提出的基于二次剩余的零知识证明协议。协议的安全性依赖于计算模 n 平方根的困难性，其难度等价于因式分解 n（n 是两个不同大素数的合数）的困难性。

下面介绍基本的 Fiat - Shamir 零知识证明协议。

目的：证明者（声称者）A 向认证者 B 证明他具有秘密 s 的知识。

参数选择：设 $n=pq$，p,q 是两个不同的大素数，公开 n，保密 p,q。声称者 A 选择与 n 互素的秘密 s，$s\in[1,n-1]$，计算 $v=s^2 \bmod n$，将 v 注册为自己的公钥。二次剩余的特性保证了不能由 v 计算得到 s。

协议消息：整个协议共执行 t 轮，每轮都有如下形式的信息。

① A→B：$x=r^2 \bmod n$。

② B→A：$e\in\{0,1\}$。

③ A→B：$y=r\cdot s^e \bmod n$。

协议执行：（每轮协议共执行以下 4 步）

① A 选择随机数 r，$r\in[1,n-1]$，发送证据 $x=r^2 \bmod n$ 给 B，向 B 声称自己知道 x 的平方根，即 r。

② B 随机选择一个挑战比特 $e=0$ 或 $e=1$，发送 e 给 A。如果 $e=0$，A 必须出示 x 的平方根，即 r；如果 $e=1$，A 必须展示被加密的秘密，即 $rs \bmod n$。

③ A 计算响应 $y=r\cdot s^e \bmod n$，并发送给 B，其中 $y=r$（若 $e=0$），$y=rs \bmod n$（若 $e=1$）。

④ 若 $y=0$，则 B 拒绝证明，反之通过验证 $y^2\equiv x\cdot v^e \bmod n$ 接受证明（取决于 e，$y^2=x$ 或 $y^2=xv \bmod n$，因为 $v=s^2 \bmod n$）

协议的完备性、正确性和安全性说明。

① 完备性：如果 A 和 B 遵守协议，且 A 知道秘密 s，则应答 $y=r\cdot s^e \bmod n$ 应是 $x\cdot v^e \bmod n$ 的平方根，协议执行第④步 B 接受 A 的证明，所以协议是完备的。

② 正确性：假冒 A 的攻击者最多以 1/2 的概率欺骗成功。说明如下：假冒 A 的攻击者可以选择任意的 r，并设 $x=r^2/v$ 来试图进行欺骗，然后用“正确”的回答 $y=r$ 来回答挑战 $e=1$，但是他不能回答挑战 $e=0$（知道 s 的证明者 A 两个问题都能回答），因为这需要知道 $x \bmod n$ 的一个平方根，因而攻击者欺骗成功的概率只有 1/2。

③ 安全性：协议的安全性可分别从证明者 A 和认证者 B 的角度来考虑。对认证者 B 来讲，从上面的分析，可以知道假冒的攻击者 A 成功欺骗 B 的概率最多只有 1/2，为了减少欺骗成功的概率到任意可接受的值 2^{-t}，可以使协议执行 t 次，只要成功回答所有的 t 个问题（经过 t 轮），B 就可以接受 A 的身份。

对证明者 A 来讲，因为 B 的询问是在很小的集合$\{0,1\}$中选取的，B 没有机会产生其他信息，而 A 发送给 B 的信息仅为 A 知道 v 的平方根这一事实，因此 B 无法得知 v 的平方根。

5.7.3 改进的 Fiat - Shamir 零知识证明协议

基本的 Fiat - Shamir 零知识证明协议，每轮协议中认证者接受假冒的证明者证明的概率是 1/2。为减少这个概率,下面介绍一种改进的零知识证明协议。该协议将证明者的秘密改为由随机选择的 k 个平方根组成的向量 $s=\{s_1,s_2,\cdots,s_k\}$,公钥为 $v=\{s_1^2,s_2^2,\cdots,s_k^2\}$,模数 n 等参数的选择方法与基本的 Fiat - Shamir 协议相同。协议描述如下:

目的:证明者(声称者)A 向认证者 B 证明他具有秘密 $s=\{s_1,s_2,\cdots,s_k\}$的知识。

协议信息:整个协议共执行 t 轮,每轮都有如下形式的信息。

① A→B:$x=r^2 \bmod n$。

② B→A:$e=(e_1,e_2,\cdots,e_k),e_k\in\{0,1\}$。

③ A→B:$y=r\cdot\prod_{i=1}^{k}s_i^{e_i}\bmod n$。

协议执行:每轮协议共执行以下 4 步。

① A 选择随机数 $r,r\in[1,n-1]$,发送证据 $x=r^2\bmod n$ 给 B,向 B 声称自己知道 x 的平方根,即 r。

② B 随机选择一个挑战向量 $e=(e_1,e_2,\cdots,e_k)$,其中 $e_i\in\{0,1\}(i=1,2,\cdots,k)$,将 e 发送给 A。

③ A 计算响应 $y=r\cdot\prod_{i=1}^{k}s_i^{e_i}\bmod n$ 并发送给 B。

④ B 验证 $y^2\equiv x\cdot\prod_{i=1}^{k}v_i^{e_i}\bmod n$,若二者相等,接受证明,否则协议停止,拒绝接受 A 的证明。

改进的 Fiat - Shamir 协议将 B 的询问由一个比特推广到 k 个比特构成的向量,且基本协议被执行 t 轮,因此假冒者欺骗成功的概率只有 2^{-kt}。

5.7.4 基于 RSA 的零知识证明协议

Guilou - Quisquator 提出了一种基于 RSA 的零知识证明协议,可以减少交换的信息数和对内存的需要,比较适合于声称者的内存和能力有限的应用。协议描述如下:

目的:A 向 B 证明他知道的秘密 s_A

系统参数选择:权威机构 T 随机选择 RSA 的素数 p,q,计算 $n=pq$,生成系统公钥 v、私钥 S,满足 $sv\bmod\varphi(n)=1,\varphi(n)=(p-1)(q-1)$,系统公开参数为$(v,n)$。

用户参数选择:实体 A 给定唯一的身份 I_A,用已知单向函数 h 将 I_A 映射为 $J_A=h(I_A)$,满足 $1<J_A<n$。T 计算 $s_A=J_A^{-s}\bmod n$ 并秘密传送给 A。

协议信息:整个协议共执行 t 轮,每轮都有如下形式的信息。

① A→B:$I_A,x=r^v\bmod n$;

② B→A:$e,e\in[1,n]$;

③ A→B:$y=r\cdot s_A^e\bmod n$;

协议执行:每轮协议共执行以下五步。

① A 随机选择秘密整数 $r,r\in[1,n-1]$,计算证据 $x=r^v\bmod n$,将(I_A,x)发送给 B。

② B 选择一个随机整数 $e,e\in[1,v]$,并发送给 A。

③ A 计算响应 $y=r\cdot s_A^e\bmod n$ 并发送给 B。

④ B 接收 y,用 h 和 I_A 重构 J_A,计算 $z=J_A^e y^v\bmod n$。若 $z=x$,且 $z\neq0$,B 接受 A 的身份证明,否则,拒绝 A 的证明。

协议的完备性、正确性、安全性分析与 Fiat - Shamir 协议类似,读者可自行分析。

5.7.5 零知识证明协议的一般结构

零知识证明协议一般由连续的三个步骤组成。

① $P \rightarrow V$:证据

② $V \rightarrow P$:挑战。

③ $P \rightarrow V$:响应。

声称是 P 的证明者从预定义集中选择一个随机元作为他的秘密承诺,并由此计算相关(公开)证据。这实质上定义了证明者能够回答的一套问题,由此预先限制了他随后的响应。根据协议的设计,只有知道秘密的合法用户 P,才真正有能力回答所有问题。对这些问题的回答不会提供任何 P 的长期密钥的信息。V 随后的挑战选择其中的一个问题。最后,P 提供他的响应给 V。V 核查该响应的正确性。必要时迭代协议以限制成功欺骗的概率。

零知识证明协议结合了切割-选择协议(来源于两个小孩分享一块蛋糕的标准方法:一个切,另一个选)和挑战－响应协议的思想。对于一个给定的证据,A 最多响应一个挑战问题,而且不允许重复使用任何证据;如果在协议中违背了任何一个条件,安全性就有可能受到威胁。

5.7.6 零知识证明协议与其他非对称密码协议的比较

与其他公钥技术相比,零知识协议具有如下特点:

① 用法上没有退化:有零知识性质的证明协议重复使用不会降低安全性,并能够抵抗选择文本攻击。

② 避免加密:许多零知识技术避免使用明显的加密算法。

③ 效率:虽然一些基于零知识的技术效率极高,但形式上具有零知识的协议通常其通信和(或)计算开销比那些没有零知识性质的公钥协议更大。基于零知识的更实用方案的计算效率由它们作为交互式证明的本质决定,而不是由零知识决定。

④ 未证明的假设:许多零知识协议作为公钥技术本身依赖于同样的未经证明的假设(例如,因式分解或二次剩余的困难性)。

5.8 其他身份认证技术

前面几节介绍的身份认证过程一般仅涉及一种认证因素。例如,基于口令的认证技术认证的依据是“证明者知道口令”;基于非对称密码技术的认证技术认证的依据是“证明者知道私钥”;基于零知识的身份证明技术认证的依据是“证明者知道某个秘密”。在实际应用中,仅根据证明者知道某事物进行身份认证是不够的,原因是在基于口令的身份认证中,用户选择的口令往往是比较容易记忆的弱口令,容易受到字典攻击;在基于非对称密码技术和零知识证明技术中,用户使用的秘密信息由于位数比较长(如用户的私钥可以达到 1 024 b),难以记忆,用户往往保存在用口令保护的文件中。这样就把用户的机密数据的安全性降低到用户口令的强度,达不到应有的安全级别。

为了更有效地进行身份认证,一般采用多因素认证以增强身份认证的安全性。例如,利用智能卡或用户的指纹保护非对称密钥体制中用户的私钥。本节介绍典型的多因素认证技术:

认证令牌技术、智能卡技术等。

5.8.1　认证令牌技术

认证令牌是一种为用户每次认证产生一个一次性口令或通行码的设备。要使用认证令牌，用户必须先输入一个 PIN 码，因此认证令牌是一种典型的双因素认证设备(用户具有令牌，且知道 PIN)。这些设备体积小巧，使用方便，可以作为简单口令认证的替代品。它一般由一个处理器、一个液晶显示屏和一块电池组成。有的认证令牌还提供一个可供输入的小键盘、一个实时钟和一些其他特性。每个令牌都用称为种子的唯一值编程。种子可确保每个令牌产生唯一的输出代码集。在认证过程中，认证服务器也保存着同一块令牌编程种子的复制。这样认证服务器就可以通过令牌的编程种子数值检查该用户提供的一次性口令是否正确。

下面介绍典型的挑战-响应令牌和时间令牌的工作原理。

1. 挑战-响应令牌

挑战-响应令牌的工作原理与基于挑战-响应的认证方式类似，既可以采用传统的加密/解密方法实现，也可以采用基于散列码的方法来实现。

(1) 基于加密/解密技术实现的令牌认证方案

基于加密/解密技术的令牌认证方案的基本原理是用令牌中的种子加密挑战以产生响应信息。具体过程如下。

假设令牌中的种子表示为 SD，被认证用户为 A，认证服务器为 AS。

① AS→A：N_{AS}。认证服务器 AS 发送一个挑战随机数 N_{AS} 给用户 A。

② A→AS：$E_{SD}(N_{AS})$。由于用户 A 的认证令牌没有电子接口来接收挑战随机数 N_{AS}，所以用户首先读取从认证服务器送来的挑战随机数 N_{AS}，并输入到令牌中，然后，令牌用种子作为密钥加密挑战随机数 N_{AS} 产生响应信息 $E_{SD}(N_{AS})$ 显示在显示屏上。最后，用户将响应信息输入到终端，并发送给 AS。

③ AS：计算 $D_{SD}(E_{SD}(N_{AS}))$。AS 收到 $E_{SD}(N_{AS})$ 后，用数据库中保存的令牌种子解密响应。若解密得到的结果与 N_{AS} 相同，认证通过，允许访问；否则，认证不通过，拒绝访问。

从上面的认证过程可以看到，用户的认证令牌在整个认证过程中都没有物理的接入用户终端，有效地避免了窃听等被动攻击的威胁，而且每次的挑战-响应信息都是随机的，有效地避免了重放等主动攻击的威胁。

但上述方案也存在着明显的不足，每次认证过程中用户都要输入足够位数的挑战和响应信息(如 128b 的随机数)。对用户而言，准确地读取和输入这么长的字符串是一件不堪忍受的事情。为了尽量减少用户的输入，又不减弱认证系统的安全性，可将上述方案改进为如下认证方案。

① AS→A：N_{AS}。

② A 计算 $E_{SD}(N_{AS})$，然后根据需要截取一定数目的字符(一般取 8 个字符)作为响应。假设响应信息为 r。A→AS：r。

③ AS 收到 r 后，用数据库中保存的令牌种子加密挑战随机数 N_{AS}，并截取同样数目的字符与 r 比较，若二者相等，认证通过；否则认证不通过。

从本质上来讲，如果从一个随机数中丢弃其中的一部分，剩下的一部分仍是一个随机数，因此上述方案不会严重影响到认证的安全性。但为了减少攻击者猜中响应信息的可能性，用户截取的响应信息不能太少，一般取6～8个字符。

(2) 基于散列码实现的令牌认证方案

对于某些不需要提供机密性或加密算法受到限制的应用，可以用信息散列技术实现基于令牌的认证方案。具体过程如下。

① AS→A：N_{AS}。

② A计算$h(SD,N_{AS})$，然后根据需要截取一定数目的字符（一般取8个字符）作为响应。假设响应信息为r。A→AS：r。

③ AS收到r后，用数据库中保存的令牌种子计算$h(SD,N_{AS})$，并截取同样数目的字符与r比较。若二者相等，认证通过；否则认证不通过。

其安全分析方法与基于加密/解密的方法类似，读者可以自行分析。

2. 时间令牌

挑战-响应令牌的缺点是使用起来比较麻烦，用户必须在使用令牌时输入PIN码，在认证过程中反复输入挑战信息和响应信息。时间令牌取消了输入键盘，采用时间作为变量参与认证过程，简化了用户输入，方便了用户使用。

与挑战-响应令牌一样，时间令牌也有一个唯一的种子值。认证服务器保存着这些种子值的复制，生产厂家在生产令牌时打开令牌的内部时钟并对其初始化。为了使令牌拥有准确时间，在生产过程中在令牌中植入了校准因子。用户在进行认证时，将当前时间与种子值一起经过单向散列运算产生一个伪随机数，然后截取适当长度的数字，发送给认证服务器进行认证。一般情况下，时间令牌每隔60 s就产生一个新的通行码。具体认证过程如下。

① A利用令牌计算$h(T_A,SD)$，截取适当长度的数字串发送给AS。

② AS利用服务器的时间信息T_{AS}和种子值SD计算$h(T_{AS},SD)$，并截取同样长度的数字串与A发来的数据比较，如二者相等，认证通过；否则，认证不通过。

这种方式的优点是不使用挑战-响应信息，简化了认证过程。但要求认证服务器与用户令牌的时钟同步，若二者不同步，认证服务器必须能够跟踪每个令牌的时钟偏移，在不同步的情况下，一般要尝试一到二次才能完成认证过程。

3. 认证令牌的应用

认证令牌作为一种双因素的认证设备，具有使用简单、安全可靠等优点，可以用于PKI（公钥基础设施）的辅助认证，即结合服务器端的PKI，用令牌实现客户端的认证机制；另外，令牌也可以担当授权访问私钥的初始凭证。

(1) 用认证令牌充当客户端的身份认证

在建立安全的Web应用时，如果使用PKI认证一个用户（客户端），客户端必须拥有相应的公钥客户端软件、数字证书和私钥，而分发、维护客户端软件以及管理数字证书是非常复杂的。如果仅仅是为了认证用户的身份，而用户又不使用数字签名功能，那么就没有必要用复杂的PKI。

基于对实际问题的考虑，认证令牌可以与PKI实现有机的结合。下面以安全Web交易模型为例加以说明。假设银行想为顾客提供安全的在线银行业务，在这种情况下，银行并不会对给有意享受这项服务的用户颁发、检察和分发X.509证书感兴趣；相反，他们所能做的是为其Web服务器购买一张证书，并且打开服务器的SSL。我们知道，服务器端SSL将加密Web浏览器到Web服务器之间的会话，而且也进行Web服务器的认证。到现在为止，通信是安全的，用户也清楚与他们进行通信时的银行，然而，银行的客户没有证书就不能进行客户端的 SSL 认证，对此，银行可以给客户发放认证令牌来进行客户端的身份认证。这种方案既不要求使用专门的客户端软件，也不需要给银行客户分发数字证书。当用户通过安全服务器 SSL 会话连接到安全 Web 服务器时，他们会被提示输入自己的用户名和认证令牌上的通行码。如果通行码正确，则用户认证成功，可以享受在线银行服务。在欧洲，已经有很多银行客户使用这种方案。这样，PKI 与认证令牌实现了完美的结合。通过 PKI，可以对 Web 服务器进行强有力的认证以及提供强加密通信；通过认证令牌，可以对用户进行强身份认证。

(2) 用认证令牌保护私钥

如果用户的私钥保存在用口令保护的文件中，就会把用户私钥的安全性降低到用户口令的强度。为了增强私钥的安全性，可以用认证令牌保护私钥。在这种方案中，用户的私钥被保存在后台服务器的加密容器里。要访问私钥，用户必须先使用认证令牌认证。如果认证成功，该用户的加密容器就下载到用户系统，并解密；如果认证不成功，拒绝访问加密容器。可以看到，该方案比用口令保护私钥容器的方案好得多，因为它把私钥的安全性和信任强度从单因素口令认证水平提高到双因素认证令牌水平。此外，它把安全控制从安全问题不熟悉的用户终端移到安全系统管理员身上。

5.8.2 智能卡技术

智能卡是内嵌在一片与信用卡一样大的，有内存的微处理器。它可以接收数据，然后用存储在智能卡中的程序处理数据，最后把处理结果输出到通信端口。

智能卡主要有储值卡、非密码卡和密码卡三种。我们主要介绍密码智能卡，如图 5.9 所示，密码智能卡由一个微处理器、RAM、ROM、密码加速器和一个扩展的 E^2 PROM 组成。RAM 是一个供处理器进行计算时使用的暂时存储器，ROM 是一个存放智能卡操作系统的永久存储器，而 E^2 PROM 是存放应用程序数据的可写存储器。密码智能卡一般可以执行非对称加密（如 RSA）算法。一般来讲，比较合理的速度是在一秒钟之内完成 RSA 签名。

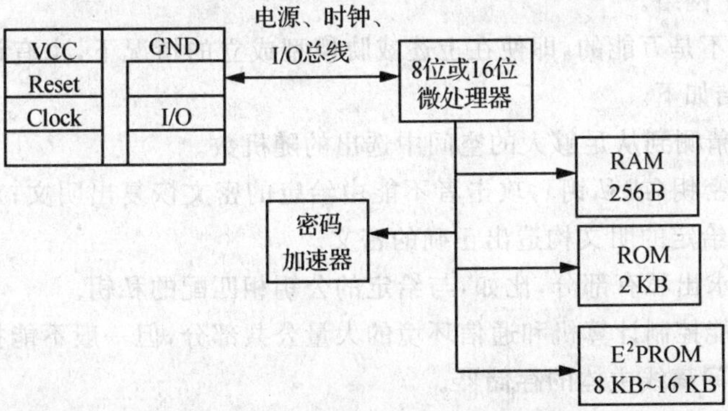

图 5.9　密码智能卡的结构

智能卡属于双因素认证设备：拥有某物（智能卡）和知道某物（PIN）。此外，智能卡还有存放敏感信息的抗篡改存储器，智能卡也能在抗篡改的微处理器中实现密码运算，有些密码智能卡还可以在智能卡上产生密钥，所有这些优良特性使得智能卡适合于身份认证。例如，可以把产生公/私钥对的工作交给密码智能卡，并把数字签名用的私钥保存在抗篡改存储器中，然后导出公钥申请数字证书。在这种情况下，由于数字签名用的私钥保存在一个不能直接读写的文件中，即使智能卡的拥有者也不能读取私钥，所有与私钥相关的密码运算都必须在卡上实现。可以看出，这种方法是产生私钥，并保护私钥的理想办法，它保证了世界上只有一个签名私钥，绝对不存在它的任何复制，因而使用该私钥进行的签名是可靠的，有效地实现了用户的身份认证。

5.9 身份认证协议的典型攻击

因为计算机网络是一个典型的开放式互联网络，这就意味着任何人不用授权就可以加入这个网络，因而不可避免地受到各种类型的攻击。本节首先介绍攻击者所具有的强大攻击能力，即攻击者威胁模型，然后介绍诚实主体所应遵循的规则，即诚实主体模型，最后介绍认证协议中存在的典型攻击手段。

5.9.1 威胁模型

一般假定攻击者在操纵开放性网络的通信方面是相当聪明的。其操作技术也是难以预料的。而且他们还可以相互勾结同时控制地域上相距很远的网络节点。Dolev 和 Yao 给如此强大的攻击者提出了一种威胁模型。这一模型已被广泛地采纳为密码协议的标准威胁模型。在这个模型中，攻击者具有如下特征：

① 能获得经过网络的任何信息；

② 是网络的一个合法使用者，因而能够发起与任何其他用户的对话；

③ 有机会成为任何主体发出信息的接收者；

④ 能够冒充任何其他主体给任意主体发信息。

因此，在 Dolev - Yao 模型中，发送到网络中的任何信息都可看成是发送给攻击者处理的，因而从网络中接收到的任何信息都可以看成是经过攻击者处理过的，换句话说，可以认为攻击者已完全控制了整个网络。

当然，攻击者也不是万能的，即使在上述威胁模型成立的情况下，也有许多事情攻击者无法完成。将这些总结如下。

① 攻击者不能猜测到从足够大的空间中选出的随机数。

② 没有正确的密钥(或私钥)，攻击者不能由给定的密文恢复出明文；对于完善的加密算法，攻击者也不能从给定的明文构造出正确的密文。

③ 攻击者不能求出私有部分，比如，与给定的公钥相匹配的私钥。

④ 攻击者虽然能控制计算机和通信环境的大量公共部分，但一般不能控制计算环境中的许多私有区域，如访问离线主体的存储器。

5.9.2 诚实主体模型

在认证协议中，一般假定协议的参与者是诚实的。诚实主体应满足以下规则。

① 协议中的诚实主体在协议成功终止之前不能理解任何协议信息的语义。

② 如果诚实主体没有正确的密钥，不能识别、创建或者分解 $E_k(M)$。

③ 除了协议规定的由主体自己创建的或给主体输出的某些随机数据之外，协议中的诚实

主体不能识别看似随机的其他数据，比如随机数、序列号或者密钥。

④ 除了协议规定的诚实主体必须记录的信息之外，主体不主动记录任何协议信息。也就是说，认证协议通常是无状态的。

认证协议的设计要求就是在攻击者是“聪明的”，而诚实主体是“愚笨的”情况下，仍能达到设计目标，有效地抵御各种攻击。

5.9.3 认证协议的典型攻击

由于计算机网络的开放性，在上述威胁模型和诚实主体模型的假定条件下，认证协议不可避免地会受到各种各样的攻击。常见的网络攻击手段主要有重放攻击、中间人攻击、反射攻击、平行会话攻击、交错攻击、类型缺陷攻击、姓名遗漏攻击等。

在分析常见的认证协议攻击时，除了前面假定的威胁模型之外，还假定协议的攻击者能获得同一协议使用过的任何旧的会话密钥，并且攻击者可以同时执行一个协议的多个实例。

1. 重放攻击

在重放攻击中，攻击者预先记录了某个协议先前运行的某条信息，然后在该协议新一轮运行中重放记录的信息。

例如：在 needham - schroeder 的基于秘密密钥的相互认证协议中(见 5.4.1)。如果攻击者获得了旧的会话密钥 K_s，就可以跳过信息①②，重放信息③，等到主体 B 发送响应信息④后，重放信息⑤，这时 B 认为与 A 通信，实际上 A 并不在线。攻击过程如下(假设攻击者为 *M*)。

① M(“A”)→B：$E_{K_B}(K_S, ID_A)$；攻击者 *M* 重放信息③(5.4.1 中)，诱使 B 使用旧的 K_s 加密挑战随机数。

② B→M(“A”)：$E_{K_S}(N_2)$；B 用旧的会话密钥加密了随机数 N_2，且信息被 *M* 截获。

③ M(“A”)→B：$E_{K_S}(f(N_2))$；攻击者 M 成功地用旧的 K_s 作出响应，攻击成功。

之所以会受到上述攻击，就是因为信息③(5.4.1 中)中没有抵御重放攻击的机制。重放攻击一般可使用挑战-响应机制或在每条信息中都加入时间戳、序列号来抵御。

2. 中间人攻击

在中间人攻击中，攻击者能够把协议的某参与者所提出的困难问题提交给另外的参与者来回答，然后把答案(可能经过简单处理)交给提问的主体。如基于一次性口令的认证方案，基本的 Diffe - Hellman 协议均会受到中间人攻击。下面以一次性口令协议(见 5.3)为例进行说明：

① A→M(“B”)：ID_A；A 向 B 发送自己的身份标识 ID_A，被 M 截获。

② M(“A”)→B：ID_A；M 简单地将 ID_A 转发给 B。

③ B→M(“A”)：*i*，“输入口令”；B 发现 A 想与自己通信，要求输入第 *i* 次的口令，此信息被 M 截获。

④ M(“B”)→A：$i-1$，“输入口令?”；M 不知道口令，假冒 B 要求 *A* 输入第 $i-1$ 次的口令。

⑤ A→M(“B”)：$h^{i-2}(P_A)$；A 输入第 $i-1$ 次口令，此口令被 M 截获。

⑥ M(“A”)→B：$h^{i-1}(P_A)$；M 计算 $h(h^{i-2}(P_A))$，发送给 B，攻击成功。

之所以会受到中间人攻击就是因为 A 在没有认证对方身份的情况下，将自己的口令发送给了 M。对付中间人攻击的常用方法是在信息交换的两个方向上都提供身份认证或数据源认证服务。

3. 反射攻击

在反射攻击中，当一个诚实主体给某个意定的通信方发送信息让他完成密码操作时，攻击者截获该信息，并把该信息发送给信息的产生者。结果，要么信息的产生者接受对问题的回答，即自问自答，完成了攻击者所不能完成的功能，并把结果交给攻击者。如下面的基于对称密钥的相互认证协议就会受到反射攻击。

① $A \to B: E_K(N_A)$；A 向 B 发送用密钥 K 加密的随机数 N_A，A 认为只有拥有密钥 K 的用户 B 才可以解密得到 N_A。

② $B \to A: E_K(N_B), N_A$；B 用 K 解密 $E_K(N_A)$ 得到 N_A，作为响应信息发送给 A，同时产生加密的挑战信息 $E_K(N_B)$ 发送给 A。A 收到 N_A 知道一定是 B 解密的，因为只有 B 拥有密钥 K，从而认证了 B 的身份。

③ $A \to B: N_B$；同②相似，此信息用来认证 A 的身份，从而实现了 A，B 的相互认证。

假设此协议允许多个实例同时运行，则容易受到反射攻击。受到攻击的协议描述如下：

① A→M("B")：$E_K(N_A)$；A 发送给 B 的信息被 M 截获。

② M("B")→A：$E_K(N_A)$；M 无密钥 K，不能解密 $E_K(N_A)$，将信息①反射给 A。

③ A→M("B")：$E_K(N'_A)$，N_A；A 认为是 B 的挑战信息，对 $E_K(N_A)$ 解密后，发送给了攻击者 M(本应发送给 B)。

④ M("B")→A：$E_K(N'_A)$，N_A；攻击者 M 将收到的信息反射给 A 作为对信息①的应答，A 检测到 N_A，认为发送方是 B，实际上 B 并未参与协议。

⑤ A→M("B")：N'_A；A 给 B 发送的信息②的响应信息被攻击者 M 截获。

⑥ M("B")→A：N'_A；攻击者重放消息③得到消息②的响应信息。M 假冒的身份得到了认证。

从上述协议可以看到攻击者 M 成功地利用三条反射信息假冒了用户 B，而且两轮协议从 A 看来都得到了正确运行。

4. 平行会话攻击

在平行会话攻击中，在攻击者的特意安排下，一个协议的两个或更多的运行同时并发执行。并发的多个运行使得攻击者能够从一个运行中得到另外某个运行中困难问题的答案。如果协议的参与者愿意几乎同时和多个用户会话，那么攻击就是可行的。

例如，基于对称密钥的 Woo－Lam 协议就会受到平行会话攻击。

原始协议：

前提：A 和可信第三方 T 共享主密钥 K_{AT}，B 和可信第三方 T 共享主密钥 K_{BT}。

目标：A 向 B 证实自己的身份。

① $A \to B: ID_A$；

② $B \to A: N_B$；

③ $A \to B: E_{K_{AT}}(N_B)$；

④ $B \to T: E_{K_{BT}}(ID_A, E_{K_{AT}}(N_B))$；

⑤ $T \to B: E_{K_{BT}}(N_B)$；

⑥ B 解密信息⑤得到 N_B 接受 A 的身份。

受攻击的协议：

① M(“A”)→B：ID_A；

①′ M→B：ID_M；

② B→M(“A”)：N_B；

②′ B→M：N'_B；

③ M(“A”)→B：$E_{K_{MT}}(N_B)$；

③′M→B：$E_{K_{MT}}(N_B)$；

④ B→T：$E_{K_{BT}}(ID_A, E_{K_{MT}}(N_B))$；$T$ 收到信息后，用 K_{AT} 解密 $E_{K_{MT}}(N_B)$。

④ ′B→T：$E_{K_{BT}}(ID_M, E_{K_{MT}}(N_B))$；$T$ 收到信息后，用 K_{MT} 解密 $E_{K_{MT}}(N_B)$。

⑤ T→B：$E_{K_{BT}}$（垃圾数据）。

⑤ ′T→B：$E_{K_{BT}}(N_B)$；

⑥ B 拒绝和 M 的运行，因为返回的数据不是 N'_B，接受和 A 的运行，实际上是和攻击者 M 运行协议。

实际上 M 使用信息①②③④′⑤′成功地假冒了用户 A。

5. 交错攻击

在交错攻击中，某个协议的两次或多次运行在攻击者的特意安排下按交织的方式执行。攻击者可以合成某条信息，并发给运行中的某个主体，期望收到该主体的一个应答，而该应答可能对于另外某个运行中的另一个主体是有用的。典型的交错攻击有 Wiener(加拿大人)攻击(见 5.4.2)。交错攻击对信息交换的顺序是敏感的，而平行会话攻击对信息的交换顺序是不敏感的。一般存在双方认证缺陷的协议都可能受到交错攻击。

6. 类型缺陷攻击

在类型缺陷攻击中，攻击者利用诚实主体不具备把信息或者部分信息同该信息的语义联系起来的能力对协议进行攻击。如主体不具备把等长的挑战随机数与等长的密钥区分开来的能力，例如 Otway－Rees 密钥传输协议就可能受到类型缺陷攻击。

原始协议：

① A→B：M，ID_A，ID_B，$E_{K_{AT}}(N_A, M, ID_A, ID_B)$。

② B→T：M，ID_A，ID_B，$E_{K_{AT}}(N_A, M, ID_A, ID_B)$，$E_{K_{BT}}(N_B, M, ID_A, ID_B)$。

③ T→B：M，$E_{K_{AT}}(N_A, K_S)$，$E_{K_{BT}}(N_B, K_S)$。

④ B→A：M，$E_{K_{AT}}(N_A, K_S)$。

协议中通信双方 A 和 B 与可信第三方 T 分别具有共享的主密钥 K_{AT} 和 K_{BT}。T 生成会话密钥 K_S 后，分别用 A 和 B 的主密钥加密，将加密的会话密钥先发送给 B，通过 B 将加密的会话密钥转发给 A。

对攻击过程分析如下：因为协议中信息①与信息④在形式上是相似的。如果信息①密文中的 M，ID_A，ID_B 与信息④密文中 K_S 的长度相等(这种假设是很合理的，因为 ID_A，ID_B 可能分别是 32 bit，M 是 64 bit，而 K_S 为 128 bit)，攻击者就可能用已经截获的 M，ID_A，ID_B 替代未知的 K_S。受攻击的协议描述为：

① A→C(“B”)：M，ID_A，ID_B，$E_{K_{AT}}(N_A, M, ID_A, ID_B)$。

② C(“B”)→A：M，$E_{K_{AT}}(N_A, M, ID_A, ID_B)$。

结果 A 把 M，ID_A，ID_B 误认为是会话密钥。

7. 标识符遗漏攻击

在认证协议中，一般与某条信息相关的用户的标识信息可以从该信息的上下文的其他部分或从使用的密钥推断出来。如果根据这些信息不能推断出来，攻击者可以利用这种遗漏进行攻击。这种因遗漏标识符而造成的攻击称为标识符遗漏攻击。

例如，Denning 和 Sacco 提出的 Needham - Schroeder 协议就会受到标识符遗漏攻击。

基本协议：

① A→T：ID_A，ID_B。

② T→A：$Cert_A$，$Cert_B$。

③ A→B：$Cert_A$，$Cert_B$，$E_{PK_B}(Sig_A(K_S, T_A))$。

协议运行后，A 认为只有自己和 B 共享密钥 K_S，因为只有 B 能用 SK_B 解密 $E_{PK_B}(Sig_A(K_S, T_A))$。实际上 $Sig_A(K_S, T_A)$中并没有用户的标识符，因而 B 可以利用这个缺陷进行攻击，攻击步骤如下。

B 收到信息③后，向另一用户 C 发送信息。

③′B(“A”)→C：$Cert_A$，$Cert_C$，$E_{PK_C}(Sig_A(K_S, T_A))$。

结果 C 相信只有自己与 A 共享密钥 K_S，并用 K_S 来加密与 A 进行通信的机密信息，然而，这些机密信息均可被 B 阅读。解决的办法是将用户的标识符加入到签名信息中去，即将③改为：

③″A→B：$Cert_A$，$Cert_B$，$E_{PK_B}(Sig_A(ID_A, ID_B, K_S, T_A))$

认证协议受到的攻击形式多种多样，本书不一一列举。在进行认证协议设计时，应当尽可能小心，避免设计出有严重缺陷的协议。为了设计出更安全可靠的协议，研究者们正在探索运用系统的方法来设计和分析认证协议。

5.10 身份认证体系结构

5.10.1 基于对称密钥的认证框架——Kerberos

Kerberos 一词来源于古希腊神话中，用一条三个头的狗来守卫地狱之门。意思是地狱之门的守卫者。在计算机领域借用来表示网络之门的守卫者，用于实现认证、计费和审计三种功能，但主要实现了身份认证的功能。

Kerberos 是麻省理工学院专门为 Project Athena 开发的认证服务标准。它假设每个工作站的用户通过网络访问服务器。访问的客户必须经过认证和授权。Kerberos 主要针对以下的 3 种威胁：

① 一个用户可能再一次访问特殊的工作站，并扮演另一个用户角色进行操作。

② 用户可能改变工作站的网络地址，以至请求是来自一个非法操作的工作站地址。

③ 用户可能通过监听，用重放攻击的方式再次访问服务器。

针对以上情况，一个没有认证的用户是不能访问服务器的。

Kerberos 不是提供较完善的认证协议，而是提供一个集中的认证服务器。其认证服务器的功能是提供用户在访问其他服务器之前，实现服务器与用户的相互认证。

Kerberos 分为两个版本，即 V4 和 V5。V4 已被广泛应用，V5 是对 V4 的安全系数进行了修正，现已被列为 Internet 标准(RFC1510)。

1. Kerberos 的发展

在一个没有连接网络多用户系统的个人计算机中，每个用户的资源或文件被物理地保护。当这些用户被时分系统集中在一起时，这个时分系统必须提供安全，操作系统必须按照用户的标识实现强制访问控制。

目前，对于最流行的客户机/服务器和分布的或集中的工作模式，必须考虑以下安全问题。

① 按照每一个客户工作站的用户确定每一个用户的标识符。根据每一个用户的标识符对每个服务器确定安全策略。

② 需要客户之间的相互认证，并且这种认证是通过标识符来实现的。

③ 不仅需要对于每一个服务的用户提供标识，而且还需要服务器向每一个用户提供各自的标识。

对于一个小的封闭式系统环境，所有的系统为一个单一的组织拥有和操作。对于这样一个系统，以上第①条可以满足，而第②条也可能满足。但是，对于一个开放的系统，需要网络连接到其他的计算机系统，经由第①条和第②条就不行，就需要第③条才能保护用户的信息。这个第③条就是由 Kerberos 系统来支持的。Kerberos 假设系统是以客户机/服务器模式工作的，应用一个或更多个 Kerberos 服务器提供服务。

最初公布的 Kerberos 具有下列特点：

- 安全性：一个网络窃听者不能获得必要的信息和扮演另一个用户，总之 Kerberos 具有很强的防止黑客攻击的能力。
- 可靠性：对于所有的服务，按照所有的 Kerberos 访问控制，失去所有 Kerberos 的服务资源，就是失去 Kerberos 的支持。所有 Kerberos 具有较高的可靠性。应用 Kerberos 的服务框架，可以从一个系统转移到另一个系统，并且从另一个系统再转移到另一个系统。
- 透明性：用户只需根据需要进入系统，不需要知道认证如何发生。
- 广泛性：这个系统能够支持庞大的客户机和服务器。

实际上，Kerberos 是提供一个基于 Needham - schroeder 方法的，可信赖的第三方认证服务，也就是客户机和服务器是在对 Kerberoos 绝对相信的条件下，实现相互认证的。

2. Kerberos V4

Kerberos 第 4 版使用 DES 加密机制进行认证服务。它由认证服务器(AS)、票证发放服务器(TGS)、用户访问服务器(V)和客户工作站(C)组成。我们可以看成是将 Needham - schroeder 方法的认证服务(AS)更改为 Kerberos 下的认证服务器(AS)和票证发放服务器(TGS)。为了分析其过程，将从以下几方面进行阐述。

(1) 简单的相互认证

在一个没有保护的网络环境下，任何客户向服务器申请服务，最明显的安全危险是欺骗。如一个黑客通过扮演一个合法的客户在服务器上获得一个没有授权的访问。面对这些威胁，服务器必须确信请求服务的客户的标识符。这个简单的认证过程，实际上是认证服务器和客户之间的相互认证。其过程如下：

① C→AS：ID_C，P_C，ID_V

② AS→C：Ticket

③ C→V：ID_C，Ticket

其中：

Ticket＝$E_{K_V}(ID_C, AD_C, ID_V)$称为票证。

C为客户端；

AS为认证服务器；

V为应用服务器；

ID_C为用户在客户机上的标识符；

ID_V为服务器的标识符；

P_C为在客户端的用户口令；

AD_C为客户端的网络地址；

K_V为V和AS共享的秘密密钥。

在这样的认证条件下，用户通过口令进入工作站，并请求访问服务器V。一旦进入工作站后，用户以客户C的模式向认证服务器发送用户ID、服务器ID和用户口令。AS检查它的数据库是否有合适的用户口令，并检查用户是否能访问服务器V。如果这两个都有，AS接受作为认证的用户，并说服服务器这个用户已经被认证。为此，AS建立一个包含用户ID、用户网络地址AD_C和服务器ID的票证，并且将这个票证用AS和服务器的共享密钥进行加密，然后返回给C。

C将这个票证复制下来，然后将C的ID和票证一起发送给V。V解密这个票证并验证票证的用户ID和用户ID是否相同，如果相同，授权请求服务。

这三步的每一个信息都是非常重要的。票证被加密是为了防止篡改和伪造，服务器的ID_V之所以包含在票证里，以证实它已解密了这个票证。票证中包含ID_C是显示代表C，最后AD_C用在第②步中接受的信息，然后使用IDc的名字，并用在第③步中传输。最后，服务器根据收到的与用户ID相符的有效票证授权给访问工作站的用户。

为防止黑客袭击，AS在票证里包含来自最初请求的工作站的网络地址。如果传输是来自最初请求票证的工作站，则票证就是有效的。

(2) 较安全的认证过程

用简单的相互认证方法，在一个开放式的网络环境下解决伪造问题，还存在两个突出的问题。一是用户口令使用次数问题，通常要求使用的口令次数尽量少，最好只使用一次。如一个用户C在早晨登录到工作站去检查他的E－mail服务，C必须用口令得到一个票证。如果C在一个整天多次检查E－mail服务，每一次检查必须重新输入口令。为了改善多次输入问题，对第一次登录的用户，工作站可以保存收到的邮件服务器的票证，并用它代表用户多次访问邮件服务器。另一个问题，传输的信息中包含明文口令信息。这是一个最大的威胁，如果一个黑客得到明文口令信息，它就能使用任何服务。

为了解决以上两个问题，介绍一种新的服务，并取消了明文口令信息。提供这种服务的服务器就是众所周知的票证授权服务器(ticket－granting serve，TGS)，它是针对请求各种服务类型。如一个服务器内有人事管理系统、公文流转系统、财务报表系统，客户要想访问人事管理系统，TGS又没有授权给该客户，则禁止其访问人事管理系统。这使系统更加安全。

整个过程如下：

① 客户端代表它的用户，通过给AS发送用户的标识符ID和TGS的标识符ID，请求票

证授权票证。发送这样的信息的目的，是告诉 AS 客户想请求 TGS 服务。

$$C \rightarrow AS: ID_C, ID_{TGS}$$

② AS 使用用户口令作为密钥，加密票证作为响应信息，并执行以下操作：

$$AS \rightarrow C: E_{K_c}(Ticket_{TGS})$$

$Ticket_{TGS}=E_{K_{TGS}}(ID_C, AD_C, ID_{TGS}, TS_1, Lifetime_1)$ 为票证。其中 $Lifetime_1$ 表示该票证的生命周期，TS_1 为 TGS 对这个票证所产生的时间戳。

当这个响应信息到达客户端时，客户端提示输入用户口令，产生密钥，并试图对收到的密文进行解密。如果口令正确，这个票证就成功地被解密。同时客户可以用该票证来请求访问多个服务器和多次使用票证，这就较好地解决了第一个问题。另外，对票证加了时间戳，从而最大限度地保证了票证的安全。由于使用用户的密钥加密票证，确保票证只能被合法的客户使用。

因为只有合法的用户才知道口令，因此，只有合法的客户才能恢复该票证。这样合法用户一旦获得 Kerberos 的信任，而无须传递明文口令，这就解决以明文的形式传递口令问题。

③ 客户端收到 AS 发送来的信息后，进行解密，得到 AS 发送的用以访问 *TGS* 的票证。然后执行以下操作：

$$C \rightarrow TGS: ID_C, ID_V, Ticket_{TGS}$$

客户端代表用户申请一个服务授权证书。为了达到这个目的，在客户端传输包含所需服务器的 ID、用户标识的 ID 和票证授权票证的信息给 TGS。

④ TGS 收到票证后进行解密，通过检查 TGS 的 ID 是否存在，来验证解密是否成功。它还检查票证的生命周期，判断此票证是否过期。如没有过期，再比较用户的 ID 和网络地址与收到的认证用户信息是否一致，并在此基础上检查要访问的资源，并且允许访问服务器 V，TGS 就发送给客户 C 访问服务器 V 的许可票证，即

$$TGS \rightarrow C: Ticket_V$$

其中：

$Ticket_V=E_{K_V}(ID_C, AD_C, ID_V, TS_2, Lifetime_2)$，$Lifetime_2$ 表示该票证的生命周期，TS_2 为 *V* 对该票证所产生的时间戳。

⑤ 在执行以上 4 四个步骤的认证过程后，客户 C 已得到授权，然后带着访问服务器的票证 $Ticket_v$ 和自己的标识符 ID_C 访问服务器，即执行以下操作：

$$C \rightarrow V: ID_C, Ticket_V$$

通过以上的认证，所得到的票证还可以以客户的方式存放在用户工作站，使此票证在它的生命周期内反复使用。用户需要进行新的服务，再向 TGS 申请，然后 TGS 授权这个票证用于特殊的服务。客户端保存每一个服务授权票证，可以对用户的每一次请求进行认证。

(3) 完整的 Kerberos V4 认证

一个完整的 kerberosV4 认证包括以下步骤：

1) 服务器间的相互认证，以获得票证授权证书

① $C \rightarrow AS: ID_C, ID_{TGS}, LS_1$

其中，

ID_C 为告诉 AS 来自客户端的用户标识符；

ID_{TGS} 为告诉 AS 用户请求访问访问 TGS；

TS_1为客户 C 产生的时间戳。

② AS→C：$E_{K_C}(K_{C,TGS}, ID_{TGS}, TS_2, Lifetime_1, Ticket_{TGS})$

其中，$K_{C,TGS}$为 AS 产生的用于 C 和 TGS 进行会话的会话密钥；

ID_{TGS}为 TGS 的标识符；

TS_2为通知客户端票证被签发的时间；

$Lifetime_1$为通知客户端此证书的生命周期；

$Ticket_{TGS}$用于客户端访问 TGS 的票证。

$E_{K_C}(\cdot)$为用户的秘密密钥对括号内的信息进行加密。

2）票证授权服务交换，以获得服务授权证书

③ C→TGS：$ID_V, Ticket_{TGS}, Authenticator_{C_1}$

其中，

$Ticket_{TGS} = E_{K_{TGS}}(K_{C,TGS}, ID_C, AD_C, ID_{TGS}, TS_2, Lifetime_2)$

$Authenticator_{C_1} = E_{K_{C,TGS}}(ID_C, AD_C, TS_3)$

ID_V为用户告诉 TGS 需访问服务器 V；

TS_2为通知 TGS 票证被签发的时间；

TS_3为通知 TGS 认证器被产生的时间；

$Ticket_{TGS}$；为的是让 TGS 相信此用户已被 AS 认证过；

$Authenticator_{C_1}$客户端产生的认证器，使 TGS 确信出示的票证者就是合法的票证拥有者，TS_3的有效期是很短的，用以防止重放攻击。

④ TGS→C：$E_{K_{TGS}}(K_{C,V}, ID_V, TS_4, Ticket_V)$

$E_{K_{TGS}}$用于保护在第②步的传输过程中产生的 C 和 TGS 的共享会话密钥；

TS_4为通知客户票证被签发的时间；

$Ticket_V$用于访问服务器 V 的票证；

ID_V为应用服务器的标识符；

$Lifetime_2$；用于防止重放。

3）客户端与服务器认证交换，以获得服务

⑤ $C \to V$：{$Ticket_V, Authenticator_{C_2}$}

这个过程是客户端请求服务。其中：

$Ticket_V = E_{K_V}(K_{C,V}, ID_C, AD_C, ID_V, TS_4, Lifetime_4)$；

$Authenticator_{C_2} = E_{K_{C,V}}(ID_C, AD_C, TS_5)$；

$Ticket_V$为使服务器相信，其用户是被 AS 授权的；

$Authenticator_{C_2}$由客户端产生的用户认证器；

$E_{K_{CV}}$用被 TGS 和服务器的密钥加密的票证；

ID_C为客户 C 的标识符；

AD_C为工作站的网络地址；

ID_V为应用服务器的标识符；

TS_4为通知服务器票证被签发的时间；

$Lifetime_4$用于防止重放。

整个认证过程如图 5.10 所示。

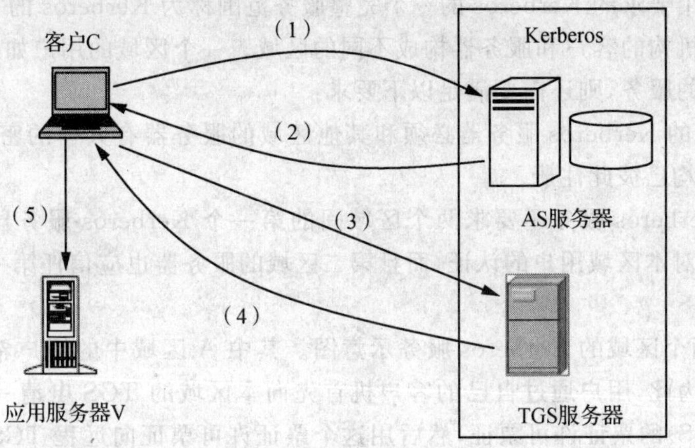

图 5.10　KerberosV4 鉴别过程

在第二个方案中虽然比第一个方案更安全，但仍然存在以下两个问题。

① 票证的生命周期。如果生命周期太短，用户必须反复使用口令；如果生命周期太长，给黑客创造一个重放的机会，并获得相应的服务。为了解决这个问题，一个网络服务必须能够确保使用票证者就是票证中指定的本人。

② 服务器间的相互认证。如果没有这样的认证，黑客就会构造一个假的服务器扮演真实服务器去获取用户的信息，然后否定对用户的真实服务。

在 Kerberos 中，首先 C 发送给 AS 的信息中，包含了时间戳，所以 AS 知道所发的信息是最新的信息。而在 AS 返回给 C 的信息中，包含了可访问 TGS 的许多信息。在票证中增加会话密钥，C 就能够访问 TGS。

在 C 发送给 TGS 信息的票证中增加了请求服务的 ID，此外在 C 传输的认证器中也包含了 C 的 ID 和地址以及时间戳，认证器内设置的生命周期是非常短不让票证重复使用。TGS 用他和 AS 共享的密钥能解密此票证。此票证说明用户 C 已获得和 TGS 的会话密钥 $K_{C,TGS}$。实际上，可以这样说，能使用 $K_{C,TGS}$ 者，一定是 C。

TGS 是用这个会话密钥，解密来自认证器的名字和地址和信息中的网络地址和票证。如果所有都符合，TGS 就确信发送票证的是真实拥有者。也就是说，在时间为 TS_3 内，TGS 可使用 $K_{C,TGS}$。

值得注意的是，这个票证不仅可以证实每个标识，而且还能提供密钥的安全分配，由于认证的票证仅被使用一次，对于黑客的威胁：偷窃票证和认证器，是非常困难的。所以在一个完整的 Kerberos 认证系统中，解决了以上存在的两个问题。

(4) 多区域 Kerberos

Kerberos 的一个完整服务范围由一个 Kerberos 服务器、多个客户机和多个服务器组成，并且满足以下两个要求。

① Kerberos 服务器必须在它的每个数据库中存有所有用户的 ID 和口令的散列值，所有用户都已向 Kerberos 服务器注册。

② Kerberos 服务器必须与每一服务器有共享的密钥，所有服务器都已向 Kerberos 服务器注册。

满足以上两个要求的 Kerberos 的一个完整服务范围称为 Kerberos 的一个区域。网络中隶属于不同行政机构的客户和服务器构成不同的区域。一个区域的用户如果希望得到另一个区域中的服务器的服务，则还需要满足以下要求：

③ 每个区域的 Kerberos 服务器必须和其他区域的服务器有共享的密钥，且两个区域的 Kerberos 服务器均已彼此注册。

多区域的 Kerberos 服务还要求两个区域间的第一个 Kerberos 服务器信任第二区域的 Kerberos 服务器对本区域用户的认证，而且第二区域的服务器也应信任第一区域的 Kerberos 服务器。

图 5.11 是两个区域的 Kerberos 服务示意图。其中 A 区域中的用户希望得到区域 B 中服务器的服务。为此，用户通过自己的客户机首先向本区域的 TGS 申请一个访问远程 TGS（即区域 B 中 TGS）的票证许可票证，然后用这个票证许可票证向远程 TGS 申请获得应用服务器的服务许可票证。具体步骤如下。

① 客户向本地 AS 申请访问本区域 TGS 的票证：

$C \to AS: ID_C, ID_{TGS}, TS_1$。

② AS 向客户发放访问本区域 TGS 的票证：

$AS \to C: E_{K_C}(K_{C,TGS}, ID_{TGS}, TS_2, Lifetime_2, Ticket_{TGS})$。

③ 客户向本地 TGS 申请访问远程 TGS 的票证许可票证：

$C \to TGS: ID_{TGSREM}, Ticket_{TGS}, Aucthenticator_{C_1}$。

④ TGS 向客户发放访问远程 TGS 的票证许可票证：

$TGS \to C: E_{K_{C,TGS}}(K_{C,TGSREM}, ID_{TGSREM}, TS_4, Ticket_{TGSREM})$。

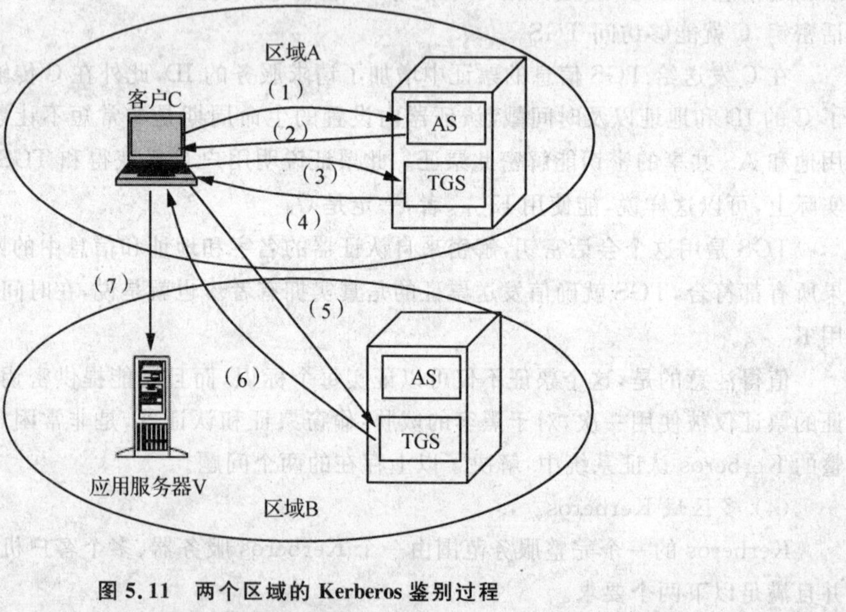

图 5.11 两个区域的 Kerberos 鉴别过程

⑤ 客户向远程 TGS 申请获得应用服务器的服务许可票证：

$C \to TGS_{REM}: ID_{VREM}, Ticket_{TGSREM}, Aucthenticator_{C_2}$。

⑥ 远程 TGS 向客户发放服务许可票证：

$TGS_{REM} \rightarrow C: E_{K_{C,TGSREM}}(K_{C,VREM}, ID_{VREM}, TS_6, Ticket_{VREM})$。

⑦ 客户申请远程服务器的服务：

$C \rightarrow V_{REM}: Ticket_{VREM}, Aucthenticator_{C_3}$。

对有很多区域的情况下，以上方案的扩充性不好，因为如果有 N 个区域，则必须由 N(N−1)/2 次密钥交换才可使每个 Kerberos 区域和其他所有的 Kerberos 区域能够互操作。当 N 很大时，方案实现变得不现实。

3. Kerberos V5

（1）概述

V5 系统是 V4 的系统的扩展，主要有以下几方面：

① 增加了代理机制。

② 改进了安全机制。

③ 所有的 PDU 描述全部改用 ASN.1，方便了变长字段、可选字段的处理。

④ 将名的结构改成两部分，前一部分包含 V4 系统中的用户名，用一个类型和一个任意的串表示；后一部分为域名，允许使用 DNS 标准名或 X.500 标准名。

⑤ 在认证符中增加了子密钥的概念，可用于群通信。

在 V4 版中认证符为时间戳，C 和 V 之间若同时存在多个连接，则从系统申请不同的密钥，或使用同一个密钥。前者效率低，而后者不安全(因为不同连接上的数据可相互冒充)；V5 系统允许发起方 C 在认证符中加入一个子密钥，因此会话密钥 $K_{C,V}$ 仅用于加密(解密)子密钥用，而具体的通信内容可用不同的子密钥来加密。

（2）代理机制

1）票证的类型

① 有限的授权：C 将所有远程访问所需的远程票证申请好，并送给 V，由 V 去具体代替 C 执行远程访问。这时 C 必须拥有一种可代理的票证，指明谁可以使用它。

② 委托授权：C 申请一个特殊票证给 V，V 可用它来代替 C 向 TGS 申请所需的票证。为了实现代理功能 V5 系统在票证中定义了四个时间域：

起始时间——票证开始的生效时间；

结束时间——票证的失效时间；

认证时间——TGS 生成的票证时间；

更新时间——票证在这个时间前必须更新一次。

2）密钥管理

在 V5 系统中，用户密钥的产生同时使用用户口令和域名，因此不同的域对于同一个口令将产生不同的密钥。这样即使攻击者能攻破某个域的 Kerberos 系统，也不能影响其他域。

3）域的层次

在 V4 系统中，跨域的访问要求一个域 Kerberos 系统注册另一个域的用户，因此 N 个域的相互访问要有 N(N−1)个注册。若 N 很大，则这个注册的负担很重。

由于 V5 系统允许代理功能，因此各域的 Kerberos 系统不必事先相互注册，而是用层次化的结构来描述域间各 Kerberos 系统预先定义的信赖关系，从而使用户可沿着信赖的关系构成一个逐段申请票证，并最终访问其他域。

5.10.2 基于公钥证书的认证框架

对于一对频繁通信的主体而言,需要能够容易、安全地识别对方的公钥。起初可以以一种安全的物理方式交换他们的公钥,如面对面地交换并以一种安全的方式保存密钥。然而这种简单的密钥管理方法的扩充能力很不理想。在一般的开放通信系统中,通信双方可能事先并不认识,并且大多数情况下,双方只通信一次。这种简单的密钥管理方法要求每个主体都要管理不现实的巨大数量的公钥,不能充分利用公钥密码学的优点。为了对公钥进行有效的管理,需要引入一个可信的第三方专门提供公钥认证服务。这个可信的第三方就称为证书机构 CA (Certification Authority),对于 CA 内的每个端用户而言,CA 发放一个公钥证书来证实用户的公钥数据。公钥证书包括持有者唯一可识别的身份、公钥参数以及 CA 的签名。CA 对证书的签名提供了持有者的身份与他的公钥的密码邦定。如果一个主体信任 CA,那么,当他验证了另一个主体的证书有效后,他就应该信任这种邦定的有效性。这是因为只有当 CA 正确地识别了持有者以后,才发放证书。这样,认证主体通过公钥就建立起一条由证书到他的安全密钥信道。基于公钥证书的认证机制得到了广泛的应用。标准的 X.509 证书框架已成为重要的国际标准。

1. X.509 概述

X.509 是 CCITT 标准中定义的目录业务 X.500 系列的重要组成部分。这里所说的目录实际上是维护用户信息数据库的服务器或分布式服务器的集合。用户信息包括用户名到网络地址的映射和用户的其他属性。

X.509 定义了 X.500 目录向用户提供认证业务的一个框架。目录的作用是存放用户的公钥证书。每一个证书包含用户的公钥和一个用可信赖机构的私钥签名的认证授权。X.509 还根据用户的公钥证书,定义了基于证书的认证协议。因为,X.509 的证书结构和认证协议已被广泛的应用于 S/MIME,IPSec,SSL/TLS 和 SET 等诸多应用过程,X.509 已被称为一个重要的标准。

X.509 的基础是公钥密码体制和数字签名,但在其标准中未特别指明使用哪种具体的密码体制(建议使用 RSA),也未指明数字签名中使用哪种散列函数。

2. 公钥证书的管理

公钥证书是 X.509 标准的核心,是数据保护和通信安全的基础,证书的管理至关重要。公钥证书的管理包括从证书的生成到证书的销毁的整个过程,主要有证书颁发、证书撤销、证书验证等。首先介绍一下证书的结构。

(1) 证书的结构

用户证书由证书发放机构 CA 建立,并由 CA 或用户自己放在目录下,方便其他用户访问。

X.509 公钥证书的结构如图 5.12 所示,共有三个不同的版本—V_1,V_2,V_3。每个不同的版本有不同的数据域。第一版为从开始到用户公钥所在的域加上最后一个签字域;第二版由没有扩充域的所有其他域组成;第三版由所有域组成。

- 版本号:指出所使用的证书属于哪个版本。默认值为第一版。如果证书中需使用发放者唯一识别符和主体唯一识别符,版本号一定是 2;如果需使用扩充域,版本号一定为 3。

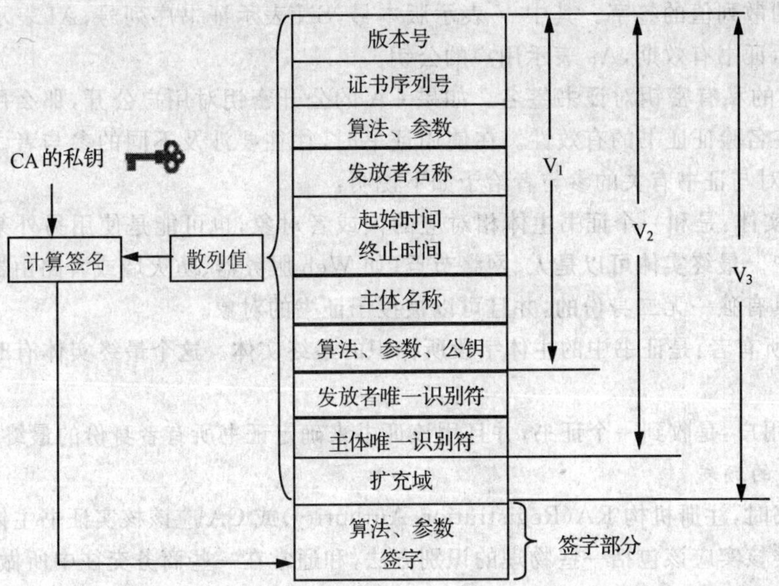

图 5.12　X.509 证书的结构

- 证书序列号：它是一个整数值。这个值仅由 CA 签发，必须与证书有关，同一 CA 颁发的证书的序列号是唯一的。当证书被取消时，实际上是将此序列号放入由 CA 签发的 CRL 中。这也是序列号唯一的原因。
- 签名算法识别符：用来指定 CA 签发证书时所使用的签名算法及相关的参数。此信息与最后一个字段的签名算法及参数相同，所以这一字段一般不用。
- 证书有效期：它包含两个日期：证书的有效起始时间、终止时间。
- 发放者名称：指建立和签署证书的 CA 的名字。
- 主体名称：证书所属用户的名称。此证书用来证实拥有私有密钥的主体的公开密钥。
- 主体的公开密钥信息：包括主体的公开密钥、使用这一公开密钥的算法的标识符及相应的参数。
- 发放者唯一识别符：可选数据项。当发放者的名称被重新用于其他实体时，用这一识别符来唯一标识发放者。
- 主体唯一识别符：可选数据项。当主体的名称被重新用于其他实体时，用这一识别符来唯一地标识主体。
- 扩充域：设置一个或多个扩展的数据项，仅在第三版本中使用。
- 签字：CA 用自己的私有密钥对上述域的散列值所作的签字。此外，这个域还包括签字算法标识符。

从证书的结构，可以看出，CA 为用户产生的证书具有以下特性：

① 任一用户只要能得到 CA 的公开密钥，就能由此得到由该 CA 为用户签署的可信公钥。

② 除 CA 外，任何其他人都不能以不被察觉的方式修改证书的内容。

X.509 标准使用以下表示法来定义证书：

$$CA《A》= CA\{V, SN, AI, CA, T_A, A, A_P\}$$

例如，CA《A》表示由证书发送机构 CA 向用户 A 发放的证书。CA{…}表示 CA 对大括号内所表示内容的散列值的签字。其中 V 表示版本号，SN 表示证书序列号，AI 表示签名算法识别符，T_A 表示证书有效期，A_P 表示用户的公钥。

CA 用它的私有密钥对证书签名。如果 CA 的公开密钥对用户公开，那么用户就会通过验证 CA 的签名验证证书的有效性。在使用证书时，往往要涉及不同的参与者。为了避免概念混淆，我们对与证书有关的参与者给予如下说明：

① 最终实体：是和一个证书主体相对应的人或者对象，也可能是使用另外某个最终实体的证书的用户。最终实体可以是人、网络节点（如 Web 服务器、防火墙或者路由器）、可执行程序以及一切具有独一无二身份的，并且可以被授予证书的对象。

② 证书所有者：是证书中的主体字段所标识的最终实体。这个最终实体有时也被称作证书主体。

③ 证书用户：是收到一个证书，并且用该证书来确定证书所有者身份的最终实体。

(2) 证书的颁发

发行证书时，注册机构 RA(Registration Authority)或 CA 应该核实证书主体身份的有效性。当然这类核实应该包括一些物理的识别方法，和通常在一些商务交往中所做的一样（如在银行开账户），主体也应该证明他知道要签发的公钥对应的私钥。

用户与证书机构的交互一般是从注册机构 RA 提供的 Web 界面开始的。具体步骤如下。

- 申请者填写指定的注册信息。
- 申请者的应用程序按照规定的算法生成公/私钥对。生成公/私钥对时，构造素数所必须的随机输入可来源于机器上的参数、用户的随机击键或随机移动鼠标形成的输入。公/私钥对生成以后，私钥存储在一个本地应用密钥存储区内。如果是第一次构造密钥存储区，通常会要求用户输入口令。使用该口令构造一个加密或者解密密钥存储区的对称密钥。
- 公开密钥与申请者的注册信息一起发送给 RA。RA 收到注册请求，检测申请者是否拥有与公钥对应的私钥。例如，申请者申请的证书被用于数字签名，那么可以通过对注册申请进行签名来证明自己持有私钥，RA 通过验证签名证实申请者是否持有私钥。RA 也可以通过零知识技术检测申请者是否拥有相应的私钥。
- RA 检查申请信息，并且验证用户提供的身份信息（必要时通过一些物理的非密码识别方法），确切的过程由 CA 的安全策略和具体实现决定。
- RA 将验证通过的注册请求发送给证书服务器。证书服务器根据证书操作管理规范定义的颁发规则在证书中插入附加信息，并设置各个字段。生成的证书返回给用户并放入相应的目录服务器中。
- 因为证书是不能伪造的，可以不需要特别的保护就放在目录里。如果所有的用户被相同的 CA 签名，则他们对 CA 具有相同的信任。所有的用户证书都能够放在同一个目录里，以便所有的用户访问。此外，一个用户也可以将它的证书直接传输给其他一些用户，以便让对方给自己发送加密的信息（使用证书中的公钥加密）。

(3) 证书的撤销

我们知道，每一个证书都有相应的有效期。当证书过期时，就需要签发新的证书。另外，即使当一个证书未到期时，由于特殊的原因，也需要撤销原来的证书。原因如下：

① 用户或 CA 的私有密钥被泄漏。

② 用户的信息发生了变化。例如,证书拥有者可能离开颁发证书的公司,而颁发给用户的身份将用户和公司紧密联系在一起,这时必须使用户的身份无效,撤销用户的证书。

证书撤销的方法是 CA 公布一个证书撤销列表 CRL(Certificate Revocation List),其中存放所有未到期而被提前撤销的证书(包括该 CA 发放给用户和发放给其他 CA 的证书),CRL 包括已被撤销的证书的序列号、撤销日期、撤销原因、本次更新时间、下次更新时间等,如图 5.13所示,CRL 用颁发者的私有密钥进行数字签名。

当一个用户收到一个证书时,都必须通过目录检查这一证书是否已被撤销。为避免搜索目录引起的延迟及由此增加的费用,用户自己也可维护一个有效证书和被撤销证书的局部缓冲区。

(4) 证书的验证

证书验证是决定证书在某一时刻可以被有效使用以及确认它符合用户意图的过程。为了达到这一目的,需要验证证书所涉及的许多方面:

① 证书必须包含一个有效的数字签名,以此确定证书内容没有被修改。

② 颁发者的公开密钥必须可以用来验证证书上的数字签名。

③ 起止日期所指定的有效期必须表明证书是可用的。

④ 证书可以包含一些字段。它们标记为关键的或非关键的,如果证书被认为是有效的,则所被标记为关键的字段必须能够被认证者所理解。

⑤ 证书的预期用途应该符合 CA 在该证书中指定的所有策略限制。例如,被标记为仅仅在签名程序中使用的密钥和证书不能被加密操作使用。

⑥ 必须检查指定使用条件的其他策略约束。

⑦ 证书必须没有撤销。

只有以上内容验证通过,使用相应的证书才是安全可靠的。由于证书链的验证过程通常十分复杂,特别是跨企业使用时更是如此,因此我们单独用一节来介绍交叉认证技术。

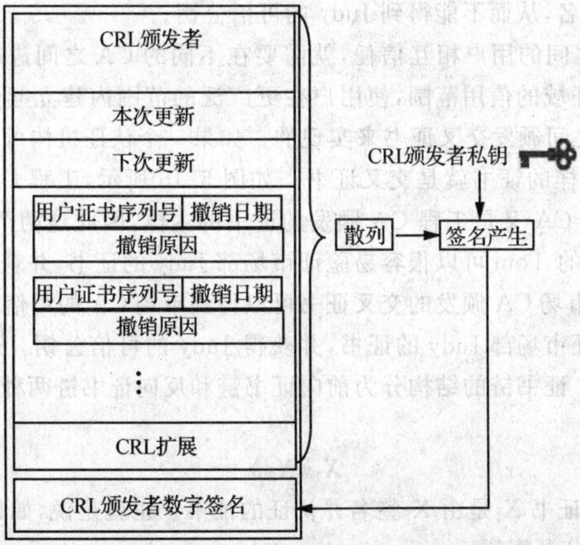

图 5.13　证书撤销列表

3. 交叉认证

(1) 自签名证书

从证书的特点可以知道,任一用户只要能得到 CA 的公开密钥,就能由此得到由该 CA 为用户签署的公开密钥。可是如何知道 CA 的公开密钥是可信的呢?实际上 CA 是通过用自己的私有密钥为自己的公开密钥签发一张自签名证书实现的,如图 5.14 所示。自签名证书中颁发者与证书主体字段相同。如果用户收到一张自签名证书,就可以使用证书中自带的公钥验证签名的有效性。如果签名有效,说明证书没有被修改,从而证书中 CA 的公钥是可信的。

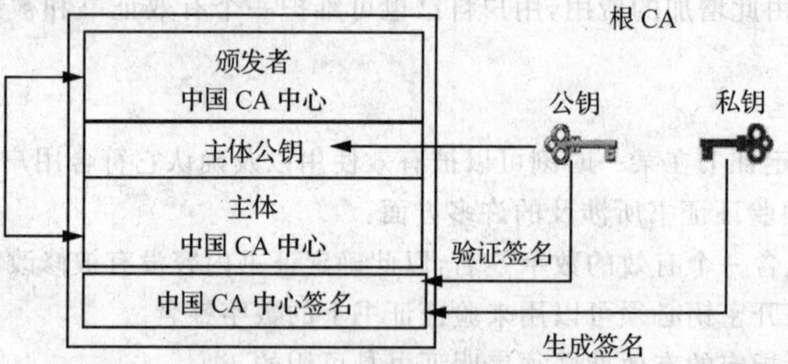

图 5.14 自签名证书

(2) 交叉认证

随着网络的发展,网上交易规模不断扩大,不可避免地会存在多个 CA。每一个 CA 都有自己的信任域(每个 CA 中心的服务范围称为一个认证域,也叫信任域)。在该信任域中的所有用户都能够相互信任,而不同信任域中的用户既使收到对方的证书,也无法验证公钥的真实性。如图 5.15 所示,工程部的用户 Tom 从工程部 CA 获得授权证书,而市场部的 Judy 从市场部 CA 获得数字证书,假设市场部 CA 与工程部 CA 之间没有任何信任关系,那么,既使 Tom 得到 Judy 的数字证书,因为 Tom 没有市场部 CA 的可信公钥,也只能阅读 Judy 证书的内容,而是不能验证签名,从而不能得到 Judy 的可信公钥。

为了使不同 CA 之间的用户相互信任,就需要在不同的 CA 之间进行交叉认证。交叉认证的目的就是扩大信任域的信用范围,使用户在更广泛的范围内建立起信任关系。交叉认证是通过在不同的 CA 之间颁发交叉证书来实现的。如果一个认证机构可以是另一个认证机构颁发的证书的主体,这样的证书就是交叉证书。如图 5.15 所示,工程 CA 是市场部 CA 颁发的证书的主体,而市场 CA 又是工程 CA 颁发的证书的主体,因此这两个证书都是交叉证书。通过交叉证书,工程部的 Tom 可以很容易验证市场部 Judy 的证书,并获得其可信公钥。首先 Tom 通过工程 CA 给市场 CA 颁发的交叉证书可以得到市场 CA 的可信公钥,得到了市场 CA 的可信公钥就可以验证市场部 Judy 的证书,并获得 Judy 的可信公钥。这样的交叉认证过程可以用证书链来表示。证书链的结构分为前向证书链和反向证书链两种。

前向链证书结构:

$$X_1《X_2》$$

这个链的含义是,证书 X_2 是由 X_1 签名并认证的证书。也就是说,如果有 X_1 的公开密钥就能获得被认证的 X_2 的公开密钥。

反向链证书结构:

$$X_2《X_1》$$

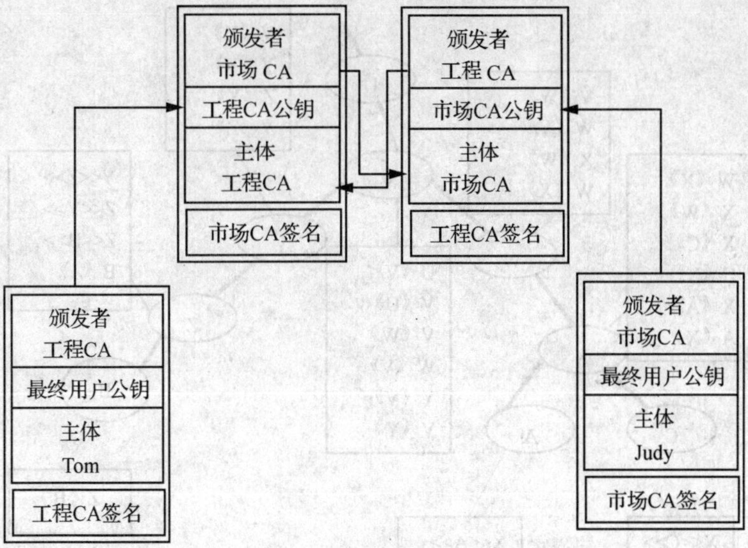

图 5.15　交叉认证

这个链的含义是，证书 X_1 是由 X_2 签名并认证的证书。也就是说，如果有 X_2 的公开密钥就能获得被认证 X_1 的公开密钥。

如果有两个 CA 安全地交换他们的公开密钥（通过彼此之间颁发交叉证书），按照以下方法 X_1 中的用户 A 就可获得 X_2 中用户 B 的公开密钥。

$$X_1《X_2》X_2《B》$$

即 A 从此目录中获得由 X_1 签名的 X_2 的证书，因为 A 确切知道 X_1 的公开密钥，那么，A 就能从他的证书中获得 X_2 的公开密钥，并利用 X_1 在证书的签名来证实。A 同时还可返回目录，来获得由 X_2 签名 B 的证书，因为 A 已复制可信的 X_2 的公开密钥，所以 A 就能证实 B 的数字签名，并能安全地获得 B 的公开密钥。

用相同的方式，B 通过反向链也可获得 A 的公开密钥，其结构为：

$$X_2《X_1》X_1《A》$$

用这种方案，可以无限制地建立任意长的两个证书链。对于 A 具有 N 个元素组成的链为：

$$X_1《X_2》X_2《X_3》\cdots X_N《B》$$

在这一方案中，每一对 CA 在链(X_i, X_{i+1})里，必须互相建立交叉证书。

所有的 CA 证书，必须由 CA 存放在目录中，并使用户知道所有证书相互之间的连接关系。X.509 建议所有 CA 以层次结构组织起来。其证书的存放的组织结构如图 5.16 所示。

在图 5.16 中，所有的 CA 组成一个证书链。在每一个节点中，显示每一个 CA 的访问路径。访问每一个 CA 路径的证书有两种类型：

- 前向证书：由另一些 CA 产生的 X 证书。
- 反向证书：由 X 产生的另一些 CA 的证书。

例如，用户 A，从建立到 B 的证书路径目录中获取以下证书。其证书路径为：

$$X《W》W《V》V《Y》Y《Z》Z《B》$$

当 A 获取这些证书后，就能解密其证书路径，获得一个可信的 B 的公开密钥。然后使用这个公开密钥，A 就能发送一个加密的信息给 B。如果 A 愿意接收从 B 处返回的加密信息或

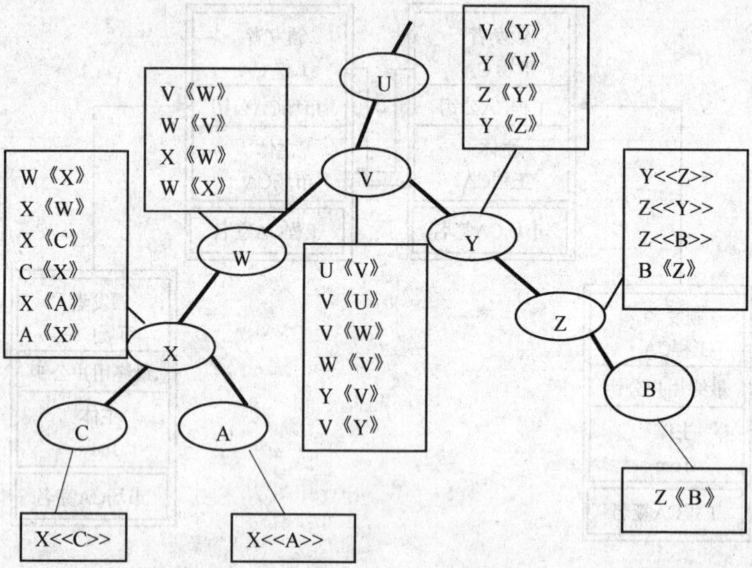

图 5.16 证书存放的组织结构

发送加密的签名信息给 B,那么 B 就能获得 A 的公开密钥,从而 B 就能获得下列证书路径:

$$Z《Y》Y《V》V《W》W《X》X《A》$$

并且 B 从这个目录中获得许多相关证书,或 A 能提供它们去 B 的最初信息。

4. 交叉认证的信任模型

建立交叉认证的目的就是在不同的 CA 之间签发相互认证的证书,从而在不同的 CA 之间建立相互信任的关系。由于各个 CA 建立的目的、原则可能不同,其采用的策略、技术也不尽相同,因此在两个或多个 CA 之间进行互连互通时就存在多种交叉认证模型。基本上大致分为以下 5 种:绝对层次模型、网状模型、混合模型、桥接模型、证书信任列表。

(1) 绝对层次模型

绝对层次模型又称为树状模型,如图 5.17 所示,在绝对层次模型中,所有的信任关系都是以根 CA 为起点建立起来的,即所有的用户首先必须信任根 CA,然后通过根 CA 将信任关系一层层向下传递,从而使得所有的用户能相互信任。采用这种模型,信任关系是单向的,即每个 CA 只向其下面的 CA 和用户签发证书,而不向上级 CA 签发证书。

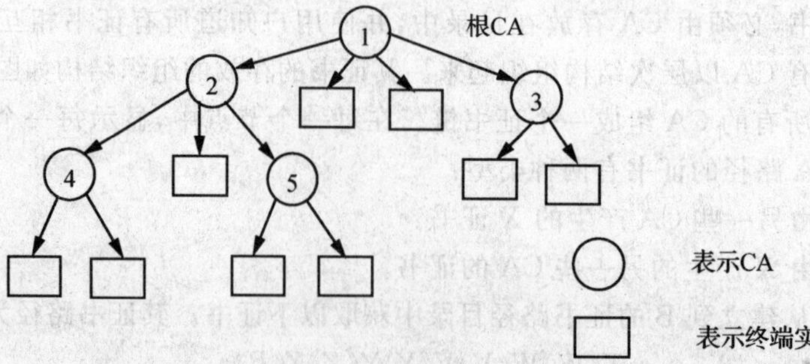

图 5.17 绝对层次模型

绝对层次模型具有以下优点：

① 这种模型易于升级和增加新的认证域用户，因为只需要根 CA 与该认证域的 CA 建立信任关系。

② 这种模型具有比较好的扩展性，通过增加下层 CA 就可以进行扩展。

③ 证书路径由于其单向性，使得证书链的构造简单，可生成从用户证书到可信任点的简单的明确的路径。

④ 证书的路径相对较短，最长的证书路径就是树的层数减 1。

绝对层次模型实际上是一种大集中的模型，也存在一些不可忽视的缺点：

① 它依赖于一个唯一的信任起始点，即“根 CA”。根 CA 是每个用户的信任起始点，它的安全性的削弱，会导致整个 PKI 系统安全性的削弱。如果根 CA 出现信任问题（如根 CA 的私钥泄漏），整个信任模型将产生灾难性的后果，并且直接恢复这种信任关系在技术上几乎是不可能的。

② 在现实世界中，很难确认一个单一的信任点。

③ 这样的体系一旦建立起来以后，如果进行有关信任方面的调整，也是非常困难的。

(2) 网状模型

网状模型又称为平面交叉模型，如图 5.18 所示。网状模型没有明确的信任中心，各个 CA 之间是平等的。与绝对层次模型不同，网状模型中“信任锚”（一个足够可信的 CA）的选取并不是唯一的，任一 CA 证书都可以作为信任的起始点。在该模型中，没有一个所有实体都信任根。终端实体通常都选取直接给自己发放证书的 CA 作为“信任锚”。

网状模型具有以下优点：

① 由于具有多个信任点，因此这种模式具有很好的灵活性，如一个 CA 非常容易加入到该体系中来。它属于地方分权管理的结构模型。

② 不存在唯一的信任中心，因此当一个信任点出现信任问题之后（如 CA_1 的私钥泄漏），不会造成整个 PKI 体系的崩溃，并且由于每个信任点的用户相对较少，因此恢复这种信任关系也相对容易。

③ 可以比较容易地在各个独立的 CA 之间建立信任关系，即信任链的节点数目最多为加入到该信任体系 CA 的数量。

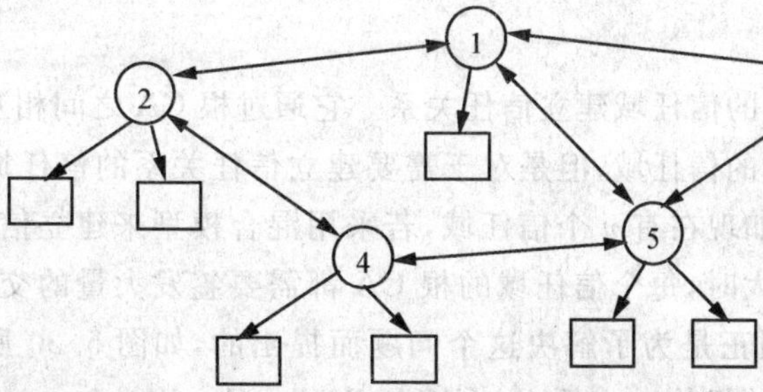

图 5.18　网状模型

网状模型也存在一些缺点。

① 证书认证路径难以确定。因为用户可以有多种选择，比如 CA_1 的用户要与 CA_4 的用户确认相互信任关系，可以选择两种途径：

- $CA_1 \leftrightarrow CA_2 \leftrightarrow CA_4$；
- $CA_1 \leftrightarrow CA_3 \leftrightarrow CA_5 \leftrightarrow CA_4$。

② 由于有多种认证途径可供选择，因此容易产生认证路径过长的情况（即无法估计认证路径的长度），并且如果存在单方信任的情况下，有些信任路径无法建立双向信任关系。事实上，网状结构的这个缺点恰恰是由于在这种模式中存在多个信任点造成的。

③ 在这种模式下的用户必须根据证书中的内容确认证书能够在什么应用中使用，而不能根据证书是哪一个 CA 签发的来确定。

(3) 混合模型

混合模型是将层次模型和网状模型混合而成的，如图 5.19 所示，混合模式中有多个根 CA 存在。所有的非根 CA 都采用从上到下的层次模式被认证。根 CA 之间采用网状模式进行交叉认证。不同信任域的非根 CA 之间也可以进行交叉认证，这可以缩短证书链的长度。

混合模型的优点有：

① 每个 PKI 域均可制定与管理本域的证书策略和约束条件；

② 如果根 CA 间的交叉认证并不复杂，则可以构建简单的单一认证路径；

③ 对于连接两个层次结构中的低层次的高频路径可以建立直接交叉认证。

该模型的缺点主要是在域间进行扩展时，每当加入一个域，则域间的交叉认证的个数就会以平方的数量级增长，不利于进行大规模的扩展。

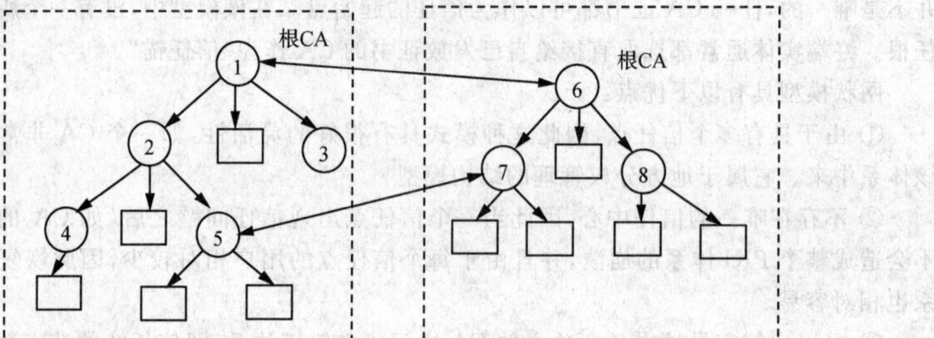

图 5.19 混合模型

(4) 桥接模型

桥接模型可以为几个独立的信任域建立信任关系。它通过根 CA 之间相互签发交叉证书来实现。这种模型适合于少量的信任域，但是对于需要建立信任关系的信任域数目很多的情况，这种模型就不太适用。例如现在有 n 个信任域，若采用混合模型来建立信任关系，共需要 $n(n-1)$ 个交叉证书。当 n 很大时，每个信任域的根 CA 都需要签发大量的交叉证书，这非常不利于存储和管理。桥接模型正是为了解决这个问题而提出的，如图 5.20 所示。在该模型中，有一个专门进行交叉认证的机构——桥 CA（BCA，Bridge Certification Authority）。它的目的就是为需要建立信任关系的不同信任域颁发交叉证书，从而在不同信任域之间架起一座相互沟通的桥梁。BCA 不直接向用户签发证书，它也不作为 PKI 体系中用户的一个信任点，只是用它来建立一个端到端的信任关系。

桥接模型的优点有：

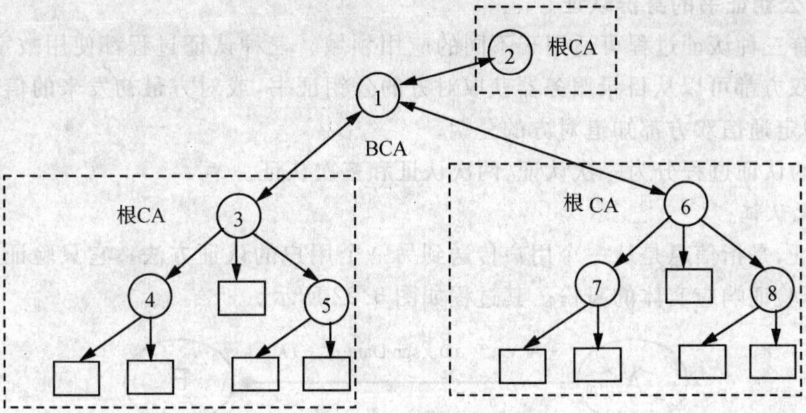

图 5.20　桥接模型

① 证书路径比较容易构建。BCA 在单一的、已知的核心上连接多个 PKI。用户知道他们到 BCA 的路径，从而只需要确定从 BCA 到用户证书的证书路径，但这比层次结构困难。

② 证书路径较短。BCA 结构的 PKI 比起具有相同数量 CA 的随机网状结构 PKI，具有更短的可信任路径。

该模型的缺点主要有：

① BCA 最大的局限就是选择一个为各 PKI 信任域用户均信任的 BCA 比较困难，因此较难在商业上广泛应用。美国联邦 BCA 虽然是成功的，但那毕竟是国家意志上的体现。

② 证书路径的有效发现和确认仍然不很理想。因为基于 BCA 模型的 PKI 系统可能会包括部分的网状模型，这就要求所有的用户能开发和确认复杂的证书路径。

③ 证书复杂。基于 BCA 模型的 PKI 体系中，BCA 需要利用证书信息来限制不同企业 PKI 的信任关系，这会导致证书的处理更为复杂。

(5) 证书信任列表模型

证书信任列表是一份被认证机构数字签名后包含“所信认证机构根证书”列表的 PKCS＃7 数据结构。这是一种比较常用的认证对方证书是否可信的方法。如图 5.21 所示，使用这些可信任证书列表的方法，即是一个域内的用户在检验另一个域内的用户身份时，将检查对方证书的颁发 CA 是否在可信任证书列表中，这样就可以判断是否能信任对方用户的身份。

信任列表模式的特点是操作简单，减少了信任路径寻找的复杂步骤，风险比较分散。但不宜于控制和统一管理，对于小范围内的交叉认证比较适用，对于范围较大复杂性更高的交叉认证则难以处理，因为对于可信任证书列表的确定会产生问题。

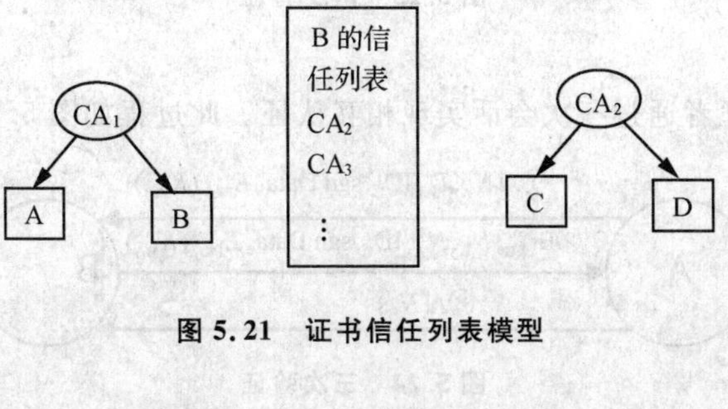

图 5.21　证书信任列表模型

5. 基于公钥证书的身份认证

X.509 有三种认证过程可适用于不同的应用领域。三种认证过程都使用数字签名技术，并假定通信双方都可以从目录服务器获取对方的公钥证书，或对方最初发来的信息中包括公钥证书，即假定通信双方都知道对方的公钥。

X.509 的认证过程分为一次认证、两次认证和三次认证。

(1) 一次认证

一次认证，是指信息是从一个用户传送到另一个用户的认证方法。它只验证发起方实体的身份，而不验证响应实体的身份。其过程如图 5.22 所示。

图 5.22　一次验证

其认证有以下特点。

A 将信息发往 B 以向 B 证明：A 的身份、信息是由 A 产生的；信息的意欲接收者是 B；信息是完整的和新鲜的。在 A 发送的信息中至少包含时间戳 T_A、B 的标识符 ID_B、一次性随机数 N_A 和用 A 的私有密钥对这些信息的签字。时间戳应包含产生的时间和过期的时间两项，以处理信息传送过程中可能出现的延迟。一次性随机数用以防止重放攻击，B 可以在这一信息截止以前一直存有 N_A 以防止具有相同 N_A 的其他信息。在发送信息中的 SgnData 是一个数字签名，以确保严格的真实性。A 和 B 的会话密钥用 B 的公开密钥加密。

(2) 两次认证

两次认证过程如图 5.23 所示。其过程有以下三个特点：

两次认证在一次认证的基础上，B 再产生一个应答信息，以证明 B 的身份；信息是由 B 产生的；应答信息应该是完整的和新鲜的。

两次认证是为了参与认证者通过通信互相认证，应答的信息必须包含来自发起方 A 的一次性随机数，以确保响应是有效的。在应答信息中，还应包含 B 的随机数，因为发送的信息包含签名信息和用 A 的公开密钥加密的会话密钥。

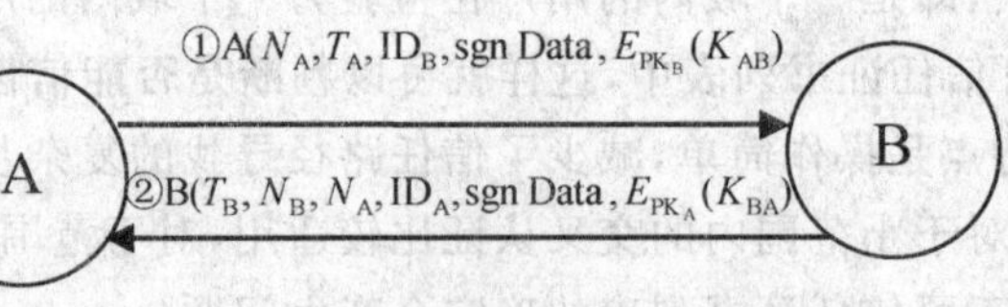

图 5.23　两次验证

(3) 三次认证

三次认证是指认证者通过三次会话实现相互认证。此过程如图 5.24 所示。

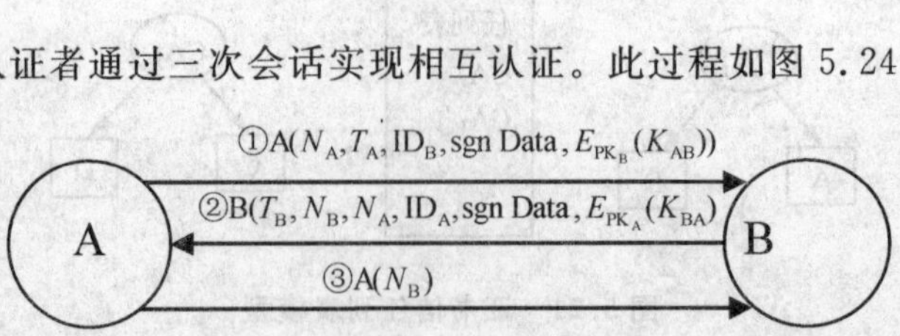

图 5.24　三次验证

在三次认证的过程，最后的一个信息是来自发起方 A 到 B 的信息。在这个信息中包含 B 的随机数 N_B，因为在这个方案里，双方的随机数都需要相互返回，所以，不需要检查时间戳。检查返回的时间戳是为了防止重放攻击，在没有同步时钟时，它是必不可少的。

6. 典型的公钥证书认证框架

(1) X.509 公钥证书框架

标准的 X.509 证书框架又称为 X.509 公钥证书基础设施。规模呈树状层次结构增加。在这种层次结构中，每个节点代表一个主体，并且它的公钥证书由它相邻的父节点发行。叶节点代表终端用户主体，非叶节点代表不同级别或不同域的 CA。例如，国家级 CA 有工业、教育和政府机构域。其中每一个域又分为许多子 CA，例如教育域又分为不同的大学子域。根节点代表根 CA，它是整个系统中众所周知的主体。根 CA 应该保证它自己的公钥的可靠性。因为每个 CA 都有服务于一个很大(CA 或终端用户的)域的能力，所以目录信息树的深度不需要很大。两个端用户通过在目录信息树向上找一个离它们最近的父节点来建立一条安全的通信信道。

(2) PGP“信任网”

PGP“信任网”或“密钥环”是一种拥有大量业余用户的公钥证书框架。这种认证模型的规模按非层次结构方式增大。在 PGP“信任网”中，对于这个系统中的其他主体而言，任何个人都可以通过对他们的“密钥证书”，即一个〈name，key〉对进行签名而成为“CA”。显然，这种签名关系形成一个网状结构。在这个网中的任一“CA”都不是完全可信赖的，或根本不可信赖。PGP 所依据的理论是，拥有足够多的这种签名，就可以信任这种〈name，key〉结合，这是因为并非所有的签名者都是坏人。因此，当用户 A 需要证实用户 B 密钥的真实性时，他应该请求审阅 B 的多个密钥证书。如果 A 在某种程度上了解这些证书的某些发行“CA”，那么他就得到了有关 B 公钥的一定程度的真实性。A 可以要求 B 提供更多的“证书”，直到他对信任程度满意为止。

(3) 简单公钥基础设施

X.509 公钥证书框架中，每个用户证书中的主体名称必须是一个全局可区分的名字，不适合于某些有机密应用的部门和电子商务发展的需求。例如，国家安全局不希望把自己的名录加入到公开的 X.500 目录中，电子商务应用中的雇员列表、通信列表等也不希望公诸于众。为此，Ellison 等人提出了一种基于目录的公钥证书框架，简称简单公钥基础设施 SPKI。它的命名规则是主体名称是一个人的名字和他的公钥的散列值，采用基于散列值的命名规则使得 SPKI 的名字在保证安全需求的情况下，仍提供全局名字的唯一可识别性。SPKI 也考虑了持有授权和委托信息的“授权”和“委托”实体，一条授权信息可以是绑定在公钥上的一个授权描述。因此，证书能直接显示请求者是否被授权进行某一行动。委托消息描述请求者对另一个人委托授权的权利。从这一点来看，SPKI 将 X.509 认证框架扩展到具有授权和委托功能的 X.509 认证框架。

7. 与 X.509 公钥证书基础设施相关的协议

(1) 证书管理协议(CMP)

该协议支持公钥基础设施 PKI 各部分之间的在线交互，例如用于 CA 与密钥对相关的用户之间，或者两个相互分发证书的 CA 之间的管理协议。当一个实体要求得到密钥证书或更新密钥时，他需要证明拥有私钥，此时需要用这些交互作用。

(2) 在线证书状态协议(OCSP)

该协议能够确定一个已识别证书(撤消)状态。OCSP 可以用来满足一些支持比撤消列表更及时地撤信信息操作要求,也可用来获得附加的状态信息。OCSP 客户向 OCSP 回应者发布一个状态请求,在收到回应者的应答之前暂缓证书的接受。

(3) 因特网 X.509 公钥基础设施时戳协议(TSP)

该协议由一个对时戳服务器的请求和时戳服务器返回的应答组成。就处理要产生应答的请求而言,它给出了几个与 TSA 操作安全相关的要求,不可否认服务要求在指定的时间以前建立数据的存在性。这个协议可用作支持此类服务的基本构件。

(4) 因特网 X.509 公钥基础设施运行协议(OP)

这是一个使用文件传输协议(FTP)和超文本传输协议(HTTP)从 PKI 资料库来获得证书和证书撤消列表协议规范的说明。

5.10.3 基于身份的公钥认证框架

1. 概　述

一般公钥密码学意义下的密钥生成过程导致了公钥的随机化。为了把一个用户的公钥与他的身份结合起来,PKI 公钥基础设施(基于公钥证书的认证框架)引入公钥证书管理机制,通过第三方可信机构认证中心(CA)把用户的公钥和用户的标识信息捆绑在一起,认证用户的身份。一个完整的 PKI 系统包括证书签发机构、证书注册机构、证书库、密钥备份及恢复系统、证书撤销系统等,因而证书管理复杂,成本很高,在实际应用过程中,还要解决不同 CA 之间的交叉认证问题,这就造成了整个 PKI 系统使用复杂、成本过高、信任困难,严重限制了 PKI 的使用,既使在普遍使用的 E_mail 系统,也很少有人使用 PKI。如何构造成本低廉、复杂度低、使用方便的认证体系是非常重要的。

1984 年,以色列科学家 Shamir 以一种异乎寻常的悟性开创了一种新的密码体制,即基于身份的密码体制(IBE,Identity Based Encryption)。该体制取消了证书机制,直接以用户的身份作为公钥,大大减小了密钥认证系统的复杂度。

2. 基于身份的密码体制

在 IBE 系统中,每个实体具有一个能唯一表示其身份的 ID。该 ID 可以是任何有意义的字符串。但和传统的公钥系统最大的不同是,在 IBE 系统中,实体的 ID 本身就是实体的公开密钥。例如,可以用 E_mail 地址、姓名、职位、时间等或者它们的组合作为实体的公钥。在该方案下,公开密钥的管理得到了大大的简化。例如,当 Alice 要给地址是“Bob@hotmail.com”的 Bob 发邮件时,他只需用公钥“Bob@hotmail.com”加密信息即可,而无需通过其他途径获取 Bob 的公钥证书;Bob 收到加密信息之后向一个可信第三方 TA 证实自己的身份,可信第三方将 Bob 的私钥送给 Bob,Bob 用该私钥解密信息。在 IBE 中,公钥可以是任意的关于用户身份的字符串,用户向可信第三方认证自己的身份,并获得私钥。该过程可以在收到加密信息之前也可在之后完成,当然,可信第三方可以像 PKI 中的 CA 一样为多个用户服务。2001 年,斯坦福大学的密码学专家 Dan Boneh 和加州大学戴维斯分校的教授 Matt Franklin 设计出了实用的基于身份的加密方案 IBE,如图 5.25 所示。

在基于身份的公钥体制中,密钥生成的步骤与传统的公钥体制下密钥生成的步骤正好相反,用户的私钥是由可信中心(TA,Trust Authority)的主密钥和用户的公钥(即身份信息)通

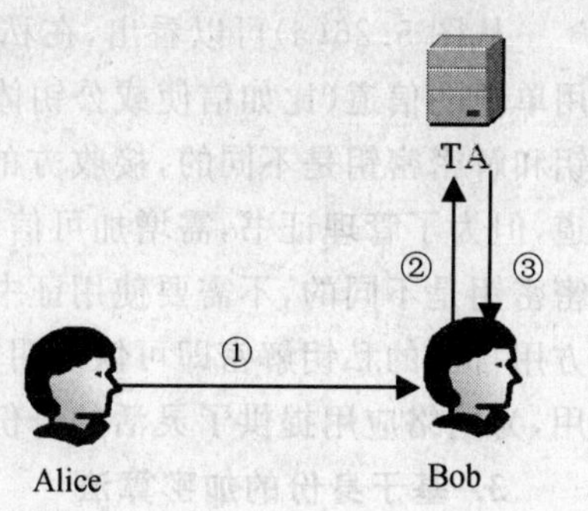

图 5.25　基于身份的密码体制

过特殊的密码运算生成的，即私钥＝F(主密钥，公钥)。很显然，IBE 中的密钥生成过程是 TA 提供给系统用户的一种服务。这种服务本身是一种认证服务：TA 根据主体的身份 ID 作为公钥为其生成私钥，用他的身份作为公钥使得系统中的任何用户都能识别并使用他。在为主体生成私钥以前，TA 应该对主体的身份信息进行一次全面的检验。该检验应该包括物理的(非密码学的)验证方法，并且，主体提供的身份信息必须使 TA 相信该身份信息能够唯一地识别该主体。

既然用户的私钥是由 TA 生成的，那么他们必须绝对、完全、无条件地信任 TA，即他们必须容忍以下情况：TA 能够阅读它们的秘密通信或伪造他们的签名。因此，基于身份的密码应该仅适合于对于用户来说无条件信任是可以接受的应用。为了防止 TA 伪造用户的签名，保障用户信息传输的安全性，可以采用门限密码技术，也就是设立多个 TA，各个 TA 之间是平等的，只有这些 TA 同时工作时，才能拿到完整的主密钥，从而计算出用户的私钥，保证用户私钥的安全性。

图 5.26 给出了私钥密码体制、基于公钥证书的密码体制和基于身份的密码体制三者之间的区别。

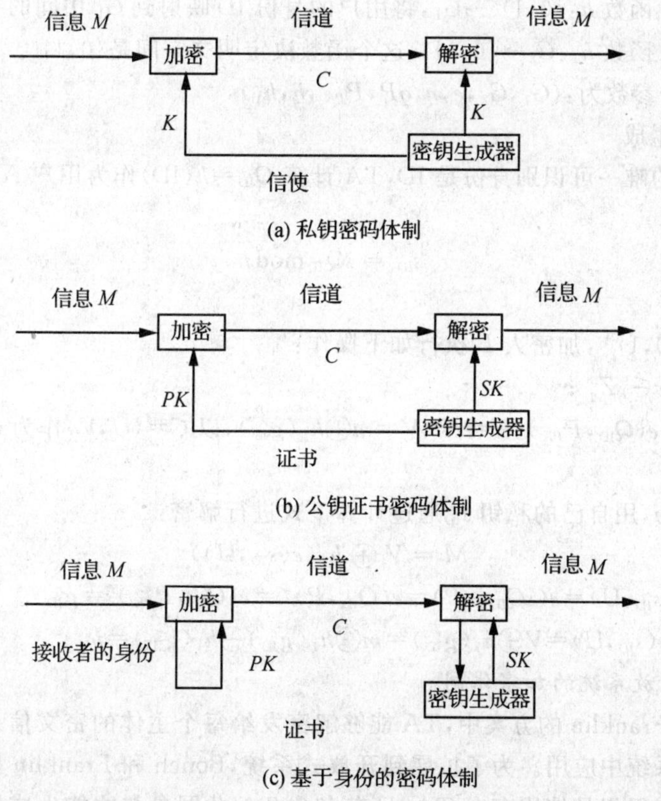

图 5.26　三种密码体制之间的区别

从图 5.26(a)可以看出,在私钥密码体制中,加密密钥和解密密钥是相同的。密钥必须使用单独的信道(比如信使或公钥体制)传送,而 5.26(b)的基于公钥证书的密码体制中,加密密钥和解密密钥是不同的,接收方的公开密钥以证书的形式传送给发送方,不需要有单独的信道,但为了管理证书,需增加可信证书机构。5.26(c)的基于身份的密码体制中,加密密钥和解密密钥是不同的,不需要使用证书,发送方直接使用接收方的身份作为公钥加密信息 m,接收方用自己的私钥解密即可恢复明文。基于身份的密码体制不需要证书管理,加密机制简单易用,为网络应用提供了灵活的身份认证机制,构造了安全的通信环境。

3. 基于身份的加密算法

在 IBE 中,两个主体仅仅通过他们的身份就可以建立一个分享的密钥,因而加密就可以直接通过他们的身份来建立。Boneh 和 Franklin 利用椭圆曲线中的双线性对技术建立了第一个实用的公钥密码体制。该密码体制完全满足 Shamir 所声称的基于 ID 的公钥密码系统。

(1) Boneth 和 Franklin 基于 ID 的加密体制

基于 ID 的加密体制由系统参数建立、用户密钥生成、加密、解密 4 个算法生成。

1) 系统参数建立(由 TA 执行)

① 生成两个阶为素数 q 的循环群,其中 G_1 为加法群,G_2 为乘法群,e 是一个双线性映射,任意选择生成元 $P \in G_1$。

② 选取 $s \in_R Z_q^*$ 作为主密钥,计算 $P_{PK} = sP$。

③ 选择 Hash 函数 $h:\{0,1\}^n \to G_1$,将用户的身份 ID 映射到 G_1 中间的一个元素。

④ 选择 Hash 函数 $h_1: G_2 \to \{0,1\}^n$,这个函数决定明文空间是$\{0,1\}^n$。

则系统的公开参数为:$(G_1, G_2, e, n, qP, P_{PK}, h, h_1)$

2) 用户密钥生成

假设用户 A 的唯一可识别身份是 ID,TA 计算 $Q_{ID} = h(ID)$作为用户 A 的公钥,相应的用户私钥为:

$$s_{ID} = sQ_{ID} \bmod n$$

3) 加密

对信息 $m \in \{0,1\}^*$,加密人 B 执行如下操作:

① 随机选取 $r \in_R Z_q^*$;

② 计算 $g_{ID} = e(Q_{ID}, P_{PK})$,$U = rP$,$V = m \oplus h_1(g_{ID}^r)$,以 $C = (U,V)$作为 m 的密文。

4) 解密

A 收到信息 m,用自己的私钥 s_{ID}通过计算下式进行解密:

$$M = V \oplus h_1(e(s_{ID}, U))$$

证明:因为 $e(s_{ID}, U) = e(sQ_{ID}, rP) = e(Q_{ID}, P)^{sr} = e(Q_{ID}, P_{PK})^r = g_{ID}^r$

所以 $V \oplus h_1(e(s_{ID}, U) = V \oplus h_1(g_{ID}^r) = m \oplus h_1(g_{ID}^r) \oplus h_1(g_{ID}^r) = m$

(2) 适用于开放系统的加密体制

在 Boneh 和 Franklin 的方案中,TA 能够解密发给每个主体的密文信息,因此,这种方案不适合在开放式系统中应用。为了扩展到开放式系统,Boneh 和 Franklin 提出了一种改进的方案。方案的基本思想是使用多个 TA,只有多个 TA 共同参与才能生成用户的私钥。具体过程如下(假设系统有两个 TA)。

1）系统参数建立

系统参数(G_1,G_2,e,n,q,P,h,h_1)的定义同上一方案，进一步假设TA_1和TA_2的主密钥分别为s_1,s_2，则$P_1=s_1P$，$P_2=s_2P$，三元组(P,P_1,P_2)就相当于基本方案中的(P,P_{PK})。因而系统的公共参数为$(G_1,G_2,e,n,q,P,P_1,P_2,h,h_1)$。

2）用户密钥的生成

假设用户A的唯一可识别身份是ID，计算$Q_{ID}=h(ID)$作为用户A的公钥，对应的用户私钥为：

$$s_{ID}=(S_1Q_{ID}+S_2Q_{ID})\bmod n$$

如果两个TA不勾结，那么他们就不知道这个密钥。

3）加密

对消息$M\in\{0,1\}^*$，加密人B执行如下操作：

① 随机选取$r\in_R Z_q^*$。

② 以$C=(U,V)$，计算$g_{ID}=e(Q_{ID},r(P_1+P_2))$，$U=rP$，$V=m\oplus h_1(g_{ID})$

4）解密

A收到信息M，用自己的私钥s_{ID}通过计算下式进行解密。

$$M=V\oplus h_1(e(s_{ID},U))$$

证明：

因为$e(s_{ID},U)=e(s_1Q_{ID}+s_2Q_{ID},rP)=e(S_1Q_{ID},rP)e(S_2Q_{ID},rP)=e(Q_{ID},r(P_1+P_1))=g_{ID}$

所以$V\oplus h_1(e(S_{ID},U))=m\oplus h_1(g_{ID})\oplus h_1(g_{ID})=m$

这种加密方案的特点是：

① 与一个TA时的情况相比，加密和解密需要双倍的计算量。但是A的ID数目没有增加，密文的长度也没有增加。

② 勾结的TA能够联合起来解密，但是他们中任何单个人都不能解密。当使用多个TA时，对无勾结的信心就增大了。很容易看到，增加TA的数目，A的ID数目和密文的长度保持不变，然而，加密和解密所需要的计算量随着TA的数目线性增加。

③ 当使用几个TA时，要对用户密文的解密需要所有的TA勾结。如果相信至少一个TA是可信赖的，就可以防止TA的搭线窃听。因而，这种方案适合于开放环境下的应用。

4. 基于身份的非交互密钥共享

在IBE中，两个或多个主体之间不需要交互，就可以很容易的生成双方或多方共享的会话密钥。

(1) 基于IBE的双方密钥共享

基于IBE的双方密钥共享方案由系统参数建立、用户密钥生成、共享密钥生成三部分组成。

① 系统参数建立：同上小节3方案1。

② 用户密钥生成：假设系统主密钥为s，用户A和B的公钥分别为Q_{ID_A}和Q_{ID_B}，私钥分别为$s_{ID_A}=sQ_{ID_A}$，$s_{ID_B}=sQ_{ID_B}$。

③ 共享密钥生成：A计算$K_{AB}=e(S_{ID_A},Q_{ID_B})$，B计算$K_{BA}=e(s_{ID_B},Q_{ID_A})$

根据超奇异椭圆曲线上双线性对的特性有：

$$K_{AB} = e(s_{ID_A}, Q_{ID_B}) = e(sQ_{ID_A}, Q_{ID_B}) = e(Q_{ID_A}, Q_{ID_B})^s$$

同理：$K_{BA}=e(Q_{ID_A},Q_{ID_B})^s$，因而 $K_{AB}=K_{BA}$，即用户 A 和用户 B 不用交互信息，就能够共享一个会话密钥。

(2) 基于 IBE 的三方密钥共享

利用双线性对技术可以非常简便地实现三方密钥协商。具体过程如下：

① 系统参数建立：同上小节 3 方案 1。

② 共享密钥生成：用户 A 随机选取 $a<q$，计算 $P_A=aP$ 构造他的密钥协商成分 P_A。其中 $P\in G_1$ 是超奇异椭圆曲线上阶数为 q 的点。同样用户 B 和用户 C 的密钥协商成分分别是：

$P_B=bP$，$P_C=cP$。整数 a,b,c 用户自己选取并保密，P_A,P_B,P_C 放在公开目录下公开。三方交换 P_A,P_B,P_C 后，他们分别共享下面的密钥：

$$e(P_B,P_C)^a = e(P_A,P_C)^b = e(P_A,P_B)^c = e(P,P)^{abc}$$

A 通过对第一个对进行求幂来计算共享的密钥，B 对第二个对、C 对第三个对进行同样的操作。如果不使用对技术，三方的密钥协商不可能通过简单的一轮计算得到。

5. 基于 *IBE* 的身份认证

自从 Shamir 提出基于身份的密钥方案以来，人们围绕该话题进行了大量的研究，设计了许多密码方案。下面介绍 Guillou-Quisquater 的基于身份的认证协议。

这个方案的安全性是建立在 RSA 体制安全的条件下的。协议建立过程如下。

TA 选择两个大素数 p 和 q，计算 $n=pq$。p 和 q 保密，n 公开。TA 选择自己的公私钥对，满足 $ed=1\bmod\varphi(n)$。其中 e 为公钥，d 为私钥，TA 为证明者 A 生成一个私钥：

$S=(h(ID_A)^{-1})^d \bmod n$，其中 $h(\cdot)$ 是一单向散列函数。

协议由以下六步组成：

① A 随机选择一个整数 r，$0\leqslant r\leqslant n-1$，计算 $X=r^e$。

② A 把 ID_A 和 X 发送给 B。

③ B 计算 $v=h(ID_A)$。

④ B 随机选择一个数 x，$0\leqslant x\leqslant e-1$，并将 x 传给 A。

⑤ A 计算 $y=rs^x \bmod n$，并将 y 发送给 B。

⑥ B 验证，如果 $X=v^x y^e$，接受 A 的身份，否则，拒绝 A 的身份。

证明：如果证明者确实是 A，则：

$$v^x y^e = h(ID_A)^x (rs^x)^e = h(ID_A)^x r^e s^{xe} = h(ID_A)^x r^e h(ID_A)^{-dex} = r^e = X$$

从上面的算法，知道基于身份的密码体制能够解决许多基于公钥证书框架中的问题，但它也不是完美的，自身有许多问题也需要解决，主要包括下列各项。

① 接收方要向众多的 TA 证明自己的身份。这是很困难的问题，首先身份认证本来就是一件复杂的事情，其次如果用户数量很大的话，将会形成瓶颈。

② TA 如何安全地将用户的私钥送到用户的手中。IBE 中私钥信息没有加密，攻击者截获信息后可以构造出私钥。

③ 接收方如何确认发送方身份的问题。在许多情况下，接收方进行下一步操作前都需要认证发送方的身份。

④ 不可否认性问题。两方有一方可能抵赖，即发送方否认发过信息，或者接收方伪造一个信息，对 IBE 来说是很难解决的。

⑤ 身份撤销问题。基于身份的密码体制没有证书，当然也没有证书撤销列表，因而设计一个基于 ID 的具有非交互身份撤销特点的密钥系统是一个非常具有挑战性的问题。

习　题

1. 为什么要进行身份认证？其作用如何？

2. 常用的信息新鲜性保证措施有哪些？

3. 在相互认证过程中通常双方使用什么方法？

4. 在基于秘密密钥的认证过程中，密钥分发中心所承担的角色是什么？

5. 在基于秘密密钥的安全认证中，对于密钥的分发为什么采用方法 1，而不采用方法 2。(参考图 5-27)

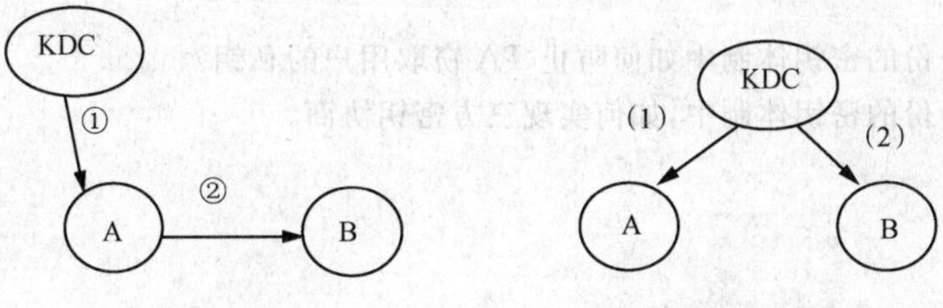

① KDC→A：$E_{K_A}\{K_s, ID_B, N_1, E_{K_B}(K_s, ID_A)\}$

② A→B：$E_{K_B}\{K_s, ID_A\}$

(1) 方法 1

① KDC→A：$E_{K_A}(K_s, ID_B)$

② KDC→B：$E_{K_B}(K_s, ID_A)$

(2) 方法 2

图 5.27　密钥分发采用的方法

6. 图 5.28 是基于公开密钥认证过程，AS 是认证服务器，A 和 B 是相互认证者，A 和 B 的公开密钥存放在 AS 处保管，也就说 A 和 B 的公开密钥对 AS 也是公开的，对其他认证者都是保密的。A 和 B 之间认证是通过各自产生随机数实现的。图中已经标出 7 个认证过程，试写出这 7 个认证过程的认证内容。

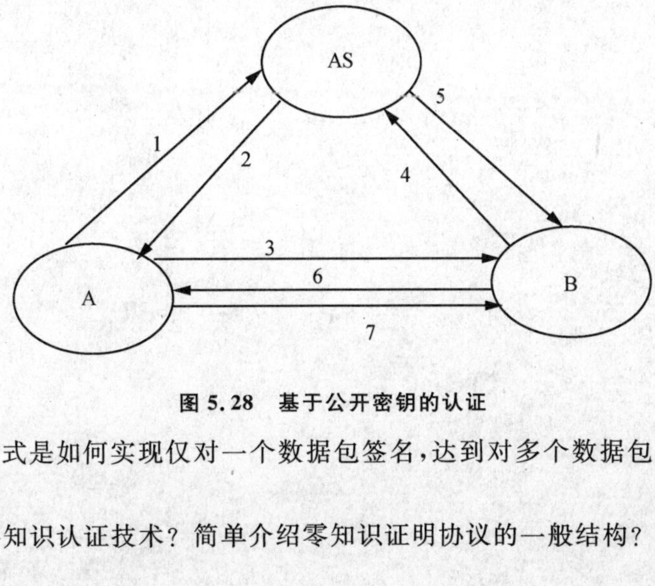

图 5.28　基于公开密钥的认证

(7) 认证树方式是如何实现仅对一个数据包签名，达到对多个数据包同时进行验证的目的的？

(8) 什么是零知识认证技术？简单介绍零知识证明协议的一般结构？分析基于二次剩余

的零知识证明协议?

(9) 认证协议中存在的典型攻击有哪些?

(10) 试述 Kerberos 系统的认证过程。

(11) 试述 Kerberos 系统的 $V4$ 和 $V5$ 版本的区别。

(12) 试说明 $X_1《X_2》X_2《X_3》$的含义。

(13) CA 的功能及作用是什么?

(14) X.509 标准是什么?它是基于什么进行认证的?

(15) 简述 X.509 的三种认证过程?

(16) 什么是自签名证书和交叉证书?各有什么作用?

(17) 不同 CA 之间的交叉认证模型主要有哪些,各有什么优缺点?

(18) 私钥密码体制、基于公钥证书的密码体制和基于身份的密码体制三者之间有什么区别?

(19) 基于身份的密钥体制中如何防止 TA 窃取用户的私钥?

(20) 基于身份的密钥体制中,如何实现三方密钥协商?

参考文献

[1] 闵嗣鹤,严士健.初等数论[M](第2版).北京:高等教育出版社,1982.
[2] Darrel. Hankerson 等著.椭圆曲线密码学导论[M].张焕国等译.北京:电子工业出版社,2005.
[3] 蔡永泉.计算机网络安全[M].北京航空航天大学出版社,2006.
[4] 赵泽茂.数字签名理论[M].北京:科学出版社,2007.
[5] 张先红.数字签名原理与技术[M].北京:机械工业出版社,2004.
[6] Wenbo Mao 著.现代密码学理论与实践[M].王继林等译.北京:电子工业出版社,2006.
[7] Paul C. van Oorschot 著.应用密码学手册[M].胡磊等译.北京:电子工业出版社,2005.
[8] Bruce Schneier 著.应用密码学[M].吴世忠等译.北京:机械工业出版社,2006.
[9] Bruce Schneier 著.网络信息安全的真相[M].吴世忠等译.北京:机械工业出版社,2001.
[10] Colin Boyd. Anish Mathuria. Protocols for Authentication and Key Establishment [M]. Springer press, 2003.
[11] Andrew Nash 等著.公钥基础设施(PKI)[M].张玉清等译.北京:清华大学出版社,2002.
[12] 杨波.现代密码学[M].北京:清华大学出版社,2003.
[13] 侍伟敏. PKI/IBE 关键技术的研究及应用[D].北京邮电大学,2006.
[14] 祝烈煌.安全群组通信系统关键技术研究[D].北京理工大学,2004.
[15] 王勇.安全群组通信中密钥管理协议的研究[D].北京理工大学,2003.
[16] C. K. Wong and S. S. Lam. Digital signatures for flows and multicasts. In Proc IEEE ICNP'98. 1998.
[17] 张健红等.基于 RSA 的多重门限签名[J].通信学报,2003.8:150-155.
[18] Corppersmith, D. The Data Encryption Standard(DES) and its Strength Against Attacks[R]. IBM Journal of Research and Delevopment, May 1994.
[19] Trusted Computing Group TCG main specification[C/OL], Version 1.1b, Available at www.trustedcomputingroup.org, 2001.
[20] Trusted Computing Group. TCG TPM specification 1.2[C/OL], Available at www.trustedcomputingroup.org, 2003.
[21] Jan Camenisch. Better Privacy for Trusted Computing Platforms[C/OL]. http:/www.zurich.ibm.com/~jca/papers/cameni04.pdf.
[22] 胡向东,魏琴芳等.应用密码学[M].北京:电子工业出版社,2006.
[23] 章照止.现代密码学基础[M].北京邮电大学出版社,2004.
[24] 宁宇鹏等. PKI 技术[M].北京:机械工业出版社,2004.
[25] 谢冬青,冷健. PKI 原理与技术[M].北京:清华大学出版社,2003.
[26] 关振胜.公钥基础设施 PKI 与认证机构 CA[M].北京:电子工业出版社,2002.
[27] 蒋建春等.计算机网路信息安全理论与实践教程[M].西安:西安电子科技大学出版社,2005.
[28] 沈昌祥主编.信息安全导论[M].北京:电子工业出版社,2009.

第二篇

基于多媒体处理技术与生物识别技术的数字鉴别与认证

随着多媒体技术、生物识别技术及网络技术的发展，产生了大量的图像、声音、视频等多媒体数据。针对这些多媒体数据的篡改和伪造检测问题，如果采用基于密码学的报文鉴别方法，则无法区分合法与非法的数据改动，于是产生了针对多媒体数据鉴别的研究热潮，称为多媒体认证。由于基于生物识别技术的认证也不能采用基于密码学的认证技术，而是采用图像、声音等研究领域的模式识别技术。因而第二篇包括两章内容，多媒体认证技术及生物识别技术。

第 6 章介绍多媒体认证技术，包括多媒体认证的概念、分类，以图像认证为例介绍了典型的主动式图像认证与被动式图像认证技术。第 7 章介绍生物认证技术，即基于生物识别技术的认证，包括生物识别系统的特征、过程、设计及典型的生物识别技术，如指纹识别、静脉识别、面像识别、虹膜识别等，最后分析了生物识别系统存在的主要问题。

第 6 章 多媒体认证

6.1 概　述

当前，随着数字媒体技术和数码产品的快速发展，图像、声音以及视频等数字内容的采集、编辑和传播越来越方便和普及。尤其在新闻、学术研究、医学、商业、情报、法律、军事等领域，这些数字多媒体作为原始事件或现象的真实记录，具有信息载体和数字证据的作用。但现实世界中，随着多媒体处理软件的发展，针对这些数字多媒体的篡改和伪造越来越多，越来越容易，与之相对应的篡改和伪造检测问题已经成为一个非常重要的研究课题。大家称之为多媒体认证。

对多媒体认证，直接采用前文的基于密码学的报文鉴别方法并不合适，这是因为对多媒体数据的改动有合法和非法两种，像常见的 JPEG 压缩、MPEG 压缩、存储格式转换等就属于合法操作，但是报文鉴别方法无法区分这种改动到底是合法的还是非法的。因此，必须研究能够进行多媒体认证的方法。

6.1.1 多媒体认证

多媒体认证主要指的是对数字多媒体数据真实性的鉴别。随着数字多媒体的广泛使用，该项技术越来越受到重视。比如有时会看到这样一段新闻——基地组织通过××电台发布了关于基地组织领导人××的一段视频。基地组织是想通过该段视频证明该领导人还活着，一些发达国家就会对这段视频进行技术鉴定，看看它到底是真实的视频，还是合成的视频。再比如 2007 年发生的“周老虎”事件，也曾经对华南虎照片的真伪做出过鉴定，最后认定是一幅合成的照片。对这些视频或者照片进行鉴定的过程，就是多媒体认证过程。

多媒体认证又叫做多媒体鉴别、多媒体取证。它的主要目的分两种情况：

- 对多媒体数据的真实性做出“是”或者“否”的回答；
- 指出多媒体被篡改的其他信息。

第一个目的相对简单，只须鉴别出多媒体数据是否是原始数据，是否经过了后期处理。第二个目的不仅要回答是否经过了处理，还要能够指出篡改位置、篡改程度等信息。

对多媒体数据进行认证，有很多方法，包括信号处理技术、人工观察等。比如“周老虎”事件中，有多名研究人员指出了多个疑点，包括：树叶尺寸与老虎尺寸比例失调、老虎神态过于安详、没有立体感等。这些均属于人工观察的方法。人工观察的方法依赖于鉴别者的经验、知识结构、眼力和能力，本书中不展开介绍。以下介绍的多媒体认证均为基于信号处理技术的多媒体认证方法。

6.1.2 多媒体认证的分类

1. 根据多媒体类型分类

多媒体有图像、声音、视频等类型，相应的多媒体认证有图像认证、声音认证、视频认证等类型。由于不同类型的多媒体数据各自有各自的特点，因此针对不同媒体的认证技术也存在一定的差别。本书中重点介绍图像认证技术。

2. 根据是否需要预先嵌入检测信号分类

按照是否需要预先在多媒体数据中嵌入检测信号，多媒体认证方法可以分为主动式和被动式。

主动式多媒体认证方法以数字水印技术为基础。其过程如图 6.1 所示。在多媒体数据被公开使用之前，先利用数字水印技术向其中嵌入检测信号，即水印。水印有的是根据原始多媒体数据计算得到。需要对多媒体认证时，检测其中的水印，根据水印判断多媒体数据是否被篡改，哪些地方被篡改。

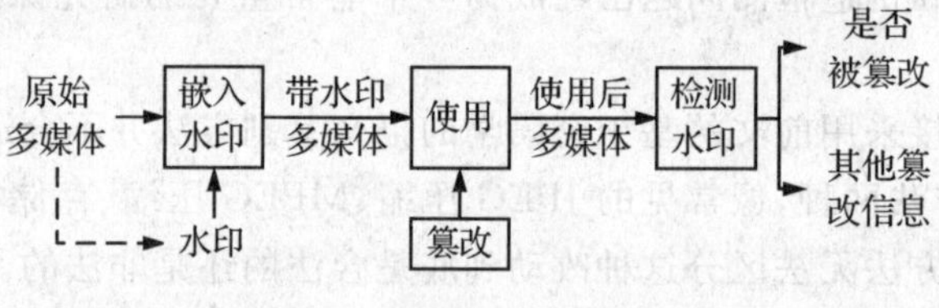

图 6.1 主动式多媒体认证

主动式多媒体认证方法的优点是检测目标明确，就是检测水印，因此检测准确率相对较高，算法也相对简单。它的缺点是需要预先嵌入水印，这有时是不可能实现的，而且水印的嵌入可能会降低多媒体质量，影响多媒体的使用价值。

被动式多媒体认证方法，其过程如图 6.2 所示。需要对多媒体认证时，检测多媒体数据本身，来判断多媒体数据是否被篡改，哪些地方被篡改。由于检测时没有任何提示信息，仅依靠多媒体数据本身，因此这种方法又叫做盲检测方法，或者盲取证方法。

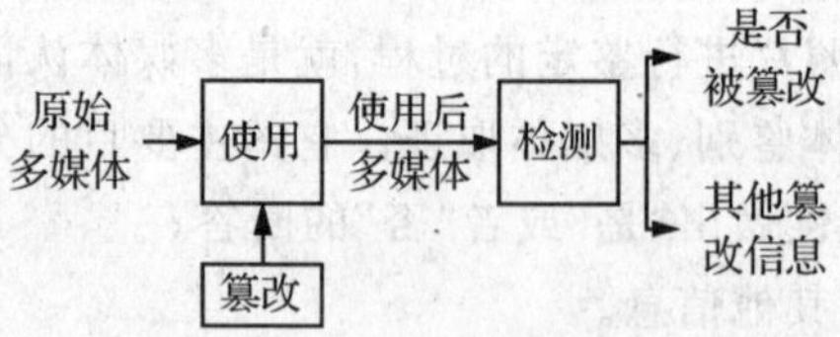

图 6.2 被动式多媒体认证

被动式多媒体认证方法的优点是由于不需要对多媒体数据进行预处理，应用范围更加广泛。缺点是检测准确率相对较低。

6.2 主动式图像认证

主动式图像认证以数字水印技术为基础，因此首先介绍数字水印技术。

6.2.1　数字水印技术

1. 基本原理

数字水印(digital watermarking)技术是将一些标识信息(即数字水印,如机构 Logo、产品序列号等)直接嵌入数字载体当中(包括图像、声音、视频、文档、软件等),且不影响原载体的使用价值,也不容易被探知和再次修改。通过这些隐藏在载体中的信息,可以实现版权保护、完整性认证、数字指纹、广播监测、复制控制等目的。

数字水印的基本过程如图 6.3 所示。在原始载体中总存在一些冗余信息,如真彩图像中每个像素由 RGB 三种颜色构成,每种颜色由 1 个字节表示,因此共有 2^{24} 种颜色,而人眼能够感觉到的颜色远远小于这个数。这说明有一些颜色人眼是感觉不到的。这些人眼感觉不到的颜色就是冗余信息。可以把这些冗余的颜色替换为水印,而不影响图像的使用价值。替换的过程就是水印嵌入的过程,也就是载体和水印二者融合的过程。检测水印的过程是回答载体中是否嵌入有水印;提取水印的过程是把载体中嵌入的水印提取出来。

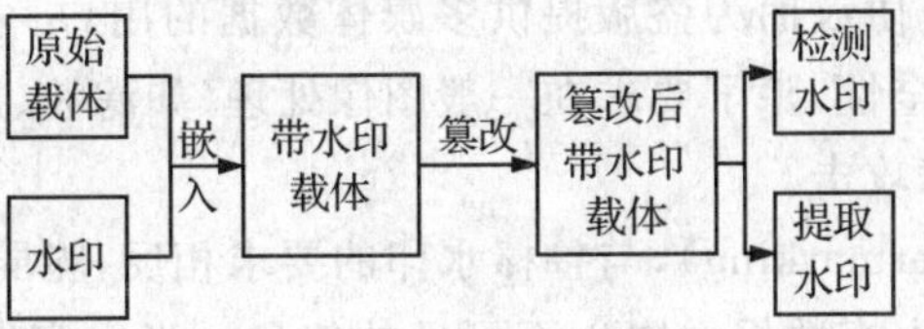

图 6.3　数字水印过程

图 6.4 是数字水印的一个例子。此处的水印是一幅二值图像,水印嵌入前后载体看上去没有大的变化,即水印的嵌入没有影响载体的使用价值。

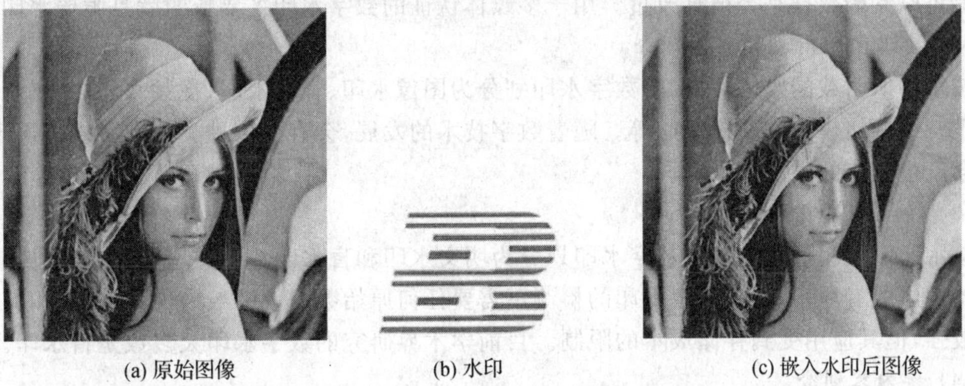

(a) 原始图像　　(b) 水印　　(c) 嵌入水印后图像

图 6.4　数字水印例子

2. 数字水印的特点

数字水印具有下面几个方面的特点:

① 安全性:数字水印应该是难以篡改或伪造的,同时,应当有较低的误检测率。当原内容发生变化时,数字水印应当发生变化,从而可以检测原始数据的变更。

② 隐蔽性:数字水印应是不可感知的,而且应不影响被保护数据的正常使用,不会降低使用价值。

③ 鲁棒性:是指在经历多种无意或有意的信号处理过程后,数字水印仍能保持部分完整性,并能被准确鉴别。可能的信号处理过程包括信道噪声、滤波、数/模与模/数转换、重采样、剪切、位移、尺度变化以及有损压缩编码等。

④ 水印容量:是指载体在不发生形变的前提下可嵌入的水印信息量。嵌入的水印信息必须足以表示多媒体内容的创建者或所有者的标志信息,或购买者的序列号。这样有利于解决版权纠纷,保护数字产权合法拥有者的利益。尤其是隐蔽通信领域的特殊性,对水印的容量需求很大。

3. 数字水印的分类

(1) 按特性划分

按水印的特性可以将数字水印分为鲁棒数字水印和脆弱数字水印两类。

鲁棒数字水印顾名思义,它的鲁棒性好。这种水印主要用于在数字作品中标识著作权信息。利用这种水印技术在多媒体内容的数据中嵌入创建者、所有者的标示信息,或者嵌入购买者的标识(即序列号)。在发生版权纠纷时,创建者或所有者的信息用于标识数据的版权所有者,而序列号用于追踪违反协议而为盗版提供多媒体数据的用户。用于版权保护的数字水印要求有很强的鲁棒性和安全性,除了要求在一般图像处理(如滤波、加噪声、替换、压缩等)中生存外,还需能抵抗一些恶意攻击。

脆弱水印(fragile watermarking),与鲁棒水印的要求相反,脆弱数字水印主要用于完整性保护。这种水印同样是在内容数据中嵌入不可见的信息。当内容发生改变时,这些水印信息会发生相应的改变,从而可以鉴定原始数据是否被篡改。脆弱水印应对一般图像处理(如滤波、加噪声、替换、压缩等)有较强的免疫能力(鲁棒性),同时又要求有较强的敏感性,既允许一定程度的失真,又要能将失真情况探测出来。必须对信号的改动很敏感,人们根据脆弱水印的状态就可以判断数据是否被篡改过。用于多媒体认证的数字水印主要指的就是脆弱水印。

(2) 按水印所附载的媒体划分

按水印所附载的媒体,可以将数字水印划分为图像水印、音频水印、视频水印、文本水印以及用于三维网格模型的网格水印等。随着数字技术的发展,会有更多种类的数字媒体出现,同时也会产生相应的水印技术。

(3) 按检测过程划分

按水印的检测过程可以将数字水印划分为明文水印和盲水印。明文水印在检测过程中需要原始载体或者原始水印,而盲水印的检测不需要任何原始数据。一般来说,明文水印的鲁棒性比较强,但其应用受到存储成本的限制。目前学术界研究的数字水印大多数是盲水印。

(4) 按内容划分

按数字水印的内容可以将水印划分为有意义水印和无意义水印。有意义水印是指水印本身也是某个数字图像(如商标图像)或数字音频片段的编码;无意义水印则只对应于一个序列号。有意义水印的优势在于,如果由于受到攻击或其他原因致使解码后的水印破损,人们仍然可以通过视觉观察确认是否有水印。但对于无意义水印来说,如果解码后的水印序列有若干码元错误,则只能通过统计决策来确定信号中是否含有水印。

(5) 按用途划分

不同的应用需求造就了不同的水印技术。按水印的用途,可以将数字水印划分为票证防伪水印、版权保护水印、篡改提示水印和隐蔽标识水印。

票证防伪水印是一类比较特殊的水印，主要用于打印票证和电子票证、各种证件的防伪。一般来说，伪币的制造者不可能对票证图像进行过多的修改，所以，诸如尺度变换等信号编辑操作是不用考虑的。但另一方面，人们必须考虑票证破损、图案模糊等情形，而且考虑到快速检测的要求，用于票证防伪的数字水印算法不能太复杂。

版权标识水印是目前研究最多的一类数字水印。数字作品既是商品又是知识作品，这种双重性决定了版权标识水印主要强调隐蔽性和鲁棒性，而对数据量的要求相对较小。

篡改提示水印是一种脆弱水印，其目的是标识原文件信号的完整性和真实性。

隐蔽标识水印的目的是将保密数据的重要标注隐藏起来，限制非法用户对保密数据的使用。

(6) 按水印隐藏的位置划分

按数字水印的隐藏位置，可以将其划分为时(空)域数字水印、频域数字水印、时/频域数字水印和时间/尺度域数字水印。

时(空)域数字水印是直接在信号空间上叠加水印信息，而频域数字水印、时/频域数字水印和时间/尺度域数字水印则分别是在 DCT 变换域、时/频变换域和小波变换域上隐藏水印。

随着数字水印技术的发展，各种水印算法层出不穷，水印的隐藏位置也不再局限于上述四种。应该说，只要构成一种信号变换，就有可能在其变换空间上隐藏水印。

4. 典型数字水印算法

近年来，数字水印技术研究取得了很大的进步。下面对一些典型的算法进行分析，除特别指明外，这些算法主要针对图像数据。

(1) 空域算法

该类算法中典型的水印算法是将信息嵌入到随机选择的图像点中最不重要的像素位 LSB(Least Significant Bits)上，这可保证嵌入的水印是不可见的。但是由于使用了图像不重要的像素位，算法的鲁棒性差，水印信息很容易为滤波、图像量化、几何变形的操作破坏。另外一个常用方法是利用像素的统计特征将信息嵌入像素的亮度值中。

(2) Patchwork 算法

该方法是随机选择 N 对像素点(a_i, b_i)，然后将每个 a_i 点的亮度值加 1，每个 b_i 点的亮度值减 1，这样整个图像的平均亮度保持不变。适当地调整参数，Patchwork 方法对 JPEG 压缩、FIR 滤波以及图像裁剪有一定的抵抗力，但该方法嵌入的信息量有限。为了嵌入更多的水印信息，可以将图像分块，然后对每一个图像块进行嵌入操作。

(3) 变换域算法

该类算法中，大部分水印算法采用了扩展频谱通信(spread spectrum communication)技术。算法实现过程为：先计算图像的离散余弦变换(DCT)，然后将水印叠加到 DCT 域中幅值最大的前 k 个系数上(不包括直流分量)，通常为图像的低频分量。水印的嵌入算法为

$$d_i = d_i(I + aw_i)$$

其中常数 a 为尺度因子，控制水印添加的强度。然后用新的系数做反变换得到水印图像 I^*。

解码函数则分别计算原始图像 I 和水印图像 I^* 的离散余弦变换，并提取嵌入的水印 w^*，再做相关检验以确定水印的存在与否。

该方法即使当水印图像经过一些通用的几何变形和信号处理操作而产生比较明显的变形后，仍然能够提取出一个可信赖的水印复制。

一个简单改进是不将水印嵌入到 DCT 域的低频分量上，而是嵌入到中频分量上以调节水印的鲁棒性与不可见性之间的矛盾。另外，还可以将数字图像的空间域数据通过离散傅里叶变换(DFT)或离散小波变换(DWT)转化为相应的频域系数。其次，根据待隐藏的信息类型，对其进行适当编码或变形。再次，根据隐藏信息量的大小和其相应的安全目标，选择某些类型的频域系数序列(如高频或中频或低频)。再次，确定某种规则或算法，用待隐藏的信息的相应数据去修改前面选定的频域系数序列。最后，将数字图像的频域系数经相应的反变换转化为空间域数据。该类算法的隐藏和提取信息操作复杂，隐藏信息量不能很大，但抗攻击能力强，很适合于数字作品版权保护的数字水印技术。

(4) 压缩域算法

基于 JPEG，MPEG 标准的压缩域数字水印系统不仅节省了大量的完全解码和重新编码过程，而且在数字电视广播及 VOD(Video on Demand)中有很大的实用价值。相应地，水印检测与提取也可直接在压缩域数据中进行。下面介绍一种针对 MPEG-2 压缩视频数据流的数字水印方案。

虽然 MPEG-2 数据流语法允许把用户数据加到数据流中，但是这种方案并不适合数字水印技术，因为用户数据可以简单地从数据流中去掉，同时，在 MPEG-2 编码视频数据流中增加用户数据会加大位率，使之不适于固定带宽的应用，所以关键是如何把水印信号加到数据信号中，即加入到表示视频帧的数据流中。对于输入的 MPEG-2 数据流而言，它可分为数据头信息、运动向量(用于运动补偿)和 DCT 编码信号块 3 部分，在方案中只有 MPEG-2 数据流最后一部分数据被改变。

其原理是，首先对 DCT 编码数据块中每一输入的 Huffman 码进行解码和逆量化，以得到当前数据块的一个 DCT 系数。其次，把相应水印信号块的变换系数与之相加，从而得到水印叠加的 DCT 系数，再重新进行量化和 Huffman 编码。最后对新的 Huffman 码字的位数 n_1 与原来的无水印系数的码字 n_0 进行比较，只在 n_1 不大于 n_0 的时候，才能传输水印码字；否则传输原码字。这就保证了不增加视频数据流位率。

该方法有一个问题值得考虑，即水印信号的引入是一种引起降质的误差信号，而基于运动补偿的编码方案会将一个误差扩散和累积起来。为解决此问题，该算法采取了漂移补偿的方案来抵消因水印信号的引入所引起的视觉变形。

(5) NEC 算法

该算法由 NEC 实验室的 Cox 等人提出。该算法在数字水印算法中占有重要地位。实现方法是，首先以密钥为种子来产生伪随机序列。该序列具有高斯 $N(0, 1)$分布，密钥一般由作者的标识码和图像的哈希值组成。其次对图像做 DCT 变换。最后用伪随机高斯序列来调制(叠加)该图像除直流(DC)分量外的 1 000 个最大的 DCT 系数。

该算法具有较强的鲁棒性、安全性、透明性等。由于采用特殊的密钥，因此可防止 IBM 攻击，而且该算法还提出了增强水印鲁棒性和抗攻击算法的重要原则，即水印信号应该嵌入源数据中对人感觉最重要的部分。这种水印信号由独立分布随机实数序列构成，且该实数序列应该具有高斯分布 $N(0, 1)$的特征。

(6) 生理模型算法

人的生理模型包括人类视觉系统 HVS(HumanVisual System)和人类听觉系统 HAS。该模型不仅被多媒体数据压缩系统利用，同样可以供数字水印系统利用。利用视觉模型的基本思想均是利用从视觉模型导出的 JND(Just Noticeable Difference)描述来确定在图像的各个部分所能容忍的数字水印信号的最大强度,从而能避免破坏视觉质量。也就是说,利用视觉模型来确定与图像相关的调制掩模,然后再利用它来插入水印。这一方法同时具有好的透明性和鲁棒性。

6.2.2　图像认证水印系统的分类及过程

图像认证主要是检测图像内容的原始性,即图像有没有被恶意篡改。基于图像认证的数字水印技术根据不同的认证目的,对篡改的敏感性要求也不尽相同。一般说来,对图像的操作可以分为两类:一类是非恶意篡改,例如 JPEG 压缩、文件格式转换、滤波等;另一类是恶意篡改。图像认证系统的主要目标是实现对第二类操作的检测。

根据是否容忍图像在一定程度下被修改,可以把现有的图像认证系统分为如下四类:

① 精确认证,也称硬认证或完全级认证,注重图像数据的整体性,不允许对图像有任何修改。该认证系统要求能够检测出任意的篡改,通常采用脆弱水印来实现。

② 模糊认证,也称软认证或选择级认证,注重保护图像内容传递的信息,而不是图像内容的具体表示形式。对诸如格式转换、有损压缩、去除噪声等操作,检测时被认为是可接受的改动,即认为是非恶意的篡改。通常使用半脆弱水印技术实现。这类水印具有一定的鲁棒性,对于像素变化的敏感性相对脆弱水印要差一些。

③ 对图像内容的认证:有些应用中,用户仅对于图像的某些内容或视觉效果感兴趣,因此如果对图像的操作没有影响到图像的内容或视觉效果,都认为是可接受的,即能容许不影响视觉效果的任何篡改。该类系统的鲁棒性通常比前二类要好。

④ 自嵌入水印:把图像本身作为水印嵌入,不仅能检测到被篡改的区域,而且可能恢复被篡改的区域。自嵌入水印可以是脆弱的,也可以是半脆弱的。

用于认证的水印嵌入过程与一般鲁棒性水印嵌入在原理上基本相同,从数字信号的角度可以看作是对原始图像的调制过程。嵌入的水印信息可以是与原始图像内容相关的信息,比如原始图像的边缘特征、模式块映射、块均值、DCT 变换系数、DWT 变换系数、校验等;嵌入的水印信息也可以是与原始图像内容不相关的信息,比如密钥确定的 m 序列或者是标识创作者版权的有意义的二值图像等。

图像认证时,首先从被测图像中提取水印信息,将提取的水印信息与原始水印信息相比较,若二者一致,则认为图像未被篡改;若二者不一致,则认为图像已经被篡改,同时给出篡改的类型是恶意,还是非恶意的篡改。若嵌入时采用提取特征嵌入,则提取时只需将提取的水印信息与被测图像的内容或特征进行比较,而不必再提取原始水印信息。

6.2.3　认证水印的特性

1. 不可感知性(不可见性)

嵌入水印之后的图像要求有很好的不可见性,即在人眼的视觉范围内感觉不到变化。这一点和鲁棒性水印相同。

2. 检测篡改及篡改的可恢复性

脆弱水印系统必须能够高效地检测出图像的篡改,通常情况下应该能够提供篡改信息的多少(即篡改的程度)及篡改发生的位置(即篡改的定位)。目前脆弱水印的定位能力可以分为两种：

① 像素级的定位能力，也称单像素认证，可把篡改定位精细到一个像素，是目前较好的一种脆弱水印方法；

② 分块级的定位能力，也称分块认证。分块认证可以把篡改定位到图像分块上。

此外，在图像认证过程中，个别认证系统要求根据图像被篡改的位置恢复出图像被修改前的真实面目，即篡改的可恢复性。一般来说篡改的可恢复包括两种形式：一种是精确恢复，也就是恢复成和原来完全相同的效果；另一种是模糊恢复，就是把修改的地方恢复后和原来的内容不完全相同。对于图像认证来说，只需要实现模糊恢复，因为图像认证容忍恢复后的图像和原来图像间存在一定程度的差别，只要这种差别不影响对图像重要内容的解释即可。

目前恢复方法有三种：

① 在原有的图像上嵌入冗余信息，可以是错误纠正码(ECC)；

② 在图像中嵌入原图像的低分辨率版本；

③ 盲恢复，这种方法仅当对图像的修改是可逆的，才可进行。

3. 检测时不需要原始图像

在某些应用背景下，为保证照片的真实性，需要在拍摄成像时自动嵌入水印，此时原始数据就无法得到，而且如果能确知原始数据，就不存在内容提要的真伪鉴别了，因此用于认证的水印系统检测时不应该需要原始图像。

6.2.4 脆弱水印和半脆弱水印技术

1. 用于精确认证的脆弱水印技术

(1) 空间域方法

空间域方法通常包括基于像素的脆弱水印和基于分块的脆弱水印两类。基于像素的脆弱水印算法最早的空间域方法是基于 LSB 的方法，即在图像最低有效位平面嵌入水印。这种方法的缺点是对于噪声非常敏感、容易被破坏、不能容忍对图像的任何修改。

文献[8]对图像的 7 个最高有效位及尺寸进行 Hash 函数运算，作为原始图像的特征，该特征与一个有意义的二值水印图像经过异或操作后，经公开密钥加密，嵌入到图像中最低有效位。当图像内容受到怀疑时，首先将图像的 7 个最高有效位与图像尺寸经过 Hash 运算后得到图像特征，然后将图像最低有效位公开解密后的结果与该特征通过异或操作后就得到嵌入的水印。该算法具有定位特性，从提出的水印可以非常直观地看出被篡改的区域。图 6.5 是文献[8]的实验结果。

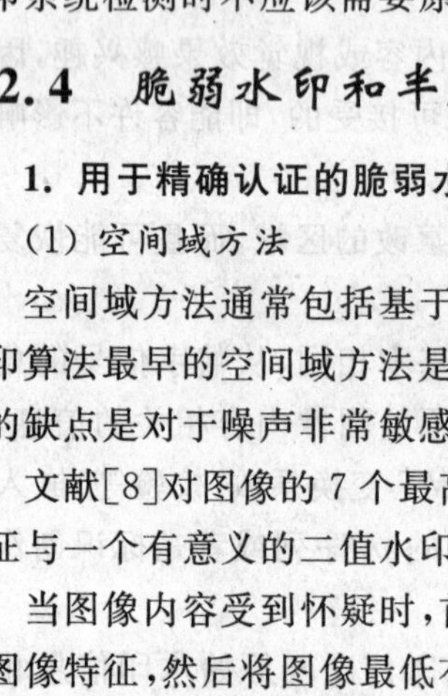

(a) 带水印图像

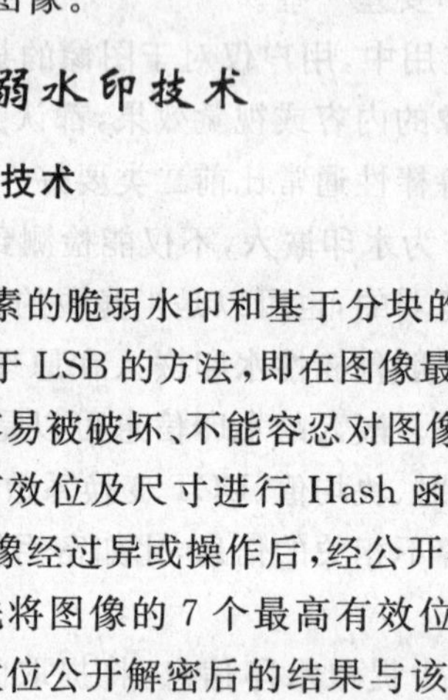

(b) 被篡改的带水印图像

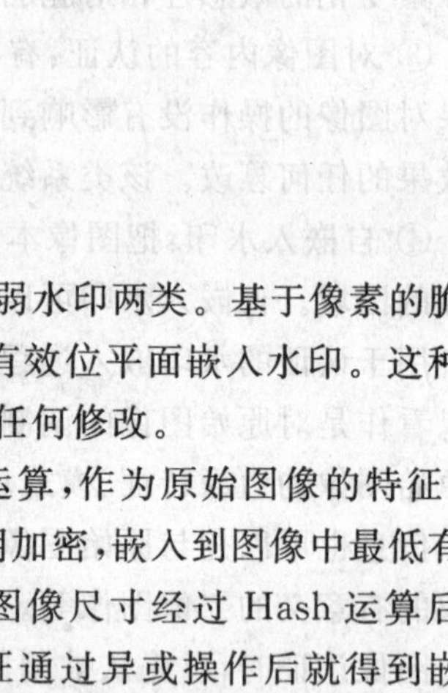

(c) 从被篡改图像中提取出的水印

图 6.5 文献[8]实验结果

与文献[8]一样，文献[9]也是在空间域嵌入了一个视觉上有意义的二值水印。在嵌入水印之前，版权所有者把要加水印的某些特征随机映射为 0 或 1，从而形成一个二维列表 LUT (Look Up Table)，水印的嵌入是根据 LUT 对空间域的像素进行量化实现的。该类技术的安全性是由推断 LUT 的困难程度决定的[10]。如果知道了二值水印，则算法的安全性会大大降低，即使不知道水印图像，也可以采用拼贴攻击对其进行有效地攻击[11]。为此，文献[10]提出了基于位置的 LUT，从而大大增加了搜索空间。

基于 LSB 的水印算法经适当改进后，不仅可以用于图像的完整性认证，还可以用于破损图像的恢复。文献[12]采用差错控制编码对最低有效位置零后的图像像素值进行 RS 编码，把编码后的结果嵌入在原始图像的最低有效位上。这种算法不仅具有检错能力，还具有一定的纠错能力。

Wong 等人在文献[13]，[14]中提出了一种基于分块的脆弱水印认证算法。算法的主要思想是把图像分割为各个独立的小块，然后分别在各小块上嵌入各自的水印。该类分块独立算法的缺点是不能抵抗伪造真实图像的量化攻击，其原因在于各个分块是独立的。Celik 等人使用分层的分块认证方法来消除上述算法的分块独立性。Fridrich 等人则使用分块编号和图像唯一索引来消除分块独立性，其效果比 Celik 的方法更好，篡改定位能力更强一些。

然而，所有这些基于脆弱水印分块认证算法的共同特点是只能把篡改定位精确到图像分块上，与基于脆弱数字水印的单像素认证算法相比，该类算法的优点是安全性较高，缺点是篡改定位能力差一些。

(2) 变换域方法

随着 DCT、小波变换等被广泛用于图像的有损压缩中，许多鲁棒性水印的算法采用了 DCT 变换或小波变换，从而极大地提高了鲁棒性。由于许多脆弱性水印系统要求能够抵抗有损压缩，这在变换域中更容易实现，此外，变换域更容易对图像被篡改的特征进行描绘，因此更多的算法采用在变换域中实现。

文献[15]对原始图像经 JPEG 量化后的 DCT 低频系数进行二进制编码，把编码后的数据嵌入到图像的最低有效位。这种图像自嵌入方法可以对原始图像进行恢复。Wu 在文献[16]中把一个有意义的二值水印模式嵌入经过量化的 DCT 系数中，量化矩阵为 JPEG 压缩中采用的量化矩阵。此外，在 LUT 中把经 DCT 量化后的值(即水印的可能嵌入位置)随机映射为 0 或 1，从而形成一个由图像的某些特征与{0, 1}组成的二维列表，在某一位置嵌入 1 时，首先在 LUT 中查看该位置对应的{0, 1}值，如果为 1，则该系数不变，如果为 0，就把该位置的系数量化为它距离最近的系数；0 的嵌入与此相似。虽然水印是在压缩的形式下加入的，但是进一步的压缩或其它压缩方法可能会把水印破坏掉。图 6.6 是文献[16]的实验结果。

Kunder 和 Xie 分别在文献[17]和文献[18]中提出了基于小波变换的方法。Kunder 是通过量化 Harr 小波变换系数来嵌入水印的，而 Xie 则是把水印加入到经过 SPIHT 压缩的小波系数中。由于小波分解系数包含了频率和空间信息，这样就可以实现对水印图像的篡改进行定位和特征分析。

变换域方法突出的优点就是能够较好地与现有的压缩标准(如 JPEG，JPEG2000)结合起来，能够在容许一定压缩比的情况下检测出发生的篡改并定位。但由于嵌入的水印量比较有限，对篡改的定位一般是 8×8 大小的块，不如空间域水印定位的精确，这一点从图 6.5 和图 6.6 的对比可以看出。

(a) 带水印图像　　(b) 被篡改的带水印图像　　(c) 提取出的水印

图 6.6　文献[16]的实验结果

2. 用于模糊认证的半脆弱水印技术的发展

脆弱水印不允许对图像进行任何轻微的篡改，而实际应用中，数字图像因其数据量较大，通常以压缩方式存储或传输，同时图像处理软件各异，图像格式众多，最终用户所要认证的通常是原始图像经有损压缩或其他保持图像内容的操作处理后的图像，因此，对图像进行内容级认证的半脆弱水印在现实生活中更为实用。

(1) 由鲁棒性水印演变而来的半脆弱水印算法

该类算法主要是借鉴鲁棒性图像水印算法的经典方法，比如扩频水印、提取图像重要特征等来设计相应的认证算法。这种半脆弱水印具有一定的鲁棒性。文献[19]提出一种适用于数字相机的半脆弱水印算法。该算法从原始图像的每个 8×8 块提取 m 位二进制信息，将提取信息和数字相机的 ID 以及该块的序号一起经扩频处理，之后嵌入该图像块的 DCT 中频系数中。图像认证时，从被测图像中提取适当的门限来进行检测。该算法对常见的图像处理操作如滤波、JPEG 压缩、亮度对比等都具有很好的鲁棒性，对恶意的图像篡改操作拒绝认证。

文献[20]提取图像的边缘特征作为水印嵌入到图像中，通过比较被测图像的边缘特征和提取的水印，来判断图像的真实性。此算法的缺点是误检率比较高，因为一旦图像被篡改，它的特征会随之改变，因而造成比较时的错误。图 6.7 是文献[20]的实验结果。

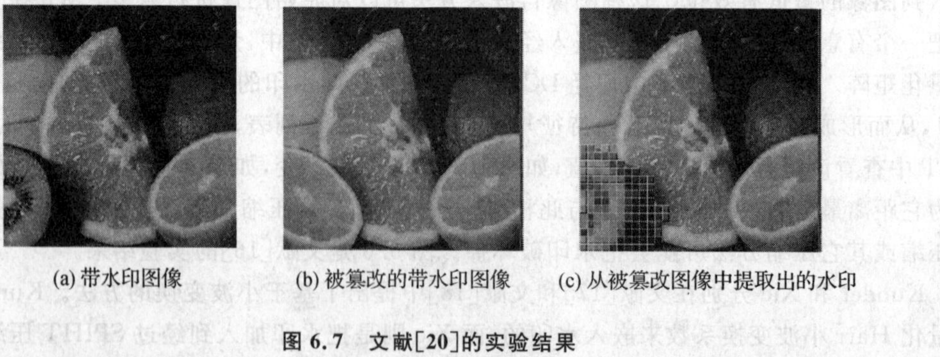

(a) 带水印图像　　(b) 被篡改的带水印图像　　(c) 从被篡改图像中提取出的水印

图 6.7　文献[20]的实验结果

文献[21]给出了从原始图像提取鲁棒性二进制信息的方法。该方法提取出的信息对常见的旋转、缩放的图像处理操作，都具有不变性。

文献[22]在原始图像的每个 8×8 块的 DCT 中频系数上叠加不同的伪随机序列。由于自然图像中一般平滑区较多，边缘区较少，认为在没有边缘存在的情况下，图像相邻像素差值信号的能量主要是由水印引起的，通过一个改进的运算来进行图像认证。算法的优点是对于

JPEG 有损压缩后被篡改的图像检测准确率很高，但是对于图像边缘和纹理较多的情况，算法的检测率较低，可靠性差。

文献[23]提出用二维混沌动态系统对二值水印信息进行扩频预处理，将预处理后的水印信息调制在原始图像的空间域或变换域。图像认证时，根据提取水印信息的正确率来判断图像的真伪。该算法的优点是实现起来比较简单，对于高质量的 JPEG 压缩具有鲁棒性。缺点是定位篡改能力不高。

(2) 基于量化小波系数的半脆弱水印算法

由于小波变换在时域和频域具有良好的局部定位性质，同时与现有的图像压缩标准 JPEG2000 相融合，故小波域的数字水印认证技术有更高的实用意义。

文献[17]，[24]通过量化小波系数来嵌入水印，利用小波空间域和频率域定位出篡改位置，并估计当前图像被篡改的程度。这种算法的缺点是很容易让攻击者得知量化步长而容易改变图像内容而使提取的水印信息仍然不变。其中文献[17]对图像的 Haar 小波系数进行量化，根据量化步长的大小来控制水印的鲁棒性，最后利用攻击估计函数将图像遭受的恶意篡改与非恶意篡改区分出来。

YU 等人在文献[25]中通过量化小波系数的加权平均值来嵌入水印，认为小波系数的变化服从高斯分布，对图像进行恶意攻击导致的小波系数变化往往具有较大的方差，而由偶然因素造成图像失真引起的系数变化往往具有较小的方差，从而将恶意篡改与非恶意篡改区分开来。这种方法较直接量化小波系数有更好的鲁棒性。图 6.8 是文献[25]的实验结果。

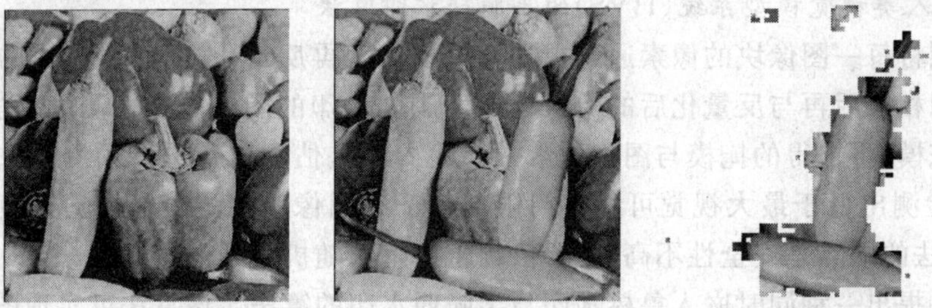

(a) 带水印图像　　(b) 被篡改的带水印图像　　(c) 检测结果

图 6.8　文献[25]的实验结果

Paquet 等人在文献[26]中结合人类视觉系统（HVS）量化小波包系数。其算法首先生成 ID 序列，并用此 ID 序列选择小波变换函数及分解层数，在此基础上进行小波包分解，再次运用 ID 序列选择所要嵌入水印的区域及系数，利用人类视觉掩蔽特性，对不同的小波系数选择合适的嵌入强度，完成小波包系数量化的同时将 ID 序列一起嵌入，经小波包重构后得到含水印的图像，最后用密钥提取水印，结合小波包系数区域分别进行带内频域及带间空域比较得出检测结果。

在文献[27]中，Eggers 先用 Scalar 编码器对水印信息进行编码得到二值码表，再用对应的 Scalar 量化函数对所选 8×8 块中的系数量化，即可把码表的各个元素嵌入相应宿主信息内。同时为了使嵌入随机化，嵌入过程引入二值伪随机序列。认证时，把待测信息与相应的量化函数、步长因子、二值伪随机序列混合运算得到验证值。若无水印则验证值近似为 0；若水印存在其验证值绝对值应接近步长因子值的一半，通过这种方法完成认证。该算法的优点是虚警率为0,且对JPEG压缩稳健,能容忍一般的图像处理操作。缺点是对直方图均衡及锐化敏感。

(3) 使用JPEG编码原理的半脆弱水印算法

文献[28]提出一种基于JPEG编码方法的半脆弱水印技术。该方法首先对原始图像的每个8×8图像块进行DCT变换,接着把各个图像块的信号排序,用Hilbert对照JPEG量化表再把向量分解成更小子向量。进一步,把子向量纵排列形成Hadamard矩阵,采用Zig-Zag扫描法选取DCT系数进行奇偶性量化,将调制后的DCT系数嵌入水印的图像块,结合图像块形成含水印的图像。最后通过比较待测图像的量化系数与原图量化系数的奇偶性相符情况完成认证。这种方法对正常图像处理操作反应敏感。

Lin和Chang给出了一种可以在一定程度上抵抗JPEG压缩和剪裁与替换操作的半脆弱水印技术。该技术可以识别被篡改的块的位置,并且可以利用来自原图的一个粗糙图像来对篡改块进行恢复。所提出的算法基于JPEG压缩前后DCT系数的两个不变特性:一是如果DCT系数被修改为JPEG量化步长的倍数,那么在未来的JPEG压缩中,该系数可以被确切重建;二是JPEG变换前后两个8×8子块相同位置的系数关系保持不变。算法利用第二个特性来形成认证信号,而利用第一个特性来将其嵌入到DCT系数中。此算法的虚警率近似为0,并且对大多数攻击,比如去噪、剪切、直方图均衡等检测效果好,抗JPEG压缩能力强。此外,Sun和Chang等人把基于数字水印的SARI系统的设计方法扩展到DWT域,以适应JPEG2000图像压缩标准[29],[30]。

(4) 基于人类视觉模型系统(HVS)的半脆弱水印算法

文献[31]将每一图像块的像素通过视觉掩模量化后再反量化,之后将该块的视觉掩模与一伪随机序列相乘后再与反量化后的像素叠加生成含水印的图像。在检测端,先求出被检测图像的视觉掩模,将求得的掩模与图像像素一起输入误差估测函数进行预测。该算法的优点是能够准确检测出低于最大视觉可觉察门限期1/2的图像改动。由于视觉掩模可以计算出来,因此该算法的缺点是安全性不高,主要依赖于产生伪随机序列的密钥。

文献[32]提出一种同时嵌入鲁棒水印与半脆弱水印的算法。该算法可实现图像版权保护和完整性认证的双重功能。算法先把小波系数分成掩蔽门限位(MTUS),在整个频带里选择满足在同尺度和同方位下绝对值大于相应JND阈值的小波系数作为嵌入点,用小波系数与对应的掩码门限值相除,且向下取整来表示MTUS用CWS(Cocktail Watermarking Scheme)调整量化后的小波系数完成水印嵌入,把原量化信息作为密钥存储来恢复原图像。认证时,采用不同检测方法完成两种水印的检测。

6.2.5 半脆弱水印攻击行为分析

半脆弱水印主要是用来保证数字媒体内容的真实性。其本身是具有一定脆弱性的。因此施加于鲁棒水印的攻击方法(如简单攻击、同步攻击、削去攻击、混沌攻击)对认证水印系统的影响是不明显的,而试图篡改图像内容却不损坏水印信息的"伪认证"攻击对认证水印系统的影响就较为明显了。目前,关于数字水印认证技术的攻击算法文献较少,就已有的文献来看,主要有以下几种。

1. VQ攻击

该类攻击的前提条件是图像中每一个认证单元(比如一个图像块或图像的一个像素)所嵌

入的水印信号与其他认证单元的内容无关。于是，只要在两个认证单元中嵌入的水印信号相同，就可以把它们互相替换来修改图像内容而不会导致认证失败。为了使攻击后得到的图像具有一定的意义和较好的质量，有时需要多幅图像，尤其是攻击彩色图像时。

防止这种攻击的最有效方法就是使每个认证单元的认证信息依赖于其它认证单元的内容。这种改进方法的一个缺点就是对篡改定位能力有一定影响。

2. Holliman - Memon 攻击

密钥资源有限，且密钥与图像无关致使当密钥和所嵌入的水印完全相同的情况下，同一位置可能会隐藏相同的水印信息，所以攻击者可以交换两个可信图像同一位置的图像块而不会影响提取的水印信息。

3. 密码分析攻击

密码分析攻击的前提条件是攻击者拥有几幅用同样密钥嵌入相同水印信号的图像。其目的是找出图像认证算法中使用的秘密信息，比如密钥等。一种可以用来防止密码分析攻击的方法就是每幅图像使用不同的密钥嵌入水印；另一种方法是使图像内的每一个认证单元所嵌入的水印信号依赖于其他认证单元的内容或者全局信息；有时可以把这两种方法结合起来。

4. 特征选取攻击

特征选取攻击的前提条件是设计者所选取的用来表达图像内容的特征并不能充分表达图像的全部内容，以致无法根据这些特征来区分可接受操作和恶意篡改。比如，当把图像的灰度直方图作为特征，那么构造一个与原有图像具有相同的灰度直方图而内容不同的图像就是攻击者的目标之一。对于特征选取攻击，目前尚无很有效的方法。

6.3　被动式图像认证(数字图像盲取证)

6.3.1　基本框架

数字图像盲取证技术要解决的问题包括以下几个方面：

① 能否确认一幅图像是由成像设备获取的真实照片，还是电脑制作的图片，或是由不同图像经过处理操作后的伪造图像？

② 能否确认拍摄照片的成像设备类型及制造商？能否分辨拍摄照片的成像设备 D、拍摄时间 T 以及拍摄地点 L？

③ 能否确认伪造图像的篡改区域和篡改程度？

④ 能否确认图像是否被修改以用于嵌入秘密信息？

由图像盲取证技术要解决的问题可以看出，其主要需完成两项任务：

① 真实性鉴别(也称防伪检测)：判断图像在最初获取之后是否遭受了某种形式的修改或处理。

② 像源鉴别：判断生成图像的数据获取设备。这一类技术将图像与一系列具有共同特性的像源联系起来，以便于将图像匹配给某一类型的来源设备。

数字图像盲取证的基本框架如图 6.9 所示，其同时适用于真实性鉴别和像源鉴别。数字图像盲取证的关键技术包括以下五个方面：图像特征提取与一致性模型建立、图像盲取证算法、图像分类与篡改区域定位、图像数据库以及相关的图像知识(包括图像伪造知识、成像过程、统计特性等)。

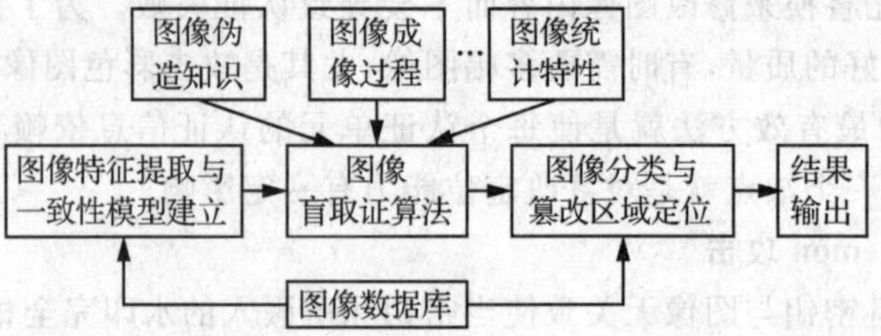

图 6.9　数字图像盲取证的基本框架

图像篡改过程通常涉及一系列加工步骤,试图产生一致的视觉感受。因此,一幅伪造的图像或图像的一部分通常都会经历一些常用的图像处理操作,例如重采样、颜色和亮度变化的补偿、细节损失(如过滤、压缩、噪声)等,篡改过程可能留下一些人工痕迹,或产生意想不到的相似性、特征偏差等异常。另外,自然图像通常是通过数据采集设备获取的,如数码相机、便携式摄像机或扫描仪等。这些设备产生的图像具有特殊一致性,而不同设备具有不同的特性,如不同镜头的光学畸变不同、不同相机使用的色彩滤镜矩阵(Color Filter Array,CFA)和相应的插值算法不同等,这些一致性的规律可用于图像伪造检测和篡改定位。最后,图像可能在不同方面、不同程度上被篡改,虽然许多篡改操作后的图像在视觉上无失真,但是它们会影响图像的内在统计特性,破坏自然图像的一致性。

因此根据图像盲取证所使用的取证特征不同,将面向真实性鉴别的图像盲取证方法分为以下三类(如图 6.10 所示):

① 基于图像伪造过程的遗留痕迹进行盲取证;

② 基于成像设备的一致性进行盲取证;

③ 利用自然图像的统计特性进行盲取证。

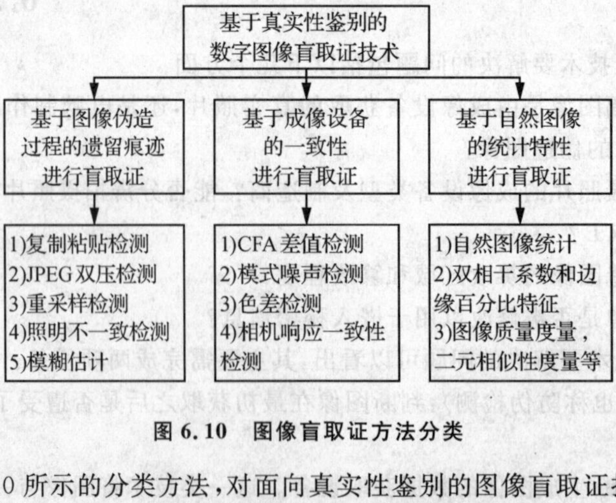

图 6.10　图像盲取证方法分类

下面将按图 6.10 所示的分类方法,对面向真实性鉴别的图像盲取证技术展开详细论述。

6.3.2　基于图像伪造过程遗留痕迹的盲取证技术

该类技术试图选择能够描述伪造痕迹的取证特征来检测图像是否被篡改。这些特征的形式,可能是图像的特征偏离、图像模糊度或者是图像区域之间意想不到的相似性等。目前的研究方法包括复制-粘贴检测、JPEG 双重压缩检测、重采样检测、照明条件不一致性检测、模糊估计等。

1. 复制-粘贴检测方法

为了掩盖图像中某些重要目标或编造出不存在的场景，常用的一种伪造手段是复制图像中的背景区域来覆盖图像中的对象区域。复制-粘贴类型的图像伪造，虽然可能对篡改图像进行了一定的边缘处理，但是图像中的复制区域和相对应的粘贴区域基本上相似。基于这个特点，可以通过寻找图像中存在的相似区域来检测图像的伪造痕迹。

穷举搜索法是一个显然的解决方法。其优点是算法简单，易于实现；缺点是运算量大。为了减少运算量，Fridrich 把对图像像素的点操作转化为块操作，提出了一种对图像块的 DCT 量化系数进行字典排序的算法，来检测图像复制伪造区域。Popescu 提出了一种类似的检测图像重复区域的算法。该算法对图像块使用主成分分析(Principal Component Analysis, PCA)，将得到的降维特征作为该图像块的特征描述，以减少特征空间的维数。但是他们的算法中都是直接对原始图像分块，然后进行降维特征提取，尤其是图像较大时，而一次移动一个像素的滑窗操作使得图像块的数目非常大。为了进一步减少运算量，Li 从缩小图像尺寸和降低特征空间维数两方面考虑，提出了一种基于小波和奇异值分解的图像复制区域检测算法。该算法利用小波变换提取的图像低频分量作为分析对象，并使用奇异值分解提取小波低频图像特征进行降维，然后对图像奇异值特征矩阵按行进行字典排序。因为相似图像块的奇异值矢量相近，排序后两个相近的矢矩会在排序矩阵中相邻，遍历排序后的矩阵，并且配合图像块的偏移频率信息，可检测出复制伪造区域。

2. JPEG 双重压缩检测方法

JPEG 图像双重压缩是指一幅 JPEG 图像被解压，然后用另一个量化表重新压缩存储。在使用图像编辑软件创作伪造图像的过程中，一幅 JPEG 图像在伪造处理结束后有可能再一次被压缩，并且使用的压缩质量因子不同于原始图像的压缩质量因子。

这种 JPEG 双重压缩会使图像 DCT 变换系数的直方图产生周期性模式。Popescu 利用这种周期性模式来检测和质疑图像的真实性。Fridrich 在双重压缩检测的基础上，进一步研究了从 JPEG 双重压缩图像中估计出原始量化表的方法。戴蒙提出了使用抖动模式来分析与检测图像 JPEG 双重压缩，并给出了满足 DCT 量化系数直方图抖动模式的充分必要条件。更进一步，He 通过审查图像 DCT 变换系数的双重量化效应，不仅能检测出恶意修改的 JPEG 图像，还实现了图像篡改区域的定位功能。但是，He 方法只对部分内容被修改的篡改图像有效，而对全局的合成图像不适用。

需要指出的是，双重压缩并不能绝对说明图像是伪造的，因为它是很多情况下为了节省存储空间而进行的合法操作。因此 JPEG 双重压缩只能作为图像伪造检测时的一种间接证据。

3. 图像重采样检测方法

图像编辑过程中，常常涉及到重采样操作，如旋转、缩放、平移等，由于图像重采样往往伴随插值操作，使像素之间的相关性发生变化，通过检测重采样引起的原始信息变化规律，可以判别图像是否被修改。

Popescu 采用期望最大化 EM 算法来检测图像是否经历过重采样操作。如果是重采样图像，其实质是原始图像信号和周期信号的叠加，则 EM 算法输出的概率图的傅里叶频谱图中会出现规律性的亮点；而非重采样的原始图像，其傅里叶频谱图中不会出现亮点。同济大学的朱秀明对 Popescu 的模型进行了改进，将原始图像分布代替均匀分布，并增加了先验概率的迭代。同时，通过增加小补偿量的方法来避免 EM 算法可能遇到的奇异点，并且该方法将检测图像重采样的技术扩展到检测图像是否被压缩过。

4. 光照条件不一致性检测方法

创作一幅合成图像，例如通过剪接造成两个人合影的假象，往往很难完全吻合由定向光照物体（如太阳）带来的照明效果。因此光照不一致性成为揭示图像篡改痕迹的一个有力依据。Johnson 提出对图像提取闭合边界，沿着闭合边界将图像分成若干局部块，估计局部块的二维光源方向，然后根据光源方向是否一致来检测图像伪造情况，其中图像强度 I 可用公(6.1)表示

$$I(x,y)=R(N(x,y)\cdot L)+A \tag{6.1}$$

其中，R 代表恒量反射值，L 代表点光源方向的三维矢量，N 代表点(x, y)的曲面法线的三维矢量，A 代表恒量环境光。图 6.11 为该算法的检测结果，其中图 6.11(a)为真实图像，图中人物的反射光源方向分别为 98°和 95°(从左至右)；图 6.11(b)为篡改图像，图中人物的反射光源方向分别为 123°和 86°(从左至右)，显然不满足定向照明条件的一致性。

(a) 真实图像

(b) 篡改图像

图 6.11　Johnson 照明条件不一致性检测算法的实验结果

该算法的缺点是需要人工提取图像边界。另外，如果图像伪造区域和原始区域的表面不满足朗伯反射的假设，或者图像拍摄于阴天，难以确定定向的光源，该算法将失效。

随后 Johnson 又提出使用图像中人物眼睛的镜面反射来估计光源的方向或照明条件，而图像中照明条件的不一致性可以用来揭示图像伪造痕迹，尤其是检测多人合影的合成图像伪造类型。

5. 模糊估计方法

图像篡改，如人脸替换、肤质平滑、全景摄影中都不可避免地要用到模糊操作，以获得无缝的伪造图像。模糊操作是图像篡改中常用的一种处理操作，图像处理中主要包括两种形式的模糊操作：散焦模糊和高斯模糊。它们用来减少伪造图像不连续的程度或删除无用的缺陷，最终产生一个似是而非的图像。

因此如果图像中探测到附加的模糊过程，那么该图像极有可能被修改过。基于这个想法，Hsiao 提出利用图像频域知识进行模糊估计，揭示模糊区域作为可能被篡改的图像区域。Sutcu 提出利用图像小波变换系数的规律性来估计图像边缘的清晰度/模糊度。该检测方法是基于这样的假设：如果图像经历了某种类型的伪造，那么伪造区域的平均清晰度/模糊度将

会与非篡改区域不同，通过度量这种差异可以检测和定位图像篡改区域。

6.3.3 基于成像设备一致性的盲取证技术

图像在采集过程中通常会引入一些强区分性的特征。这些特征对整幅图像是一致的，其一致性的规律可用于图像伪造检测和篡改定位。目前的研究方法包括 CFA 插值检测、传感器模式噪声检测、色差检测、相机响应常态性和一致性检测等。

1. CFA 插值检测方法

大多数中低档数码相机拍摄的彩色照片是通过单个传感器结合色彩滤镜矩阵 CFA 来获取的。最常用的 CFA 是 Bayer 矩阵。由 Bayer 矩阵获取的 CFA 图像仅采集了彩色照片中 1/3的样本点，如图 6.12 所示，而其余 2/3 的样本点需要用插值方法进行填充。插值法使得彩色图像的样本点之间存在着特定的关联关系，而图像篡改过程则很有可能破坏或改变这些关联关系。

$r_{1,1}$	$g_{1,2}$	$r_{1,3}$	$g_{1,4}$	$r_{1,5}$	$g_{1,6}$	…
$g_{2,1}$	$b_{2,2}$	$g_{2,3}$	$b_{2,4}$	$g_{2,5}$	$b_{2,6}$	…
$r_{3,1}$	$g_{3,2}$	$r_{3,3}$	$g_{3,4}$	$r_{3,5}$	$g_{3,6}$	…
$g_{4,1}$	$b_{4,2}$	$g_{4,3}$	$b_{4,4}$	$g_{4,5}$	$b_{4,6}$	…
$r_{5,1}$	$g_{5,2}$	$r_{5,3}$	$g_{5,4}$	$r_{5,5}$	$g_{5,6}$	…
$g_{6,1}$	$b_{6,2}$	$g_{6,3}$	$b_{6,4}$	$g_{6,5}$	$b_{6,6}$	…
…	…	…	…	…	…	

图 6.12 Bayer 矩阵获取的 CFA 图像

Popescu 用一个简化的线性模型来表示 CFA 插值的周期关联性，然后使用 EM 算法来量化和评估一幅图像中的关联关系的存在性。Long 认为用线性模型来表示 CFA 插值规律过于简单，提出将 CFA 插值带来的图像像素间的空间关联用一个均方差模型表示，并基于该模型从每个颜色通道获得一个系数矩阵，然后将系数矩阵用 PCA 降维后送入前向反馈 BP 神经网络中，分辨真伪图像。Swaminathan 认为大多数篡改操作都可以近似为线性和非线性的组合，提出一种去卷积的算法来检测图像在最初获取之后的后续操作，从而验证图像的真实性，并在此基础上设计了一个基于相似性度量和阈值的分类器来区分篡改图像和真实图像。

2. 模式噪声检测方法

相机拍摄照片过程中会对图像附加上该相机特有的模式噪声，而缺乏模式噪声的区域可以被认为是伪造区域。Lukas 提出计算图像区域的残留噪声和参考模式噪声的关联，然后对所有区域的关联关系进行概率统计分析，确定阈值，概率小于阈值的区域被认为不存在模式噪声，则断定该区域可能被修改过；否则认为该区域是真实的。实验表明提出的算法对质量因子为 70%以上的 JPEG 压缩图像能够可靠地辨识出篡改区域。但是，该方法要求伪造检测时，必须具备拍摄照片的相机或者一组由该相机拍摄的照片。

3. 色差检测方法

事实上，所有的光学成像系统都会对图像引入多种失真。色差就是一类很常见的光学成像失真，它是由于光学系统不能很好地聚焦不同波长的光线而导致的。当图像被篡改时，色差会被破坏，从而导致整幅图像中色差的不一致。因此色差的不一致性可以作为图像被篡改的一种证据。

Johnson 提出利用横向色差来检测图像篡改的方法。横向色差对不同波长的光远近成正比，它可建模为一个颜色通道对于其他颜色通道的颜色扩充或收缩，通过求颜色通道的互信息的最大值来估计模型参数。实验结果表明该方法只在篡改区域较小的时候，检测效果比较理想；如果篡改区域较大或是全局修改，则检测效果不理想。该方法中只利用了横向色差模型，进一步的研究可加入纵向色差模型或其他的光学失真模型，从而提高篡改检测的灵敏性和准确性。

4. 相机响应常态性和一致性检测方法

图像辐照度 r 与最终输出图像的强度 R 是相关的。两者的关系可以用相机响应函数 f 来表示：

$$R = f(r) \tag{6.2}$$

其中 f 可以是 Gamma 变换或是线性指数模型等形式。相机响应函数 CRF(Camera Response Function)是最常用的相机特性之一。它将电荷耦合器件 CCD(Charge - Coupled Device)传感器感应到的辐照度转换成亮度值，最后以底片或数字形式记录下来。由于不同的相机有不同的响应功能，因此 CRF 可以作为一种自然特征来确定相机类型。CRF 可以从单幅图像中计算获得，其不一致性可作为图像篡改的一种证据。

Hsu 提出了一个基于几何不变量和相机一致性特征来区分真实与拼接图像的半自动分类方法。该方法利用各区域的像素计算几何不变量，然后使用几何不变量来估计每个区域的 CRF，使用交叉拟和技术来检测所有的 CRF 是否相互一致。实验结果表明，该算法检测真实图像获得了 87%的准确率，检测拼接图像获得了 90%的准确率。其缺点在于运算耗时，计算特征需要 11 min，而使用支持向量机 SVM(Support Vector Machine)训练至获得最佳参数则需要 5 h。Lin 提出了基于相机响应函数的常态性和一致性的篡改图像检测方法，如果图像的形成不匹配相机响应函数的常态性，则恢复的逆响应函数就会出现异常或不一致。

基于成像设备一致性的盲取证技术首先提取与成像设备相关的特征，然后通过检测特征的全图一致性或特征的存在性来判断图像是否被篡改。

6.3.4 基于自然图像统计特征的盲取证技术

该类技术指定了一系列对图像篡改敏感的特征，首先通过分析大量已知的原始图像和篡改图像来确定这些特征的区分阈值。这些阈值被保存为参考值。然后通过测量待检测图像的特征值与参考值的偏差情况，来判断图像是否遭受篡改。这些方法大多依靠分类器来作出决策。目前的研究方法包括利用自然图像统计模型、双相干特征和边缘百分比特征、图像质量度量、二元相似性度量等特征进行图像取证。

1. 自然图像统计模型方法

Lyu 提出使用基于正交镜象滤波器 QMF(Quadrature Mirror Filter)金字塔分解的自然图像统计模型方法来分类摄影图像 PIM(Photographic Images)和计算机生成图像 PRCG(Photorealistic Computer Graphics)。该方法提取彩色图像 QMF 分解后各个子带和方向上分解系数的四阶统计特征(均值、方差、偏度、峰度)。同时考虑 QMF 分解后各个子带之间的关联关系，进一步计算分解系数和其空间邻域像素位置、相邻尺度、相邻方向、其他颜色通道相同位置上的分解系数之间的四阶线性预测误差特征。用上面提取的特征进行 PIM 和 PRCG

的分类。在计算机生成图像的分类误报率控制在 1%的情况下，使用 SVM 分类技术，67%的自然图像能被正确分类出来。但是，该统计模型容易被图像攻击破坏，从而影响分类的效果。

随后 Lyu 对统计模型进行了改进，在基于 QMF 金字塔分解的自然图像统计模型中增加了图像的局部角谐波 LAH(Local Angular Harmonic)，分解和提取基于旋转不变的相位统计特性。同时利用局部幅度统计和局部相位统计特性，结合 SVM 分类技术，在计算机生成图像的分类误报率控制在 1%的情况下，将摄影图像的分类精度提高到了 74.3%。

2. 双相干系数和边缘百分比特征方法

Ng 指出在所有涉及图像非法编辑的操作中，图像拼接被认为是最根本、最主要的操作。受之前双相干特征用于检测人类语音剪接的启发，Ng 首先使用双相干幅度和相位特征进行拼接图像检测。双相干特征是一种二阶矩谱和有效检测二次相位耦合 QPC(Quadratic Phase Coupling)的技术，其一维信号 $x(t)$(其傅里叶变换形式为 $X(\omega)$)的双相干系数的数学表示形式为

$$b(\omega_1,\omega_2)=\frac{E[X(\omega_1)X(\omega_2)X^*(\omega_1,\omega_2)]}{\sqrt{E[|X(\omega_1)X(\omega_2)|^2]E[|X(\omega_1+\omega_2)|^2]}} \tag{6.3}$$

其中，X^* 表示 X 的伴随矩阵。双相干的一个重要特性是 QPC 的敏感性。人类语音信号具有低的 QPC，而图像原本有非零级谱能量，这意味着图像中原来就存在高的 QPC。因此简单地将双相干特征直接应用于探测图像拼接效果并不理想，检测精度仅为 62%(随机判断的精度为 50%)。为了进一步加强检测效率，Ng 又提出了两个基本的方法，即刻画对双相干敏感的图像特征和估计拼接不变量，并由此导出了三个新的特征：双相干幅度和相位变化的预测残差特征，以及边缘百分比特征。最后，将改进的特征送入 SVM 分类器进行分类。结果表明双相干特征结合边缘百分比特征可以显著提高图像拼接的检测准确率，由 62%提升至 72%。但是，该算法中使用的图像数据是 128×128 的块，而不是一幅完整的、有意义的图像，而且要求拼接图像没有进行后处理操作。

3. 图像质量度量和二元相似性度量等特征方法

Avcibas 提出使用图像质量度量，即广义矩特征来度量原图像与处理图像之间的失真，探索图像多个方面的质量情况。其中原始图像用待检测图像的模糊版本来替代，然后将度量特征送入分类器，以区分原始图像和编辑过的修改图像。实验表明对网络下载图像进行亮度调整、对比度增强和混合操作的分类准确率分别为 69.2%、74.2%和 80%，平均分类准确率达到 74%。该算法的缺点是待检测的篡改图像的修改块不能小于 100×100 像素。

Bayram 提出了一种基于图像邻位平面的检测方法。该方法的基本思路是原始图像和篡改图像在位平面之间的相关性以及位平面内部的二元纹理特征方面是不相同的。这一图像本质特征的变化可以通过监测位平面的量子空间矩得到，这些特征称为二元相似性度量 BSMs (Binary Similarity Measures)。同时使用顺序浮动前向搜索 SFFS(Sequential Floating Forward Search)算法选择最佳特征，使用线性回归分类器进行原始图像和修改图像的分类。实验表明 BSM 特征结合线性分类能够可靠地检测出由 Photoshop 工具编辑的大部分伪造图像，分类准确率为 75.5%。

随后 Bayram 将 BSMs、IQMs 和高阶小波统计特性 HOWS(Higher Order Wavelet Statistics)融合起来，形成综合取证特征。融合特征集的分类效果好于单个特征的分类效果。

4. 分类算法归纳

表 6.1 对基于图像统计特性的几种分类方法，从其特征、分类器、分类准确率等方面进行了归纳，并总结出每个算法适合检测的图像类型。总体来说，使用综合特征要比单个特征的分类效果好，但是特征维数大，计算更为复杂。另外，每个盲取证算法侧重检测的图像篡改类型不尽相同。从表 6.1 中不难发现，面向真实性鉴别的图像盲取证算法的效率取决于如下两个主要方面：①选择合适的盲鉴别特征；②选择恰当的取证算法或分类算法。

表 6.1 基于自然图像统计特性的分类方法归纳

统计特征描述	分类器类型	分类准确率/(%)	适合检测的图像类型
基于 QMF 分解的图像幅度特征	非线性 SVM 分类器	67(误报率为 1%)	区分自然图像与计算机生成图像
基于 QMF 和 LAH 分解的图像幅度和相位特征	非线性 SVM 分类器	74(误报率为 1%)	区分自然图像与计算机生成图像
双相干特征	SVM 分类器	62	拼接图像
双相干、预测残差、边缘百分比特征	SVM 分类器	72	拼接图像
图像质量度量 IQMs 特征	线性回归分类器	74	亮度和对比度增强、旋转、缩放操作
二元相似性度量 BSMs 特征	线性回归分类器	75.5	图像放大、旋转、亮度增强、模糊

习 题

1. 脆弱水印技术为什么能实现对多媒体内容的真实性和完整性认证？
2. 基于脆弱水印技术的内容认证方法与密码学中的认证方法有何不同？
3. 基于图像伪造过程遗留痕迹的盲取证技术包括哪些方法，各自的基本原理是什么？
4. 基于成像设备一致性的盲取证技术包括哪些方法，各自的基本原理是什么？
5. 试搜集整理一种音频数据或者视频数据认证方法。

第 7 章

生物识别技术

7.1 概　述

7.1.1 引　言

前面介绍的身份认证方式属于传统的身份认证。传统的身份认证方式存在着许多缺点，如口令和密钥存在易忘记、易被攻击和易泄露等问题；身份证件等存在易被盗、易丢失和易被伪造或冒用等问题。更为严重的是，这些传统的身份认证方法往往无法区分标识物的真正拥有者和取得标识物的冒充者，一旦他人获得这些标识物，就可以拥有相同的权利。据 Master Card 公司统计，每年有 4.5 亿美元的信用卡诈骗案发生。其中就包括利用丢失和被盗的信用卡犯罪。另外，由于使用盗窃来的身份识别码而造成的移动电话通信的损失高达 10 亿美元。随着网络的发展，非法登录计算机的案件正呈上升趋势，有效的身份认证技术可以防止这类案件的发生。一种新的身份认证技术——生物特征识别技术随之产生。

生物识别技术是借助人们身体的某种特征，如指纹、声音、眼睛的虹膜，甚至身体的气味进行身份识别的技术。生物识别技术具有不易遗忘和丢失、不易伪造和盗窃、可以“随身携带”、随时随地使用等优点，广泛应用于身份认证、出入口管理、电子商务、电子政务等领域。

7.1.2 生物识别系统的特征

生物特征识别就是利用人体的生物特征进行人的身份识别的过程。生物特征识别的对象是人，而主体是机器系统或者计算机系统。可用做身份识别的生物特征应具备以下特点：

① 普遍性：每个人都拥有该生物特征；

② 唯一性：该生物特征对任两个人都是不相同的；

③ 稳定性：该生物特征不随时间的变化而变化；

④ 可采集性：该生物特征应该便于测量，并容易表示为机器系统可读的形式；

⑤ 性能：是指生物特征识别系统能够达到的精度和速度，以及实现所期望的精度和速度所需要的资源，还有影响精度和速度的运行因素和环境因素；

⑥ 可接受性：用户愿意接受这种身份认证方式；

⑦ 防欺骗性：该生物特征有较好的防止环境欺骗的能力。

除此之外，还要考虑诸如技术支持、存储容量、系统成本、非侵犯性、适用范围等很多其他因素。

在实际应用中，往往很难找到能够同时满足以上所有要求的生物特征。一种合适的生物特征通常具有采集速度快，可被精确测量，可被公众接受，有较高的可信度，不易被伪造，比对速度快和对存储设备要求不高等特点。

生物识别技术种类很多，如指纹识别、人脸识别、语音识别、虹膜识别、掌形识别以及视网膜识别等，如图 7.1 所示。目前从全球来讲，在指纹识别、人脸识别、虹膜识别和语音识别等方面研究成果较多，产品化程度也较高。在行为识别方面，对签名识别和按键力度识别的研究相对较成熟。

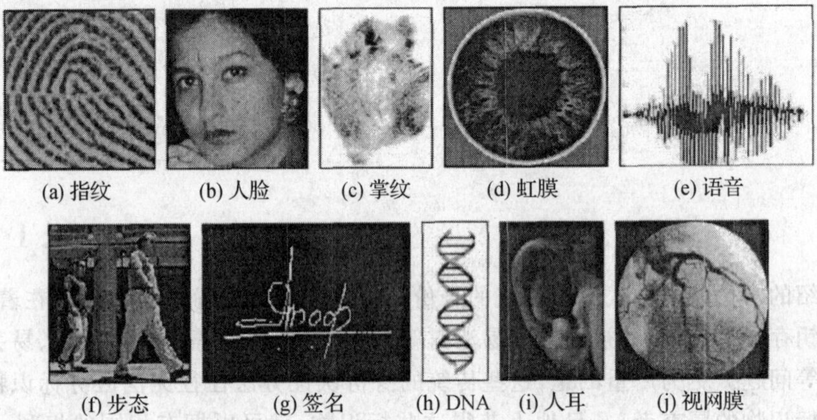

图 7.1　常见的用于生物特征识别的生物特征

下面是几种生物特征识别技术的比较，如表 7.1 所列。

表 7.1　各种生物特征识别技术比较

生物特征	普遍性	唯一性	稳定性	可采集性	识别精度	易接受性	防欺骗性
指纹	中	高	高	中	高	中	中
人脸	高	低	中	高	低	高	低
掌形	中	高	高	中	高	中	中
虹膜	高	高	高	中	高	低	高
视网膜	高	高	中	低	高	低	高
语音	中	低	低	中	低	高	低
DNA	高	高	高	低	高	低	高
气味	高	高	高	低	低	中	低
签名	低	低	低	高	低	高	低

基于生物特征的生物识别系统与传统的基于标识物或标识知识的认证系统因为认证基础不同，具有与传统身份认证所不具有的优点。

① 普遍性：无论是生理特征还是行为特征，要想用于身份识别，必须具有普遍性。换言之，当某种生物特征已经用于识别身份，就意味着每个人都具有该特征，只有愿意不愿意使用，而没有能不能使用的问题。不管是被动使用（如公安侦察），还是主动使用（如出入控制），在需要或者必须的时候，都可以使用。

② 方便性：生物特征的方便性来源于很多方面。首先，生物特征是人体的一个组成部分，因此“携带”方便，或者说不需要携带；其次，由于不用携带，也就不需要用背包或者口袋等容器来保存；再次，生物特征的可采集性使原始身份的采集、可区分性特征的提取，以及相似性的测

量等都十分方便；最后，生物特征识别的使用，给诸如信息安全和资料管理等领域提供了很大的应用方便。

③ 鲁棒性：客观地讲，传统身份识别方法的准确性并不低，但无论是所持物品，还是已有知识，它们所提供的特征的种类和数量都太少。因此，当传统方法提供的信息不完整或受到干扰时，其准确性将大大下降。相反，生物特征天然地具有复杂的组成结构和丰富的可区分性特征，因此即使在采集原始身份特征时发生了某些干扰，或者所提供的信息不够完整，也能够具有很高的识别准确性。

④ 防伪性：几乎任何一种传统的用于身份识别的物品都可以通过某种技术来伪造，如钥匙、银行卡等。对生物特征而言，即使拥有该特征的人给以最大程度的配合，也很难，甚至无法伪造，如虹膜、DNA、红外温谱等。另外，很多生物特征识别系统都具有活体判别的功能，因此更不可能被伪造的特征所欺骗。

⑤ 难更改性：用于身份识别的生理特征通常是人体的某个器官或者部位，因此要想通过外科手术人为地改变这些特征，就要冒损伤，甚至失去该特征的危险。对于行为特征，既然是"习惯使然"，自己都很难改变，何况他人。

⑥ 防盗性：生物特征属于人体的一部分，因此无法被窃取，不可能发生某人的虹膜或者耳朵被盗了而自己却不知道的事情。

⑦ 不会被遗忘：以生活中常用的用户名和密码为例，它们很容易被拥有者所遗忘；而生物特征是不会被遗忘的，即使是行为特征，虽然由后天形成，但是一旦成为人体的一种习惯性的行为方式，就很难被忘记。

7.1.3　生物识别的过程

生物识别系统本质上是一个模式识别系统。它根据使用者的生理或行为特征对使用者进行辨识，从而判断其是否具有合法身份。典型的生物识别系统结构如图 7.2 所示，通常由登记模块和识别模块两部分组成。其中，登记模块负责将个人的身份特征登记入库，系统通过传感器获得身份特征的数字化表示，然后通过特征提取模块获得该生物特征的有效表示。这种特征信息被称为模板或样本。根据需要，模板或样本信息被存储在数据库、磁卡或智能卡中。识别模块负责鉴别身份是否合法或正确。在该模块中，首先通过传感器读入待鉴别身份的生物

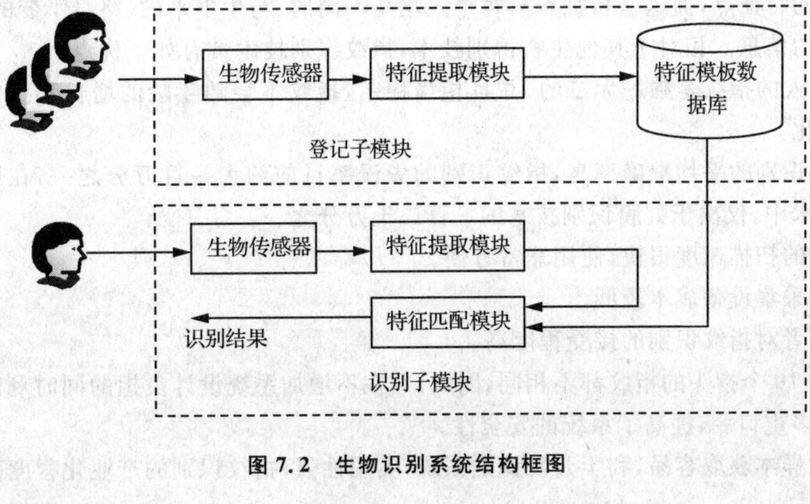

图 7.2　生物识别系统结构框图

特征，然后使用同样的特征模块提取出特征的有效表示，最后将提取出的特征表示送入匹配模块与数据库、磁卡或智能卡中的特征模板相比较，以判别身份的正确性和合法性。

7.1.4 生物识别系统设计

生物识别系统根据不同的设计目标可以分为易用性的生物特征解决方案和安全的生物特征解决方案两类。

1. 易用的生物特征解决方案

在这种解决方案中，系统设计的主要目标是考虑方案的易用性，较少考虑安全性。如使用指纹特征来启动个人数字助理 PDA、手机和笔记本电脑的系统中，系统仅要求用户出示指纹，那么笔记本电脑中的 BIOS 软件就必须访问模板的明文版本来进行匹配，这就大大降低了模板存储的安全性。如果除了生物特征外，还要求用户输入口令，就违背了易用性的设计原则。因而易用性和安全性是相互矛盾的。

2. 基于安全的生物特征解决方案

在这种解决方案中，系统设计的主要目标是考虑方案的安全性。一般来讲，是将生物特征与现有的认证方案，如 PIN、口令或智能卡结合构成双因素或三因素认证方案。例如，在大多数安全的生物特征解决方案中，模板被存储在第三方，通常是一个后台认证服务器，用户在客户端出示他们的生物特征后，新采集的特征数据通过加密会话(如服务器端的 SSL)传送到后台服务器。后台服务器查找数据库中的用户模板进行比较，如果匹配有效，客户端收到认证成功的信息。出于对安全的考虑，存储生物特征模板的数据库必须加密存储，而加密密钥是用智能卡或者其他令牌保存的。

7.2 指纹识别技术

7.2.1 指纹识别技术的特点

指纹指的是指端表面的纹路。其中凸起的纹线称为脊(ridge)，脊之间的部分称为谷(valley)。指纹的纹路并不是连续、平滑流畅的，而是经常出现中断、分叉或转折等，这样就形成了一系列的特征点，而这些特征点对每个人均是不同的、与生俱来的、终身不变的，因而提供了身份识别的信息。相对于其他生物识别技术，指纹识别技术具有如下优点：

① 每个人的指纹是独一无二的，并且相当稳定，指纹不会随年龄的增长和身体健康状况的变化而变化。

② 指纹识别的平均准确率高，指纹识别的失误率目前约为一百万分之一，在所有的生物特征识别技术中，仅次于虹膜识别技术的一百二十万分之一。

③ 指纹的扫描速度很快，使用非常方便。

④ 指纹采集设备成本较低。

⑤ 使用者对指纹识别的接受程度高。

⑥ 人的 10 个指头的指纹都不相同，因此，可在不增加系统设计负担的同时利用多个手指的指纹构成多重口令，提高了系统的安全性。

⑦ 指纹样本获取容易，利于开发识别系统，实用性强，指纹识别的产业化程度高。

⑧ 指纹识别中使用的模板并非最初的指纹图像，而是由指纹图像中提取的关键特征构成，这样使系统对指纹模板库的存储要求减小。另外，特征模板也大大减少了网络传输的负担，便于通过指纹实现异地身份确认。

指纹识别技术是目前最方便、可靠、非侵害和价格便宜的生物识别技术解决方案，市场应用有很大的潜力。

7.2.2 指纹特征的提取

指纹特征一般包括指纹的总体特征和局部特征。总体特征是指那些人眼直接可以观察到的特征，如纹形、模式区、核心点、三角点、纹数等；局部特征是指指纹上节点的特征。这些具有某种特征的节点又被称为特征点，一般用特征点的类型、位置、方向和曲率等要素来描述。要整体地表述一个指纹的特征，单从指纹的纹形或者单个指纹特征点是不够的。一般既需要指纹的纹形特征，又需要足够多(一般7个以上)的特征点，把这些因素结合在一起，才能完整地描述一个指纹不同于另一个指纹的特征之处。

1. 指纹的总体特征

① 纹形：指纹专家根据脊线的走向和分布情况归纳出的基本纹路图案，通常分为3大类，分别是弓形纹、箕形纹和螺形纹，如图7.3所示。

- 弓形纹：纹线由一方流向另一方，中部向上弯曲呈弓，不返转，如图7.3(a)所示。又依据其弯曲的程度不同，分为弧形纹(Arch)和帐形纹(Tented arch)。一般帐形纹中心部位有一根以上的垂线或斜行线支撑着弓形线。在人的手指纹形自然分布中，弧形指纹和帐形指纹一般占6.16%和7.79%。
- 箕形纹：指纹中心的纹线从一方流向另一方，拐弯后返回原方向。其上部和两侧外围由较多的弓形线包绕，如图7.3(b)所示。根据中间箕形线的开口不同，又可分为左箕形和右箕形。据统计，左箕形和右箕形的比例分别为17.03%和36.48%。
- 螺形纹：指纹中心至少有一根环形线、螺形线或曲形线。其上部和两侧外围由较多的弓形线包绕，如图7.3(c)所示。在所有纹形中的比例为32.52%。

其他的指纹图案都基于这三种基本图案。仅仅依靠图案基本类型来分辨指纹是远远不够的，这只是一个粗略的分类，但通过分类使得在大数据库中搜索指纹更为方便。

(a) 弓形纹　(b) 箕形纹　(c) 螺形纹

图7.3 指纹的三种基本类型

② 模式区：指纹上包括了总体特征的区域，即从模式区就能够分辨出指纹是属于那一种类型的区域，如图7.4(a)所示。有的指纹识别算法只使用模式区的数据。有些先进的指纹识别算法使用了所取得的完整指纹，而不仅仅是模式区进行分析和识别。

③ 核心点：位于指纹纹路的渐进中心，它在读取指纹和对比指纹时作为参考点，如图 7.4(b)所示。许多算法是基于核心点的，即只能处理和识别具有核心点的指纹。但对于某些先进的指纹识别算法，即使没有核心点的指纹它仍然能够处理。

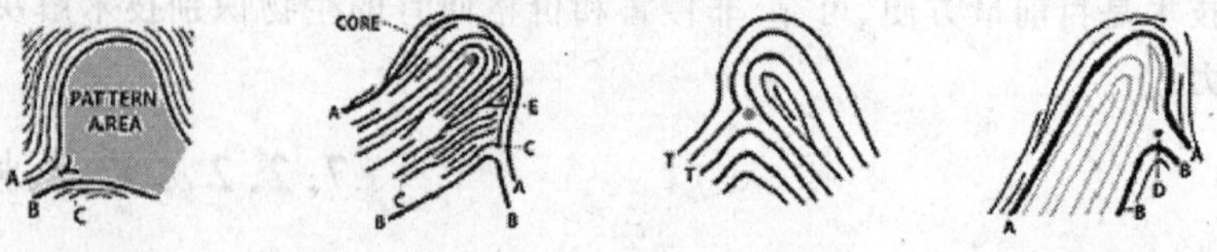

(a) 模式区　(b) 核心点　(c) 三角点　(d) 纹数

图 7.4　指纹典型的总体特征

④ 三角点：位于从核心点开始的第一个分叉点或者断点、或者两条纹路会聚处、孤立点、折转处，或者指向这些奇异点，如图 7.4(c)所示。三角点提供了指纹纹路的计数和跟踪的开始之处。

⑤ 纹数：指模式区内指纹纹路的数量。在计算指纹的纹数时，一般先连接核心点和三角点，这条连线与指纹纹路相交的数量即可认为是指纹的纹数。

2. 指纹的局部特征

指纹的局部特征如图 7.5 所示。一般用特征点的类型、位置、方向和曲率等描述。通常，两枚指纹会具有相同的总体特征，但它们的局部特征却不可能完全相同。

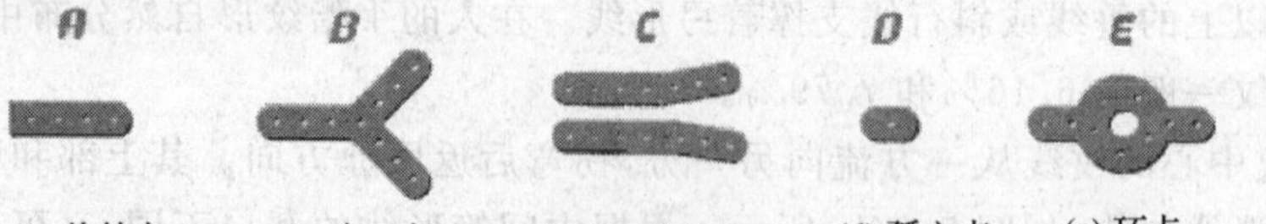

(a) 终结点　(b) 分叉点　(c) 分歧点　(d) 孤立点　(e) 环点　(f) 短纹

图 7.5　指纹特征点的主要类型

① 特征点的类型：通常特征点分为终结点、分叉点、分歧点、孤立点、环点、短纹和桥等，其中典型的是终结点和分叉点。

- 终结点：一条纹路在此终结。
- 分叉点：一条纹路在此分开成为两条或更多的纹路。
- 分歧点：两条平行的纹路在此分开。
- 孤立点：一条特别短的纹路，以至于成为一点。
- 环点：一条纹路分开成为两条之后，立即有合并成为一条，这样形成的一个小环称为环点。
- 短纹：一端较短但不至于成为一点的纹路。

② 位置：特征点的位置通过(x, y)坐标来描述，可以是绝对的，也可以是相对于三角点或特征点的。

③ 方向：在特征点位置上纹形的走向。

④ 曲率：在特征点位置上纹路方向改变的速度。

平均每个指纹都有几个独一无二可测量的特征点。每个特征点都有大约 7 个特征，10 个手指最少能产生 4 900 个独立可测量的特征。

7.2.3　指纹识别的过程

典型的指纹识别过程如图 7.6 所示。一般包括如下过程：

1. 指纹采集

利用指纹采集设备，将指纹转化为数字图像。指纹的几何特征是由于指纹的脊和谷的几何特征的不同而形成的，主要表现为脊是凸起的，谷是凹下的，所以在接触到光线时，其反射的强度也就不同；在接触到平面时，其在平面上形成的压力也就不同。另一方面，由于指纹的脊和谷的生理特征不同，主要表现为，脊和谷的温度不同，其导电性也不同，其对波长的反射也不同。通过这些几何和生理特征的不同，就可以利用各种传感器技术，把人的指纹采集到计算机系统中形成指纹图案。目前所用的指纹图像采集设备，基本上基于三种技术基础：光学技术、半导体硅技术和超声波技术。

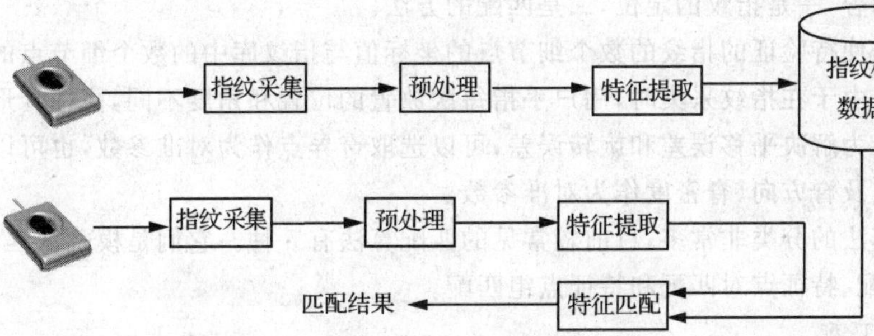

图 7.6　指纹识别过程

2. 预处理

指纹识别预处理的目的是使指纹图像更清晰，纹理更明显，以便提取指纹的特征点进行识别。主要包括图像增强、图像平滑、二值化、细化等处理过程。

① 图像增强。在进行指纹采集时，由于手指的干湿程度、手指的皱纹、手指在采集窗口上的移动和按压的不正确，以及传感器自身受到的干扰等因素，都会导致采集的指纹图像质量较低，因此，指纹图像增强在指纹图像识别过程中是最为重要的一个环节。它能减少噪声，增强脊谷对比度，突出和保留固有的特征信息，使得图像更加清晰真实，保证后续指纹特征值提取的准确性和可靠性。

指纹图像增强的方法很多，通常需要设定合适的过滤阈值。处理时依据每个像素处脊的局部走向，会增强在同一方向脊的走向，并且在同一位置，减弱任何不同于脊的方向。这样使得脊线相对背景更加清晰，特征点走向更加明显。

② 图像平滑。平滑处理是为了让整个图像取得均匀一致的明暗效果。平滑处理的过程是选取整个图像的像素与其周围灰阶差的均方值作为阈值来处理的。

③ 图像二值化。在原始灰度图像中，各像素的灰度是不同的，并按一定的梯度分布。在实际处理中只需知道像素是不是脊线上的点，而无需知道它的灰度。所以每一个像素对判定脊线来讲，只是一个"是与不是"的二元问题。所以，指纹图像二值化是对每一个像素点按事先定义的阈值进行比较，大于阈值的，使其值等于 1，小于阈值的，使其值等于 0。图像二值化后，不仅可以大大减少数据存储量，而且使得后面的判别过程少受干扰，大大简化其后的处理。

④ 图像细化。图像细化就是将脊的宽度降为单个像素的宽度，得到脊线的骨架图像的过

程。这个过程进一步减少了图像数据量,清晰化了脊线形态,为之后的特征值提取做好了准备。图像细化通常在不破坏图像连通性的情况下,采用逐渐剥离的方法,使得脊线成为只有一个像素宽的细线。

3. 特征提取

提取指纹特征,包括全局特征和局部特征,其分析对象包括纹形特征和特征点的分布、类型以及一组或多组特征点之间的平面几何关系,用于最终的特征匹配。

4. 特征匹配

指纹匹配就是指纹特征值的比对过程。它是把当前取得的指纹特征值集合与事先存储的指纹特征值模板进行匹配的过程。

指纹匹配的判定标准是指纹的相似度。这个相似度依赖于事先设定的阈值以及判定时进行比较的特征点的个数。阈值取得合理,特征点减去的越多,误判的几率就越小。指纹匹配包含两大方面的内容,一是指纹的定位,二是匹配的方法。

指纹定位是使待验证的指纹的数个细节点的坐标值与指纹库中的数个细节点的坐标值相互对准的过程。由于在指纹采集时,用户手指每次放置的位置和角度不同,往往会形成平移误差和旋转误差。为解决平移误差和旋转误差,可以选取奇异点作为对准参数,也可以选择某一区域内的特征点及脊方向、脊密度作为对准参数。

指纹匹配算法的分类非常多,目前较常见的匹配算法有5种。它们是模式区匹配、奇异点匹配、特征点匹配、特征点对匹配和特征点组匹配。

(1) 模式区匹配

模式区匹配,即按纹形匹配,属于粗匹配,可以用于进行指纹的分类检索。快速定位待比对的指纹属于这种类型。

(2) 奇异点匹配

奇异点匹配是指通过比对两枚指纹的核心点和三角点的类型、坐标的相似度来判定是否为同一个指纹。

在某些情况下,由于采集设备的采集面积小,指纹按压位置偏移,导致可能采集不到核心点或三角点,所以使用基于奇异点匹配算法有一定的限制条件。

(3) 特征点匹配

在完成指纹定位后,逐个选取一个小的区域窗口,把这个区域内的所有特征点与对应指纹模板中的同样大小的区域窗口内的特征点一一比对。

比对时逐个测算每个特征点的类型和方向。在类型、方向一致的情况下,再比对相对于所在模板中的核心点或者对准参考点的距离。如果这个距离小于某个事先给定的阈值,则认为这是一对匹配的特征点。

以此类推,当所有指纹特征值都通过区域窗口筛选之后,所有的指纹特征点的相似度都可以计算出来。为了表示每个特征点在最终相似度决策中所占的决策比重,可以把它的距离差,结合其质量描述,给出一个权重系数,从而可以综合地计算出整个指纹模板的匹配程度。

(4) 特征点对匹配

每个特征点逐个比对,比对次数较多,比对时间也较长,并且是对立点之间的比对,没有运用点与点之间的相对关系。

特征点对匹配运用了点对之间的关系,比对两个特征点之间的矢量线段之间是否匹配。

在这个比对算法中，把所有指纹特征模板上的特征点两两之间连接起来，得到一组方向各异、长短不一的矢量线段。同样对待测指纹中的每个特征点两两相连，也形成一组矢量线段。然后把两组矢量线段按长度、方向分类和排序，按次序一一比对，找出匹配的矢量线段。选出最具有代表性的矢量线段进行平移和旋转定位。完成定位后，对每个矢量线段再进行一一匹配。

(5) 特征点组匹配

特征点组匹配是从特征点对匹配延伸而来的。它是把指纹模板中3个或3个以上特征点组成一个多边形，以“比较两个多边形是否相似”为基础进行匹配的方法。这种方法更多地引入了特征点与特征点的几何关系，使得判断更为准确。匹配时是根据多边形的面积、边长、各顶点原有属性(坐标、类型、方向)等参数进行比对的。

7.2.4 指纹识别技术的应用

指纹识别技术是生物识别中使用最为广泛的识别技术，从最初的产品主要用于公安刑侦，迅速进入民用市场，其产品也日益丰富和成熟。常用的指纹产品有：指纹采集仪、指纹硬盘、指纹U盘、指纹鼠标、指纹手机、指纹考勤机、指纹门禁、便携式IC卡指纹识别终端等。指纹身份识别技术广泛应用于公安、办公、税务、银行、通信等应用领域。下面以银行柜员系统中的身份认证为例介绍指纹识别技术的主要应用。

1. 传统银行柜员身份认证系统存在的安全问题

传统银行系统一般通过用户ID和操作密码的方式进行柜员、主管授权以及其他人员的身份认证和访问控制。实际上，这类方案隐含着一系列安全问题，例如：

(1) 密码易被忘记

如果操作人员忘记了密码，就不能进行身份认证，当然也可以通过系统管理员重新设定密码来重新开始工作，但是一旦系统管理员忘记了自己的密码，也许整个系统只有重新安装后才能工作。

(2) 密码易被盗取

实际上，密码的盗取比较容易，别人只要留意操作者在键盘前输入口令时的击键动作，就可以知道密码，而密码被盗是一件非常可怕的事情，冒名作案、盗窃机密等事件往往难以追踪。

(3) 频繁修改密码增加记忆负担

尽管现行系统通过要求操作人员及时改变他们的密码来防止盗用密码行为，但这种方法不但增加了操作人员的记忆负担，也增加了忘记密码的可能性，无法从根本上解决问题。

部分银行考虑到键盘输入密码容易泄漏及操作繁琐等问题，将ID和密码均写入磁卡或IC卡上，通过刷卡进行签到认证。但刷卡方式又存在卡易遗失和不易管理的新问题，而且系统无法辨别操作者所刷卡是否属于他自己，容易被人盗用。有些操作人员为了贪图方便，常常把自己的身份认证用的磁卡或IC卡交由他人，由他人代为操作。这种违规行为给银行业务系统带来极大的安全隐患，也给管理带来了极大的混乱。

2. 基于指纹采集比对的指纹身份认证系统

基于指纹采集比对的指纹身份认证系统，不仅能满足不同银行各种业务系统的柜员认证需求，还能提供多种身份认证模式，完全解决现有柜员认证模式的缺陷。考虑到不同银行的不同需求，提供了多种实现方式。

(1) 前台比对仿真方式

在此方式下，银行需在有人事管理权的分、支行配置柜员IC卡发卡系统，在网点柜员终端添加指纹采集比对设备。而银行的业务系统不需做任何改动，系统的柜员认证仍采用原有的ID加密码或刷卡的认证方式。柜员上岗前需通过指纹IC发卡系统采集指纹，生成柜员指纹IC卡。IC卡上机密保存着柜员的指纹特征码、IC卡编号、柜员ID号和密码。其系统网络拓扑结构如图7.7所示。

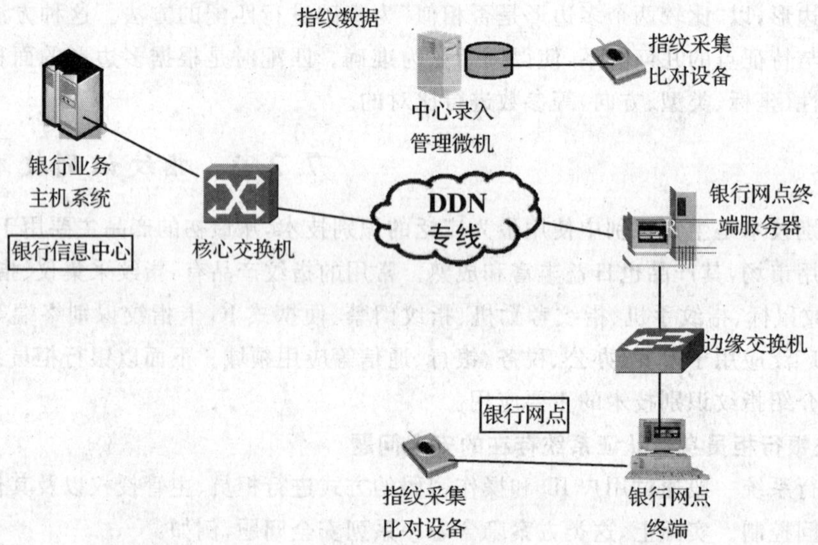

图7.7 前台比对仿真方式指纹身份认证系统

在系统柜员认证时，柜员不用输入密码或刷磁卡，而是将柜员IC卡插入指纹采集比对设备的IC卡插槽，然后按下手指进行指纹录入。指纹采集比对设备首先将IC卡上数据读入并进行解密还原，同时将从指纹采集模块读入的指纹数据与IC卡上解密还原的指纹特征码进行对比验证。若指纹对比验证成功，指纹采集比对设备将IC卡上解密还原的柜员ID和密码仿真为键盘或磁条读写器的上传信息传送给终端，通过银行系统原有的身份认证和权限管理系统完成身份认证流程。

这种方式的优点是不需对银行原有业务系统做任何改动，实施简单方便，投资最小。但这种方式存在兼容性差、管理不便、功能固定、应用不能扩展和可采用其他设备仿真的缺陷，同时IC卡还存在丢失或被解密仿制的可能。

(2) 前台比对独立方式

此方式的系统网络结构与前台比对仿真方式相同，不同之处是银行业务系统需对终端程序稍做改动，需增加指纹认证的柜员认证方式。在安装系统进行柜员签到及认证时，柜员输入ID、插入IC卡，并按下手指进行指纹录入。指纹采集比对设备首先从终端接收柜员ID号，同时将IC卡上数据读入并进行解密还原。然后将从终端接收的ID与IC卡上解密还原的ID以及指纹采集模块读入的指纹数据与IC卡上解密还原的指纹特征码进行对比验证。最后将验证结果发送给柜员终端，完成柜员身份认证和权限管理的流程。

这种方式的优点是银行对原有系统的改动非常小，只牵涉终端的柜员认证部分，消除了方式一可采用其他设备仿真的缺陷。但还存在IC卡可能丢失、被解密仿制的缺陷，且系统功能固定，兼容性差，不易扩展，管理不方便。

(3) 后台比对前置机方式

在此方式下，银行需在有人事管理权限的分、支行配置一台指纹身份认证管理前置机运行指纹身份认证管理系统。指纹身份认证管理系统主要负责银行柜员身份、权限的管理以及指纹的采集、保存和管理。同时，还需在网点柜员终端添加指纹采集比对设备。银行柜员在上岗前需通过指纹身份认证管理系统采集指纹数据，生成柜员指纹模板，并保存在指纹身份认证管理系统的指纹数据库中。此方式的系统网络拓扑结构如图 7.8 所示。

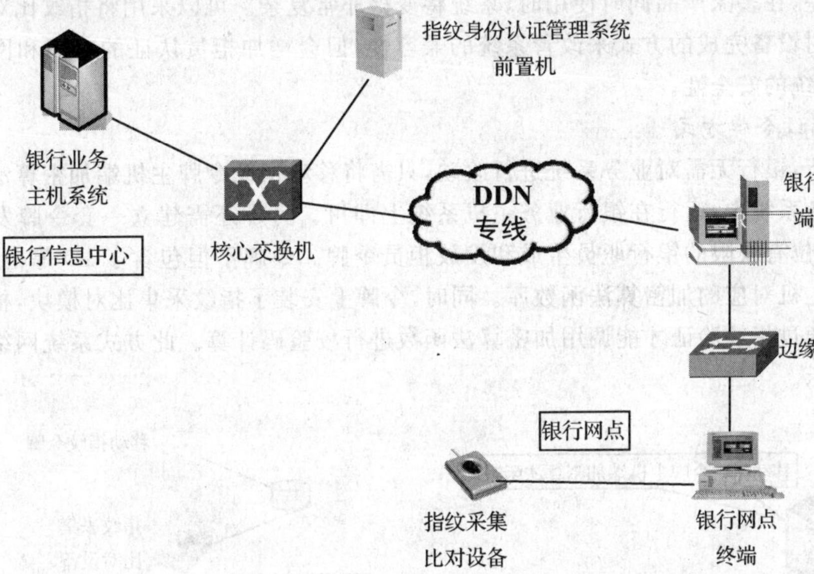

图 7.8　后台比对前置机方式指纹身份认证系统

在系统进行柜员身份认证时，柜员输入柜员 ID 后，直接按下手指进行指纹录入。指纹采集比对设备将从指纹采集模块读入的指纹数据上传到指纹身份认证管理前置机，由指纹身份认证管理系统将上传指纹数据与柜员保存在指纹数据库中的指纹模板进行对比验证，完成比对验证后将结果传送到银行综合业务系统主机完成柜员身份认证和权限管理的流程。

这种方式的优点是不使用 IC 卡，消除了 IC 卡可能丢失和被解密仿制的缺陷；指纹模板的管理及指纹比对在前置机上进行，系统的安全性得到了更高的保障。缺点是需对银行原业务系统进行较大的改动，系统复杂；如果指纹模板保存在分、支行各自的前置机上，则无法方便地实现跨分、支行进行柜员的统一管理；系统兼容性差，在多家产品同时使用时，统一柜员必须保存适合各个厂家的指纹模板，系统不但要安装各个厂家的驱动，还需要安装各个厂家的指纹识别算法。

(4) 后台比对主机方式

在此方式下，银行需对业务系统进行改动，将指纹认证管理系统嵌入银行原业务系统中，运行在银行业务主机系统上，而柜员指纹模板则保存在业务系统的原有数据库中。硬件方面，不需另外配置前置机，只需在网点柜员终端添加指纹采集比对设备。银行柜员在上岗前需通过业务系统指纹身份认证管理模块采集指纹数据，生成柜员指纹模板并保存在数据库中。

在系统进行柜员身份认证时，操作人员(可以是银行柜员、主管，也可以是银行储户)输入

ID 后号，同时直接按下手指进行指纹录入。指纹采集比对设备将从指纹采集模块读入的指纹数据通过网点终端，经银行业务网络上传到主机系统，由银行业务系统指纹指纹身份认证模块将上传指纹数据与保存在指纹数据库中的指纹模板进行对比验证，完成相应的身份认证和权限管理的流程。

这种方式除了具有方式三的各种优点外，其最大的特点是，系统可以方便实现全辖区操作人员的统一管理和维护，方便指纹身份认证系统在银行其他业务中的推广。缺点是这种方式对原有业务系统的改动是最大的，且改动后系统的升级更新工作将非常庞大和繁琐。同样，系统的兼容性较差，在多家产品同时使用时，系统将变得非常复杂。可以采用将指纹比对工作交由指纹采集比对设备完成的方式来改善系统的兼容性，但会增加柜员认证的时间和网络的数据流量，降低系统的安全性。

(5) 移动指纹令牌方式

在此方式下，银行无需对业务系统进行改动，只需将移动指纹令牌主机端加密算法函数库嵌入银行原业务系统中，运行在银行业务主机系统上即可。另外还需建立一套令牌发放管理系统，负责为每位有权限的银行职员生成和发放柜员令牌。令牌不但包含了 ID 等柜员信息，还包含一个与主机对应的加密算法函数库。同时，令牌上安装了指纹采集比对模块，柜员在使用令牌时必须通过指纹验证才能调用加密算法函数进行校验码计算。此方式系统网络拓扑结构如图 7.9 所示。

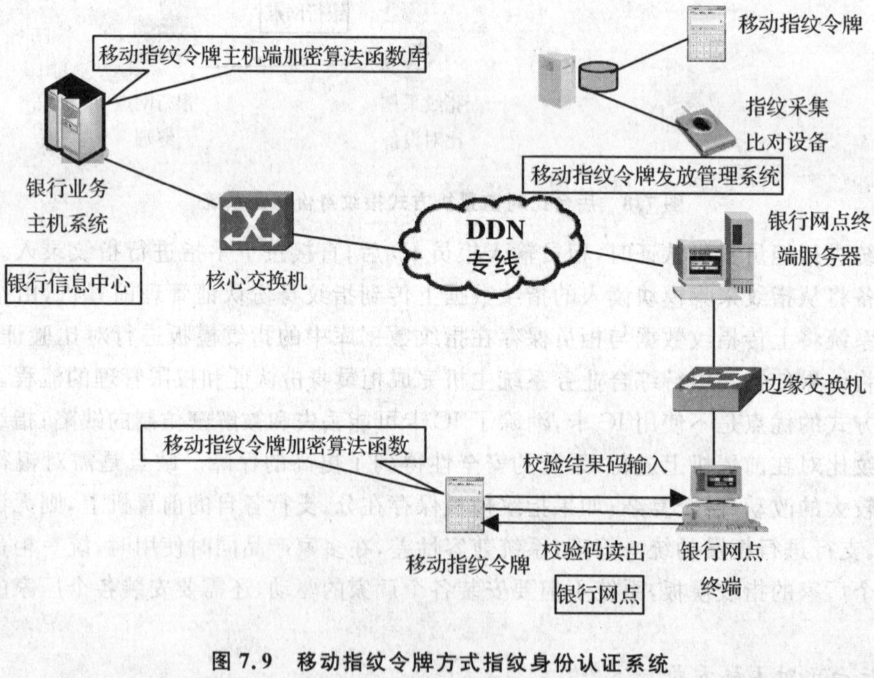

图 7.9 移动指纹令牌方式指纹身份认证系统

在系统进行身份认证时，操作人员不用输入密码或刷卡，而是通过主机获取校验码，柜员将校验码输入移动令牌并录入指纹，指纹验证通过后会将校验码经过加密函数计算，并显示计算结果，柜员将结果输入终端与主机计算的校验结果对比，完成相应的身份认证和权限管理的流程。

这种方式的优点是身份验证设备与银行业务系统无物理连接，是移动验证设备，非常适合银行集中授权管理的应用。

7.3 静脉识别技术

7.3.1 静脉识别技术的特点

在众多的生物识别方案中，指纹识别技术是目前最方便、可靠、非侵害和技术上相对成熟的生物识别技术。然而，指纹识别也有其自身的缺点：

① 某些人或某些群体的指纹因为指纹特征很少，达不到建档要求；

② 自动指纹识别系统的犯罪指纹数据库在全球司法实践中的广泛应用使得人们对其怀有戒心；

③ 每一次使用指纹时都会在指纹采集器上留下用户的指纹印痕，而这些指纹痕迹存在着被用来复制指纹的可能性；

④ 部分使用者由于指纹磨损而无法使用指纹认证。

针对以上缺陷，一种更先进的生物特征识别方法——静脉认证系统被应用，有效地解决了指纹特征识别技术所面临的诸多难题。

科学研究表明所有人的静脉都是不一样的，既然这样就可以利用静脉来对各个不同的人进行识别。静脉识别技术是通过红外线摄像/照相机采集稳定的静脉图作为数据仓库。当需要识别时利用静脉图采集器收集静脉图与预先收集好的静脉图做比较来达到识别目的的一种生物识别技术。静脉作为人体生物特征有着诸多的优势。

1. 速度快

静脉图像的识别和比对，一般由速度较快的 DSP 芯片完成，所需时间短，速度快。尤其是手指静脉识别，只是识别和比对指头这个极小部位的静脉图像特征，不是手部更大部位的静脉图像特征，也不是身体的其他部位的较大范围的图像特征的识别和比对，所需时间更短，如果用世界上速度最快的 DSP 芯片完成，所需时间以毫秒计。

2. 精度高

它是用透射光穿透手指或手背获取内部静脉图像特征，而不是用反射光来获取皮肤表面图像特征，有效避免了因皮肤表面的皱纹、褶皱、干裂或太湿等造成的获取精确图像的障碍。另一方面，该系统采用专用技术，在环境照度为 20 000lx 的情况下，无论是在室内还是室外，无论是在光亮的地方还是寒冷的地方，均能保持精度不变，并正确无误地认证。

3. 安全等级高

它是对生物活体内部特征的识别，而不是识别外部特征，无法造假。同时，识别时接触少，甚至无须接触，不会有手指表面特征被第三者恶意复制的危险，不会有不卫生的心理不适，不会有手指弄脏感应器后识别率降低的隐患。

4. 活体识别

静脉生物特征认证系统，获取的静脉的图像特征，是手指或手背活体时才存在的特征。在该系统中，非活体的手指或手背是得不到静脉图像特征而无法识别的，从而也就无法造假。

5. 内部特征

静脉生物特征认证系统，获取的手指或手背“内部”的静脉图像特征，而不是手指或手背表面的图像特征。因此,不存在任何由于表面的损伤、磨损、干燥或太湿等识别的障碍。

6. 非接触式

静脉生物特征认证系统,获取手指或手背静脉图像时,无须与设备接触。手指或手背轻轻一伸,即可完成识别。没有手指接触设备时的不卫生、手指表面特征可能被复制所带来的安全问题,并避免了被当作审查对象的心理不适。

可见,在众多的生物特征中静脉是较为理想的一种用于身份认证的生物特征。同时,基于静脉识别技术的个人身份识别系统是世界上具有高精度、高速度的尖端的认证技术。在各种生物认证技术中,因其是利用外部看不到的生物内部特征进行认证的技术,所以作为具有高防伪性的第二代生物认证技术备受瞩目。

7.3.2 静脉识别技术分类

静脉识别技术分为两类:一类是手背静脉识别;一类是手指静脉识别。

二者各有优势:较之手背的静脉认证,手指静脉识别的设备工艺要求高,体积较小,手指静脉认证的可信度较高。而且,手指认证有更多保障。手只有两只,而手指确有十根。极端的话,将两手十指共十份的数据注册后,即使受伤有几根手指不能使用也没有关系。

而相较于手指静脉识别,手背静脉识别的范围更大,准确率也更高,位移偏差较小,采集容易。相对的,安全性比手指静脉识别率更高,但设备体积较大。手背静脉识别的错误接受率低于0.00008%,错误拒绝率为0.01%。提供使用者高度的保障与准确识别率。

7.3.3 静脉识别技术的原理

因手指静脉识别与手背静脉识别的原理相似,下面以手指静脉识别为例介绍静脉识别技术的原理。手指静脉识别是利用静脉中红血球对于特定近红外线的吸收特性来读取静脉图案的。将具有红外线感应度的小型照相机对着手指进行摄影,即可将照着血管的阴影处摄出图像来。将血管图像进行数字处理,制成血管图样影像。然后利用图像处理算法取得个人静脉分布图,从静脉分布图依据专用特征提取算法提取特征值,将特征值存储在数据库或IC卡中。静脉比对时,实时采集静脉图,运用先进的滤波、图像二值化、细化手段对数字图像提取特征,同存储在数据库或IC卡中的静脉特征值比对,采用复杂的匹配算法对静脉特征进行匹配,从而对个人进行身份认证,确认身份,全过程采用非接触式,如图7.10所示。

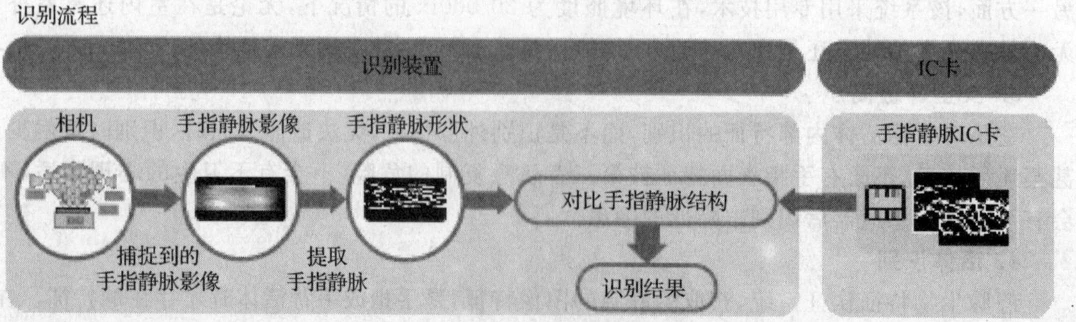

图7.10 手指静脉识别流程图

手指静脉识别采用了行业领先的光传播技术来进行手指静脉对比和识别工作。近红外线穿过人类的手指时，部分射线就会被血管中的血色素吸收，从而捕捉到独有的手指静脉图样，然后再与预先注册的手指静脉图样进行比较，对个人进行身份鉴定。

光传播技术可以确保能够拍摄到高对比度的手指静脉影响，如图 7.11 所示，而不受皮肤表面的褶皱、纹理、粗糙度、干湿度等任何缺陷和瑕疵的影响。由于手指静脉图样对比只需要少量的生物统计学数据，所以可以实现快速和精准的个人识别系统，并将其在体形小巧、界面友好、价格适宜的个人身份识别装置中得以有效应用。

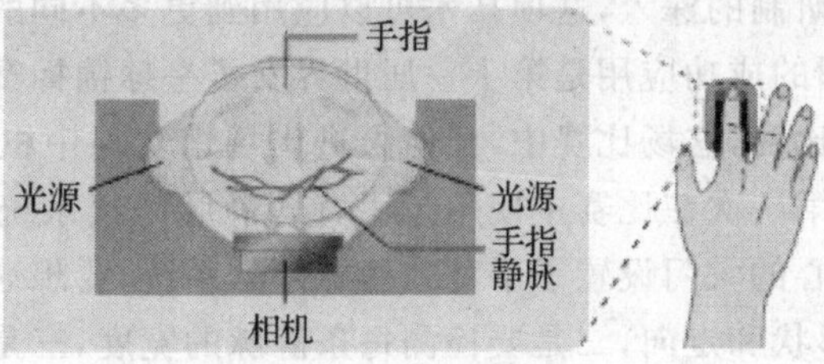

图 7.11　手指静脉影像

7.3.4　静脉识别技术的应用

在率先研制静脉识别系统成功的日本，对于该项技术与系统的使用已经达到了高速发展的阶段：已有上万家企业采用基于静脉识别技术的安全保密系统。如东京银行用于 ATM 以及柜台的身份认证、保险箱及电脑系统登录，如图 7.12 为开发成功的手指静脉认证系统，图 7.13 为计算机安全手指静脉认证设备；日本千叶工业大学则应用于个人资料查询，如成绩单、上课记录、出入管理、图书借阅等；东京大学医院用于资料室的出入管制等；日本主要的财务组织、学校、实验室、政府机关以及私人企业所引用，至今已经超过 10 000 个单位使用手背静脉识别系统，其中 6 000 家是属于主要公立及市立的银行，4 500 家应用在企业行号的设备上，1 000个应用在电脑登录上，300 个应用在机关单位以及民宅大厦的门禁管理上。

图 7.12　手指静脉认证系统

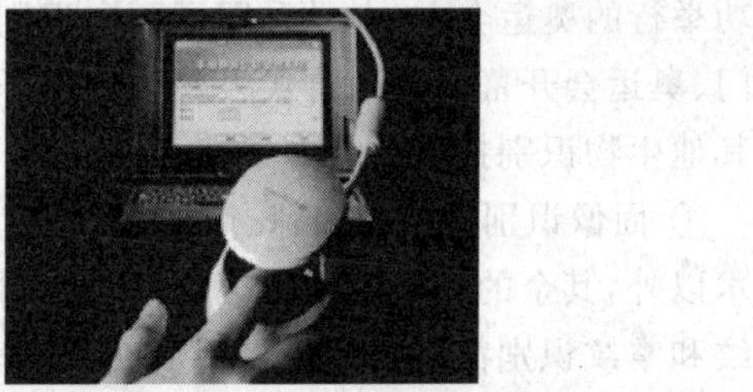

图 7.13　计算机安全手指静脉认证设备

另外，利用手指静脉识别技术的特点，日本日立公司已开发出一套新型汽车安全系统。当司机拉车把手时，安装在车把手后面的一个传感器利用近红外线识别一个人手指上的静脉纹理图案，系统便可识别司机手指中静脉构成的独特图案。而且车把手的独特设计能引导司机的手正好进入他每次打开车门的位置，保证系统每次读取数据时手指静脉都在同一位置。静脉图案对不上号，即使偷车贼有汽车钥匙，他也打不开汽车，这样偷车贼便无计可施了。

目前我国生产静脉识别系统的厂家主要有深圳市科安信有限公司、深圳市中电视讯有限公司、上海道肯奇科技有限公司、北京中航昊天科技有限公司、深圳市海蓝德科技有限公司等多家企业。除了深圳市科安信有限公司生产手指静脉识别外，其他企业研发的都是手背静脉识别。由于静脉识别在我国的应用还处于起步阶段，已生产产品的种类数量较少，该技术的生产主要集中在门禁领域的产品。同时，这些产品的应用范围还不是很广泛，主要集中在重要的有较高要求的场所。在这种市场的初期，由于人们的知晓程度与了解程度不高，概念的普及与产品的推广需要一定的时间，市场还在开发阶段，产品初期的成本价格较高。应用于各类场所用于身份认证和识别：政府机关、军警机关、金融机关、科研、电视台等重点、高要求场所和企事业单位、家庭等。但随着研制的深入，这项技术可以应用到更多不同的领域。

静脉识别系统在我国的成功应用是第十一届世界女子垒球锦标赛。作为北京奥组委确定的 42 场奥运测试赛首场比赛，这场比赛中，任何人进出场馆安保中枢，均需伸手接受"手背静脉门禁系统"检测。这是第一次在比赛中使用了手背式静脉门禁系统。此次赛事突出了科技安保意识，在安保指挥中心的大门设置了手背式静脉门禁系统，要想通过这个系统，要过三关，一是检测手背上静脉的形状和走向，二是要检测每条静脉的宽度，三是要检测血管内血流的速度。手背式静脉门禁系统的出错率低于百万分之一，而且只能识别活体，即使采用其他材料进行仿造，也无法达到以假乱真的效果。媒体和其他注册人员进入场内，除了人工查验外，还必须通过身份识别系统的验证。注册人员靠近感应区，上方的电脑屏幕立即能显示注册人的相关信息。如果无法显示注册信息或者拿他人证件，都将被拒之门外。五天的举办期间现场内外秩序良好，安保工作获得了观众、参赛队以及媒体的赞赏。

7.4 面像识别技术

7.4.1 面像识别技术的特点

20 世纪 90 年代后期，随着计算机处理速度的飞速提高及图形识别算法的革命性改进，"面像识别"技术脱颖而出。他以其独特的方便、经济、准确而受到世人的瞩目。2008 年北京成功举行的奥运会上，大量采用了面向识别技术。如在奥运场馆的门禁、奥运村各国运动员的房门、奥运会开幕式和闭幕式人脸识别电子票证中都得到了成功的应用。面像识别技术相对于其他生物识别技术具有如下特点。

① 面像识别技术有快速、简便、非侵扰和不需要人的被动配合的特点。因为除这种识别技术以外，其余的人体生物特征识别技术对人们来说都是一种干扰，都需要人的被动配合。如指纹和掌纹识别都需要人们将手放在玻璃表面，虹膜识别需要照射人的眼睛，语音识别需要人对着麦克风讲话，字迹识别需要人签字等。而人体面像识别无须干扰人的行为，只需快速地从一架摄像机前走过，面像就已经被快速地采集和检验，所以非常方便，可以自动用在某些隐蔽的场合。

② 面像识别技术有良好的防伪、防欺诈、准确、直观、方便的特点。

③ 面像识别技术具有性价比高、经济、可扩展性良好的特点。因为人体面像识别技术不需要人的行为配合就能方便地核查人的身份，只需要通用的 PC 硬件及相关软件，因而经济、性价比高；由于其直观、准确，且应用更为广泛，因此具有良好的可扩展性。

④ 面像识别技术的缺点是误识率较高，不同个体之间面像的差异性并不明显，所有的人脸结构都相似，甚至人脸器官的结构外形都很相似，尤其是对于双胞胎。这样的特点对于利用

人脸进行定位是有利的，但是对于利用人脸区分人类个体是不利的。

⑤ 面像的持久性差，人脸图像由于年龄、姿态、表情、光照等因素而具有“一人千面”的特点。例如长胖、变瘦、长出胡须等；人可以通过脸部的变化产生很多表情；而在不同观察角度，人脸的视觉图像也相差很大；另外，面部识别受光照条件（例如白天和夜晚，室内和室外等）、人脸的很多遮盖物（例如口罩、墨镜、头发等）、年龄等多方面因素的影响，因此区分个体变得异常困难。

7.4.2　面像特征的提取

面像特征的提取可以基于几何特征、代数特征、频谱特征、不变矩特征、人工神经网络（ANN）特征、隐马尔科夫模型（HMM）等不同类型。

1. 几何特征

几何特征的提取是指对人脸的主要器官进行测量定位，如对眼睛、鼻子、嘴、眉毛等进行定位，确定其位置、距离、形状及相互比例，以这些数据来构成特征向量。在获取这些几何特征的过程中，通常是首先确定眼睛的位置，然后利用先验知识确定鼻子以及嘴的位置。

在对人脸进行几何特征提取时，较多的研究中都利用水平灰度投影法和垂直灰度投影法对双眼进行比较准确的定位。也有研究人员利用改进的积分投影法提取出用欧氏距离表征的35 维人脸特征矢量用于模式分类，可以使识别系统达到约 90％的识别率。采用动态模板和活动轮廓模型来提取出人脸器官的轮廓是另外一种常用的几何特征提取方法。其中动态模板主要用于提取眼睛和嘴巴轮廓，活动轮廓模型用于提取眉毛和下巴轮廓。

几何特征在人脸识别的研究中比较早就提出来，而且在正面人脸的识别实验中也能达到较高的识别率。但是利用几何特征来识别人脸虽然比较直观，但是要准确的定位人脸上的主要器官的位置和确定它们之间的比例关系并不容易实现，尤其是当人脸出现表情和姿态的变化时，仅仅利用几何特征来识别人脸，识别率就会急剧下降。

2. 代数特征

代数特征是指对人脸图像数据矩阵进行某种代数变换，获得变换后的矩阵特征向量或特征值或某种投影系数作为人脸特征。最常见的代数特征有主分量特征（principal component analysis）、fisher 变换特征、奇异值特征（singular value decomposition）、独立分量特征（independent component analysis）等。

（1）主分量特征

主分量特征分析方法是人脸识别研究中整体特征提取方法中比较早提出的一种。其基本原理就是以样本总体散布矩阵的最大的若干个特征值对应的特征向量为基构成一个新的特征空间，每一个图像空间的样本点通过投影变换都会在新的特征空间有一个对应点，以特征空间的向量作为原来高维图像空间中人脸的表示。这种特征提取方法就是最常用的特征脸法。用来生成新的特征空间的特征向量就是特征脸。

Kernel PCA 是一种传统主分量特征分析的非线性扩展。Kernel PCA 的基本原理就是将输入数据通过一个非线性映射变换到一个更高维空间，然后在更高维空间进行传统的主分量特征分析运算处理。这种方法与传统主分量特征分析方法的不同在于执行了图像空间向高维空间的非线性映射，而不是通常主分量特征分析的降维处理。由于将图像空间数据非线性映射到更高维空间，这样势必使得在高维空间进行主分量特征分析处理的运算复杂性更高。但是通过引入一种核函数 Kernel ,可以有效实现图像空间样本数据的核函数运算等价于更高维空间样本数据的内积运算。这样就有效地避免了对所有图像空间样本数据执行非线性映射的高维运算。在算法设计中,只需要选择合适的核函数,就可以实现不同的非线性映射处理。使用 Kernel PCA 方法可以实现较高的识别率。

(2) Fisher 变换特征

Fisher 变换特征是依据模式识别中经典的 Fisher 准则,寻求某种最佳变换,使得经过 Fisher 变换后的样本类内尽量密集,类间尽可能分得开些。

Fisher 准则的表达式如下:

$$\boldsymbol{J}_F(\boldsymbol{A}) = \frac{|\boldsymbol{A}\boldsymbol{S}_b\boldsymbol{A}^T|}{|\boldsymbol{A}\boldsymbol{S}_w\boldsymbol{A}^T|} \tag{7.1}$$

式中 $\boldsymbol{A}$ 为变换矩阵,$\boldsymbol{S}_b$ 为类间散布矩阵,$\boldsymbol{S}_w$ 为类内散布矩阵。对于给定的一组样本,寻求最佳变换矩阵 A 使得 Fisher 判别式取最大值。在获得了变换矩阵 $\boldsymbol{A}$ 后,将输入样本与变换矩阵相乘获得新的向量作为人脸特征。这种特征提取方法也被称为线性判别分析法(LDA, Linear Discriminant Analysis)。

(3) 奇异值特征

奇异值特征是指对人脸图像数据矩阵执行奇异值(SVD)分解,以分解后的奇异值作为对应样本的特征向量。奇异值特征矢量具有比较好的稳定性,对图像噪声或光照条件变化引起的图像灰度变化具有不敏感的特性,而且奇异值特征矢量具有图像转置不变性、图像旋转不变性、图像位移不变性、图像镜像变换不变性等良好的不变特性,在人脸识别的特征提取中被证明是一种比较有效的方法。

(4) 独立分量特征

独立分量特征的基本思想就是认为人脸图像是由一组相互独立的基图像线性叠加而成,用独立分量分析求得这组基图像。由这组基图像生成一个新的特征空间,根据待识别图像在这个空间的投影系数进行识别。

3. 频谱特征

频谱特征主要是指傅里叶变换提取的特征和小波变换提取的特征。该特征的获取必须先对人脸图像进行二维小波变换,提取低频子带图像作为原图像的逼近,然后对此子带图像进行二维傅里叶变换,以傅里叶变换的振幅谱作为原始人脸图像的特征,并称之为频谱脸。该方法由于使用了小波变换对原图像进行维数压缩,减小了数据处理复杂度,但是保留了图像的主要低频信息,对表情和姿态具有一定程度上的不敏感性。而对低频子带图像进行的傅立叶变换具有位移不变性,消除了因为空间位置对不准产生的位移误差,实验结果证明比主分量特征有更好的识别效果。

一种比较重要的频谱特征是应用在弹性匹配(elastic graph matching)识别算法中的 Gabor 小波变换特征。这种特征提取方法的基本思想是使用一个二维网格或有限个关键点构成的形变网格来覆盖整个人脸,然后对人脸图像进行小波变换,网格中某一节点的信息由该节点本身的小波系数或周围一定范围邻域节点的小波系数来表示,这样可以构成一个特征矩阵作为人脸的特征表示。在这种特征提取方法中,直接使用关键点的小波变换系数构成的向量来表征该点及其周围点的信息,充分发挥了小波变换的多分辨率信息处理特点,既能够提取人脸的低频信息,又能够有效的得到表情或姿态变化引起的高频信息,而且这种特征提取方法注意把握人脸整体与局部信息的结合，因此在人脸识别研究中引起了广泛的注意，而且在识别实验中也取得了比主分量方法更好的识别率。但是由于特征提取是采用了小波变换，因此算法的时间复杂性在研究中是一个需要加以解决的问题。

4. 不变矩特征

不变矩特征是指物体图像经过平移、旋转及比例变换仍然保持不变的矩特征量。杜平等[37]分析了传统不变矩组的特性，指出高阶矩对于成像过程的误差、微小的变形以及摄像机的非线性等因素比较敏感，识别物体时效果不好，提出了一种新的不变矩矢量构造方法。其基本思想是首先将人脸图像以鼻子为中心选择不同半径获得一系列人脸同心圆图像，每一个同心圆人脸使用其二阶不变矩表示。这样就可以构造一个不变矩矢量，以此不变矩矢量作为人脸特征。该不变矩矢量不但具有图像平移、旋转及比例变换仍然保持不变的特性，而且在人脸视角变化的情况下，这种特征描述也具有相对的稳定性，用于人脸识别取得了 93%以上的识别率。这种方法的缺点是需要定位鼻子位置，影响了方法的普遍应用。

5. 人工神经网络特征

人工神经网络(artificial neural network)的基本思想就是构造一个人工神经网络，以规范化后的人脸图像作为神经网络的输入，以人脸类别的编码作为神经网络的输出，对网络进行训练，待网络训练指标的变化在控制范围内就停止训练。这时任何一个图像样本输入所对应的隐层单元的输出就对应人脸样本的特征向量。在实际的设计中，通常考虑到用一个三层网络来完成特征提取和分类会导致网络训练复杂，输入单元过多，网络训练不容易收敛，所以一般单独构造一个进行数据维数压缩和特征提取的神经网络。人工神经网络在用于人脸的特征提取时，充分利用了神经网络的非线性映射特性，因此对人脸图像的光照变化具有一定的稳定性，而且可以对某一种姿态或表情设计单独的神经网络以达到识别某种姿态和表情的能力，然后在分类环节加以集成，从而提高对姿态和表情的适应性。但是由于人脸图像是高维数据，导致神经网络的输入神经元数量较多，势必需要一定数量的隐层单元，从而使得网络的训练复杂，这也是神经网络的不足。另外神经网络提取的人脸特征向量是隐性的，无法进行直观的解释，这也是神经网络特征提取法相对于代数特征的不足。

6. 隐马尔科夫模型特征

隐马尔可夫模型(HMM)的基本思想是把人脸认为是一个系统对象来看待，人脸的不同图像是同一个系统在不同约束条件下的不同表现，但是人脸的空间结构却具有稳定的相似共性，即自上而下循序可分为前额、眼睛、鼻子、嘴以及下巴。人脸的个人特征首先表现为上述组成部分及其相互连接关系的不同，这样可以使用一维隐马尔可夫模型来表示人脸。上述人脸的 5 个部分的几何特征对应隐马尔可夫模型的状态序列，状态的出现及其转移可用模型中的概率矩阵描述。对于一个既定的人脸，其对应的隐马尔可夫模型应当是唯一的。人脸识别模型研究工作的任务就是通过分析已收集的人脸图像去分析和建立其隐马尔可夫模型。HMM 方法在识别率方面有比较好的性能。

几种不同的人脸特征的对比如表 7.2 所列。

表 7.2　面像识别中的特征种类及特点

特征种类	特　点
几何特征	研究最早，比较直观，易理解，一般都结合整体特征进行识别

续表 7.2

特征种类	特 点
代数特征	属于整体特征,基于某种数学变换,能较好地表达人脸,最常用,但是对姿态、表情的适应性较差
频谱特征	结合整体信息与局部信息,解决信息的高冗余是提高算法性能的关键,比较有发展前途
不变矩特征	具有多种不变性,表达效果尚可
人工神经网络特征	人脸特征以隐性方法表达,网络训练复杂,对光照、表情有一定的适应性
隐马尔科夫模型特征	以 HMM 状态序列来描述人脸,表达效果一般

7.4.3 面像识别技术的过程

面像识别的过程如图 7.14 所示。通常包括登记模块和识别模块两部分组成,主要步骤如下。

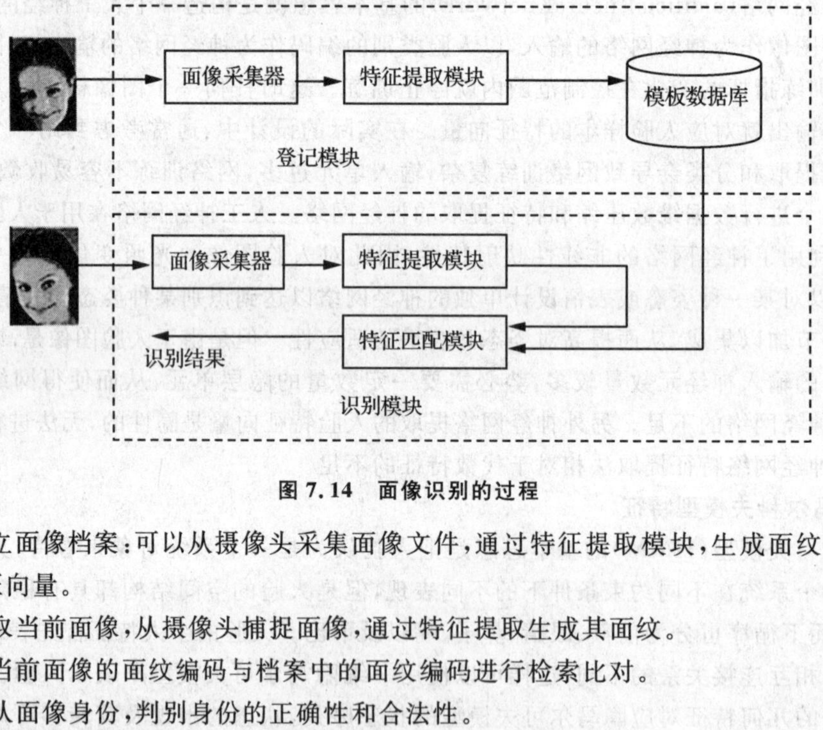

图 7.14 面像识别的过程

① 建立面像档案:可以从摄像头采集面像文件,通过特征提取模块,生成面纹(faceprint)编码即特征向量。

② 获取当前面像,从摄像头捕捉面像,通过特征提取生成其面纹。

③ 将当前面像的面纹编码与档案中的面纹编码进行检索比对。

④ 确认面像身份,判别身份的正确性和合法性。

上述整个过程都自动、连续、实时地完成,而且系统只需要普通的处理设备。

下面以门票系统为例介绍面像识别系统的工作流程。

① 自动地在视频数据流中搜索面像图像。

② 当出现一个用户头像时,自动使用多种类型的匹配算法来判断在那个位置是否真的有一张脸。

这些算法能够精确地探测出同时出现的多张脸,并且能够确定他们的准确位置。一旦探测到一张脸,这张脸的图像就会被从背景中分离出来。这幅图像随后经过一系列的特殊处理来恢复他的尺寸、光线、表情和姿态。

③ 将这幅脸部图像在系统内部转换面纹，它包含了这张脸的特有信息。

④ 通过把实时获取的面纹和数据库中已有的面纹进行比对。

⑤ 完成对某张脸的确认。

面纹编码方式是根据脸部的本质特征和形状来工作的，可以抵抗光线、皮肤色调、面像毛发、发型、眼镜、表情和姿态的变化，具有强大的可靠性，使得可以从百万人中精确地辨认出一个人。

7.4.4 面像识别技术的应用

1. 典型应用

面像识别技术的应用是非接触式的、连续的和实时的，这一技术典型应用如下。

① 身份鉴定（一对多的搜索）：在鉴定模式下，确定一个人的身份，技术可以快速地计算出实时采集到的面纹数据与面像数据库中已知人员的面纹数据之间的相似度，给出一个按相似度递减排列的可能的人员列表，或简单地返回鉴定结果（相似度最高的）和相对应的可信度。

② 身份确认（一对一的比对）：在确认模式下，面纹数据可以存储在智能卡中或数码记录中，技术只需要简单地将实时的面纹数据与存储的相比对。如果可信度超过一个指定的阀值，则比对成功，身份得到确认。

③ 监控：应用面像捕捉，面像识别技术可以在监控范围中跟踪一个人和确定他的位置。

④ 监视：可以在监控范围内发现人脸，而不论其远近和位置，能连续的跟踪他们，并将他们从背景中分离出来，将他的面像与监控列表进行比对。整个过程完全是无需干预的，连续的和实时的。

⑤ 面像数据压缩：能将面纹数据压缩到 84 字节，以便用于智能卡、条形码或其他存储空间有限的设备中。

面像识别技术目前经过研究和发展，已经产生出很多基于这个技术下的众多产品，如面像识别门禁系统、面像识别考勤系统、公安布控对象监控系统、面像识别网上追逃系统、机场安检系统、面像识别出入境边检系统、照片比对系统、网络安全认证系统、金融防伪系统、收容遣送管理信息系统等。

2. 应用案例

① 宝马打算引入面像识别系统

德国知名汽车制造商，宝马正试图将面部识别技术用于识别驾驶者的身份。同时，宝马还将通过使用这项技术确定驾驶者的个人特征，并将车辆自动调整到最佳状态。

当驾驶者坐入驾驶席，宝马的这项技术能够识别驾驶者，并将后视镜、方向盘调整至最佳位置。同时，车辆的收音机频道也会自动调整至驾驶者最喜欢的频道。如果开发成功，这项技术还将有可能用于对节流阀、换挡模式以及悬架进行自动控制。

此外，该项技术还能存储多位驾驶者的信息及相应设定。采用这项技术，将能有效防止车辆被盗。

② 面像识别系统保证奥运会安全

2008 年北京奥运会期间，奥运会运动员宿舍的门上都安装了由面部识别技术管理的门禁系统。房门没有钥匙孔，唯一的钥匙就是事先输入到系统中的准入者的面部骨骼特征。运动员只要站在自己的房门前，房门就会自动打开。系统还可以记录人员进出的时间和信息，从而使安保人员能够监控中外运动员、教练员的安全状况。

不仅如此，所有奥运场馆的入口处也都安装了监控装置和相应的面部识别系统，数据库中收入了包括中国公民和国际人士在内的共计超过13亿人的面部信息。当人们进入奥运场馆时，该系统会对他们的面部特征进行快速核对，人们根本无须停留，安保人员可以在最短时间内将各类“危险人物”拒之门外。

③ 面像识别技术应用于数码相机

富士、尼康、奥林巴斯等公司推出了具有“脸部识别”功能的数码相机。它通过识别画面中的眼睛、嘴等特征信息，锁定画面中的人脸位置，并自动将人脸作为拍摄的主体，设置准确的焦距和曝光量。这一智能功能可以带来两个最直接的好处：一是让摄影者更加集中精力在取景上，可以实现更完美的构图；二是提升了拍摄的速度。

7.5 虹膜识别技术

7.5.1 虹膜识别技术的特点

虹膜识别是20世纪90年代发展起来的一种生物特征识别技术。凭借其高度的准确性，已经成为生物特征识别领域的热门技术。虹膜是眼球上被瞳孔和巩膜所包围的环形区域，如图7.15所示，由复杂的纤维组织构成，具有丰富的纹理特征。虹膜的视觉特征在胚胎时期就已经形成，并且在生命开始的两年间逐渐稳定。正因为如此，虹膜非常适合用于识别身份，也使虹膜识别成为目前综合评价最高的生物特征识别技术之一。虹膜特征相对于其他生物特征具有如下特点：

① 唯一性：眼科学家和解剖学家经过大量的临床观察发现，虹膜具有丰富的细节和独特的特征。每一个虹膜都包含独一无二的像细丝、斑点、结构、凹陷、射线、皱纹和条纹等的结构特征，没有任何两个人的虹膜纹理是完全相同的。同一个人的左右眼虹膜，以及双胞胎的虹膜都具有很大的差异。

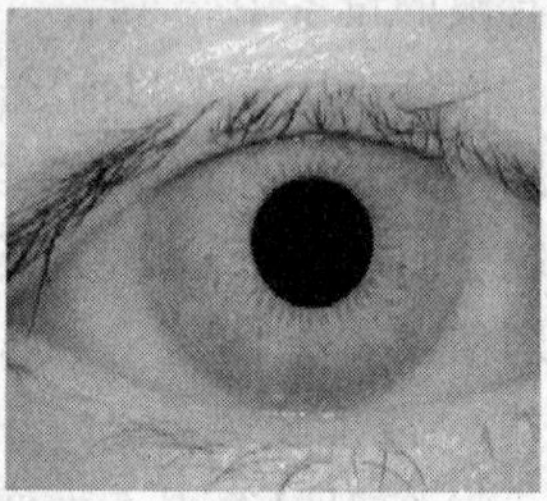

图7.15 虹膜图像

② 稳定性：发育生物学家提出，尽管虹膜的基本结构是由内在的遗传基因决定的，但是外界环境却对虹膜独特的结构起着重要作用。这种外部环境是指在生命初期虹膜形成之前的胚胎发育环境。虽然随着年龄老化，虹膜的纹理和结构会出现轻微的色素沉积和瞳孔扩张范围减小，但是这些对虹膜特征的独特性影响很小。

③ 难更改性：由于受到角膜的保护，使虹膜具有天然的对于外界环境的隔离性，因此发育完全的虹膜不易受到外界的伤害而产生变化，想人为地通过外科手术改变虹膜的特征就要冒视力受损伤的危险。

④ 可采集性：位于虹膜前面的角膜是透明的，使虹膜成为一个外部可见的内部器官，因此虹膜图像可以通过光学成像设备采集得到。

⑤ 非侵犯性：虹膜图像可以在一定距离内直接被采集，而不必对眼睛进行侵犯性操作，这也是虹膜优于指纹、掌纹等生物特征的地方。

7.5.2　虹膜识别的过程

一个典型的虹膜识别系统由图像采集、图像预处理、特征提取和匹配等模块组成。其中，图像采集模块是指连接到系统的采集设备，包括成像设备和辅助光源等；图像预处理、特征提取和匹配模块是指系统内部的虹膜识别软件部分。图像预处理模块包括虹膜定位、干扰检测、归一化、图像增强等过程；特征提取和匹配模块包括特征提取、特征表示、模式匹配等过程。各个模块的功能及实现过程描述如下：

(1) 图像采集模块

其功能是在自然光和辅助光源的照射下，通过光学成像设备在一定距离内采集包含虹膜的人眼图像。该模块为虹膜识别提供原始的图像数据，是整个虹膜识别系统的基础。对于一个自动的虹膜识别系统来说，一个关键的问题就是如何在不侵犯人体的情况下，获取高质量的人眼图像。由于虹膜的面积比较小，并且眼睛无法承受强烈的光照，因此获取高质量的人眼图像需要精良的设备和合适的操作方式。在采集人眼图像时，必须考虑以下几个问题。

- 保证图像具有足够的分辨率和清晰度，这就需要加入辅助光源和红外线光源；
- 须保证摄取的虹膜图像有很好的对比度，而且光照既充足又不会使人眼不舒服；
- 摄取的图像要限制在一定范围内，如图像中除眼睛外，不应包含过多其他部位；
- 摄取过程中，人工因素如镜片的反光，光学上的色差等应尽可能的消除。

(2) 图像预处理模块

其功能是利用数字图像处理的一些技术，在人眼图像中确定环形虹膜的位置和大小，将其从人眼图像中分离出来，并去除各种无关区域和随机噪声等干扰，为特征提取清除所有的障碍。首先，通过虹膜定位用两个不同心的圆来近似虹膜的内外边界，并将瞳孔、巩膜、以及部分眼睑等无关区域去除。其次，通过归一化将环形虹膜展开成矩形的虹膜图像，并将虹膜调整到统一的尺寸。再次，设计不同的方法检测虹膜图像中的各种干扰，以提高虹膜识别的准确性。这些干扰包括部分眼睑的遮挡、眼睫毛的干扰、由于眼泪反射所造成的光斑等。最后，由于虹膜图像的光照不能完全均匀地分布，因此需要通过某种方式实现图像增强，从而减少图像亮度或对比度的不一致对识别结果造成的影响。

(3) 特征提取和匹配模块

其功能是从归一化的虹膜图像中提取出足够多的虹膜特征，并将图像数据转换为某种包含这些特征的虹膜模式，采用模式识别的方法给出虹膜识别的结果。首先，特征提取过程采用信号处理的一些手段，从归一化的虹膜图像中提取出可区分性特征。这些特征包括空间域特征，如纹理的方向、位置、大小、亮度、形状等信息，还有变换域特征，如纹理的频率、相位、功率谱等信息。其次，通过特征表示过程将这种可区分性特征描述为特征代码或特征向量等各种形式，用于表示不同的虹膜模式。最后，模式匹配过程采用与特征提取和表示策略相对应的模式分类方法对虹膜模式进行分类，并给出最终的识别结果。

7.5.3　虹膜识别技术的应用

历经多年的发展，虹膜识别技术逐步完善、成熟，虹膜识别产品的性价比也在不断地提高，在很多场合得到了广泛的应用。虹膜识别产品的主要用途，包括虹膜门禁、金融系统、港口控制等需要高度安全的领域。例如军事基地、枪械库、核能设施、物料放置库房、电脑机房、政府办公室、保密资料室等重要区域的门禁管制;银行金库、保险箱等重要的金融领域;港口航空系统等身份认证领域。

目前,国外许多高技术公司正在试图利用虹膜识别技术来取代人们手中的信用卡或密码,并且已经开始在机场、银行和各种电子设备上进行了实际应用。现在已有研制成功的虹膜识别系统已经应用在美国得克萨斯州联合银行的三个营业部门。储户两手空空就可以来银行办理业务。他们在取款机上取钱时,一台摄像机首先对用户的眼睛进行扫描,然后将扫描图像转化成数字信息与数据库中的资料进行核对,以确认用户的身份。一名储户说:"我喜欢这种方法,因为它更安全,更方便。"

阿联酋自2002年10月开始对对驱逐出境的外国人进行虹膜注册,通过在机场以及一些边境检查中使用虹膜识别系统,来阻止所有被阿联酋所驱逐的外国人再次进入阿联酋。该系统不仅能防止被驱逐者再次入境,还能防止正在阿联酋接受司法检查的人员伪造证件擅自出境而逃脱法律制裁。

2002年11月,德国巴伐利亚 Bad Reichenhall 市的市医院的婴儿房安装了虹膜识别系统来确保婴儿的安全。这套系统只允许婴儿的母亲、护士或者医生进入。一旦婴儿出院,其母亲的虹膜代码数据就被从系统中删除,而不再允许进入。

日本东京在某些住宅公寓中使用了虹膜识别仪,居民只有通过了虹膜识别系统的检测才能进入该公寓,而且电梯会自动到达并带人们去他们居住的楼层。

从2003年4月中旬开始,美国北卡罗来纳州夏洛特道格拉斯国际机场对工作人员和航空公司乘务员进行了虹膜注册。工作人员在进入相关限制区域前只要对着摄像机看一眼,摄像机就会对眼睛进行扫描,然后将扫描图像转换成数字信息与数据库中的资料核对,以检验进入者的身份,不仅可以大大减轻机场的身份检验工作,还可有效保障机场和乘客的安全。

德国柏林的法兰克福机场、荷兰史基浦机场以及日本的成田机场安装了虹膜出入境管理系统,缩短了旅客通关时间,简化了登机流程。

2004年的雅典奥运会中,雅典奥组委启用了包括虹膜识别在内的生物特征身份鉴别系统,通过人脸、眼睛、指纹等身体器官及声音、步态、笔迹等肢体行为的全套生物特征识别技术来确认一个人的身份,对所有进出机场、海关、火车站、奥运场馆的人通过摄像机自动识别。

2006年1月30日,美国新泽西州的学校在校园里面安装了虹膜识别的装置进行安全控制,学校的学生以及员工都不再使用任何形式的卡片与证件,只要他们在虹膜摄像头之前经过,他们的身份便被系统识别出来,所有外来的人员都必须进行虹膜资料的登录才能进入到校园中。同时,通过中央登录与权限控制系统对活动范围进行控制。系统安装以后,校园内的各种违反校规以及侵犯、犯罪活动大大减少,极大地减轻了校园管理难度。

日本电气工业公司2006年依靠最新开发的"移动终端虹膜识别技术",实现了利用手机或网上电脑等移动终端设备,进行高精度的虹膜身份认证。其推出的"移动终端虹膜识别技术",可使手机或掌上电脑的内置通用可见光摄像头具备虹膜身份识别的能力。采用新技术的移动终端可在20 cm 范围内对人眼的虹膜进行拍摄,然后进行识别。识别所需时间不到0.5 s,误识率控制在十万分之一以下。

国内的虹膜识别应用也已经启动,全国共有超过1万家支行级的银行分支机构,大约150家机场运用了虹膜识别技术。应用领域主要包括以下各项。

① 门禁和考勤系统:这是国内其他生物认证产品的最大应用方向。目前国内使用的国外

虹膜识别产品主要安装在高档住宅中用于访问控制。

② 电子商务：安全的身份验证技术在电子商务中举足轻重。我国已经出台了电子签名法，如果再将虹膜识别与其相结合，必会大大增加身份验证的可靠性和安全性。

③ 电子金融：在电子金融领域虹膜识别可应用于银行内部柜台业务，包括大额业务操作授权、储户身份认证及第三方支付等。由中科院自动化所、模识科技公司和宁波八一集团共同研发的基于虹膜识别的银行保险箱/柜已经投入市场，国内第一台虹膜识别 ATM 也已研发成功。

④ 医疗保险和养老保险等的发放：我国的社会保障事业正在不断完善和发展，但钻法律空子的人为数不少，冒领的现象时有发生。由于虹膜特征有终生不变性，因此虹膜识别技术可以用于确认参保人员的身份，以防止非法冒领等。

⑤ 公安和司法：：主要是在追踪逃犯、司法刑侦等方面的应用。

⑥ 特殊行业：如采矿业等工人下井归来，在面部特征和指纹特征等明显受影响的情况下，虹膜识别尤为方便可靠。

随着虹膜识别算法的改进、识别速度的提高、虹膜图像采集装置便捷性和拍摄速度的改进，虹膜识别技术将会得到广泛的应用。

7.6　其他生物识别技术

7.6.1　视网膜识别技术

视网膜上有丰富的血管，这些血管具有很复杂并且稳定的结构。这些结构信息可用来实现高精度的身份识别。如果视网膜不受损伤，从三岁起就会终身不变。视网膜上面的血管的图样可以利用光学方法透过人眼晶体来测定。同虹膜识别技术一样，视网膜扫描也是最可靠、最值得信赖的生物识别技术，但它运用起来难度较大。视网膜识别技术要求激光照射眼球的背面以获得视网膜特征的唯一性。

视网膜识别技术的优点：视网膜是一种极其固定的人体生物特征，因为它是“隐藏”的，故而不易磨损、老化或是受疾病影响；非接触性的；视网膜是不可见的，故而不会被伪造。缺点：视网膜技术未经过任何测试，可能有损使用者的健康，还需要进一步研究；在获取视网膜图像时，用户要接触采集装置，并给予一定程度的努力和配合，绝大部分人在使用这一系统时感到不舒服，因此其可接受性较低；技术难度大，成本高。

7.6.2　掌纹识别技术

人的掌纹千差万别，没有任何两个手掌是完全相同的，即掌纹具有唯一性。掌纹识别是根据测量使用者的手掌和手指的物理特征的有效信息来识别哪些掌纹图像是来自同一手掌，哪些掌纹图像时来自不同的手掌，从而达到身份识别的目的。

与指纹相似，人体手掌的纹络也是一种由脊和谷构成的模式。但由于手掌的面积比指尖的面积大得多，因此通常认为掌纹的独特性应该比指纹更强。另外，由于在获取掌纹图像时需要捕获很大的面积，因此掌纹扫描仪比指纹扫描仪更加昂贵。除脊和谷之外，人体的掌纹还包括一些额外的可区分性特征，如主线和皱褶等，这些特征可以用便宜的低分辨力扫描仪采集获得。如果使用高分辨力的掌纹扫描仪，那么手掌上的诸如手形、脊和谷、主线、细纹等所有特征，都可能被结合起来而建立一个高准确性的生物特征识别系统。

目前，采用的掌纹图像主要分脱机掌纹和在线掌纹两大类。脱机掌纹图像，是指在手掌上涂上油墨，然后在一张白纸上按印，再通过扫描仪进行扫描而得到数字化的图像。在线掌纹则是用专用的掌纹采样设备直接获取，图像质量相对比较稳定。随着网络、通信技术的发展，在线掌纹身份认证将变得更加重要。

7.6.3 语音识别技术

语音识别是一种将生理特征和行为特征结合的生物特征识别技术。通过对说话人的声音和语言模式进行分析，来识别其身份。因为人的语音的产生是人体语言中枢与发音器之间一个复杂的生理物理过程，人体在讲话时使用的舌头、牙齿、喉头、肺、鼻腔在尺寸和形态方面每个人的差异很大，所以任何两个人的声纹图谱都有差异，即语音的生理特征部分对于个体而言是不变的，因而可用于身份识别。

语音识别主要有两种方式：一是特定文字识别，即通过特定词语的发音对个体进行识别，这种系统设计较为简单；二是可对说话者发的任意音进行识别。该方式防伪性很好，但系统设计要求高。

由于语音数据容易采集和保存，又是日常生活中最普遍的交流工具，因此更容易被人们所接受。但由于语音同时又作为一种行为特征，受身体状况、紧张程度、情绪波动、年龄变化等因素的影响较大，识别的准确率较低；声音采集时需要相对安静的环境，强噪音背景对样本的处理有很大干扰作用；另外，声音较易模仿，客观上也存在很多人声音非常相像的情况，作到完全正确区分非常困难，因而限制了语音识别的应用。

7.6.4 人耳识别技术

人耳识别技术是20世纪90年代末开始兴起的一种生物特征识别技术。人耳具有独特的生理特征和观测角度的优势，使人耳识别技术具有相当的理论研究价值和实际应用前景。从生理解剖学上，人的外耳分耳廓和外耳道。人耳识别的对象实际上是外耳裸露在外的耳廓，也就是人们习惯上所说的“耳朵”。人的耳廓由于其耳轮、耳屏、耳垂等部位的特点及其相互关系，构成了个体耳廓固有的、相对稳定的特征。医学研究表明：人的耳廓在出生4个月后，随着身体发育按比例增长，其形态学特征基本保持不变，因而可以用来进行个体身份识别。

人耳识别技术与其他生物识别技术相比，具有如下特点：

① 与人脸识别方法比较，人耳识别方法不受面部表情、化妆和胡须变化的影响，同时保留了面部识别图像采集方便的优点。与人脸相比，整个人耳的颜色更加一致，图像尺寸更小，数据处理量也更小。

② 与指纹识别方法比较，人耳图像的获取是非接触式的，其信息获取方式容易被人接受。

③ 与虹膜识别方法比较，人耳图像采集更为方便，并且虹膜采集装置的成本要高于人耳采集成本。

7.6.4 DNA识别技术

DNA（脱氧核糖核酸）存在于一切有核的动（植）物中，生物的全部遗传信息都储存在

DNA 分子中。DNA 识别依据的是不同的人体细胞中具有不同的 DNA 分子结构。人体内的 DNA 在整个人类范围内具有唯一性和永久性。因此，除了对同卵双胞胎个体的鉴别可能失去它应有的功能外，这种方法具有绝对的权威性和准确性。不像指纹必须从手指上提取，DNA 模式在身体的每一个细胞和组织都一样。这种方法的准确性优于其他任何生物特征识别方法。它广泛应用于识别罪犯。它的主要问题是使用者的伦理问题和实际可接受性，DNA 模式识别必须在实验室中进行，不能达到实时以及抗干扰，耗时长，这就限制了 DNA 识别技术的应用；另外，某些特殊的疾病可能改变人体 DNA 的结构，系统无法对这类人群进行识别。

以上介绍了几种主要的身份识别技术，其余的身份识别技术还有手形识别、红外温谱图识别、嗅味识别、眉毛识别、步态识别、签名识别等，在此不一一详述。

7.7 生物识别存在的问题

由于生物特征本身的特点，决定了生物识别在使用过程中存在着某些不足。

7.7.1 覆盖面问题

对所有的生物特征认证而言，总有某些用户群体不能使用生物特征。生物特征的覆盖面是有限的。

例如，在指纹认证系统中，首先，没有手指的人不能进行身份认证；其次，指纹识别器工作时要求用户的手指具有一定的湿度和弹性，倘若用户的皮肤特别干燥或者没有弹性，那么也将无法进行指纹认证。一些老年人往往会有这样的问题；再次，从事建筑工作或者加工工作的用户在使用指纹认证时也会出现问题，因为这些用户往往会磨损指纹或者结出很厚的茧。虹膜认证系统中，虹膜识别器由于眼镜或者隐形眼镜的反射也会存在一些问题；声音识别系统中，声音识别器在喧闹的环境中将会难以工作；身体气味识别器也会由于使用不同的除臭剂而导致认证系统失效。

科学工作者正在努力寻找解决问题的办法。例如，在指纹领域中引入 RF 指纹识别器。这种设备不从皮肤表层采集特征数据，而是透过皮肤观察血管、动脉和皮肤底层的毛细管结构。理论上，这种识别器可以更好地排除干燥皮肤或者皮肤受损的影响。

7.7.2 客户端攻击

有些生物特征在使用过程中容易受到欺骗攻击，有些特征则不容易受到欺骗攻击。

对声音认证系统而言，系统不会让用户每次都说同样的话语；否则，攻击者就可以毫不费力地录下某个人的高质量的声音，然后重放进行欺骗。实际上，在大部分声音认证系统中，系统每次都会提示用户说不同的短语。这些短语一般是由用户在注册时所说的一系列词汇构造的。这在一定程度上避免了欺骗攻击，但是由于词汇量有限，所以攻击者很有可能收集到特定用户的足够会话，从而构造出合适的响应。为了增强声音认证的安全性，有些系统要求用户必须说一些毫无意义的单词或短语，以此抵抗口语欺骗攻击。

依赖人脸或者虹膜进行认证的系统也容易遭到欺骗攻击。这是因为一般的系统采用的图像都是平面图像而不是立体图像。这样，攻击者就可以比较容易地提供一幅平面图像来欺骗系统。为了防止这种攻击，虹膜系统要求用户认证时朝某一方向移动（如向左看，向右看等），从而系统可以确定认证的是用户本人而不是他的照片。

对指纹识别系统而言，指纹识别器的工作原理不同，受到的攻击也是不同的。因为一般的攻击者很容易提取到一个人的指纹，指纹识别器必须能抵御这种简单的指纹图像攻击。对于电容性的指纹识别器，攻击者要成功欺骗，不但要获得指纹图像，还要仿效生命组织电容，这是比较困难的，但某种海绵状的橡胶有可能达到目的。对于光学指纹识别器，为了抵抗简单指纹图像攻击，光学传感器是以识别玻璃表面与空气之间的折射系数差异产生的总反射角度为基础的，而不是简单地使用平面指纹图像进行识别。

7.7.3 服务器端攻击

在生物认证系统中，假如攻击者可以记录下识别器与客户端软件之间的数字数据流，然后重放记录的会话，那么攻击者将会进入系统。为了阻止对服务器的重放攻击。许多研究者提出了不同的解决方案。例如，有人基于某次提交的生物特征与下一次提交的生物特征存在一定差异的事实，提出如果检测到新收集到的生物特征与主模版特征完全匹配，则拒绝认证。这种方案的不足是：除非系统保留了用户认证系统的所有生物特征数据的跟踪记录，否则他们将无法检测出客户端是否重放了某次生物特征数据(不是主模板)。

在虹膜认证系统和指纹认证系统中，系统通过接收用户提供的模板进行匹配，由于认证过程中没有挑战信息的参与，这就意味着认证过程容易遭受重放攻击。又因为系统体系结构中没有抵制重放攻击的机制，所以必须有其他技术的参与。大部分要做某种新鲜性检测，新鲜性检测意味着除了收集生物特征数据外，识别器还要确定这些数据是否来源于具有生命体征的活人。比如，指纹识别器可能会检测脉搏或者其他表明具有生命的特征，如温度、皮肤透明度等。

在面部图像或声音认证系统中，系统通过要求用户对某些指令做出响应来抵御重放攻击，例如，要求用户讲某一特定的短语或作某一特定的表情等。这在实质上与一般的挑战-响应机制是相似的。

但是，需要注意的是，如果一个生物特征认证系统能较好地防止欺骗攻击，它在预防重放攻击方面就表现得比较脆弱；反之，如果系统在重放攻击方面显示出较强的抵抗力，那么它在预防欺骗攻击方面就相对弱些。

7.7.4 跨系统重放

假如一个用户在不同的认证系统中使用了同一生物特征(例如，在银行取款系统、游乐园、公司管理系统等均注册了指纹特征)，那么攻击者就可以使用从一个认证系统的得到的指纹特征去攻击另一个认证系统。如果不同的认证系统购买的是同一套指纹系统，攻击就会成功。

7.7.5 生物特征的撤销问题

生物特征认证与其他形式的认证相比，还有一个明显的不同，那就是生物特征是不能撤销的。口令、令牌和私钥，如果有人攻破系统，只要使原有的凭证无效，并重新获取一个新的凭证即可。而假如攻击者非法访问了用户的生物特征模板，那是绝对没有办法颁发一个新的模板。很显然，没有办法把手指砍掉并重新装上一个具有不同指纹的手指。

更严重的是，一旦一个地方的生物特征泄露，那么所有使用这个生物特征的地方都处于危险之中。对于口令机制，人们一般不会在不同的系统使用同一个口令；对于 PKI，当私钥泄露时，可以通过 CRL 撤销证书。对于生物认证系统，没有类似的撤销通知机制。

为了提高生物特征认证的鲁棒性，人们在可撤销生物特征模板问题上做了一些研究。有人提出把生物特征模板的变种存储在认证系统中，比如，在面部识别系统中，将用户的特征模板与一个大乌鸦的模板混合，然后把混合结果作为用户的生物特征模板，每次认证时，用户的面部特征数据总要和大乌鸦的模板混合后再进行匹配。在另一个面部识别系统，如公司办公室，用同一用户的模板与小姑娘的模板混合作为用户的生物特征模板，即使攻击者成功攻击了公司的数据库系统，因为不同系统使用的特征模板不同，也不会对其他的系统造成危害。另外，一旦发现某个用户的特征模板受到危及，可以选择小男孩作为变种模板取代小姑娘作为特征，这样就撤销了被窃取的生物特征。除此之外，数据库中从未保存过用户的模板原形，所以也不必担心用户模板原形被泄露的问题。

习　题

1. 简述生物识别系统的特征？
2. 试述指纹识别技术中一般提取哪些类型的特征用于身份认证？
3. 分析指纹识别技术与静脉识别技术的优缺点？
4. 简述可以用于面像识别的主要特征及各种特征的特点？
5. 简述虹膜识别技术的特点？
6. 分析生物识别中存在的主要问题？

参考文献

[1] 李晓航，王宏霞，张文芳. 认证理论及应用[M]. 北京：清华大学出版社，2009 年 11 月.

[2] 康晓兵，魏生民. 傅里叶-梅林变换的图像复制篡改检测[J]. 计算机工程与应用，2008，44(35)：30－33.

[3] http://bbs.cersp.com/dispbbs.asp boardid＝80&ID＝71432，2010－7－12.

[4] 杨义先，钮心忻. 数字水印理论与技术[M]. 北京：高等教育出版社，2006 年 3 月.

[5] 数字水印. http://baike.baidu.com/view/39205.htm fr＝ala0_1_1. 2010－7－28.

[6] 王艳辉，王相海. 用于图像认证的数字水印技术综述[J]. 计算机工程与应用，2007，43(2)：33－37.

[7] 汤文明，李海华. 用于图像认证的半脆弱数字水印技术综述[J]. 机电工程，2010，27(4)：115－118.

[8] Wong P W. A public key watermark for image verification and authentication. Proceedings of the IEEE International Conference on Image Processing，Chicago，USA，1998，1：455－459.

[9] Yeung M，Mintzer F. Invisible watermarking for image verification. Journal of Electronic Imaging，1998，7(3)：578－591.

[10] Memon N，Shende S，Wong P. On the security of the Yeung-Mintzer authentication watermark. Proceedings of the IS & TPICS Symposium，Savannah，Georgia，1999：301－306.

[11] Fridrich J，Goljan M，Memon N. Further attacks on Yeung-Mintzer fragile watermarking scheme. Proceedings of the SPIE，Security and Watermarking of Multimedia Contents II，San Jose，CA，2000，3971：428－437.

[12] Lin E T，Podilchuk C I，Delp E J. Detection of image alterations using semi-fragile watermarks. Proc of SPIE Security and Watermarking of Multimedia Contents II，San Jose，2000，3971：152－163.

[13] Wong P W. A watermark for image integrity and ownership verification. Proceedings of the IS & TPIC Conference，Oregon，Portland，1998.

[14] Memon N，Wong P. Secret and public key authentication watermarking schemes that resist vector quantization attack. Proceedings of the SPIE International Conference on Security and Watermarking of Multimedia Contents II，San Jose，USA，2000，3971：417－427.

[15] Fridrich J，Goljan M. Images with self-correcting capabilities. Proceedings of the IEEE International Conference on Image Processing，Kobe，Japan，1999，3：792－796.

[16] Wu M，Liu B. Watermarking for image authentication. Proceedings of the IEEE International Conference on Image Processing，Chicago，USA，1998，2：437－441.

[17] Kundur D，Hatzinakos D. Towards a telltale watermarking technique for tamper proofing. Proceeding of the IEEE International Conference on Image Processing，Chicago，

USA, 1998, 2: 409-413.
[18] Xie L, Arce G. Joint wavelet compression and authentication watermarking. Proc of the IEEE International Conference on Image Processing, 1998, 2: 427-431.
[19] Fridrich J. Methods for detecting changes in digital images. Proc of the 6th IEEE International Workshop on Intelligent Signal Processing and Communication System, Melbourne, Australia, 1998: 173-177.
[20] Rey C, Dujelay J L. Blind detection of malicious alterations on still images using robust watermarks. IEEE Secure Image Authentication Colloquium, London, UK, 2000.
[21] Fridrich J. Visual hash for oblivious watermarking. Proceedings of SPIE, San Jose, CA, USA, 2000, 3971: 286-294.
[22] Lin E T, Podilchuk C I, Delp E J. Detection of image alterations using semi-fragile watermarks. Proc of SPIE Security and Watermarking of Multimedia Contents II, San Jose, 2000, 3971: 152-163.
[23] Tefas A, Pitas I. Image authentication using chaotic mixing systems. Proceedings of the IEEE International Symposium on Circuits and System, Geneva, Switzerland, 2000, 1: 216-219.
[24] Kundur D, Hatzinakos D. Digital watermarking for telltale tamperproofing and authentication. Proceedings of the IEEE Special Issue on Identification and Protection of Multimedia Information, 1999, 87(7): 1167-1180.
[25] Yu G J, Lu C, S, Liao H Y, et al. Mean quantization blind watermarking for image authentication. IEEE International Conference on Image Processing, Vancouver BC, Canada, 2000, 3: 706-709.
[26] Paquet H. Ward R K, Pitas I. Wavelet packets-based digital watermarking for image verification and authentication. Signal processing, 2003, 83(3): 2117-2132.
[27] Eggers J, Girod B. Blind watermaking applied to image authentication. Proceedings of IEEE ICASSP, Salt lake city, UT, 2001: 7-11.
[28] Mansour M F, Tewfik A H. Robust high capacity data embedding. ICASSP 2001, Utab, 2001.
[29] Sun Qibin, Chang Shihfu, Kurato M, et al. A quantitative semi-fragile JPEG2000 image authentication system. Proceedings of the IEEE International Conference on Image Processing, Rochester, USA, 2002, 2: 921-924.
[30] Sun Qibin, Chang Shihfu. Semi-fragile image authentication using generic wavelet domain features and ECC. Proceedings of the IEEE International Conference on Image Processing, Rochester, USA, 2002, 2: 901-904.
[31] Zhu B, Swanson M D, Tewfik A H. Transparent robust authentication and distortion measurement technique for images. Proc IEEE Digital Signal Processing Workshop, Loen, Norway, 1996: 45-48.
[32] Fridrich J, Goljan M, Memon N. Cryptanalysis of the Yeung-Mintzer fragile watermarking technique. Journal of Electronic Imaging, 2002, 11(2): 262-274.

[33] 吴琼,李国辉,涂丹,孙韶杰. 面向真实性鉴别的数字图像盲取证技术综述[J]. 自动化学报, 2008, 34(12): 1458-1466.
[34] 余成波,秦华锋著. 手指静脉识别技术[M]. 北京:清华大学出版社. 2009.4.
[35] 李晓航,王宏霞,张文芳编著. 认证理论及应用[M]. 北京:清华大学出版社. 2009.11.
[36] 张铎编著. 生物识别技术基础[M]. 武汉:武汉大学出版社. 2009.4.
[37] 杜平,张燕昆,刘重庆. 基于不变矩的人脸识别方法的研究. 计算机仿真. 2002, 5,78-81
[38] 刘元宁. 基于指纹与虹膜生物识别技术研究[D]. 吉林大学博士论文. 2004.
[39] 付景广. 指纹识别中若干关键算法的研究[D]. 中科院博士论文. 2003.
[40] 王艳梅. 指纹识别算法的研究与实现[D]. 北京理工大学博士论文. 2008
[41] 何孝富. 活体虹膜识别的关键技术研究[D]. 上海交通大学博士论文. 2007.

第三篇

基于量子密码的数字鉴别与认证

根据摩尔定律，计算机的运算速度每隔大约两年就会增长一倍，破译基于计算复杂性的密码的难度不断降低，密钥长度不得不不断增长。作为基于数学复杂性的密码体制克星的量子计算机以及量子并行算法的研究热潮的到来，使得基于数学复杂性的密码体制的安全性岌岌可危。这迫使人们开始研究新的密码体制，如量子密码学。区别于第一篇基于经典密码的数字鉴别与认证。这篇介绍的数字鉴别与认证是基于量子力学的基本原理来实现的。

本篇包括三章内容。第 8 章介绍与量子密码有关的基本理论，包括量子力学五大公设以及量子力学的基本原理，诸如量子 Heisenberg 测不准原理、量子不可克隆定理和非正交量子态不可区分定理等。这部分是构造量子数字签名和量子身份认证方案的理论基础。第 9 章介绍量子身份认证的有关理论与技术，包括共享经典信息型量子身份认证和共享纠缠态型量子身份认证，同时指明了量子身份认证协议设计的基本要求和未来发展方向。第 10 章介绍量子数字签名的有关理论与技术，包括量子数字签名设计中涉及的几个概念，如量子一次一密、量子单向函数以及量子 swap test、基于量子单向函数的量子数字签名方案、基于对称密码的针对量子态的量子数字签名和量子门限签名等，同时指明了量子数字签名设计的基本要求和未来发展方向。

第 8 章

量子密码基础知识

量子密码以量子力学为基础，其安全性由量子力学基本原理来保证。在介绍量子密码协议之前先介绍其使用的一些量子力学基本概念。掌握初等线性代数是理解好量子力学的基础。所以为方便阅读，先给出本书中出现的量子力学术语(或其符号)所对应的线性代数解释，见表 8-1 所列。

表 8-1　常见符号及其含义

符　号	含　义
z^*	复数 z 的复共轭，例如：$(1+i)^*=1-i$
$\|\psi\rangle$	系统的状态向量(*Hilbert* 空间中的一个列向量)
$\langle\psi\|$	$\|\psi\rangle$的对偶向量($\|\psi\rangle$的转置加复共轭)
$\langle\varphi\|\psi\rangle$	向量$\|\varphi\rangle$和$\|\psi\rangle$的内积
$\|\varphi\rangle\otimes\|\psi\rangle$	$\|\varphi\rangle$和$\|\psi\rangle$的张量积
$\|\varphi\rangle\|\psi\rangle$	$\|\varphi\rangle$和$\|\psi\rangle$的张量积的缩写
A^*	矩阵 A 的复共轭
A^T	矩阵 A 的转置
A^+	矩阵 A 的厄米共轭，$A^+=(A^T)^*$
$\langle\varphi\|A\|\psi\rangle$	向量$\|\psi\rangle$和 $A\|\psi\rangle$的内积，或者 $A^+\|\varphi\rangle$和$\|\psi\rangle$的内积

8.1　量子力学五大公设

8.1.1　第一假设：量子力学系统的态由 Hilbert 空间中矢量完全描写

Hilbert 空间的数学定义

为了说明 Hilbert 空间的定义，先介绍几个数学概念。

矢量空间：称一组元素$\{u,v,w,\cdots\}$的集合 L 为矢量空间。若 L 在加法运算下是封闭的；域 F 的任一数与 L 的任一元可被乘运算结合成 L 中的一元，使得 $u,v\in L,a,b\in F$，有

$$\left.\begin{aligned} a(u+v) &= au+av \in L \\ (a+b)u &= au+bu \in L \\ a(bu) &= (ab)u \end{aligned}\right\}$$

称 L 为域 F 上的矢量空间。L 中的元素称为矢量。若 F 是实数域，则 L 称为实矢量空间，若 F 为复数域，相应的矢量空间称为复矢量空间。

内积空间：一个定义了内积的矢量空间称为内积空间。内积定义为一种映射：对于每一组

元素 $\boldsymbol{u},\boldsymbol{v},\boldsymbol{w}\in \boldsymbol{L}$，都有域 F 中的一个数与之对应，记为$(\boldsymbol{u},\boldsymbol{v})$，称为 $\boldsymbol{u}$ 和 $\boldsymbol{v}$ 的内积。它具有性质

1) $(\boldsymbol{u},\boldsymbol{u})=0$ *if and only if* $\boldsymbol{u}=0$

2) $(\boldsymbol{u},\boldsymbol{v})=(\boldsymbol{v},\boldsymbol{u})^*$

3) $(\boldsymbol{u},\boldsymbol{v}+\boldsymbol{w})=(\boldsymbol{u},\boldsymbol{v})+(\boldsymbol{u},\boldsymbol{w})$

4) $(\boldsymbol{u},\lambda\boldsymbol{v})=\lambda(\boldsymbol{u},\boldsymbol{v})$

* 表示取复共轭。称 $\|\boldsymbol{u}\|=\sqrt{(\boldsymbol{u},\boldsymbol{u})}$为矢量 $\boldsymbol{u}$ 的模或矢量长度。

Cauchy 序列：称序列 $c_1,c_2,\cdots,c_n$ 为 cauchy 序列。若对任意小正数 ε 都可找到一个正整数 N，使得对任意两个整数 $n>N$ 和 $m>N$ 都有

$$|c_n-c_m|<\varepsilon$$

成立。根据 Cauchy 收敛准则，Cauchy 序列一定有极限存在，即对任意小正实数 ε，总有一个正整数 N，当 $n<N$ 时，都有

$$|c_n-c|<\varepsilon$$

成立，c 称为序列的极限。

内积空间的完备性：任意一个以内积空间 $\boldsymbol{L}$ 中的矢量为元素的 Cauchy 序列，若其极限也在 L 中，则称 L 是完备的。

利用上面的概念，一个完备的内积空间是 **Hilbert** 空间。

① 态矢空间：量子力学系统态由 Hilbert 空间中的矢量描写，称表示量子态的矢量为**态矢量**。Hilbert 空间就是态矢量生成的空间，在量子力学中称为态矢空间。Dirac 引用一个称为右矢的符号表示态矢量。一个具体的态矢用$|\boldsymbol{\varphi}\rangle$表示，$\boldsymbol{\varphi}$ 表征具体态矢的特征量或符号。$\langle|$表示左矢。左矢$\langle\boldsymbol{\varphi}|$是矢量$|\boldsymbol{\varphi}\rangle$的共轭矢量。态矢空间两矢量$|\boldsymbol{u}_1\rangle$，$|\boldsymbol{u}_2\rangle$的内积记为$\langle\boldsymbol{u}_1|\boldsymbol{u}_2\rangle$。

② 坐标表象中的态矢量：一个矢量可以用不同的坐标系表示，态矢量也可以用不同的"坐标系"表示。在量子力学中称表示态矢的具体的"坐标系"为**表象**。态矢用定义在某个区域 $\boldsymbol{\Omega}$ 上的平方可用复值函数表示，就称为态矢的**坐标表象**。在坐标表象中，常省去 Dirac 符号，直接用这个平方可积复值函数表示态矢量。在单粒子情况下，这个函数可记为 $\boldsymbol{\varphi}(x)$，x 就是粒子的坐标。$\boldsymbol{\varphi}(x)$描述与单粒子相伴的物质波，又称为**波函数**。$\boldsymbol{\varphi}(x)$描述了粒子坐标取值的几率分布。由于在非相对论量子力学中，不考虑粒子产生、消灭情况，粒子在空间出现的几率和应等于 1，所以

$$C\int_{\infty}|\boldsymbol{\varphi}(x)|^2\mathrm{d}\tau=1$$

适当选择常数 C，并把$\sqrt{C}$并入 $\boldsymbol{\varphi}(x)$中，使新的波函数 $\boldsymbol{\varphi}'(x)$满足

$$\int_{\infty}|\boldsymbol{\varphi}'(x)|^2\mathrm{d}\tau=1$$

上式称为波函数的归一化条件。

8.1.2 第二假设：力学量用线性埃尔米特(Hermite)算子表示

1. 算子是作用到态矢上的一种运算或操作符号

如算子 $\hat{A}$ 的作用满足条件

$$\hat{A}(C_1|\boldsymbol{\varphi}_1\rangle+C_2|\boldsymbol{\varphi}_2\rangle)=C_1\hat{A}|\boldsymbol{\varphi}_1\rangle+C_2\hat{A}|\boldsymbol{\varphi}_2\rangle$$

称 $\hat{A}$ 为线性算子，$\hat{A}^*$ 称为 $\hat{A}$ 的复共轭算子，如果满足

$$\hat{A}^{+}=\hat{A},$$

则称 $\hat{A}$ 为埃尔米特算子。

$\hat{A}$ 的埃尔米特共轭算子为 $\hat{A}$ 算子的转置再取复共轭。

如果一个算子的埃尔米特共轭算子等于它的逆算子，即

$$\hat{A}^{+}=\hat{A}^{-1}$$

则称 $\hat{A}$ 为**幺正算子**。幺正算子一般用 U 表示，即

$$U^{+}=U^{-1}$$

2. 线性埃尔米特算子

如果一个算子是线性的，同时又是埃尔米特的，这样的算子称为线性埃尔米特算子。

3. 本征值问题

如果算子 $\hat{A}$ 作用到态矢 $|\boldsymbol{\varphi}\rangle$ 上，其结果等于一个常数 A 与这个态矢的乘积。

$$\hat{A}\mid\boldsymbol{\varphi}\rangle=A\mid\boldsymbol{\varphi}\rangle$$

这一形式的方程称为算子 $\hat{A}$ 的本征值方程。其中 A 称为本征值，相应的态矢 $|\boldsymbol{\varphi}\rangle$ 称为算子 $\hat{A}$ 属于本征值 A 的本征矢。

如果属于本质值 A 的本征矢只有一个（或属于本征值 A 的子空间是一维的），称本征值 A 或本征矢 $|\boldsymbol{\varphi}\rangle$ 是非简并的。在简并情况下，属于同一本征值的线性独立的本征函数的数目称为**简并度**。

用 Hilbert 空间中的状态矢量来描述一个物理系统（如光子、电子等）的量子系统。系统的每一个物理性质（如坐标、动量等），可以用算子表示。这些算子的本征态构成 Hilbert 空间中的完全正交基。系统中任一状态矢量可以用这些本征态展示。一个状态矢量 $|u\rangle$ 可以用算子 $\hat{A}$ 的本征态展示为

$$|\boldsymbol{u}\rangle=\sum|a_j\rangle\langle a_j|\boldsymbol{u}\rangle$$

其中的本征态方程为 $\hat{A}|a_j\rangle=a_j|a_j\rangle$。由 $\hat{A}$ 表示的物理量的测量以概率 $|\langle a_j|\boldsymbol{u}\rangle|^2$ 给出值 a_j，并以同一概率将被测系统映为新态 $|a_j\rangle$。值得注意的是，若系统的事先状态是 $|a_j\rangle$，则算子 $\hat{A}$ 的测量将以概率 1 得到结果 a_j，并且系统停留在状态 $|a_j\rangle$ 上。

一个可观测量 A 是完备的，条件是它的本征矢 $|a_i>$ 构成 Hilbert 空间的一个正交基。对于任意给定的完备非简并观测量 A，Hilbert 空间中任一态矢 $|\varphi\rangle$ 可以被写做：

$$|\varphi\rangle=\sum_i a_i|a_i\rangle\langle a_i|\varphi\rangle$$

$|a_i\rangle\langle a_i|$ 表示 $|a_i\rangle$ 和 $\langle a_i|$ 的外积。

因此，对于完备非简并观测量 A，由于 $|\varphi\rangle$ 是任意态矢，有等式 $\sum_i|a_i\rangle\langle a_i|=1$，在这个表象中，有

$$A=\sum_i a_i|a_i\rangle\langle a_i|$$

4. 线性埃尔米特算子的本征值和本征函数

- 线性埃尔米特算子的本征值都是实数；
- 线性埃尔米特算子属于不同本征值的本征矢正交；
- 线性埃尔米特算子的本征矢生成一个完备的矢量空间；
- 两个力学量算子有共同完备本征函数系的充要条件是这两个算子互相对易。

任一可观察的力学量 A 可以用相应的线性 Hermite 算符号 $\hat{A}$ 来表示。这些算符作用于态的波函数。

5. 量子力学要用一个线性埃尔米特算子表示力学量的合理性

量子力学的任务是预言对量子力学体系的观测结果。对于任何量子系统观测总是借助于“测量仪器”。由于测量仪器对微观体系的干扰和影响在原则上是不可避免的，测量结果得到的只是在测量环境下或在测量仪器干扰条件下微观体系的性质。这与经典情况不同。在经典条件下，认为物理系统是绝对的，观测结果被看成是系统固有的性质。量子力学对测量结果的预言就必须同时考虑到测量仪器和被测的物理系统。由于量子系统的状态用态矢量描述，把测量仪器作为一个作用在态矢上的力学量算子描写，用力学量算子作用到态矢上模拟或描写实际的量子力学测量过程，这是合理的。

由于测量任何力学量取值结果必为实数。而且测量结果不是唯一的，是一系列可能值之一。可以把测量结果的可能取值和力学量算子的本征值联系起来。一个埃尔米特算子的本征值都是实数，并且存在一个本征值谱，所以用埃尔米特算子表示力学量是可行的。其次，量子态满足叠加原理，这与采用的埃尔米特算子的线性性质是一致的。

6. 自旋算子和 Pauli 算子 $\boldsymbol{\sigma}$

要完全描述电子运动状态，不仅需要空间坐标变量，还需要指出它的自旋态。而且电子自旋是量子化的，即自旋沿空间任意方向的投影只能取两个值$\pm\hbar/2$。

自旋具有角动量的性质，引进自旋算子 $\hat{S}$ 表示。习惯上引进 Pauli 算子 σ 表示 $\hat{S}$，有

$$\hat{S} = (1/2)\,\hbar\sigma$$

由于 $\hat{S}_i$（$\hat{S}$ 算子的任一直角分量）的本征值为$\pm\hbar/2$，Pauli 算子 σ_i 的本征值为±1。Pauli 算子 $\sigma_1,\sigma_2,\sigma_3$ 服从代数学，满足的对易关系，如下所示：

$$[\sigma_i,\sigma_j] = 2i\varepsilon_{ijk}\sigma_k,\ i,j,k = 1,2,3$$

引进沿 z 轴自旋向上态$|\uparrow\rangle$或自旋向下态$|\downarrow\rangle$的一个基

$$\sigma_3\begin{cases}|\uparrow\rangle\\|\downarrow\rangle\end{cases} = \begin{cases}+|\uparrow\rangle\\-|\downarrow\rangle\end{cases}$$

满足正交关系

$$\langle\uparrow|\uparrow\rangle = \langle\downarrow|\downarrow\rangle = 1$$

$$\langle\uparrow|\downarrow\rangle = 0$$

从这些态也能够得出沿 x 轴自旋向上或自旋向下的本征态

$$\sigma_1\begin{cases}|\rightarrow\rangle\\|\leftarrow\rangle\end{cases} = \begin{cases}+|\rightarrow\rangle\\-|\leftarrow\rangle\end{cases}$$

在这里

$$|\rightarrow\rangle = 2^{-1/2}(|\uparrow\rangle + |\downarrow\rangle)$$
$$|\leftarrow\rangle = 2^{-1/2}(|\uparrow\rangle - |\downarrow\rangle)$$

8.1.3　第三假设：力学量算子平均值

测量力学量 A 的可能值谱就是算子 $\hat{A}$ 的本征值谱；仅当系统处在 $\hat{A}$ 的某个本征态 $|\boldsymbol{u}_n\rangle$ 时，测量力学量 A 才能得到唯一结果 A_n，即本征态 $|\boldsymbol{u}_n\rangle$ 的本征值；若系统处在某一归一化态矢 $|\boldsymbol{\varphi}\rangle$ 所描写的状态，测得本征值之一 A_n 的几率是 $|C_n|^2$。C_n 是态 $|\varphi\rangle$ 按 $\hat{A}$ 的正交归一完备函数系 $|u_n\rangle$ 展开的展开系数：

$$|\boldsymbol{\varphi}\rangle = \sum\nolimits_n C_n \mid u_n\rangle$$
$$C_n = \langle u_n \mid \boldsymbol{\varphi}\rangle$$

力学量算子的平均值

假设 $|\alpha\rangle$ 是归一化的，算子 $\hat{A}$ 的正交归一化本征态集为 $\{a_i\}$，可观测量 A 在任意态 $|\alpha\rangle$ 中的平均值为：

$$\langle A\rangle = \langle\alpha \mid A \mid \alpha$$

证明：因为

$$\sum_l \mid a_i\rangle\langle a_i \mid = 1$$

有

$$\langle A\rangle = \langle\alpha \mid A \mid \alpha\rangle = \langle\alpha \mid (\sum_i \mid a_i\rangle\langle a_i \mid) A (\sum_j \mid a_j\rangle\langle a_j \mid) \mid \alpha\rangle =$$
$$\sum_{i,j}\langle\alpha \mid a_i\rangle\langle a_i \mid A \mid a_j\rangle\langle a_j \mid \alpha\rangle$$

另一方面

$$\langle a_i \mid A \mid a_j\rangle = \langle a_i \mid a_j\rangle = a_i\delta_{ij}$$

因此，

$$\langle A\rangle = \sum_i \langle\alpha \mid a_i\rangle a_i \langle a_i \mid \alpha\rangle = \sum_i a_i \| \langle\alpha \mid a_i\rangle \|^2$$

8.1.4　第四假设：微观体系动力学演化（或 Schrödinger 方程假设）

孤立量子系统态矢量随时间的演化遵从 Schrödinger 方程

$$\frac{\partial}{\partial t} \mid \boldsymbol{\psi}(t)\rangle = -\frac{i}{\hbar} H \mid \boldsymbol{\psi}(t)\rangle$$

$\hbar$ 表示 Planck 常数，H 是 Hamiltonian 算子，具有特殊的地位，不仅是一个力学量，而且还直接决定着系统状态的演化。

在这里，满足 Schrödinger 方程的是态矢量 $|\psi(t)\rangle$，即几率幅。几率幅不是物理量，这是与经典物理的一个根本差别。在经典物理中，所有的动力学方程都是描述物理量演化规律的，而在量子力学中却是非物理量的几率幅，而一切可观测力学量的取值是由几率幅模方决定的。在量子力学中因果决定的是非物理量的几率幅，可观测物理量不必有唯一的因果关系。这是量子物理与经典物理的根本差别。

8.1.5 第五假设：全同性原理假设

如果两个微观粒子的全部内禀属性（质量、电荷、自旋、同位旋、内部结构及其他内禀性质）都相同，就称它们为两个全同粒子。微观粒子全同性原理便是全同粒子的无法分辨性。全同性原理是微观世界的普遍规律。

8.2 量子力学基本原理

前面介绍了量子密码中用到的一些基本概念，熟悉线性代数的读者可以很容易理解。有了这些基础，就比较容易理解本书所提出的量子密码协议。量子密码最大的特点就是具有无条件安全性。下面介绍其无条件安全性所依赖的三个基本原理。

8.2.1 测不准原理

如果有大量相同状态$|\psi\rangle$的量子系统，对一部分系统测量力学量C，对另一部分系统测量力学量D，则测量C的结果的标准偏差ΔC与测量D的结果的标准偏差ΔD满足：

$$\Delta C \cdot \Delta D \geqslant \frac{|\langle \psi | [C,D] | \psi \rangle|}{2}$$

其中$[C,D]=CD-DC$。

若记测量力学量M的平均值为$\langle M\rangle$，则其标准偏差定义为

$$\Delta M = \sqrt{\langle M^2\rangle - \langle M\rangle^2}$$

不确定公式的一个常用推论就是，只要力学量C和D不对易，即$[C,D]\neq 0$，则

$$\Delta C \cdot \Delta D > 0$$

例如，若系统状态为$|0\rangle$，对其测量力学量$X(\sigma_x)$和$Y(\sigma_y)$。因为$[X,Y]=2iZ$，于是由测不准原理有

$$\Delta(X) \cdot \Delta(Y) \geqslant \langle 0 | Z | 0\rangle = 1$$

从上式可以看出$\Delta(X)$和$\Delta(Y)$一定都严格大于0。

8.2.2 量子不可克隆定理

定理：一个未知的量子态不能被完全复制。

证明：$|\varphi\rangle$是一个未知量子态，假设存在一个物理过程能完全复制它，即$U(|\psi\rangle|0\rangle)=|\psi\rangle|\psi\rangle$，此物理过程与态$|\psi\rangle$无关。对任意的$|\varphi\rangle\neq|\psi\rangle$，也有$U(|\varphi\rangle|0\rangle)=|\varphi\rangle|\varphi\rangle$。从而对$|\gamma\rangle=|\psi\rangle+|\varphi\rangle$，有

$$U(|\gamma\rangle|0\rangle)=U((|\psi\rangle+|\varphi\rangle)|0\rangle)=|\psi\rangle|\psi\rangle+|\varphi\rangle|\varphi\rangle\neq|\gamma\rangle|\gamma\rangle$$

其结果不是$|\gamma\rangle$的复制，所以假设不成立。这样的物理过程不可能存在。

8.2.3 非正交量子态不可区分定理

定理：没有测量能够可靠区分非正交量子态$|\psi_1\rangle$和$|\psi_2\rangle$。

证明：假设存在测量能可靠区分$|\psi_1\rangle$和$|\psi_2\rangle$，即如果状态是$|\psi_1\rangle$（$|\psi_2\rangle$），则测量到j使得$f(j)=1$（$f(j)=2$）的概率必为1。定义$\sum_{j:f(i)=i} M_j^{\dagger}M_j$，则上述测量可描述为

$$\langle \boldsymbol{\psi}_1 \mid E_1 \mid \boldsymbol{\psi}_1 \rangle = 1, \langle \boldsymbol{\psi}_2 \mid E_2 \mid \boldsymbol{\psi}_2 \rangle = 1$$

由于 $\sum_i \boldsymbol{E}_i = I$,所以 $\sum_i \langle \boldsymbol{\psi}_i \mid E_i \mid \boldsymbol{\psi}_i \rangle = 1$,所以$\langle \boldsymbol{\psi}_1 | E_2 | \boldsymbol{\psi}_1 \rangle = 0$,于是 $\sqrt{E_2} | \boldsymbol{\psi}_1 \rangle = 0$。

设$|\boldsymbol{\psi}_2\rangle = a|\boldsymbol{\psi}_1\rangle + b|\boldsymbol{\varphi}\rangle$,其中$|\boldsymbol{\varphi}\rangle$与$|\boldsymbol{\psi}_1\rangle$正交,$|a|^2+|b|^2=1$,且$|b|<1$。于是

$$\sqrt{E_2} \mid \boldsymbol{\psi}_2 \rangle = b\sqrt{E_2} \mid \boldsymbol{\varphi} \rangle$$

从而 $\langle \boldsymbol{\psi}_2 \mid E_2 \mid \boldsymbol{\psi}_2 \rangle = | b^2 | \langle \boldsymbol{\varphi} \mid E_2 \mid \boldsymbol{\varphi} \rangle \leqslant | b |^2 \sum_i \langle \boldsymbol{\varphi} \mid E_i \mid \boldsymbol{\varphi} \rangle = | b |^2 < 1$。这与上式矛盾。所以假设不成立,即没有测量可以完全区分非正交态。

例如,$|0\rangle$与$|+\rangle = (1/\sqrt{2})(|0\rangle + |1\rangle)$非正交,要想精确测量$|0\rangle$态,就必须用$\{|0\rangle, |1\rangle\}$基($Z$基)。用$Z$基测量$|+\rangle$,结果态为$|0\rangle$的概率为1/2,所以当测量得到$|0\rangle$时,并不能确定初始量子态是哪个,得到$|1\rangle$也一样不能确定。同理,用$\{|+\rangle, |-\rangle\}$或其他任何基也不能完全区分这两个态。

上述三个原理在本质上是统一的。例如,由测不准原理可以推出量子不可克隆定理。假设存在物理过程能够完全复制未知量子态$|\boldsymbol{\varphi}\rangle$,也即能够得到它的足够多的完全相同的复制,从而可以对部分相同的态测量σ_x, σ_y和σ_z等互相不对易的力学量到任意精度。这与测不准原理矛盾!所以假设不成立,量子不可克隆定理成立。这些原理说明:量子比特不像经典比特那样可以被任意复制;如果在量子密码协议中,随机传送的是非正交量子态,则窃听者不能通过克隆信号态窃取密钥;用非正交量子态编码的经典信息是不能用任何测量完全提取出来的。所有这些都是量子密码具有无条件安全性的依据。

8.3 量子信息特性

8.3.1 量子位和量子门

1. 量子位(qubit)

在经典信息理论中,信息量的基本单位是比特(bit)。一个 bit 是给出经典二值系统一个取值的信息量。在量子信息理论中,量子信息的基本单位是量子比特(qubit)。一个 qubit 是一个双态量子系统。这里双态是指两个线性独立的态,对于半自旋粒子系统(如电子),这两个独立态常记为$|0\rangle$和$|1\rangle$($|0\rangle$表示自旋向上态,$|1\rangle$表示自旋向下态)。以这两个独立态为基矢,生成一个二维复矢量空间,所以也可以说一个 qubit 就是一个二维 Hilbert 空间。

一个量子位的纯态可以用两个实参数表征:

$$|\boldsymbol{\psi}\rangle = a|0\rangle + b|1\rangle \tag{8-1}$$

这里a和b是两个复数,包含四个实参数。但由于其模要满足归一化条件$|a|^2+|b|^2=1$,其总位相是没有可观测物理效应的,可以略去,再用一个实参数表示它们的相对位相就够了。在式(8-1)中,若$a=1, b=0$或$a=0, b=1$,态$|\boldsymbol{\psi}\rangle$蜕化成$|0\rangle$或$|1\rangle$。对于态$|0\rangle$或$|1\rangle$,当执行一个投影到基$\{|0\rangle, |1\rangle\}$上的测量时(即测量电子的自旋$z$分量),其中任何一个或者以概率1出现,或者根本不出现。测量也不会改变这个态。这些态表现出和经典态相似的性质。但当量子位处在一般$|\boldsymbol{\psi}\rangle = a|0\rangle + b|1\rangle$描述态时,执行投影到基$\{|0\rangle, |1\rangle\}$上的测量,将以概率$|a|^2$得到态$|0\rangle$,以概率$|b|^2$得到$|1\rangle$,且测量结果将扰动这个态,测量之后$|\psi\rangle$被制备在一个新态

上。如果没有态$|\psi\rangle$制备的知识，凭一次测量不能定出其中的 a 和 b，从而不可能完全确定这个态。

一般地 n 个 qubit 的态生成一个 2^n 维 Hilbert 空间，存在 2^n 个相互正交的态。通常取 2^n 个基底态为$|i\rangle$，i 是一个 n 位二进制数。n 个量子位的一般态可以表示成这 2^n 个基底态的线性叠加。例如，3 个量子位有 8 个相互正交态。它的基底态可以取作

$$|000\rangle, |001\rangle, |011\rangle, \cdots, |111\rangle \tag{8-2}$$

它的一般态

$$|\boldsymbol{\psi}\rangle = \sum_{i=1}^{8} C_i \, |i\rangle \tag{8-3}$$

$|i\rangle$是式(8-2)中的 8 个态之一，C_i 是叠加系数。

2. 量子门

量子信息处理是对编码的量子态进行一系列幺正演化。对量子位最基本的幺正操作称为逻辑门(logic gate)。逻辑门按照它作用的量子位的数目可分为一位门、二位门和三位门等。

逻辑门的操作可以用对量子位的 Hilbert 空间基矢的作用定义。如果一个幺正操作演化基矢态为

$$|0\rangle \rightarrow |0\rangle$$
$$|1\rangle \rightarrow e^{i\omega t} \, |1\rangle \tag{8-4}$$

这个幺正操作就是一个一位门。记基$|0\rangle=\begin{bmatrix}1\\0\end{bmatrix}$，$|1\rangle=\begin{bmatrix}0\\1\end{bmatrix}$，这个门操作就可用一个幺正矩阵

$$\boldsymbol{P}(\theta) = \begin{bmatrix}1 & 0\\0 & e^{i\theta}\end{bmatrix} \tag{8-5}$$

表示。其中 $\theta=\omega t$。容易验证 $\boldsymbol{P}(\theta)|0\rangle=|0\rangle$，$\boldsymbol{P}(\theta)|1\rangle=e^{i\theta}|1\rangle$，所以这个门操作还可以用投影算子形式表示为

$$\boldsymbol{P}(\theta) = |0\rangle\langle 0| + e^{i\theta} \, |1\rangle\langle 1| \tag{8-6}$$

下面介绍几个重要的一位门：

(1) 单位矩阵

$$\boldsymbol{I} = |0\rangle\langle 0| + |1\rangle\langle 1| \tag{8-7}$$

这是一个恒等操作，矩阵表示为单位矩阵。

(2) 非门

$$\boldsymbol{X} = |0\rangle\langle 1| + |1\rangle\langle 0| \tag{8-8}$$

它的作用为

$$\boldsymbol{X}\,|0\rangle = |1\rangle$$
$$\boldsymbol{X}\,|1\rangle = |0\rangle$$

对应着经典逻辑非门——NOT 操作。它的矩阵表示为

$$\boldsymbol{X} = \begin{bmatrix}0 & 1\\1 & 0\end{bmatrix} \tag{8-9}$$

正是 Pauli 矩阵 σ_x，这也是把它记为 $\boldsymbol{X}$ 的原因。

(3) Z 操作

定义 Z 操作为 $Z=P(\pi)$，由式(8-5)，Z 操作的矩阵表示为

$$Z = \begin{bmatrix} 1 & 0 \\ 0 & -1 \end{bmatrix} \tag{8-10}$$

正是 Pauli 矩阵 σ_z，它的作用是改变态$|0\rangle$和$|1\rangle$的相对位相 π。

(4) Y 操作

定义 Y 操作为 $Y=ZX$。

注意到

$$ZX = \begin{bmatrix} 1 & 0 \\ 0 & -1 \end{bmatrix}\begin{bmatrix} 0 & 1 \\ 1 & 0 \end{bmatrix} = \begin{bmatrix} 0 & 1 \\ -1 & 0 \end{bmatrix}$$

所以 Y 操作可以用矩阵表示为

$$Y = i\begin{bmatrix} 0 & -i \\ i & 0 \end{bmatrix} = i\boldsymbol{\sigma}_y \tag{8-11}$$

其中 σ_y 是 Pauli 矩阵。

(5) Hadamard 门

它的作用可表示为

$$H = \frac{1}{\sqrt{2}}[(|0\rangle + |1\rangle)\langle 0| + (|0\rangle - |1\rangle)\langle 1|]$$

$$H|0\rangle = \frac{1}{\sqrt{2}}(|0\rangle + |1\rangle)$$

$$H|1\rangle = \frac{1}{\sqrt{2}}(|0\rangle - |1\rangle) \tag{8-12}$$

用矩阵表示为

$$H = \frac{1}{\sqrt{2}}\begin{bmatrix} 1 & 1 \\ 1 & -1 \end{bmatrix} = \frac{1}{\sqrt{2}}(X+Z) \tag{8-13}$$

8.3.2 量子纠缠态

量子纠缠现象是首先被 Einstein - Podolsky - Rosen(EPR)和 Schrodinger 注意到的量子力学特有的现象，是量子力学不同于经典物理最奇特、最不可思议的特征。在量子信息学中，纠缠态扮演着非常重要的角色。可以说没有量子纠缠现象，就不会有现在所说的量子信息。由于纠缠态特殊的物理性质，使量子信息具有经典信息所没有的许多新的特征，同时纠缠态也为信息传输和信息处理提供了新的物理资源。开发和应用这些新资源就构成了量子信息学研究的重要目的。

设有两个电子 1 和 2 构成总自旋为 0 的纯态

$$|\psi\rangle = \frac{1}{\sqrt{2}}(|0^{(1)}\rangle|1^{(2)}\rangle + |1^{(1)}\rangle|0^{(2)}\rangle) \tag{8-14}$$

这是两电子自旋最大纠缠态。当对$|\psi\rangle$态测量电子 1 的自旋时，将以概率 1/2 得到自旋向上态，以概率 1/2 得到自旋向下态。如果测得电子 1 自旋向上，则态$|\psi\rangle$"塌缩"为$|\psi\rangle'=|0^{(1)}\rangle|1^{(2)}\rangle$，电子 2 无可选择地处在自旋向下态。相反，测得电子 1 自旋向下，电子 2 处在自旋向上态。这里没有假设电子 1 和 2 在同一地方，实际上它们可以是空间相距很远。一般共处于一个纯态的两个子系统执行类空分离的测量，对其中子系之一的测量，虽然不能对另一子系产生

直接的相互作用，但却包含了另一子系的信息，并瞬间改变了另一子系统的状态描述。这种情况称为量子力学非局域性，或量子不可分离性。

8.3.3 量子隐形传态(teleportation)

假设 Alice 希望传输给 Bob 一个量子位态$|\boldsymbol{\alpha}\rangle$，如果 Alice 已经知道态$|\alpha\rangle$是什么，问题很简单，他只需把有关态$|\boldsymbol{\alpha}\rangle$的经典信息传达给 Bob，Bob 就可以在他的量子位上重现出这个态$|\boldsymbol{\alpha}\rangle$。但是如果这个态是未知的，Alice 当然不能为获得关于$|\boldsymbol{\alpha}\rangle$的信息而测量这个量子位。他的测量可能引起这个态的不可逆塌缩，也不可能克隆它，而测量它的复制，因为这和未知量子态不可克隆定理相矛盾。似乎唯一的方法就是把这个处在$|\boldsymbol{\alpha}\rangle$态的位原封不动地发送给 Bob，或者把这个位的态变换到另一个量子系统中去，发送另一个量子系统。

利用量子纠缠现象，可以实现不发送任何量子位而把量子位未知态$|\boldsymbol{\alpha}\rangle$(即这个态包含的信息)发送出去。假设 Alice 和 Bob 各拥有一个处在纠缠态$|\boldsymbol{\varphi}^+\rangle$中的量子位，这里$|\boldsymbol{\varphi}^+\rangle=\frac{1}{\sqrt{2}}(|00\rangle+|11\rangle)$。Alice 希望发送一个量子位的未知$|\boldsymbol{\alpha}\rangle$态，不失一般性假设

$$|\boldsymbol{\alpha}\rangle=a|0\rangle+b|1\rangle \tag{8-15}$$

其中 a 和 b 是未知的系数。现在全部三个量子位的初态是：

$$\begin{aligned}|\boldsymbol{\Psi}_0\rangle&=|\boldsymbol{\alpha}\rangle|\boldsymbol{\varphi}^+\rangle=\frac{1}{\sqrt{2}}|\boldsymbol{\alpha}\rangle(|00\rangle+|11\rangle)\\&=\frac{1}{\sqrt{2}}(a|000\rangle+b|100\rangle+a|011\rangle+b|111\rangle)\end{aligned} \tag{8-16}$$

现在 Alice 对前两个量子位($|\alpha\rangle$态和她拥有的那个纠缠量子位)施加控制非门操作，得到态：

$$|\Psi_1\rangle=\frac{1}{\sqrt{2}}(a|000\rangle+b|110\rangle+a|011\rangle+b|101\rangle) \tag{8-17}$$

接着再对第一量子位施加 Hadamard 门操作，应用式(8-12)得到：

$$\begin{aligned}|\Psi_2\rangle&=\frac{1}{2}[a(|0\rangle+|1\rangle|00\rangle+b(|0\rangle-|1\rangle)|10\rangle+a(|0\rangle+|1\rangle)|11\rangle+b(|0\rangle-|1\rangle)|01\rangle]\\&=\frac{1}{2}[|00\rangle(a|0\rangle+b|1\rangle)+|10\rangle(a|0\rangle-b|1\rangle)+|01\rangle(a|1\rangle+b|0\rangle)+\\&\quad|11\rangle(a|1\rangle-b|0\rangle)]\end{aligned} \tag{8-18}$$

现在 Alice 对态$|\Psi_1\rangle$中前两个量子位实行一次测量，$|\Psi_2\rangle$态等概率地塌缩到式(8-18)中四个相叠加态之一上，并给出 Alice 拥有的前两个量子位的态的信息。Alice 把这两个量子位态的经典信息告诉 Bob(通过经典通信)，Bob 就可知道他通过什么样的操作可以使他拥有的量子位改变为 Alice 希望发送给他的态$|\boldsymbol{\alpha}\rangle$。事实上 Alice 的测量结果，将使 Bob 的粒子投影到

$$I|\alpha\rangle,Z|\boldsymbol{\alpha}\rangle,X|\boldsymbol{\alpha}\rangle,Y|\boldsymbol{\alpha}\rangle \tag{8-19}$$

四个态之一上。Bob 根据 Alice 测量结果的信息，只需对他的粒子实施式(8-19)中相应的逆操作，就获得了 Alice 要发送给他的未知量子态$|\boldsymbol{\alpha}\rangle$。

上述方法的结果是$|\boldsymbol{\alpha}\rangle$态从 Alice 那里消失，并经过一个滞后时间(经典通信及 Bob 的操作时间)出现在 Bob 那里，类似于科学幻想中的远距离传物，或“借尸还魂”，即原来的 Alice 拥

有的那个未知态$|\alpha\rangle$的“魂”，在 Bob 的那个量子位上“复活”了。这里要注意的是：第一，这里态传输整个过程不是瞬时完成的；第二，真正传输的是 Alice 拥有的量子位态（确切地说是量子态中包含的信息），而不是那个量子位本身。

前面介绍了设计量子密码协议所需要的量子力学基础知识。这些知识大部分是参照文献[8]～[10]，并结合理解本书的需要给出的。有些地方不太详尽，读者可进一步参考原文献。

第9章 量子身份认证

9.1 概　述

目前量子认证主要包括量子身份认证(QIA)、量子信道认证和量子信息认证三个方面。这里主要讨论 QIA 问题。

通常把经典信道分为抗干扰信道 UC(Unjammable Channel) 和非抗干扰信道 JC(Jammable Channel) 。在抗干扰信道中窃听者只能看到所传递的经典信息,但是不能修改或者替换它;相反,在非抗干扰信道中窃听者可以更改或替换所传递的信息。在量子密钥分配(QKD)协议中都要求通信双方之间有抗干扰信道,或者用经典的方法来相互认证身份。但通常情况下抗干扰信道很难实现,经典认证方法也很难达到无条件安全,因此不能有效防止攻击者(如 Eve) 来冒充合法通信者(如 Alice,Bob) 。如果对通信双方所用的量子信道和经典信道有相应的控制能力,Eve 甚至可以成功地进行"中间人"攻击。因此对通信双方的身份认证势在必行。近年来,已经提出了几个量子身份认证方案[11]~[26]。例如,M. Dusek 等人提出用经典的信息认证算法来认证 QKD 时所需要传递的经典信息,以达到抗干扰信道的效果[11];文献[12]中通过对三粒子纠缠态进行操作,使得 Bob 可以在 Trent 的帮助下验证 Alice 的身份;G. H. Zeng 等人提出用纠缠态性质保证量子信息的安全性,把共享信息作测量基编码来认证双方的身份[17];文献[18]中把按共享信息产生的量子序列穿插在 BB84 协议的粒子中达到认证的目的;文献[19]中作者提出在无差错量子信道下通过对纠缠粒子进行操作,进而可以在不传递经典信息的情况下达到认证的目的。

本节详细介绍了目前一些主要的量子身份认证协议,总结出此类协议的基本准则,提出了进一步的研究方向。

9.2 几种主要的量子身份认证协议

基本的量子身份认证方案可分为两类:共享经典信息型和共享纠缠态型。前者是指通信双方事先共享有一个预定好的经典比特串;后者是双方共享有一组纠缠态粒子,即双方各自拥有每对纠缠态粒子中的一个,通过对纠缠态进行相应的操作,可以互相表明身份。这里需要强调一点,文中提到的"共享信息"均指经典信息,即经典的比特串。因为从某种意义上说,纠缠态也是一种信息,它是量子信息。另外,与经典密码学中的身份认证类似,量子身份认证中也可以引入仲裁者 Trent,双方可以在 Trent 的帮助下验证身份。

9.2.1　共享经典信息型

1. M. Dusek 等人提出的方案

M. Dusek 等人在文献[11]中提出了 2 个方案。由于第一个方案太简单，实际意义不大，因而着重介绍第 2 个方案。第 2 个方案的主要思想是：为了降低信道要求就要用 JC，进而就必须对传递的经典信息进行认证。然而在经典的认证算法中，能达到无条件安全的算法虽然存在，但需要用大量的密钥。如果对所有传递的经典信息都认证的话，需要的密钥甚至比要分发的密钥量还大，这显然是不行的。鉴于此，用户完全没有必要对所有的经典信息进行认证，用户要检测量子信息有没有被窃听。其标准就是看误码率(error rate)的大小。如果误码率大于某一阈值，则认为量子信息被窃听。所以，用户只需要对那些影响到正确判断误码率的经典信息进行认证。其他经典信息即使被修改，也只能削弱密钥分发，而不会影响到安全。从以上的思路出发，构造了一个认证方案。其实质就是用经典的认证算法对尽量少的经典信息进行认证，使得用 JC 达到 UC 的效果。其优点在于能够达到无条件安全，但它始终是利用经典认证方法来达到认证目的，没有充分开发量子的物理性质。

2. G. H. Zeng 等人提出的方案

G. H. Zeng 等人在文献[17]中提出了一种用共享信息作测量基编码的方案。比如共享信息中的 0 对应$\oplus$基，1 对应$\otimes$基。此方案的主要思想是：Alice 产生一组纠缠态粒子，如

$$|\boldsymbol{\Psi}_{ab}^{+}\rangle = 1/\sqrt{2}(|0\rangle_a|1\rangle_b + |1\rangle_a|0\rangle_b)$$

每对粒子中一个留给自己，另一个发给 Bob。这里有 2 种测量基供 Alice 和 Bob 使用。一种是共享信息对应的基，对应规则如上所述；另外一种是与 EPR 协议相同的测量基。Alice 使用后者测量自己的粒子，而 Bob 随机选取 2 种基对他的粒子进行测量。然后 Bob 把用第一种测量基测量的粒子的有关信息(包括位置和结果)用共享信息加密后发给 Alice，于是 Alice 对正测量结果就可以验证 Bob 的身份。最后 Alice 把密文的解密结果发回给 Bob，如果解密正确，Bob 可以认定 Alice 是真。认证过程结束后，双方可以用 EPR 协议的方法从其他粒子中得到分发的密钥。此方案中用与 EPR 协议中相同的方法来检测量子信息是否被窃听，通过用共享信息转化的测量基测量纠缠态粒子来验证身份。其优点在于引入了测量基编码技术和随机穿插技术，使纠缠态粒子达到了检测窃听、身份认证和密钥分发三重作用，并且用 Bell 不等式来保证无条件安全性。另外，文献[17]还重点介绍了一种通过 Trent 利用量子纠缠交换技术[34]来分发共享信息的方法。

3. D. Liunggren 等人提出的方案

D. Liunggren 等人提出了一种与文献[17]中的方案类似的协议[18](原文协议 II，这里不考虑前半部分利用 Trent 来给 Alice 和 Bob 分发共享信息的过程)，不同点是此方案用了定位穿插技术，并且是把身份认证过程结合到 BB84 协议来进行。此方案的主要思想是把带有共享信息的粒子插入到 BB84 协议要传送的粒子当中，用这些粒子表明身份，用与 BB84 协议相同的方法进行密钥分发。其中这些粒子要穿插的位置、测量基以及测量值都由共享信息分组得来，Bob 只要对这些特定位置的粒子用相应的基进行测量，就能很容易地验证 Alice 的身份。此方案中所用的穿插技术不同于文献[17]中的协议。文献[17]用的是随机穿插，这样带来的不便就是 Bob 必须在第 7 步把自己随机用 M_K 测量粒子的位置和结果发给 Alice，用于验证身份，这样使得协议比较复杂。而文献[18]用的是按共享信息定位穿插技术，通信双方只要

有共享信息就知道应该插在哪一位，而这一位的值和测量基双方也能从中得出，所以有了共享信息，穿插的位、测量基和测量值等都是确定的，Bob 不必再发给 Alice 经典信息就能直接验证身份，非常简捷。另外减少经典信息传输也有利于提高安全性，降低对经典信道的要求。此外，这个协议也给出了分发共享信息的过程，Trent 会知道分发给 Alice 和 Bob 的共享信息，它可以对用户间的通信进行攻击。而文献[17]中的分发方法由于利用了量子纠缠交换技术避免了这个问题。

4. Y. G. Yang 等人提出的方案

(1) 基于秘密共享的多方同时量子身份认证

多粒子纠缠也是量子力学一个重要的特征。人们已经提出了纠缠交换的概念。纠缠交换(ES)是通过适当地对其他之前，与一个 S 粒子集合纠缠的粒子进行投影，把 S 粒子集合纠缠起来，已经发现纠缠交换在量子信息中有很多应用[19]~[23]：构造一个量子电话交换机，加速纠缠传播，纠正 Bell 态的错误，制备多粒子的纠缠态，还应用于解决密钥分配问题和秘密共享。基于量子隐形状态和纠缠交换，文献[26]提出了一种 QIA 分布式网络方案。现有的 QIA 方案仅涉及两个用户之间的简单认证，也就是两个通信者或一个通信者和一个裁判之间。

当有必要实施多方同时量子身份认证(MSQIA)时，上面的方案不得不被实施许多次。这造成效率低下和资源浪费。为了解决这个问题，Wang 等[20]建议了一种基于纠缠交换的 MSQIA 协议。所有用户可以由可信第三方(TTP)同时认证。在文献[20]中，纠缠是必要的。然而，该协议实现上是不容易的，这是因为制备，甚至三个或四个粒子的纠缠态的效率[28][29]非常低，因此提出了两种利用单光子的基于秘密共享协议[30]的 MSQIA 协议。另外，结合文献[31]和[32]的思想基于 Greenberger－Horne－Zeilinger(GHZ)态提出了一种经济的多方同时量子身份认证协议[33]。

两个 MSQIA 协议均有两个阶段：准备阶段和认证阶段。

协议一

准备阶段

① TTP 使用某种量子秘密共享(QSS)协议与用户共享一随机密钥 K。

$$K=(a_1,b_1,a_2,b_2,\cdots,a_m,b_m) \tag{9-1}$$

$$K_j=(a_1^{[j]},b_1^{[j]},a_2^{[j]},b_2^{[j]},\cdots,a_m^{[j]},a_m^{[j]}) \tag{9-2}$$

$$K=\bigoplus_{j=1}^{n}K_j \tag{9-3}$$

其中 a_i,b_i 属于集合{0,1}。K_j 是量子秘密共享过程中第 j 个用户的秘密影子。$\oplus$表示模 2 加。

② 它生成一个随机数 R

$$R=(r_1,r_2,\cdots,r_m) \tag{9-4}$$

其中 r_i 均匀地从集合{0,1}中选取。

认证阶段

① TTP 生成一个编码有 K 和 R 的量子态

$$|\boldsymbol{\varphi}\rangle=|\boldsymbol{\psi}_{r_1\oplus a_1,b_1}\rangle\otimes|\boldsymbol{\psi}_{r_2\oplus a_2,b_2}\rangle\otimes\cdots\otimes|\boldsymbol{\psi}_{r_m\oplus a_m,b_m}\rangle \tag{9-5}$$

其中$|\boldsymbol{\psi}_{r_i\oplus a_i,b_i}\rangle$处于下面四个 Bell 态之一。

$$\left.\begin{aligned}&|\Psi_{ab}^{+}\rangle=1/\sqrt{2}(|0\rangle_a|1\rangle_b+|1\rangle_a|0\rangle_b),\ |\Psi_{ab}^{-}\rangle=1/\sqrt{2}(|0\rangle_a|1\rangle_b-|1\rangle_a|0\rangle_b)\\&|\varphi_{AB}^{+}\rangle=1/\sqrt{2}(|0\rangle_a|0\rangle_b+|1\rangle_a|1\rangle_b),\ |\varphi_{ab}^{-}\rangle=1/\sqrt{2}(|0\rangle_a|0\rangle_b-|1\rangle_a|1\rangle_b)\end{aligned}\right\}\tag{9-6}$$

b_i 的值决定基。如果 b_i 是 0,那么 $r_i \oplus a_i$ 用 Z 基 $\{|0\rangle,|1\rangle\}$ 编码;如果 b_i 是 1,那么 $r_i \oplus a_i$ 用 X 基 $|\pm\rangle=(|0\rangle\pm|1\rangle)/\sqrt{2}$ 编码。

② TTP 发送量子态 $|\boldsymbol{\varphi}\rangle$ 给其中一个用户。这里为简单起见,假定用户 R_1 首先接收由 TTP 发送的量子态。无论是谁接收量子态 $|\boldsymbol{\varphi}\rangle$ 都是不重要的,这是因为对于每一 R_j, $j=1$, $\cdots$, n,量子态 $|\boldsymbol{\varphi}\rangle$ 是未知的。它不能不干扰它而获得其中的信息。量子不可克隆定理保证了它的安全性。

③ 令 $|\boldsymbol{\varphi}^{[0]}\rangle=|\boldsymbol{\varphi}\rangle$, R_0 为 TTP。对于每一 $j=1,\cdots,n$, R_j 接收来自 R_{j-1} 的 $|\boldsymbol{\varphi}^{[j-1]}\rangle$。为了检测特洛依木马攻击[34],[35],他利用一些分束器(PNS:50/50)和检测器来测量 $|\boldsymbol{\varphi}^{[j-1]}\rangle$。如果量子信号是多光子信号,则至少有两个测量结果。

$W^{[j]}$ 被式(9-7)定义:

$$W^{[j]}=U_1^{[j]}V_1^{[j]}\otimes U_2^{[j]}V_2^{[j]}\otimes\cdots\otimes U_m^{[j]}V_m^{[j]}\tag{9-7}$$

其中

$$U_i^{[j]}=U(a_i^{[j]}),V_i^{[j]}=V(b_i^{[j]})\tag{9-8}$$

$$\left.\begin{aligned}&U(1)=i\sigma_y=|0\rangle\langle1|-|1\rangle\langle0|,\\&U(0)=|0\rangle\langle0|+|1\rangle\langle1|,\\&V(1)=H=\frac{1}{\sqrt{2}}(|0\rangle+|1\rangle\langle0|+\frac{1}{\sqrt{2}}(|0\rangle-|1\rangle)\langle1|,\\&V(0)=|0\rangle\langle0|+1\rangle\langle1|.\end{aligned}\right\}\tag{9-9}$$

R_j 然后利用幺正变换获得 $|\boldsymbol{\varphi}^{[j]}\rangle$

$$W^{[j]}:|\boldsymbol{\varphi}^{[j-1]}\rangle\rightarrow|\boldsymbol{\varphi}^{[j]}\rangle\tag{9-10}$$

如果 $j<n$, R_j 发送 $|\varphi^{[j]}\rangle$ 给 R_{j+1};否则,它继续步骤④。

④ R_n 在基 $(0,\cdots,0)$ 上测量 $|\varphi^{[n]}\rangle$,公布它的结果。

⑤ 通过比较所得结果与 $(r_1,r_2,\cdots,r_m)$,TTP 可以判断假冒者是否存在。如果比较结果不一致,TTP 可以认为假冒者存在;否则,R_j, $j=1,\cdots,n$ 是真的。

协议二

协议二也分为准备阶段和认证阶段。准备阶段与协议一相同,不再赘述。

认证阶段

① TTP 生成一个编码有 R 的量子态

$$|\boldsymbol{\varphi}\rangle=|\boldsymbol{\psi}_{a_1,r_1\oplus b_1}\rangle\otimes|\boldsymbol{\psi}_{a_2,r_2\oplus b_2}\rangle\otimes\cdots\otimes|\boldsymbol{\psi}_{a_m,r_m\oplus b_m}\rangle\tag{9-11}$$

其中 $|\psi_{a_i,r_i\oplus b_i}\rangle$ 是四个 Bell 态之一。$r_i\oplus b_i$ 的值决定测量基。如果 $r_i\oplus b_i$ 为 0,那么 a_i 被编码在 Z 基 $\{|0\rangle,|1\rangle\}$;如果 $r_i\oplus b_i$ 为 1,那么 a_i 被编码在 X 基 $|\pm\rangle=(|0\rangle\pm|1\rangle)/\sqrt{2}$。

② TTP 发送量子态 $|\varphi\rangle$ 给其中一个用户 R_1。

③ 令 $|\boldsymbol{\varphi}^{[0]}\rangle=|\boldsymbol{\varphi}\rangle$, R_0 为 TTP。对于每一 $j=1,\cdots,n$, R_j 接收来自 R_{j-1} 的 $|\boldsymbol{\varphi}^{[j-1]}\rangle$。它检测特洛依木马攻击[34],[35]。如果量子信号为单光子信号,那么它施加 $W^{[j]}$ 到 $|\boldsymbol{\varphi}^{[j-1]}\rangle$。$R_j$ 然后利用幺正变换获得 $|\boldsymbol{\varphi}^{[j]}\rangle$。如果 $j<n$, R_j 发送 $|\boldsymbol{\varphi}^{[j]}\rangle$ 给 R_{j+1};否则,它将 $|\boldsymbol{\varphi}^{[n]}\rangle$ 转发给 TTP。

④ TTP 施加 $W^{[n+1]}$ 到 $|\boldsymbol{\varphi}^{[n]}\rangle$，且在基 $(r_1, r_2, \cdots, r_m)$ 上进行测量。如果它的结果为 $(0,0,\cdots,0)$，那么没有假冒者存在；但即使只有一个结果不为零，它也认为假冒者存在。

现在分析一下两种协议的安全性：第一种协议的安全性取决于 R 的随机性和 K 的秘密性；第二种协议的安全性取决于 R 的随机性。现在将分析一些可能的情况：①截取-重发攻击；②个体假冒攻击；③n 方假冒攻击；④K 被泄漏。

① 截取-重发攻击　TTP 发送的量子态是多量子比特的张量积。每个量子比特随机地处于两个共轭基之一。它和 BB84QKD 协议具有相同的本质。窃听者对每一单光子不能实施正确的幺正操作，仅仅通过猜测，他将会被检测到。TTP 发送量子态 $|\boldsymbol{\varphi}\rangle$ 给其中一个用户。无论是谁接收量子态 $|\boldsymbol{\varphi}\rangle$ 都是不重要的。这是因为对于每一 $R_j, j=1,\cdots,n$，量子态 $|\boldsymbol{\varphi}\rangle$ 是未知的，他不能不干扰它而获得其中的信息，量子不可克隆定理保证了它的安全性。

② 个体假冒攻击　然而，Eve 可以采用特洛依木马攻击[34],[35]。在 R_1 接收 TTP 发送的量子态之前，Eve 可以截取并发送另一多光子量子态给 R_1。Eve 期望通过利用一些分束器和检测器测量 R_1 操作之后的量子态来获得 R_1 的秘密影子。然而，他的特洛依木马攻击将被 R_1 在两种协议的认证阶段的步骤③检测到。对于其他用户 $R_i, j=1,\cdots,n$ 实施特洛依木马的情况是类似的。

③ n 方假冒攻击　假设假冒者的数目为 n。由于在这两种协议中随机数 R 是随机生成的，不被所有的用户所知，所以 n 方假冒攻击是不成功的。

④ 被泄漏　在秘密密钥 K 被泄漏的最坏的情况下，第一种协议是不安全的，这是因为假冒者可以确定地测量量子态 $|\boldsymbol{\varphi}\rangle$。然而，在这种情况下，第二种协议是安全的。

因此，第一种协议的安全性取决于 R 的随机性和 K 的秘密性，第二种协议的安全性取决于 R 的随机性。第二种协议比第一种更安全。

5. 基于 Greenberger-Horne-Zeilinger 态提出了一种经济的多方同时量子身份认证

假设一个 TTP，Trent，同时认证 r 个合法用户，$\text{Alice}_1, \text{Alice}_2, \cdots, \text{Alice}_r$。Trent 和每个用户共享一个秘密的身份号 $ID_i (i=1,2,\cdots,r)$ 以及一个秘密的 hash 函数 $h_i (i=1,2,\cdots,r)$。Hash 函数被定义为

$$h:\{0,1\}^l \times \{0,1\}^m \rightarrow \{0,1\}^n \tag{9-12}$$

其中 l，m 和 n 分别表示身份号的长度、计数器的长度以及认证密钥的长度。因此用户的认证密钥可以表示为 $AK=h(\text{IE},\text{C})$，其中 C 是调用用户 hash 函数的计数器。当认证密钥的长度不足以满足密码任务的需求时，通信方可以增加计数器的长度，然后生成一个新认证密钥。把 $\text{Alice}_1, \text{Alice}_2, \cdots, \text{Alice}_r$ 的认证密钥分别表示为

$$AK_{A_1} = h_{A_1}(\text{ID}_{A_1}, \text{C}_{A_1}), AK_{A_2} = h_{A_2}(\text{ID}_{A_2}, \text{C}_{A_2}), \cdots, AK_{A_r} = h_{A_r}(\text{ID}_{A_r}, \text{C}_{A_r})$$

(1) 协议描述

仅仅考虑理想条件：量子信道上没有噪声和损耗。如上所述，每一用户和 Trent 共享一认证密钥。

$(r+1)$ 个量子比特的 GHZ 态被描述为[36]：

$$\left.\begin{aligned}|G_{\underbrace{j\cdots k}_{r}+}\rangle &= \frac{1}{\sqrt{2}}\Big(|0\underbrace{j\cdots k}_{r}\rangle + |\underbrace{1(j\oplus 1)\cdots(k\oplus 1)}_{r}\rangle\Big)_{TA_1A_2\cdots A_r}\\ |G_{\underbrace{j\cdots k}_{r}-}\rangle &= \frac{1}{\sqrt{2}}\Big(|0\underbrace{j\cdots k}_{r}\rangle - |\underbrace{1(j\oplus 1)\cdots(k\oplus 1)}_{r}\rangle\Big)_{TA_1A_2\cdots A_r}\end{aligned}\right\} \tag{9-13}$$

其中，$j,k\in\{0,1\}$，$\oplus$表示加模 2，$|0\rangle$和$|1\rangle$是 Z 基的两个本征态。

(S1) Trent 生成一有序的 $N(r+1)$ 个量子比特的 GHZ 态量子系统，每一个处于下列形式

$$|\boldsymbol{\varphi}_m\rangle=\frac{1}{\sqrt{2}}\Big(|0\underbrace{s_{A_{1m}}s_{A_{2m}}\cdots s_{A_{rm}}}_{r}\rangle+|\underbrace{1(s_{A_{1m}}\oplus1)(s_{A_{2m}}\oplus1)\cdots(s_{A_{rm}}\oplus1)}_{r}\rangle\Big)_{T_mA_{1m}A_{2m}\cdots A_{rm}} \tag{9-14}$$

其中 m 代表序列中态的顺序，下标 $T_m,A_{1m},A_{2m},\cdots,A_{rm}$ 代表第 m 个 GHZ 态的 $r+1$ 粒子。Trent 从每个态中取出 $T(A_1,A_2,\cdots,A_r)$形成一个有序的粒子序列，被称作 $T(A_1,A_2,\cdots,A_r)$ 序列。对于每个 i 和 m，在 0 和 1 之间随机选取的 $s_{A_{im}}$ 的值仅被 Trent 知道，其他人包括 Alice 均不知道。此外，在 Trent 发送序列给 Alices 之前，她将某一数量的诱骗光子随机插入每一序列中的随机位置。随机处于如下态

$$\{|+\rangle,\ |-\rangle\}(|+\rangle=\frac{1}{\sqrt{2}}(|0\rangle+|1\rangle),\ |-\rangle=\frac{1}{\sqrt{2}}(|0\rangle-|1\rangle)$$

之一的所有这些单光子可用于检测窃听。T 然后他保留 T 序列，将 $A_1,A_2,\cdots,A_r$ 序列分别发送给 $\text{Alice}_1,\text{Alice}_2,\cdots,\text{Alice}_r$。

(S2) 为了确保量子信道的安全性，通信方进行窃听检测：(a) 在收到 Alices 的信息之后，Trent 公布诱骗光子的位置。(b) Alices 利用 X 基$\{|+\rangle,|-\rangle\}$测量接收到的序列中诱骗光子并公布它们的测量结果。(c) Trent 可以通过比较 Alices 的诱骗光子的测量结果和初始态检测窃听。如果信道安全，它们的结果必须是完全一致的。(d) 如果 Trent 确认没有窃听存在，他公布这一事实。如果 Alices 确认没有窃听，继续执行下一步；否则，他们终止通信。

(S3) 对于给定的 m，Trent 在 Z 基上测量他的量子比特 T_m，获得测量结果 $j^Z_{T_m}=\{0,1\}$，然后让 Alice 测量他们的量子比特 A_{im}，获得测量结果 $j^Z_{A_{im}}=\{0,1\}$。

(S4) 每个 Alice_i 广播值 $y_{A_m}=a_{A_m}\oplus j^Z_{A_{im}}$，其中 $a_{A_{im}}$ 是 AK_{A_i} 的第 m 个值。

(S5) Trent 对 Alice_i 的认证信息进行译码，获得 $a_{A_{im}}=y_{A_{im}}\oplus[\delta_{0,s_{A_{im}}}j^Z_{T_m}+\delta_{1,s_{A_{im}}}(j^Z_{T_m}\oplus1)]$。

如果所译码的 Alice_i 的认证信息等于 AK_{A_i}，$1\leqslant i\leqslant r$，Trent 可以认证 Alice。

(2) 安全分析

现在讨论协议的安全性。为了获得有用的信息(即 Alices 的认证信息)，窃听者(外部的窃听者或不诚实的用户)必须在量子信号传输过程中攻击量子信道。如文献[35,37]中所指出的，QSS 协议中参与者通常比外部的窃听者具有更大的优势。如果对于不诚实的参与者而言 QSS 协议是诚实的，他对于任何窃听者都是安全的。因此参与者攻击在 QSS 协议的安全分析中受到更多的关注。事实上，对于 MSQIA 协议也是如此。在本协议中，为了检测窃听，TTP 没有利用 GHZ 态测量结果之间的相关性，而是采用了诱骗光子技术[38]。理由如下：如果在安全检测中使用了 GHZ 态的相关性，协议不能抵制双 CNOT (受控 NOT)－操作攻击[37]。双 CNOT 攻击过程如下所示。

假设不诚实的用户是 Alice_i。Alice_i 制备了辅助粒子$|0\rangle_e$。GHZ 态和辅助粒子组成一个复合系统：

$$|\Pi^1\rangle_{T_mA_{1m}A_{2m}\cdots A_{rm}e}=|\boldsymbol{\varphi}_m\rangle_{T_mA_{1m}A_{2m}\cdots A_{rm}}|0\rangle_e=$$

$$\frac{1}{\sqrt{2}}(|0s_{A_{1m}}s_{A_{2m}}\cdots s_{A_{rm}}\rangle+|1(s_{A_{1m}}\oplus1)(s_{A_{2m\oplus1}})\cdots(s_{A_{rm}}\oplus1)\rangle)_{T_mA_{1m}A_{2m}\cdots A_{rm}}|0\rangle_e \tag{9-15}$$

其中下标 e 代表辅助粒子。

第二，如果 $Alice_i$ 想要窃听 $Alice_j$ 认证密钥信息，他对 TTP 发送给 $Alice_j$ 的量子比特 A_j 和辅助粒子施加 CNOT 操作 CA_{je}（第一个下标 Aj 表示控制量子比特，第二个下标 e 表示目标量子比特），系统的态变化成

$$|\Pi^2\rangle_{T_m A_{1m} A_{2m} \cdots A_{rm} e} =$$

$$\frac{1}{\sqrt{2}}(|0 s_{A_{1m}} s_{A_{2m}} \cdots s_{A_{rm}}\rangle |s_{A_{jm}}\rangle_e + |1(s_{A_{1m}} \oplus 1)(s_{A_{2m}} \oplus 1)\cdots(s_{A_{rm}} \oplus 1)\rangle |s_{A_{rm}} \oplus 1\rangle_e) \tag{9-16}$$

第三，$Alice_i$ 对 TTP 发送给他的量子比特 Ai 和辅助粒子施加 CNOT 操作 CAie；他将得到

$$|\Pi^3\rangle_{T_m A_{1m} A_{2m} \cdots A_{rm} e} =$$

$$\frac{1}{\sqrt{2}}(|0 s_{A_{1m}} s_{A_{2m}} \cdots s_{A_{rm}}\rangle + |1(s_{A_{1m}} \oplus 1)(s_{A_{2m}} \oplus 1)\cdots(s_{A_{rm}} \oplus 1)\rangle) |s_{A_{jm}} \oplus s_{A_{im}}\rangle_e \tag{9-17}$$

可以看出辅助粒子从多粒子纠缠态中解纠缠出来，更重要的是，初始态 $|\Phi_m\rangle_{T_m A_{1m} A_{2m} \cdots A_{rm}}$ 被原封不动地留下。最后，$Alice_i$ 基于 Z 基测量辅助粒子，将获得 $s_{A_{jm}} \oplus s_{A_{im}}$。

当所有的 Alice 步骤 4 广播值 y_{A_m}，$Alice_i$ 可以根据他的认证密钥 $a_{A_{im}}$ 和 $s_{A_{jm}} \oplus s_{A_{im}}$ 的值推断认证密钥 $a_{A_{jm}}$。也就是说，从方程

$$y_{A_{im}} = a_{A_{im}} \oplus j^Z_{A_{im}} = a_{A_{im}} \oplus [\delta_{0,s_{A_{im}}} j^Z_{T_m} + \delta_{1,s_{A_{im}}} (j^Z_{T_m} \oplus 1)], \tag{9-18}$$

和

$$y_{A_{jm}} = a_{A_{jm}} \oplus j^Z_{A_{jm}} = a_{A_{jm}} \oplus [\delta_{0,s_{A_{jm}}} j^Z_{T_m} + \delta_{1,s_{A_{jm}}} (j^Z_{T_m} \oplus 1)] \tag{9-19}$$

$Alice_i$ 可以获得

$$y_{A_{im}} \oplus y_{A_{jm}} = a_{A_{im}} \oplus a_{A_{jm}} \oplus [\delta_{0,s_{A_{im}}} j^Z_{T_m} + \delta_{1,s_{A_{im}}} (j^Z_{T_m} \oplus 1)] \oplus [\delta_{0,s_{A_{jm}}} j^Z_{T_m} + \delta_{1,s_{A_{jm}}} (j^Z_{T_m} \oplus 1)] \tag{9-20}$$

情况 1：$s_{A_{jm}} \oplus s_{A_{im}} = 0$，也就是，$s_{A_{jm}} = 0$ 和 $s_{A_{im}} = 0$ 或 $s_{A_{jm}} = 1$ 和 $s_{A_{im}} = 1$.

$Alice_i$ 可以获得

$$y_{A_{im}} \oplus y_{A_{jm}} = a_{A_{im}} \oplus a_{A_{jm}} \tag{9-21}$$

和

$$a_{A_{jm}} = y_{A_{im}} \oplus y_{A_{jm}} \oplus a_{A_{im}} \tag{9-22}$$

情况 2：$s_{A_{jm}} \oplus s_{A_{im}} = 1$，也就是，$s_{A_{jm}} = 0$ 和 $s_{A_{im}} = 1$ 或 $s_{A_{jm}} = 1$ 和 $s_{A_{im}} = 0$，$Alice_i$ 可以获得

$$y_{A_{im}} \oplus y_{A_{jm}} = a_{A_{im}} \oplus a_{A_{jm}} \oplus 1 \tag{9-23}$$

和

$$a_{A_{jm}} = y_{A_{im}} \oplus y_{A_{jm}} \oplus a_{A_{jm}} \oplus 1 \tag{9-24}$$

因此 $Alice_i$ 可以获得 $Alice_j$ 的认证密钥 $a_{A_{jm}}$，而没有引入任何错误。

为了抵制这种攻击，协议通过将随机处于{|+⟩，|−⟩}中态的单量子比特随机插入发送给 Alices 的每一序列，使用诱骗光子技术来检测窃听，因此窃听者的双 CNOT 操作攻击将在结果中引入错误。如果没有检测到这种攻击，Trent 和 Alices 可以获得一个安全的量子信道。检测窃听的详细过程在文献[37]中被讨论。TTP 和每一用户之间利用诱骗光子检测窃听过

程不要求其他用户的参与，这将禁止在传输效率低于 50%时，不诚实的用户利用不透明攻击策略窃听 TTP 和其他用户之间的量子信道[39]。另外本协议可以抵制几种常见的攻击，诸如测量-重发、扰乱、纠缠-测量和截取-重发攻击。总而言之，本方案是安全的。

(3) 与文献[14]进行比较

现在与文献[20]中的协议比较一下来显示本协议的优势。首先，从量子资源消耗方面进行比较。量子资源、Trent's(Alice')必要操作、单量子比特测量、单量子比特幺正操作和 Bell 态测量分别用 QR，NOT(NOA)，SQM，SQUO 和 BSM 表示。那么，在本协议中，QR＝1(r＋1)－量子比特 GHZ 态（用于窃听检测的诱骗光子可忽略不计），NOT＝1SQM 和 NOA＝rSQM。对于文献[20]，QR＝2 (r＋1)－量子比特 GHZ 态，NOT＝1SQUO 和 NOA＝rSQUO＋rBSM。显然，可以容易的看出本方案在量子资源和经典资源消耗、降低必要操作的困难性方面具有更大的优势。所以，本方案对于实现同时多用户认证是最优的。

9.2.2　共享纠缠态型

1. B. S. Shi 等人提出的方案

在量子信息世界，纠缠态扮演着极其重要的角色。纠缠态的奇妙物理特性使之被广泛应用在量子通信、量子密码、量子计算等领域。目前对纠缠态的研究已经取得了很大的进展，但由于实验条件有限等种种原因，对它的认识水平和操作能力还远远不够，因而有关纠缠态的性质以及物理实现还有很大的发展空间。在量子身份认证中，往往直接假设真的 Alice 和 Bob 事先共享纠缠对，而不去追究这些纠缠对到底是怎样分发到他们手中的。相比于共享信息型，共享纠缠态型有一个很大的优势，根据量子态不可克隆原理，这些"量子密钥"不会被攻击者复制并传播开来。共享纠缠态是一个很强的条件，Alice 和 Bob 可以直接测量得到密钥，也可以用量子隐形传态技术获得一个无差错量子信道。此类认证方案比较多，这里只介绍 B. S. Shi 等人提出的方案[19]。其方案构思巧妙，能够在分发密钥的同时达到身份认证的效果。

在 2 粒子纠缠态中，每个纠缠对的状态可以映射到下面 4 个 Bell 态之一：

$$|\boldsymbol{\Psi}_{ab}^{+}\rangle = 1/\sqrt{2}(|0\rangle_a|1\rangle_b + |1\rangle_a|0\rangle_b);\ |\boldsymbol{\Psi}_{ab}^{-}\rangle = 1/\sqrt{2}(|0\rangle_a|1\rangle_b - |1\rangle_a|0\rangle_b)$$

$$|\boldsymbol{\varphi}_{ab}^{+}\rangle = 1/\sqrt{2}(|0\rangle_a|0\rangle_b + |1\rangle_a|1\rangle_b);\ |\boldsymbol{\varphi}_{ab}^{-}\rangle = 1/\sqrt{2}(|0\rangle_a|0\rangle_b - |1\rangle_a|1\rangle_b)$$

此方案中，Alice 和 Bob 共享的纠缠对处在$|\boldsymbol{\Psi}_{ab}^{-}\rangle$态，Bob 随机地用

$$\boldsymbol{I} = \begin{bmatrix} 1 & 0 \\ 0 & 1 \end{bmatrix}, \boldsymbol{\sigma}_x = \begin{bmatrix} 0 & 1 \\ 1 & 0 \end{bmatrix}$$

2 个算符对它的那份粒子进行操作。其中：第 1 个算符不改变纠缠对的状态；第 2 个算符使纠缠对的状态改变为$|\boldsymbol{\varphi}_{ab}^{-}\rangle$。然后，Bob 再把自己的那份粒子通过无差错量子信道发给 Alice，Alice 用 Bell 态分析仪对 2 个粒子进行测量，规定$|\boldsymbol{\Psi}_{AB}^{-}\rangle$和$|\boldsymbol{\varphi}_{ab}^{-}\rangle$分别对应 0 和 1，这样就分发了密钥。如果测量结果中出现了另外 2 个 Bell 态$|\boldsymbol{\Psi}_{ab}^{+}\rangle$和$|\boldsymbol{\varphi}_{ab}^{+}\rangle$，说明 Bob 是假冒的；否则不可能出现这 2 个状态。这样，每个纠缠对都同时完成了密钥分发和身份认证的任务，这正是此方案的巧妙之处。

此方案的另一个优点就是整个过程中没有经典信息的传递，大大提高了安全性。

2. Y. G. Yang 等提出的基于纠缠交换的量子身份认证协议

Y. G. Yang 等提出了基于纠缠交换的量子两方身份认证协议，并扩展到基于纠缠交换的

量子多方身份认证协议[40]。协议中通信用户初始共享的纠缠粒子对用作认证密钥。用户通过对事先共享的纠缠粒子对进行纠缠交换和进行经典通信，实现用户之间的身份认证。所提出的量子身份认证协议可高效地应用于需要对多个用户进行身份认证的环境中。

首先介绍一下纠缠交换的概念。纠缠交换实际就是在不同的粒子间通过测量交换纠缠[41]。高维系统中的纠缠交换完全类似[42]。用线性代数的语言描述就是展开、交换位置和重新展开(测量)等一系列过程。在两级系统中以纠缠态

$$|\boldsymbol{\varphi}^{+}\rangle_{12}=(1/\sqrt{2})(|00\rangle_{12}+|11\rangle_{12}),\ |\psi^{+}\rangle_{34}=(1/\sqrt{2})(|01\rangle_{34}+|10\rangle_{34})$$

之间进行的纠缠交换为例进行说明。

$$\begin{aligned}
&|\boldsymbol{\varphi}^{-}\rangle_{12}\otimes|\boldsymbol{\psi}^{+}\rangle_{34}\\
&=\frac{1}{2}(|00\rangle_{12}+|11\rangle_{12})\otimes(|01\rangle_{34}+|10\rangle_{34})\\
&=\frac{1}{2}(|0001\rangle_{1234}+|0010\rangle_{1234}+|1101\rangle_{1234}+|1110\rangle_{1234})\\
&=\frac{1}{2}(|0100\rangle_{1432}+|0010\rangle_{1432}+|1101\rangle_{1432}+|1011\rangle_{1432})\\
&=\frac{1}{2}[(|\boldsymbol{\psi}^{+}\rangle_{14}+|\boldsymbol{\psi}^{-}\rangle_{14})(|\boldsymbol{\varphi}^{+}\rangle_{32}+|\boldsymbol{\varphi}^{-}\rangle_{32})+(|\boldsymbol{\varphi}^{+}\rangle_{14}+|\boldsymbol{\varphi}^{-}\rangle_{14})(|\boldsymbol{\psi}^{+}\rangle_{32}-|\boldsymbol{\psi}^{-}\rangle_{32})\\
&\quad+(|\boldsymbol{\varphi}^{+}\rangle_{14}-|\boldsymbol{\varphi}^{-}\rangle_{14})(|\boldsymbol{\psi}^{+}\rangle_{32}+|\boldsymbol{\psi}^{-}\rangle_{32})+(|\boldsymbol{\psi}^{+}\rangle_{14}-|\boldsymbol{\psi}^{-}\rangle_{14})(|\boldsymbol{\varphi}^{+}\rangle_{32}-|\boldsymbol{\varphi}^{-}\rangle_{32})]\\
&=\frac{1}{2}(|\boldsymbol{\psi}^{+}\rangle_{14}+|\boldsymbol{\varphi}^{+}\rangle_{32}+|\boldsymbol{\psi}^{-}\rangle_{14}+|\boldsymbol{\varphi}^{-}\rangle_{32}+|\boldsymbol{\varphi}^{+}\rangle_{14}\ |\boldsymbol{\psi}^{+}\rangle_{32}-|\boldsymbol{\varphi}^{-}\rangle_{14}\ |\boldsymbol{\psi}^{-}\rangle_{32})
\end{aligned}$$

可以看出粒子 1 和 2，以及粒子 3 和 4 之间的纠缠通过上述交换过程变成了粒子 1 和 4，以及粒子 2 和 3 之间的纠缠。也就是说给定粒子 1 和 2 处于态$|\boldsymbol{\varphi}^{+}\rangle_{12}$，粒子 3 和 4 处于态$|\varphi^{+}\rangle_{34}$，若对粒子 1 和 4 进行 Bell 基测量，则四粒子状态均匀塌缩为上述最后一个等式中的四项之一。事实上，两级系统 Bell 态之间的纠缠交换遵循下面的规律，即

$$|\boldsymbol{\varphi}(\boldsymbol{v}_1,\boldsymbol{v}_2)\rangle\otimes|\boldsymbol{\varphi}(\boldsymbol{u}_1,\boldsymbol{u}_2)\rangle\rightarrow\sigma\,|\boldsymbol{\varphi}(\boldsymbol{v}_1,\boldsymbol{v}_2)\rangle\otimes\sigma\,|\varphi(\boldsymbol{u}_1,\boldsymbol{u}_2)\rangle$$

其中$|\boldsymbol{\varphi}(\boldsymbol{v}_1,\boldsymbol{v}_2)|$和$|\boldsymbol{\varphi}(\boldsymbol{u}_1,\boldsymbol{u}_2)|$为初始两粒子所处的纠缠态，后面$\sigma(|\boldsymbol{\varphi}(\boldsymbol{v}_1,\boldsymbol{v}_2)\rangle)$和$\sigma(|\boldsymbol{\varphi}(\boldsymbol{u}_1,\boldsymbol{u}_2)\rangle)$为任意的(例如，粒子 1 和粒子 3 交换，则 1 和 2 以及 3 和 4 之间的纠缠最终变为 1 和 4，以及 3 和 2 之间的纠缠)纠缠交换测量后的两粒子纠缠态。$\boldsymbol{\sigma}$ 为四个 Pauli 矩阵之一。$\sigma(|\boldsymbol{\varphi}(\boldsymbol{v}_1,\boldsymbol{v}_2)\rangle)$表示 $\boldsymbol{\sigma}$ 作用到两粒子纠缠态$|\boldsymbol{\varphi}(\boldsymbol{v}_1,\boldsymbol{v}_2)\rangle$中的第 1 个粒子上所得到的纠缠态。例如，上面$|\varphi^{+}\rangle_{12}$和$|\boldsymbol{\psi}^{+}\rangle_{34}$之间进行的纠缠交换结果中可能出现的四项中。

$|\boldsymbol{\psi}^{+}\rangle_{14}|\boldsymbol{\varphi}^{+}\rangle_{32}$是对应的$|\boldsymbol{\varphi}^{+}\rangle_{12}$和$|\boldsymbol{\psi}^{+}\rangle_{34}$中第 1 个粒子做了 X 变换；

$|\boldsymbol{\psi}^{-}\rangle_{14}|\boldsymbol{\varphi}^{-}\rangle_{32}$是对应的$|\boldsymbol{\varphi}^{+}\rangle_{12}$和$|\boldsymbol{\psi}^{+}\rangle_{34}$中第 1 个粒子做了 Y 变换。

其他两项有的的结果也类似。

与上述过程类似，多粒子之间的纠缠交换也是通过展开、交换位置和重新展开(测量)等一系列过程进行的。只不过重新展开时用的可能不是 Bell 基，而是按照被测量的多粒子纠缠态量子系统中的一组完备正交基展开。

(1) 基于纠缠交换的两方身份认证方案

在本认证方案中假定 Alice 和 Bob 事先共享 n 对纠缠态：

$$|\boldsymbol{\varphi}_{12}^{+}\rangle=\frac{1}{\sqrt{2}}(|0\rangle_1\ |0\rangle_2+|1\rangle_2) \tag{9-25}$$

Alice 拥有下标为 1 的粒子，Bob 拥有下标为 2 的粒子。

Alice 生成的一个有序的 n 个 EPR 对，每个 EPR 对分别随机投影到四个 Bell 态上。四个 Bell 态重新写成：

$$|\boldsymbol{\varphi}_{34}^{+}\rangle = \frac{1}{\sqrt{2}}(|0\rangle_3|0\rangle_4 + |1\rangle_3|1\rangle_4) \tag{9-26}$$

$$|\boldsymbol{\varphi}_{34}^{-}\rangle = \frac{1}{\sqrt{2}}(|0\rangle_3|0\rangle_4 - |1\rangle_3|1\rangle_4) \tag{9-27}$$

$$|\boldsymbol{\Psi}_{34}^{+}\rangle = \frac{1}{\sqrt{2}}(|0\rangle_3|1\rangle_4 + |1\rangle_3|0\rangle_4) \tag{9-28}$$

$$|\boldsymbol{\Psi}_{34}^{-}\rangle = \frac{1}{\sqrt{2}}(|0\rangle_3|1\rangle_4 - |1\rangle_3|0\rangle_4) \tag{9-29}$$

下标 3，4 表示是 Alice 生成的有序 EPR 对。

协议如下：

① Alice 生成一个有序的 n 个 EPR 对序列$[(P_1(1);\ P_1(2));\ (P_2(1);\ P_2(2));\ ::::;\ (P_i(1);\ P_i(2));::::;(P_N(1);P_n(2))]$，Alice 发送给 Bob 一个有序 EPR 粒子序列：$[P_1(2), P_2(2), P_3(2), \cdots, P_n(2)]$。

② 在 Bob 接收到一个有序 EPR 粒子序列之后，Bob 通过一个经典信道告诉 Alice 他已经收到粒子序列。

③ 验证 Bob 的身份。Alice 和 Bob 各自取一个认证粒子子集，并且 Alice 对认证粒子 $P_i(1)$和处于$|\boldsymbol{\varphi}_{12}^{+}\rangle$的粒子 1 进行 Bell 基测量，Bob 对认证粒子 $P_i(2)$和处于$|\boldsymbol{\varphi}_{12}^{+}\rangle$的粒子 2 进行 Bell 基测量，量子位 1 和 2 共处于纠缠态$|\boldsymbol{\varphi}_{12}^{+}\rangle$。然后 Bob 公开测量结果，Alice 根据自己的测量结果和初始纠缠态可知 Bob 的测量结果是否正确。如正确，双方继续进行下一个 Bell 基测量和 Bob 公开测量结果，如果全部正确，则 Bob 是真实的，转步骤④；如果 Bob 公开的测量结果有一次错误，表明 Bob 是假冒的(这里假设 Bell 态的测量是理论上 100%可靠的)，协议结束。

④ 验证 Alice 的身份。Alice 和 Bob 各自再取一个认证粒子子集，同样 Alice 对认证粒子 $\boldsymbol{P}_i(1)$和处于$|\boldsymbol{\varphi}_{12}^{+}\rangle$的粒子 1 进行 Bell 基测量，Bob 对认证粒子 $\boldsymbol{P}_i(2)$和处于$|\boldsymbol{\varphi}_{12}^{+}\rangle$的粒子 2 进行 Bell 基测量，然后 Alice 公开自己的测量结果和初始纠缠态，Bob 根据自己的测量结果可知 Alice 是否正确。如正确，双方继续进行下一个 Bell 基测量和 Alice 公开自己的测量结果和初始纠缠态。如果全部正确，则 Alice 是真实的，认证协议完成；如果 Alice 公开的结果有一次错误，表明 Alice 是假冒的，协议结束(这里假设 Bell 态的测量是理论上 100%可靠的)。

现在对协议的安全性进行分析：对协议双方的身份认证阶段集中在步骤③和④。这也是该协议最重要的两个步骤。

假设存在两种可能的情况：真实的 Alice 和 Bob，存在一个窃听者 Eve；参与者之一是不真实的，比如说 Bob 是不真实的。分别讨论这两种情况。

1) 真实的 Alice 和 Bob，存在一个窃听者 Eve 进行截取重放攻击

① Eve 进行截取重放攻击

如果窃听者 Eve 已经在协议的步骤①这个阶段截取了 Alice 发送给 Bob 的纠缠粒子序列，那么 Alice 和 Eve 共处于纠缠态，每对纠缠粒子所处的纠缠态分别是$\{|\boldsymbol{\varphi}_{34}^{+}\rangle, |\boldsymbol{\varphi}_{34}^{-}\rangle, |\boldsymbol{\Psi}_{34}^{+}\rangle,$

$|\boldsymbol{\Psi}_{34}^{-}\rangle\}$其中之一，然而 Eve 不知道自己截获的粒子分别处于什么纠缠态上。它即使对自己的粒子进行量子操作也得不到任何信息，因为根据量子力学原理，处于纠缠态的子系统的密度矩阵是单位矩阵的倍数，是最大的混合态，任何局域的量子操作得不到任何关于整个系统状态的信息，而且它的测量只会带来错误，合法用户通过异常高的错误率可检测到有异常情况发生，使得协议失败。

② Eve 进行中间人攻击

如果窃听者 Eve 已经在协议的步骤①这个阶段截取了 Alice 发送给 Bob 的纠缠粒子序列，然后 Eve 自己再产生一些最大纠缠粒子对，把每对中的其中一个粒子发送给 Bob。这样，Bob 和 Eve 共享一些最大纠缠粒子对，而 Alice 和 Eve 共处于纠缠态，每对纠缠粒子所处的纠缠态分别是$\{|\boldsymbol{\varphi}_{34}^{+}\rangle,|\boldsymbol{\varphi}_{34}^{-}\rangle,|\boldsymbol{\Psi}_{34}^{+}\rangle,|\boldsymbol{\Psi}_{34}^{-}\rangle\}$其中之一，然而 Eve 不知道自己截获的粒子分别处于什么纠缠态上。Eve 然后对自己拥有的与 Alice 共享的粒子和与 Bob 共享的粒子进行 Bell 基的测量，但只会等概率地得到四个 Bell 态中的一个。这个态是随机的，不受 Eve 控制，结果也使得 Alice 和 Bob 分别与 Eve 共享的纠缠粒子纠缠起来。但这个纠缠态不一定恰好就是 Alice 在协议的步骤①发送给 Bob 的纠缠态，概率为 1/4，所以在协议的步骤③中验证 Bob 的身份时，Alice 可通过检查 Bob 的错误率，判断协议是否成功。

2）参与者之一是不真实的，比如说 Bob 是不真实的

窃听者 Eve 参与了协议，Alice 和 Eve 共处于纠缠态，每对纠缠粒子所处的纠缠态分别是$\{|\boldsymbol{\varphi}_{34}^{+}\rangle,|\boldsymbol{\varphi}_{34}^{-}\rangle,|\boldsymbol{\Psi}_{34}^{+}\rangle,|\boldsymbol{\Psi}_{34}^{-}\rangle\}$其中之一，然而 Eve 不知道自己截获的粒子分别处于什么纠缠态上，即使对自己的粒子进行量子操作也得不到任何信息。因为根据量子力学原理，处于纠缠态的子系统的密度矩阵是单位矩阵的倍数，是最大的混合态，任何局域的量子操作得不到任何关于整个系统状态的信息。另外，Eve 没有和 Alice 事先共享纠缠态$|\boldsymbol{\varphi}_{12}^{+}\rangle$，所以即使 Eve 知道 Alice 和 Bob 事先共享$|\boldsymbol{\varphi}_{12}^{+}\rangle$，也不知道正确的测量结果。只能猜测，有四种可能性，猜对的概率为 1/4，比如，初始纠缠态为$|\boldsymbol{\varphi}_{34}^{+}\rangle$和$|\boldsymbol{\varphi}_{12}^{+}\rangle$，如果 Alice 的测量结果为$|\boldsymbol{\varphi}_{A}^{+}\rangle$，当 Bob 声称他的测量结果是$\{|\boldsymbol{\varphi}_{B}^{+}\rangle,|\boldsymbol{\Psi}_{B}^{+}\rangle,|\boldsymbol{\Psi}_{B}^{-}\rangle\}$中之一，则 Alice 可以根据表 9-1 断定 Bob 是假冒的，同样也可能出现初始纠缠态为$\{|\boldsymbol{\varphi}_{34}^{-}\rangle,|\boldsymbol{\Psi}_{34}^{+}\rangle,|\boldsymbol{\Psi}_{34}^{-}\rangle\}$其中之一和$|\boldsymbol{\varphi}_{12}^{+}\rangle$，所以 Eve 不被检测到的概率为 $P_{not\,detected}=(1/16)^{K}$，Alice 可以增大 K 值，使 $P_{not\,detected}$ 任意小；步骤④与步骤③相似。如果 Eve 假冒 Alice，由于它没有和 Bob 事先共享$|\boldsymbol{\varphi}_{12}^{+}\rangle$，他同样只能猜测，也必然给结果引入错误。

（2）基于纠缠交换的多方身份认证方案

GHZ 态的正交基可以表示如下：

$$|000\rangle_{ijk}=\frac{1}{\sqrt{2}}(|0\rangle_i\otimes|0\rangle_j\otimes|0\rangle_k+|1\rangle_i\otimes|1\rangle_j\otimes|1\rangle_k) \tag{9-30}$$

$$|001\rangle_{ijk}=\frac{1}{\sqrt{2}}(|0\rangle_i\otimes|0\rangle_j\otimes|0\rangle_k-|1\rangle_i\otimes|1\rangle_j\otimes|1\rangle_k) \tag{9-31}$$

$$|010\rangle_{ijk}=\frac{1}{\sqrt{2}}(|0\rangle_i\otimes|0\rangle_j\otimes|1\rangle_k+|1\rangle_i\otimes|1\rangle_j\otimes|0\rangle_k) \tag{9-32}$$

$$|011\rangle_{ijk}=\frac{1}{\sqrt{2}}(|0\rangle_i\otimes|0\rangle_j\otimes|1\rangle_k-|1\rangle_i\otimes|1\rangle_j\otimes|0\rangle_k) \tag{9-33}$$

$$|100\rangle_{ijk}=\frac{1}{\sqrt{2}}(|0\rangle_i\otimes|1\rangle_j\otimes|0\rangle_k+|1\rangle_i\otimes|0\rangle_j\otimes|1\rangle_k) \tag{9-34}$$

$$|101\rangle_{ijk}=\frac{1}{\sqrt{2}}(|0\rangle_i\otimes|1\rangle_j\otimes|0\rangle_k-|1\rangle_i\otimes|0\rangle_j\otimes|1\rangle_k) \tag{9-35}$$

$$|110\rangle_{ijk}=\frac{1}{\sqrt{2}}(|1\rangle_i\otimes|0\rangle_j\otimes|0\rangle_k+|0\rangle_i\otimes|1\rangle_j\otimes|1\rangle_k) \tag{9-36}$$

$$|111\rangle_{ijk}=\frac{1}{\sqrt{2}}(|1\rangle_i\otimes|0\rangle_j\otimes|0\rangle_k-|0\rangle_i\otimes|1\rangle_j\otimes|1\rangle_k) \tag{9-37}$$

Bell 态的正交基表示如下：

$$|00\rangle_{ij}=\frac{1}{\sqrt{2}}(|0\rangle_i|0\rangle_j+|1\rangle_i|1\rangle_j) \tag{9-38}$$

$$|01\rangle_{ij}=\frac{1}{\sqrt{2}}(|0\rangle_i|0\rangle_j-|1\rangle_i|1\rangle_j) \tag{9-39}$$

$$|10\rangle_{ij}=\frac{1}{\sqrt{2}}(|0\rangle_i|1\rangle_j+|1\rangle_i|0\rangle_j) \tag{9-40}$$

$$|11\rangle_{ij}=\frac{1}{\sqrt{2}}(|0\rangle_i|1\rangle_j-|1\rangle_i|0\rangle_j) \tag{9-41}$$

协议如下：

① 初始阶段，Alice 拥有量子位 1，2 和 3，量子位 1 和 2 制备在式(9-38)～(9-41)的一个 Bell 态上，量子位 3，A 和 B(可根据协议中实际的用户数来确定，这里假定用户数目为 3)制备在式(9-30)～(9-37)的一个 GHZ 态上。Bob(Carol)在相距遥远的地方，拥有三个量子位，A，5 和 D(B，4 和 C)，5 和 D(4 和 C)制备在一个 Bell 态上。例如，初始 9 个量子位的态为

$$|\boldsymbol{\psi}_i\rangle=|000\rangle_{3AB}\otimes|00\rangle_{12}\otimes|00\rangle_{5D}\otimes|00\rangle_{4C} \tag{9-42}$$

② Alice 对量子位 2 和 3 作一个秘密的 Bell 态测量，Bob 对量子位 5 和 A 作一个秘密测量，Carol 对量子位 4 和 B 作一个秘密的 Bell 态测量。

③ 在这些秘密测量之后，量子位 1、C 和 D 成为式(9-30)～(9-37)的一个 GHZ 态，由于多粒子的纠缠交换，最后的态为

$$|\boldsymbol{\psi}_{iii}\rangle=|AS'\rangle_{1CD}\otimes|AS\rangle_{23}\otimes|BS\rangle_{5A}\otimes|CS\rangle_{4B}\otimes \tag{9-43}$$

Alice 的秘密 GHZ 态测量结果 $|AS'\rangle_{1CD}$、Alice 的秘密测量结果 $|AS\rangle_{23}$、Bob 的秘密测量结果 $|BS\rangle_{5A}$、Carol 的秘密测量结果 $|CS\rangle_{4B}$ 的组合一共 512 种，但只有 64 种可能的结果出现的概率不为零。这 64 种可能的结果的组合如表 9-1 所示。

④ 然后 Bob(Carol)发送量子位 $D(C)$ 给 Alice，Alice 然后对量子位 1、C 和 D(也就是说在式(9-30)～(9-37)中正交基上的测量，态可明确地区分开)进行 GHZ 态的测量，使测量结果保密。

⑤ 验证 Bob 和 Carol 的身份。Alice 作验证方，Bob 和 Carol 是证明方。Bob 公开它的测量结果，Carol 公开他的测量结果，Alice 根据表 9-1 和自己的测量结果，判断 Bob 和 Carol 是否真实。如果正确，则表明 Bob 和 Carol 是真实的；如果有错误，则 Bob 和 Carol 中至少有一个是假的。

⑥ 证明其他的身份同上。

对协议进行安全分析。在协议中，由于有多个用户，所以对于公开结果的顺序要重点考虑，不能总是由某一个人或几个人先公开结果，就有可能出现假冒者通过其他人的公开结果来

猜测自己应该公开的结果。应该让协议中的参与者轮流公开自己的结果。举例，比如说 Bob 和 Carol 中有一个人是假冒的，那么当其中一个真实的人公开他的测量结果后，另外一个假冒的人会根据表 9－1 来猜测可能是哪个组合，用 $P(C)$ 表示猜对的概率，假设一个真实的证明方公开的测量结果为 01，则根据表 9－1，可统计 01～01 出现的次数为 4 次，设为 B_1；01～00 出现的次数为 4 次，设为 B_2，01～11 出现的次数为 4 次，设为 B_3，01～10 出现的次数为 4 次，设为 B_4，由于每一种组合出现的概率均为 1/64，利用全概率公式，他猜对的概率为

$$P(C)=P(C\mid B_1)P(B_1)+P(C\mid B_2)P(B_2)+P(C\mid B_3)P(B_3)+P(C\mid B_4)P(B_4)$$
$$=\frac{1}{4}\times\frac{4}{64}+\frac{1}{4}\times\frac{4}{64}+\frac{1}{4}\times\frac{4}{64}+\frac{1}{4}\times\frac{4}{64}=\frac{1}{16}$$

根据实际的应用，这个概率已经很小了。当然也可以再进行几次的认证过程，可以进行 n 次，类似于经典密码学中的零知识证明身份识别协议，进一步判断各个用户的真实性。

表 9－1 是基于初始处于式(9－42)中态的 Alice 的公开 GHZ 态测量、Alice 的秘密测量、Bob 的秘密测量、Carol 的秘密测量的 64 种可能的结果组合。每一种组合出现的概率均为 1/64。

表 9－1　64 种测量结果组合出现概率

GHZ	Alice	Bob	Carol	GHZ	Alice	Bob	Carol	GHZ	Alice	Bob	Carol	GHZ	Alice	Bob	Carol
000	00	00	00	100	00	00	00	010	00	10	00	110	00	10	10
”	”	01	01	”	”	01	11	”	”	11	01	”	”	11	11
”	01	00	01	”	01	00	11	”	01	10	01	”	01	10	11
”	”	01	00	”	”	01	10	”	”	11	00	”	”	11	10
”	10	10	10	”	10	10	00	”	10	00	10	”	10	00	00
”	”	11	11	”	”	11	01	”	”	01	11	”	”	01	01
”	11	10	11	”	11	10	01	”	11	00	11	”	11	00	01
”	”	11	10	”	”	11	00	”	”	01	10	”	”	01	00
001	00	00	01	101	00	00	11	011	00	10	01	111	00	10	11
”	”	01	00	”	”	01	10	”	”	11	00	”	”	11	10
”	01	00	00	”	01	00	10	”	01	10	00	”	01	10	10
”	”	01	01	”	”	01	11	”	”	11	01	”	”	11	11
”	10	10	11	”	10	10	01	”	10	00	11	”	10	00	01
”	”	11	10	”	”	11	00	”	”	01	10	”	”	01	00
”	11	10	10	”	11	10	00	”	11	00	10	”	11	00	00
”	”	11	11	”	”	11	01	”	”	01	11	”	”	01	01

(3) 推广到 $n(n>3)$ 方的认证

$n>3$ 的情况更复杂，设 n 粒子的 GHZ 态正交基可表示如下：

$$|\boldsymbol{\Psi}_1\rangle=\frac{1}{\sqrt{2}}(|0_1 0_2 0_3 0_4 0_5\cdots 0_n\rangle+|1_1 1_2 1_3 1_4 1_5\cdots 1_n\rangle)\tag{9-44}$$

$$|\boldsymbol{\Psi}_2\rangle=\frac{1}{\sqrt{2}}(|0_1 0_2 0_3 0_4 0_5\cdots 0_n\rangle-|1_1 1_2 1_3 1_4 1_5\cdots 1_n\rangle)\tag{9-45}$$

$$|\boldsymbol{\Psi}_3\rangle = \frac{1}{\sqrt{2}}(|0_1 0_2 0_3 0_4 0_5 \cdots 0_n\rangle + |1_1 1_2 1_3 1_4 1_5 \cdots 1_n\rangle) \quad (9-46)$$

$$|\boldsymbol{\Psi}_4\rangle = \frac{1}{\sqrt{2}}(|0_1 0_2 0_3 0_4 0_5 \cdots 0_n\rangle - |1_1 1_2 1_3 1_4 1_5 \cdots 1_n\rangle) \quad (9-47)$$

$$\vdots$$

$$|\boldsymbol{\Psi}_{2^n}\rangle = \frac{1}{\sqrt{2}}(|1_1 0_2 0_3 0_4 0_5 \cdots 0_n\rangle - |0_1 0_2 0_3 0_4 0_5 \cdots 1_n\rangle) \quad (9-48)$$

协议和粒子数为 3 的认证类似。而且当用户数量越多，假冒者越难以不被检测的方式通过认证协议。这里用户公开结果的顺序也同样需要考虑。

这个方案的可行性取决于对 Bell 态的可靠测量，也就是说以理论上 100％的成功概率。虽然在实现上存在一定的难度，但这个方案提供了一个不同于经典的或量子力学其他的解决方案。它提供了一个很重要的概念——即把纠缠交换的概念应用到量子身份认证方案。

9.2.3 其　他

不同于上述 2 种基本认证方式，最近 T. Mihara 提出了一种基于数字身份证（certificate）的协议[13]。它与共享信息型的区别就在于，此协议中每个用户都有一个不同的比特串，即所谓的 certificate。而在共享信息型，Alice 和 Bob 事先分享有一串相同的比特串。

首先由 Trent 给系统中的每个用户发一个 cert ificate。当用户 Alice 进入系统的时候，Trent 生成一个随机比特串 I(Alice)，然后把它分成 3 部分 $I(\text{Alice})=I_{\text{A}}\oplus I_{\text{pub}}\oplus I_{\text{TA}}$，其中：$I_{\text{A}}$ 发给 Alice 做 certificate，I_{pub}公开，自己留下 I(Alice)和 I_{TA}，并保密。接下来就可以验证 Alice 的身份给 Bob 了。Trent 产生一组 3 粒子纠缠态$|\boldsymbol{\Psi}\rangle=1/\sqrt{2}(|0\rangle|0\rangle|0\rangle-|1\rangle|1\rangle|1\rangle)$，分别给 Alice，Bob 和自己。3 方分别根据自己手中的比特串对粒子进行相应的操作 L，这里有 3 个算符可以使用：

$$\boldsymbol{I}=\begin{bmatrix}1 & 0\\ 0 & 1\end{bmatrix} \qquad \boldsymbol{Z}=\begin{bmatrix}1 & 0\\ 0 & -1\end{bmatrix} \qquad \boldsymbol{H}=\sqrt{1/2}\begin{bmatrix}1 & 1\\ 1 & -1\end{bmatrix}$$

比如 0 对应 $\boldsymbol{I}$ 算符，1 对应 $\boldsymbol{Z}$ 算符。操作完后，3 方再用 $\boldsymbol{H}$ 算符对自己的粒子进行运算。这样才得到最后结果。Alice，Bob 和 Trent 分别测量自己的粒子得到结果 QA，QB 及 QT。Alice 和 Bob 把结果发给 Trent；Trent 验证是否 $\boldsymbol{I}(\text{Alice})=QA\oplus QB\oplus QT$。如果是，则说明 Alice 是真的，因为他有 Alice 的 certificate。这个方案的优点是把量子的纠缠态与经典密码中的一次一密乱码本结合起来，达到了很好的效果。缺点就是认证过程比较复杂，对信道的要求比较高，须要无差错量子信道来分发纠缠态粒子；并且这个方案只完成了认证的任务，没有分发密钥。

除了上面介绍的方案，还有人提出利用量子催化剂（catalyst）来做量子身份认证[15]，达到了非常好的效果。由于这种方法涉及很复杂的纠缠态操作，这里不再详细介绍。

9.3 量子身份认证协议设计的基本要求及发展方向

9.3.1 量子身份认证协议设计的基本要求

通过对以上方案的研究和比较，概括起来，一般量子身份认证协议须要满足 4 个基本要求。

① 用量子物理性质解决安全问题,达到无条件安全的效果。随着人类计算能力的提高,特别是量子计算理论的发展,那些基于计算安全性的经典密码已经逐渐失去安全性,而此时量子密码的提出解决了这个问题。3 个主流协议已经被证明是无条件安全的。所以在研究身份认证时要充分利用量子性质来解决问题,力争达到无条件安全。如果再把计算复杂性引入到量子身份认证中来,就偏离了量子密码的发展方向。

② 对“共享信息型”方案,每个共享信息只用 1 次。因为从信息论的角度来讲,共享信息每用一次都会或多或少的泄漏一些信息。既然在认证的同时分发了密钥,因而完全可以每次都更新共享信息,提高安全性。

③ 对“共享信息型”方案,Eve 不能通过窃听提取到有效的共享信息,包括多次试探。由于在某些方案中,如果密钥没有分发成功,共享信息将不会被更新,那么 Eve 就有可能通过多次试探来提取共享信息,这样会带来很大的安全隐患。

④ 身份认证与 QKD 同时进行,防止 Eve 跳过认证进行密钥分发。

这几点要求是今后在研究新方案的过程中须要考虑的,L 只有满足这些要求,协议才能保证高度安全性。

9.3.2 发展方向

从以上论述可以看出,目前量子身份认证在理论上已经发展得比较完善,要设计出更加新颖的方案就必须积极地发掘量子的物理性质,突破常规。下面是对此领域今后研究方向的几点思考。

① 引入身份认证的同时,提高密钥分发效率。在 3 个主流 QKD 协议中,密钥分发效率比较低。比如,在 BB84 协议中,Alice 和 Bob 用相同基测量的概率为 1/2,即只有一半的粒子完成了分发密钥的使命;在 EPR 和 B92 协议中这个概率更低。因此,如果在引入身份认证的同时,提高密钥分发效率,将是一个很大的进步。

② 降低信道要求。在对以上各协议的研究中发现,它们或多或少地对信道提出了较高的要求,包括量子信道和经典信道。比如有的方案要求无差错量子信道,有的方案要求抗干扰信道,甚至同时要求 2 种,其实研究身份认证要解决的一个主要问题就是对抗中间人攻击,如果要对信道提出种种苛刻的要求,3 个主流协议本身就对这种攻击有很好的免疫性。况且这种要求信道很难实现。所以,充分利用量子的物理性质,使其在对信道要求不高的情况下达到安全,这才是发展的方向。

③ 更好地开发量子的物理性质来保证安全。量子力学发展至今,理论上已经形成了一个较完善的体系。但人们对量子的认识和应用还远远不够。充分开发量子的物理特性来保证安全,这是今后量子密码学研究的重中之重。上面提到的把量子纠缠对的“催化”现象应用到身份认证中来,就是一个很好的例子。总之,经过众多学者的努力研究,量子密码从出现到今天,已经有了很大发展。量子身份认证也已经日趋完善。随着越来越多的学者投入该领域的研究,相信在不久的将来量子密码的研究工作将有更大的突破。

第 10 章

量子签名

10.1 概　述

在信息安全领域中，抵制被动攻击的方法是加密，而抵制主动攻击，诸如伪造和篡改的方法是信息认证。信息认证是信息接收者可以验证信息的完整性和信息发送者的真实性。与信息认证相比，数字签名技术可以确保数据真实性，证明信息源或不可否认性等安全需求。利用量子力学的反直觉特性实施的签名称作量子签名。量子签名方案主要分为量子真实签名和量子仲裁签名。其中在真实签名中，实现过程不依赖于仲裁，只在有争议的时候才需要仲裁；而在仲裁签名中，其实现过程依赖于仲裁。自从 Gottesman 和 Chuang 提出基于弱量子单向函数的量子数字签名协议[43]，人们已经投入了很多努力，并提出了很多方案[44]~[57]。例如，Lee 等[44]提出了两种具有信息恢复的两种仲裁签名方案。2002 年，Zeng 提出了一种基于 GHZ 态的仲裁量子签名方案[49]，实现对量子比特串的签名和验证。然而，Curty 等[50]调查了 Zeng 的协议认为它没有清楚地描述，并且作者所宣称的协议是安全的不正确。Li 等[43]类似于 Zeng 的协议[49]提出了一种基于两粒子纠缠 Bell 态的仲裁量子签名方案。X. J. Wen 等提出了一种弱的量子盲签名方案[45]。Lü 等[54],[55]提出了一种仲裁量子数字签名方案。

本章详细介绍目前提出的几种量子数字签名协议，详细分析了这几种协议的优缺点和效率，提出了量子数字签名协议设计的具体要求，并展望了此领域今后的发展方向。

10.2 基本概念

10.2.1 量子一次一密

量子一次一密是经典的一次一密在量子密码中的应用。量子一次一密和经典的一次一密一样，密钥的比特位数和被加密信息的比特位数相同。通信双方首先用量子密钥分发协议分配密钥。然后加密方根据密钥对要加密的信息态采取相应的幺正操作。例如 M 个幺正操作的集合 $\{\boldsymbol{U}_K\}$，其中 $k=1,\cdots,M$，每一个元素 $\boldsymbol{U}_K$ 为幺正矩阵，密钥 K 选择的概率为 p_K，那么可以运用相应的幺正操作 $\boldsymbol{U}_K$ 对输入量子态进行加密；解密时则对加密态运用幺正操作 $\boldsymbol{U}_K^+$ 得到原始信息态。令输入量子态 ρ 为信息态，输出量子态 ρ_c 为加密态，那么可得到加密输出的混合态 $\rho_c=\sum_k p_K\boldsymbol{U}_K\rho\boldsymbol{U}_K^+$。举例说明：密钥和被加密信息的位数均为 n，如果密钥第 i 位为 0，加密方不对信息态做任何操作；如果密钥第 i 位为 1，则对信息态相应的量子位执行位反转操作 σ_x；如果密钥第$(i+1)$位为 0，加密方不对信息做任何操作；如果为 1，则对信息态相应的量子位执行 σ_z 操作。这样就对 n 个量子位的消息进行了加密。类似地，还可以设计出其他的量子一次一密算法。

10.2.2 量子单向函数

经典的单向函数为映射 $f(i):I\to O$,即对于任意输入 $i\in I$,容易计算;而对几乎所有的 $i\in I$,求逆困难。单向函数在数字签名的作用是对信息取摘要。Gottesman 基于经典的单向函数,提出了量子单向函数的概念[43],即输入长度为 L 的经典比特串 k,输出 n 个量子位的量子态 $|f_k\rangle$,其中 $L\gg n$,映射 $k\to|f_k\rangle$ 易于计算,但已知 $|f_k\rangle$ 求逆 k 困难。量子信息理论一个基本定理——Holevo 定理是求逆困难的依据。Holevo 定理限制了从量子态 $|f_k\rangle$ 中获取经典信息的数量,对 n 个量子比特的测量至多能得到 n 个经典比特的信息,由于 $L\gg n$,根据 $|f_k\rangle$ 成功猜测 k 的机会非常小,所以映射 $k\to|f_k\rangle$ 可视为一种量子单向函数。

10.2.3 量子 Swap Test

Buhrman 等在文献[Phys Rev Lett,2001,87:167902]中提出了一个控制的 Swap-test(c-SWAP)电路,用于判断两个输入的量子态是否相等,如图 10－1 所示。H 为 Hadamard 门,SWAP 为交换操作,控制位为经过 Hadamard 变换的一个辅助量子位。如果控制位为 1,SWAP 门交换输入量子态 $|\boldsymbol{\varphi}\rangle|\boldsymbol{\psi}\rangle\to|\boldsymbol{\psi}\rangle|\boldsymbol{\varphi}\rangle|\boldsymbol{\varphi}\rangle$;控制位为 0,则不做任何操作。由下式

$$(H\otimes I)(c-SWAP)(H\otimes I)\,|0\rangle\,|\boldsymbol{\varphi}\rangle\,|\boldsymbol{\psi}\rangle$$
$$=1/2\,|0\rangle(|\boldsymbol{\varphi}\rangle\,|\boldsymbol{\psi}\rangle+|\boldsymbol{\psi}\rangle\,|\boldsymbol{\varphi}\rangle)+1/2\,|1\rangle(|\boldsymbol{\varphi}\rangle\,|\boldsymbol{\psi}\rangle-|\boldsymbol{\psi}\rangle\,|\boldsymbol{\varphi}\rangle)$$

可知,通过对辅助量子位的测量,得到测量结果为 $|1\rangle$ 的概率是 $1/2(1-\langle\boldsymbol{\varphi}|\boldsymbol{\psi}\rangle^2)$。如果两个输入态相等,则结果为 $|1\rangle$ 的概率为 0;如果两个输入态不相等,则测量结果为 $|1\rangle$ 的概率至少为 $1/2(1-\delta^2)$;测量结果为 $|0\rangle$ 的概率为 $1/2(1+\delta^2)$。所以如果测量结果为 $|0\rangle$,则 Swap test 以概率 $1/2(1-\delta^2)$ 通过;测量结果为 $|1\rangle$ 则两个输入态必不相等。

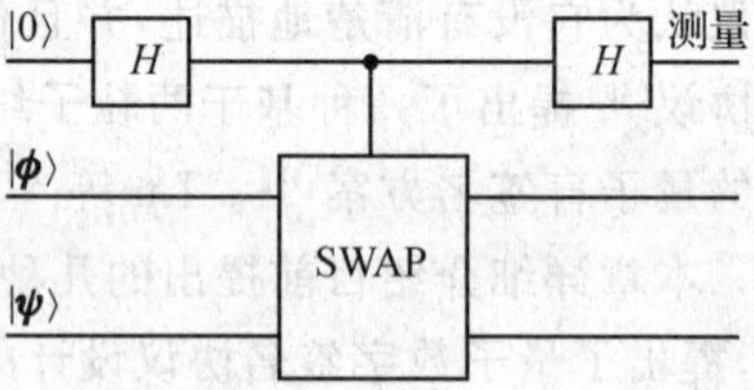

图 10－1 量子控制 Swap－test 电路

10.3 几种主要的量子签名协议

10.3.1 Gottesman 和 Chuang 的方案

2001 年,Gottesman 和 Chuang 提出了一个基于量子物理基本原理的签名协议[43]。该协议不需要仲裁,它利用量子单向函数产生公钥,并采用量子 Swap-test 来验证签名;但该协议只能对经典比特串签名,不能对一般的量子叠加态进行签名,只是一种原理性的量子签名协议。协议的参与方都知道应用映射 $k\to|f_k\rangle$,以及用于协议接收和拒绝的两个门限值:c_1 和 c_2(无噪声的情况下 c_1 可以设为 0)。由于协议要用量子 Swap-test 来比较量子态是否相同,而量子 Swap-test 只能得到一个概率性的结果,所以协议定义了这两个门限值。协议具体描述如下:

签名方选择 M 对长度为 L 的比特串 $\{k_0^i,k_1^i\}$ 作为私钥,态 $\{|f_{k_0^i}\rangle,|f_{k_1^i}\rangle\}$ 作为公钥(其中 f 为单向函数),并用量子密钥分发协议将公钥发送给验证方;签名方将签名信息($b,k_b^1,k_b^2,\cdots,$

k_b^M）发送给验证方。

验证方接收到签名信息后，用映射 $k \to |f_k\rangle$ 计算得到 M 个公钥 $\{|f_{k_b^1}\rangle, |f_{k_b^2}\rangle, \cdots, |f_{k_b^M}\rangle\}$，并利用量子 Swap-test 与签名方原来发送的 M 个公钥相比较，计错误密钥的个数为 s。

如果 $s \leqslant c_1 M$，接收者认为信息是有效的，并且是可传输的，即还可以继续将签名传输给其他接收者。如果 $s \geqslant c_2 M$，接收者认为信息是无效的，拒绝此签名信息。如果 $c_1 M < s < c_2 M$，接收者认为信息是有效的，但不可将签名传输给其他接收者。

10.3.2　Lee 的方案

2004 年，Lee 提出了两种带经典信息恢复的仲裁的量子签名协议：一种是带公告牌的协议；一种是不带公告牌的协议[44]。带公告牌的协议即签名方在将签名发送给验证方之前，公布签名方对 GHZ 粒子的测量结果。不带公告牌的协议则不公布测量结果。协议同样利用 GHZ 态、量子位操作以及量子一次一密来产生验证签名。但实际上 Lee 的协议并没有用到 GHZ 态的纠缠特性，GHZ 态只起到信息恢复的作用，完全可以用经典关联态来代替协议中的 GHZ 态。首先介绍带公告牌的协议。

Alice 制备 n 位信息串 $P = \{p_1, p_2, \cdots, p_n\}$。与 Zeng 的协议不同的是，这里的信息 P 为经典比特 0 或 1；如果 $p_i = 1$，Alice 对他的第 i 个 GHZ 粒子施加一个位反转门操作 $X|\boldsymbol{\Psi}_i\rangle = 1/\sqrt{2}(|100\rangle_{aAb} + |011\rangle_{aAb})$，如果 $p_i = 0$，则不做任何操作。

Alice 测量他的 GHZ 粒子，得到结果 $a = \{a_1, a_2, \cdots, a_n\}$，并用密钥 K_a 对信息编码。Alice 首先将信息 P 转化为量子态。这里当 $K_a^i = 0$ 时，Alice 使用水平垂直极化，用 $|-\rangle$，$|\,|\,\rangle$ 分别表示 0 和 1。当 $K_a^i = 1$ 时采用对角线极化，用 $|/\rangle$，$|\backslash\rangle$ 分别表示 0 和 1。这样 Alice 得到：

$$|R_a\rangle = M_{K_a}(p) = \{|r_{a1}\rangle, |r_{a2}\rangle, \cdots, |r_{an}\rangle\}$$

其中 $r_{ai} = M_{K_a^i}^i |p_i\rangle$。

Alice 用 K_a 加密 a 和 $|R_a\rangle$，得到签名 $|S\rangle = K_a(a, |R_a\rangle)$，发送给 Bob，并将她的测量结果 $a = \{a_1, a_2, \cdots, a_n\}$ 公布在公告牌上。

Bob 测量他的 GHZ 粒子，得到结果 $b = \{b_1, b_2, \cdots, b_n\}$，用异或操作 $P = A \oplus b$ 来恢复信息。Bob 然后用 K_b 将信息 P 转换成量子态 $|R_b\rangle$，并加密 $|S\rangle$ 和 $|R_b\rangle$，得到 $|T\rangle = K_b(|R_b\rangle, |S\rangle)$，发送给仲裁。

仲裁解密 $|T\rangle$ 得到 $|S\rangle$，$|R_b\rangle$ 解密 $|S\rangle$ 得到 a'，$|R_a\rangle$。仲裁测量他的 GHZ 粒子得到结果 $A = \{A_1, A_2, \cdots, A_n\}$ 并用 $P' = A \oplus a'$ 来恢复信息。

仲裁用 K_a 将 P' 转化为量子态 $|R'_a\rangle$ 并与 $|R_a\rangle$ 进行比较。如果相同，则置 γ 为 0；否则为 1。仲裁用 K_b 将 P' 转化为量子态 $|R'_b\rangle$ 并与 $|R_b\rangle$ 进行比较。如果相同，则置 η 为 0；否则置为 1。仲裁用 K_b 加密 a'，γ，η 发送给 Bob。

Bob 解密得到 a'，γ，η。如果 γ，η 均为 0，则 Bob 接受 Alice 的签名 $|S\rangle$ 和信息；如果 $\gamma = 1$，Bob 拒绝 Alice 的签名；如果 $\gamma = 0$，且 $\eta = 1$，Bob 接受 Alice 的签名。但可用 $P = b \oplus a'$ 重新恢复信息。

不带公告牌的协议与带公告牌的协议的签名过程基本相同，只是 Alice 没有公布他的测量结果。下面介绍不带公告牌协议的验证过程。

Bob 测量他的 GHZ 粒子，得到结果 $b = \{b_1, b_2, \cdots, b_n\}$，再用 K_b 加密 $|S\rangle$ 和 b，得到 $|T\rangle = K_b(b, |S\rangle)$，发送给仲裁。

仲裁解密$|T\rangle$和$|S\rangle$得到a,$|R_a\rangle$和b。仲裁测量他的GHZ粒子得到结果$A=\{A_1, A_2, \cdots, A_n\}$,用$P=A\oplus a$来恢复信息,再用$K_a$将$P$转化为量子态$|R'_a\rangle$并与$|R_a\rangle$进行比较,如果相同,则置$\gamma$为0;否则置为1。仲裁检查测量结果$A$是否与$b$一致,如果一致,则$\eta$置为0;否则置为1。如果$\eta=1$,仲裁否认接收方,并通知Alice停止运行协议;如果$\eta=0$,仲裁用K_b将信息P转化为量子态$|R_A\rangle$再用K_b加密将α,γ,$|R_A\rangle$,$|S\rangle$发送给Bob。

Bob解密,得a,γ_a。Bob用$P=b\oplus a$恢复信息,再用K_b将信息P转化为量子态$|R'_A\rangle$,与$|R_A\rangle$进行比较,如果不相等,则Bob不信任仲裁,并要求重新验证;如果相等,γ为0,则Bob接受Alice的签名$|S\rangle$;否则丢弃签名。

10.3.3 Lü的方案

Lü也于2004年提出了两个量子数字签名协议[54],[55]:一个是基于GHZ三重态的仲裁量子信息签名协议;一个是基于量子单向函数的量子数字签名协议。这两个协议的共同特点是,均利用了量子稳定子码和指错子对量子态进行编码,所以这两个协议都能对未知量子态进行签名。签名是对量子单向函数产生的公钥和随机产生的秘密比特串进行处理得到的。接收方在仲裁的帮助下利用量子swap test来验证签名。

10.3.4 G. H. Zeng等的方案

2002年,Zeng提出了一种仲裁的量子签名协议[49]。该协议通过量子位操作来处理量子信息,利用对称量子密钥密码系统、GHZ (Greenberger-Horne-Zeilinger)态以及Bell测量来产生签名,并在仲裁的帮助下完成签名的验证;但Zeng的协议只能由一个签名者对已知量子态进行签名,并且只能由一个指定验证者对签名进行验证。利用量子力学中的GHZ三重态实现量子仲裁签名,这是一个基于对称密钥体制的量子签名方案。该算法需要一个可信赖的系统管理员Trent,实现对量子比特串的签名和验证。

协议的参与方分别为:签名方Alice,验证方Bob,仲裁Arbitrator。Alice和仲裁共享密钥K_a,Bob和仲裁共享密钥K_b。为达到无条件安全,共享密钥均采用量子密钥分发协议进行分发。当Alice和Bob向仲裁请求通信时,仲裁制备n个GHZ态$|\psi_i\rangle=\frac{1}{\sqrt{2}}(|000\rangle_{aAb}+|111\rangle_{aAb})$,其中$a$,$A$,$b$分别表示Alice,Arbitrator和Bob,并将每一个GHZ态的两个粒子分别发送给Alice和Bob,自己保留剩下的GHZ粒子。

Zeng的量子签名协议具体描述如下:

Alice产生一组n个量子位的串作为信息$|P\rangle=\{|p_1\rangle, |p_2\rangle, \cdots, |p_n\rangle\}$,其中$|p_i\rangle=\alpha_i|0\rangle+\beta_i|1\rangle$,$|\alpha_i|^2+|\beta_i|^2=1$,并由密钥$K_a$得到一组测量算子$M_{K_a}=\{M^1_{K^1_a}, M^2_{K^2_a}, \cdots, M^n_{K^n_a}\}$,其中$M^i_{K^i_a}|K^i_a\rangle=\lambda_i|K^i_a\rangle$算子$M_{K_a}$对信息$|P\rangle$作用后产生秘密量子位串$|R\rangle=M_{K_a}|R\rangle=\{|r_1\rangle, |r_2\rangle, \cdots, |r_n\rangle\}$,$|r_1\rangle=M^i_{K^i_a}|p_i\rangle$。

Alice对信息量子位串$|P\rangle$中的每一个粒子和他拥有的GHZ粒子进行联合测量,得到n个四粒子纠缠态$|\boldsymbol{\varphi}\rangle_i$。

$$
\begin{aligned}
|\boldsymbol{\varphi}\rangle_i &= |p_i\rangle \otimes |\boldsymbol{\psi}\rangle \\
&= \frac{1}{2}\{|\boldsymbol{\psi}^+_1 2\rangle_a(\alpha_i|00\rangle_{Ab}+\beta_i|11\rangle_{Ab})
\end{aligned}
$$

$$+|\psi_{12}^{-}\rangle_a(\alpha_i|00\rangle_{Ab}-\beta_i|11\rangle_{Ab})$$
$$+|\varphi_{12}^{+}\rangle_a(\beta_i|00\rangle_{Ab}+\alpha_i|11\rangle_{Ab})$$
$$+|\varphi_{12}^{-}\rangle_a(\beta_i|00\rangle_{Ab}-\alpha_i|11\rangle_{Ab})$$

Alice 对每一个四粒子纠缠态$|\varphi\rangle_i$执行 Bell 测量，解纠缠 Alice 的信息量子位和 GHZ 粒子，并保持仲裁和 Bob 的 GHZ 粒子为两粒子纠缠态。测量得到量子态集$M_a=\{M_a^1,M_a^2,\cdots,M_a^n\}$，其中$M_a^i$为四个 Bell 态之一。

Alice 用密钥K_a对M_a加$|R\rangle$密后得到签名$|S\rangle=K_a(M_a,|R\rangle)$再将签名附在信息量子位串$|P\rangle$后，发送给 Bob。

Bob 测量他的 GHZ 粒子得到测量结果$M_b=\{M_b^1,M_b^2,\cdots,M_b^n\}$，其中$M_b^i$为两个可能的结果$|+x\rangle=\frac{1}{\sqrt{2}}(|0\rangle+|1\rangle)$和$|-x\rangle=\frac{1}{\sqrt{2}}(|0\rangle-|1\rangle)$之一。Bob 用密钥$K_b$加密$M_b$，$|S\rangle$和$|P\rangle$，得到$y_b=K_b(M_b,|S\rangle,|P\rangle)$并将$y_b$发给仲裁。

仲裁解密y_b得到M_b，$|S\rangle$，$|P\rangle$，解密$|S\rangle$得到M_a，$|R\rangle$。仲裁根据K_a和$|P\rangle$产生$|R'\rangle$，并与$|R\rangle$进行比较，如果相等，置$\gamma=1$；否则置$\gamma=0$。仲裁测量自己的 GHZ 粒子得到$M_t=\{M_t^1,M_t^2,\cdots,M_t^n\}$，$M_t^i\in\{|+x\rangle,|-x\rangle\}$，用密钥$K_b$加密$M_a$，$M_b$，$M_t$，$|S\rangle$和$\gamma$得到$y_{tb}=K_b(M_a,M_b,M_t,\gamma,|S\rangle)$，并将$y_{tb}$发送给 Bob。

Bob 判断，如果$\gamma=0$，则拒绝信息，协议终止；如果$\gamma=1$，Bob 再利用M_a，M_t以及得到$|P'\rangle$，并与$|P\rangle$进行比较，如果相等，则认为签名完全正确，Bob 接受信息$|P\rangle$；否则拒绝信息。

下面比较分析这几种签名协议各自的优缺点以及协议的运行效率。

Gottesman 的量子签名协议虽然没有用到仲裁方，但实际上需要一个可信的密钥发布中心来制备公私钥。这样验证方就可以从密钥发布中心来获取公钥。如果没有可信第三方，那么验证方将无法确认公钥是 Alice 的公钥还是 Eve 的公钥。该协议每签名一个比特的信息，需要使用m个公钥来验证，对n比特的信息签名需要重复运行协议n次，并需要nm个公钥，而且该协议签名信息的长度为L，要求$L\gg n$，占用的资源相当多，效率比较低，所以只是一个原理性的签名协议。在安全性方面，Gottesman 的量子签名协议只是准安全的，而且 Gottesman 的量子签名协议只能对量子基态签名，不能对一般的量子叠加态签名。

Zeng 首次利用 3 粒子 GHZ 态来设计量子签名协议，由 GHZ 态的关联和量子一次一密来保证量子签名协议的无条件安全。Zeng 的协议由秘密密钥得到测量算子，再由测量算子对信息量子位串进行操作，从而产生秘密量子位串。在产生签名之前签名方对量子位进行了两次测量：一次是对信息量子位串和 GHZ 态粒子的联合测量；一次是对四粒子纠缠态的 Bell 测量。Lee 的协议则直接由秘密密钥将经典信息转化为秘密量子位串，在产生签名之前，签名方只需要对自己的 GHZ 粒子执行一次测量，所以在签名阶段，Lee 的协议较之 Zeng 的协议要简单一些。Lu 的协议在签名阶段由于需要用稳定子码和指错子来编码量子态，所以最为复杂。在验证阶段，Zeng 的协议和 Lee 的协议一样，仲裁和验证方都进行了一次 GHZ 粒子的测量和一次量子位串的比较，操作复杂度以及仲裁的负荷都差不多。同样，由于要用到稳定子码和指错子对编码量子态解码，在验证阶段 Lu 的协议相对要复杂一些。综上所述，从复杂度的角度来说，Lee 的协议最为简单，且 Lee 的协议是一种带信息恢复的签名协议，签名方只需要发送给验证方签名而不用发送信息，验证方可以从签名中恢复信息。但实际上 Lee 的协议并没有用到 GHZ 态的纠缠特性，GHZ 态只起到信息恢复的作用，完全可以用经典关联态来代替协议中的 GHZ 态。虽然 Lu 的量子签名协议过程最为复杂，但是它的优势在于能够对未知量子态签名。签名方通过对用于加密和编码量子态的稳定子码的指错子和签名方的秘密密钥的签名，从而间接地对未知量子态签名。而 Zeng 和 Lee 的协议要求签名方已知被签名的量子态，不能对未知量子态签名。

下面以对 n 比特信息签名时所需要传输的量子比特数为指标来比较这几种量子签名协议的效率(见表 10-1 所列)。签名效率可以用公式 $\eta = Bs/(Qt+Bt)$ 来表示。其中 Bs 表示签名的信息比特数，Qt 表示整个协议过程中传输的量子比特数，Bt 表示协议交互过程中传输的经典比特数。在 Lu 的量子签名协议，假设对 n 量子位的未知量子态签名。当然，表 10-1 只是部分说明了这几种主要的量子签名协议的效率，实际上还需要考虑在初始条件下，共享的量子态和经典比特数，在签名和验证过程中的复杂度，包括对量子态执行了几次测量；协议交互的各方进行了几次经典位和量子态相互转换；进行了几次量子态的比较；是否要恢复量子信息来验证签名等方面。

表 10-1　几种量子签名协议的效率分析

量子数字签名协议	签名方发送到验证方的量子比特数	验证方发送到仲裁的量子比特数	仲裁发送到验证方的量子比特数	效率 η
Lee 的协议	$2n$	$3n$	$4n-1$	11%
Lu 的协议	$3n$	$5n$	$2n-3$	11%
Zeng 的协议	$3n$	$5n$	$7n-1$	7%

10.3.5 Y. G. Yang 等的方案

1. 具有门限共享验证的门限代理量子签名

在一些特殊情形下，例如，原始签名者由于某些原因不能实施签名，如出差、生病等，他怎么办呢？他可以授权一个代理组作为他的签名代理。然而，文献[43]～[57]所提出的协议都不能满足这样的需求。遵循一些经典 Shamir 门限签名方案[58]的思想，提出了一种具有门限共享验证的门限代理量子签名方案[59]。一个原始的签名者可以授权一个组作为他的代理签名者。仅仅这 n 个人的组中 t 个或更多个人可以代表他生成一个代理签名，而任何 $t-1$ 或更少的人不能生成签名。当需要验证代理签名时，任何属于 n 个人的验证组中的 t 个或更多个人可以验证信息，而任何 $t-1$ 或更少的人不能验证代理签名的真实性。

本方案包括以下四个步骤：个体门限代理密钥的分发阶段、签名接收者验证密钥的生成阶段、代理签名的生成阶段，以及门限共享验证阶段。

(1) 个体门限代理密钥的分发阶段

为了生成一个群签名，组中的每个人须事先生成一个秘密代理密钥。

① 原始签名者生成一个随机密钥 K：

$$K = (a_1, b_1, a_2, b_2, \cdots, a_m, b_m) \tag{10-1}$$

其中 $a_i, b_i, i=1,2,\cdots,m$ 属于$\{0,1\}$。

② 类似于经典的 Shamir 秘密共享方案[58]，原始签名者生成域 F_{2^n} 上的秘密密钥 K 的 n 个影子 $Z_1,\cdots,Z_n$，其中 $n=2m$。发送者利用某种 QSS 方案与接收者共享 n 个 $2m$ 比特的不同

的、非零的 $y_j, j=1,\cdots,n$。它也在域 F_{2^n} 上选取(随机和独立地)秘密的 $b_i, i=1,\cdots,t-1$。它计算域 F_{2^n} 上的 $Z_j=g(\tilde{y}_j), j=1,\cdots,n$,其中 $\tilde{y}_j$ 是 y_j 的多项式表达式,$j=1,\cdots,n$。

其中

$$g(x) = b_{t-1}y^{t-1} + b_{t-2}y^{t-2} + \cdots + b_{1y} + b_0 \bmod 2^n \tag{10-2}$$

$g(0)=a_0=\widetilde{K}$(这里 $\widetilde{K}$ 是 K 的多项式表示)。

③ 原始签名者利用某种 QSDC 方案发送 $\widetilde{Z}_j$ 给代理签名者 $U_j, j=1,\cdots,n$,其中 $\widetilde{Z}_j$ 是 Z_j 的二进制表示。

④ 代理签名者计算预备信息用于下面的签名过程。预备信息取决于哪个代理签名者子集被选择合作。这里,为简单起见,假定 t 个代理签名者 $U_1,\cdots,U_t$ 合作签名信息。

对于每一 $j=1,\cdots,t$,U_j 在域 F_{2^n} 上计算和秘密存储下面的值(由 Lagrange 差值公式):

$$K_j = Z_j \prod_{1\leqslant l\leqslant t, l\neq j} \frac{\tilde{y}_l}{\tilde{y}_l - \tilde{y}_j} \tag{10-3}$$

令

$$K^{[j]} = (a_1^{[j]}, b_1^{[j]}, a_2^{[j]}, b_2^{[j]}, \cdots, a_m^{[j]}, b_m^{[j]}) \tag{10-4}$$

是 K_j 在域 F_{2^n} 上的二进制表示。其中 $a_i^{[j]}, b_i^{[j]}$ 处于集合$\{0,1\}$。虽然每一秘密值 $Z_j(K_j)$ 被局部地保持在每一代理签名者 U_j 中,这些值在域 F_{2^n} 上满足下面的等式:

$$\widetilde{K} = \sum_{j=1}^{t} K_j \tag{10-5}$$

式(10-5)以二进制表示可写为

$$K = \oplus_{j=1}^{t} K^{[j]} \tag{10-6}$$

其中$\oplus$表示二进制异或。**注意**,甚至在下面的合作过程,$K_j(K^{[j]})$ 被秘密地保存在 U_j,且原始密钥 $\widetilde{K}(K)$ 不能被恢复。

(2) 签名接收者验证密钥的生成阶段

① 类似于经典的 Shamir 秘密共享方案[58]。原始签名者生成域 F_{2^n} 上的秘密密钥 K 的 n 个影子 $S_1,\cdots,S_n$,其中 $n=2m$。发送者利用某种 QSS 方案与接收者共享 n 个 $2m$ 比特的不同的、非零的 $x_j, j=1,\cdots,n$。它也在域 F_{2^n} 上选取(随机和独立地)秘密的 $a_i, i=1,\cdots,t-1$。它计算域 F_{2^n} 上的 $S_j=f(\tilde{x}_j), j=1,\cdots,n$,其中 $\tilde{x}_j$ 是 x_j 的多项式表达式,$j=1,\cdots,n$。

其中

$$f(x) = a_{t-1}x^{t-1} + a_{t-2}x^{t-2} + \cdots + a_1 x + a_0 \bmod 2^n \tag{10-7}$$

$f(0)=a_0=\widetilde{K}$(这里 $\widetilde{K}$ 是 K 的多项式表示)。

② 原始签名者利用某种 QSDC 方案发送 $\widetilde{S}_j$ 给接收者 $R_j, j=1,\cdots,n$,其中,$\widetilde{S}_j$ 是 S_j 的二进制表示。

③ 签名接收者计算预备信息用于下面的验证过程。预备信息取决于哪个接收者子集被选择合作。这里,为简单起见,假定 t 个接收者 $R_1,\cdots,R_t$ 合作验证信息。

对于每一 $j=1,\cdots,t$,R_j 在域 F_{2^n} 上计算和秘密存储下面的值(由 Lagrange 差值公式):

$$A_j = S_j \prod_{1\leqslant l\leqslant t, l\neq j} \frac{\tilde{x}_l}{\tilde{x}_l - \tilde{x}_j} \tag{10-8}$$

令

$$A^{[j]} = (e_1^{[j]}, f_1^{[j]}, e_2^{[j]}, f_2^{[j]}, \cdots, e_m^{[j]}, f_m^{[j]}) \tag{10-9}$$

是 A_j 在域 F_{2^n} 上的二进制表示，其中 $e_i^{[j]}, f_i^{[j]}$ 处于集合{0,1}。虽然每一秘密值 $S_j(A_j)$ 被局部地保持在每一接收者 R_j 中，这些值在域 F_{2^n} 上满足下面的等式：

$$\tilde{K} = \sum_{j=1}^{t} A_j \tag{10-10}$$

式(10-10)以二进制表示可写为

$$K = \oplus_{j=1}^{t} A^{[j]} \tag{10-11}$$

其中⊕表示二进制异或。**注意**，甚至在下面的合作过程，$K_j(A^{[j]})$ 被秘密地保存在 R_j，且原始密钥 $\tilde{K}(K)$ 不能被恢复。

(3) 代理签名的生成阶段

假设签名者想要授权门限代理组对信息 M 签名。

$$M = (c_1, c_2, \cdots, c_m) \tag{10-12}$$

其中 c_i 处于{0,1}，$i=1,\cdots,m$。

① 第一个代理人 U_1 为秘密信息 M 生成一个量子态

$$|\boldsymbol{\varphi}_1\rangle = |\boldsymbol{\psi}_{c_1 \oplus a_1^{[1]}, b_1^{[1]}}\rangle \otimes |\boldsymbol{\psi}_{c_2 \oplus a_2^{[1]}, b_2^{[1]}}\rangle \otimes \cdots \otimes |\boldsymbol{\psi}_{c_m \oplus a_m^{[1]}, b_m^{[1]}}\rangle \tag{10-13}$$

其中对于每一 $i=1,\cdots,m$，量子比特 $|\boldsymbol{\psi}_{c_i \oplus a_i^{[1]}, b_i^{[1]}}\rangle$ 处于四个 Bell 态之一。$b_i^{[1]}$ 的值决定基。如果 $b_i^{[1]}$ 是 0，那么 $c_i \oplus a_i^{[1]}$ 用 $\boldsymbol{Z}$ 基{$|0\rangle$, $|1\rangle$}编码；如果 $b_i^{[1]}$ 是 1，那么 $c_i \oplus a_i^{[1]}$ 用 $\boldsymbol{X}$ 基 $|\pm\rangle = (|0\rangle \pm |1\rangle)/\sqrt{2}$ 编码。编码有量子态 $|\varphi_1\rangle$ 的单光子形成 M 序列。

为了检测窃听，U_1 制备了一些随机处于上面四个非正交态之一的样本光子，且将这些单光子随机插入 M 序列。U_1 记录用于窃听检测的样本光子的插入位置。用于窃听检测的样本光子形成了 C 序列，然后 U_1 发送所有的光子给 U_2。

② 在保证 $U_j j=2,\cdots,t$ 已接收到所有来自 U_{j-1} 的光子之后，U_{j-1} 公开宣布样本光子的位置和量子态。然后 U_j 使用和 U_{j-1} 所宣称的相同的基测量这些光子。通过比较结果，U_j 可以确定错误率。如果错误率超过门限值，该协议终止；否则，U_j 将 $W^{[j]}$ 施加到 $|\varphi^{[j-1]}\rangle$。$W^{[j]}$ 被定义在式(10-14)。

$$W^{[j]} = \mathrm{U}_1^{[j]} V_1^{[j]} \otimes \mathrm{U}_2^{[j]} V_2^{[j]} \otimes \cdots \otimes \mathrm{U}_m^{[j]} V_m^{[j]} \tag{10-14}$$

其中

$$\mathrm{U}_i^{[j]} = \mathrm{U}(a_i^{[j]}), V_i^{[j]} = V(b_i^{[j]}) \tag{10-15}$$

$$\begin{aligned} &\mathrm{U}(1) = i\delta_y = |0\rangle\langle 1| - |1\rangle\langle 0|, \\ &\mathrm{U}(0) = |0\rangle\langle 0| + |1\rangle\langle 1|, \\ &V(1) = H = \frac{1}{\sqrt{2}}(|0\rangle + |1\rangle)\langle 0| + \frac{1}{\sqrt{2}}(|0\rangle - |1\rangle)\langle 1|, \\ &V(0) = |0\rangle\langle 0| + |1\rangle\langle 1|。\end{aligned} \tag{10-16}$$

U_j 利用幺正变换获得 $|\boldsymbol{\varphi}^{[j]}\rangle$

$$W^{[j]}: |\boldsymbol{\varphi}^{[j-1]}\rangle \rightarrow |\boldsymbol{\varphi}^{[j]}\rangle \tag{10-17}$$

编码有量子态 $|\boldsymbol{\varphi}^{[j]}\rangle$ 的单光子形成 M 序列。

为了检测窃听，U_j 制备了一些随机处于上面四个非正交态之一的样本光子，且将这些单光子随机插入 M 序列。U_j 记录用于窃听检测的样本光子的插入位置。用于窃听检测的样本光子形成了 C 序列。如果 $j<t$，U_j 发送所有的光子给 U_{j+1}；否则代理签名过程结束。

(4) 门限共享验证阶段

从式(10-10),(10-11),(10-13)中,可以知道:

$$(a_1^{[1]} \oplus \cdots \oplus a_1^{[t]}, \cdots, a_m^{[1]} \oplus \cdots \oplus a_m^{[t]}) = (e_1^{[1]} \oplus \cdots \oplus e_1^{[t]}, \cdots, e_m^{[1]} \oplus \cdots \oplus e_m^{[t]}) \tag{10-18}$$

$$(b_1^{[1]} \oplus \cdots \oplus b_1^{[t]}, \cdots, b_m^{[1]} \oplus \cdots \oplus b_m^{[t]}) = (f_1^{[1]} \oplus \cdots \oplus f_1^{[t]}, \cdots, f_m^{[1]} \oplus \cdots \oplus f_m^{[t]}) \tag{10-19}$$

令 $|\boldsymbol{\varphi}^{[t]}\rangle = |\boldsymbol{\psi}^{[0]}\rangle$。

① 在知道 R_1 已接收到所有来自 U_t 的光子之后,U_t 公开宣布样本光子的位置和量子态。然后 R_1 使用和 U_t 所宣称的相同的基测量这些光子。通过比较结果,R_1 可以确定错误率。如果错误率超过门限值,该协议终止;否则,R_1 将 $Q^{[1]}$ 施加到 $|\boldsymbol{\psi}^{[0]}\rangle$ 而获得 $|\boldsymbol{\psi}^{[1]}\rangle$。
在式(10-20)中 $Q^{[j]}$ 被定义为

$$Q^{[j]} = U_1^{[j]} V_1^{[j]} \otimes U_2^{[j]} V_2^{[j]} \otimes \cdots \otimes U_m^{[j]} V_m^{[j]} \tag{10-20}$$

其中

$$U_i^{[j]} = U(e_i^{[j]}), V_i^{[j]} = V(f_i^{[j]}) \tag{10-21}$$

R_1 利用幺正变换获得 $|\boldsymbol{\psi}^{[1]}\rangle$

$$Q^{[1]}: |\boldsymbol{\psi}^{[0]}\rangle \to |\boldsymbol{\psi}^{[1]}\rangle \tag{10-22}$$

编码由量子态 $|\boldsymbol{\psi}^{[1]}\rangle$ 的单光子形成 m 序列。

为了检测窃听,R_1 制备了一些随机处于上面四个非正交态之一的样本光子,且将这些单光子随机插入 m 序列。R_1 记录用于窃听检测的样本光子的插入位置。用于窃听检测的样本光子形成了 C 序列。然后它发送所有的光子给 R_2。

② 在保证 $R_j j=2,\cdots,t$ 已接收到所有来自 R_{j-1} 的光子之后,R_{j-1} 公开宣布样本光子的位置和量子态。然后 R_j 使用和 R_{j-1} 所宣称的相同的基测量这些光子。通过比较结果,R_j 可以确定错误率。如果错误率超过门限值,该协议终止;否则,R_j 将 $Q^{[j]}$ 施加到 $|\boldsymbol{\psi}^{[j-1]}\rangle$。$R_j$ 利用幺正变换获得 $|\boldsymbol{\psi}^{[j]}\rangle$。

$$Q^{[j]}: |\boldsymbol{\psi}^{[j-1]}\rangle \to |\boldsymbol{\psi}^{[j]}\rangle \tag{10-23}$$

如果 $j=t$,R_j 在基$(0,0,\cdots,0)$上测量 $|\boldsymbol{\psi}^{[t]}\rangle$ 得到$(c'_1,c'_2,\cdots,c'_m)$。如果$(c'_1,c'_2,\cdots,c'_m)=(c_1,c_2,\cdots,c_m)$,则签名有效;如果 $j<t$,R_j 实施下面的过程。编码有量子态 $|\boldsymbol{\psi}^{[j]}\rangle$ 的单光子形成 m 序列。

为了检测窃听,R_j 制备了一些随机处于上面四个非正交态之一的样本光子,且将这些单光子随机插入 m 序列。R_j 记录用于窃听检测的样本光子的插入位置。用于窃听检测的样本光子形成了 C 序列。然后他发送所有的光子给 R_{j+1}。

2. 具有门限共享验证的量子门限群签名

在大多数情况下,签名者一般是一个人。然而,当待签的信息代表一个组织时,合法的信息可能需要几个人的批准或同意。门限签名是一种解决方案。一般地讲,由于可以被所有人信任的权威不存在,没有可信方的门限签名方案似乎更有吸引力。遵循一些经典 Shamir 门限秘密共享方案[58]的思路,提出了一种量子门限群签名[60]。在所建议的方案中,只有组中 t 个或更多个人可以生成一个群签名,而任何 $t-1$ 个或更少的人不能签名信息。在验证阶段,n 个签名接收者中的 t 个或更多个人可以验证信息,而任何 $t-1$ 个或更少的人不能验证签名的真实性。

本方案包括以下三个步骤：个体秘密密钥的生成阶段、群签名的生成阶段、签名的验证阶段。

(1) 个体秘密密钥 $S_j, j=1,\cdots,n$ 的生成阶段

为了生成一个群签名，组中的每个人需要事先生成一个秘密密钥。类似于经典的 Shamir 秘密共享方案[58]，每个人 R_j 利用量子秘密共享和量子安全直接通信的方法获得唯一的身份号 ID_j，并计算他的秘密密钥 $S_j, j=1,\cdots,n$。

① 在 n一方组 G 中，每个人 R_j 利用某种 QSS 方案获得自己的唯一身份号 ID_j，并知道其他人的身份号。他在域 F_{2^N} 上选取(随机和独立地)秘密的 $a_{j,i}, i=1,\cdots,t-1$。在计算域 F_{2^N} 上的 $S_{j,i}=f_i(\widetilde{\mathrm{ID}}_i), j=1,\cdots,n$，其中$\widetilde{\mathrm{ID}}_i$ 是 ID_i 的多项式表达式，$i=1,\cdots,n$。

其中

$$f_j(x)=a_{j,t-1}x^{t-1}+a_{j,t-2}x^{t-2}+\cdots+a_{j,1}x+a_{j,0}\bmod 2^n \qquad (10-24)$$

每一成员 R_j 利用某种 QSDC 方案发送 $\widetilde{S}_{j,i}$ 给 $R_i, i=1,\cdots,n; i\neq j$，其中 $\widetilde{S}_{j,i}$是 $\widetilde{S}_{j,i}$的二进制表示。

② 在所有成员实施步骤①之后，每一成员 R_j 计算 $S_j=\sum_{i=1}^{n}s_{j,i}\bmod 2^n$，也就是说是 $S_j=\sum_{i=1}^{n}f_j(\widetilde{\mathrm{ID}}_i)\bmod 2^n$ 并秘密存储起来。他们定义了一个新函数

$$f(x)=\sum_{j=1}^{n}f_j(x)\bmod 2^n$$

虽然 R_j 不知道 $f(x)$，但可以计算他的秘密密钥

$$S_j=f(\widetilde{\mathrm{ID}}_j)$$

其中 $f(x)$是 Lagrange 差值公式。

(2) 群签名的生成阶段

当信息代表一个组织时，属于这个 n 人组织的任何 t 个或更多个人可以生成该信息的群签名。

假设组 G 中的 t 个成员，比如说 $R_1,\cdots,R_t$ 想要对信息 M 签名

$$M=(c_1,c_2,\cdots,c_m) \qquad (10-25)$$

其中 c_i 属于$\{0,1\}, i=1,\cdots,m$。

① 对于每一 $j=1,\cdots,t$, R_j 在域 F_{2^n} 上计算和秘密存储下面的值(由 Lagrange 差值公式)：

$$K_j=S_j\prod_{1\leqslant l\leqslant t, l\neq j}\frac{\widetilde{\mathrm{ID}}_l}{\widetilde{\mathrm{ID}}_l-\widetilde{\mathrm{ID}}_j} \qquad (10-26)$$

令

$$K^{[j]}=(a_1^{[j]},b_1^{[j]},a_2^{[j]},b_2^{[j]},\cdots,a_m^{[j]},b_m^{[j]}) \qquad (10-27)$$

是 K_j 在域 F_{2^n}上的二进制表示，其中 $a_i^{[j]}, b_i^{[j]}$ 处于集合$\{0,1\}$。虽然每一秘密值 $S_j(K_j)$被局部地保持在每一签名者 R_j 中，这些值在域 F_{2^n} 上满足下面的等式：

$$\bar{K}=\sum_{j=1}^{t}K_j \qquad (10-28)$$

式(10-28)以二进制表示可写为

$$K = \oplus_{j=1}^{t} K^{[j]} \tag{10-29}$$

其中$\oplus$表示二进制异或。**注意**，甚至在下面的合作过程，$K_j(K^{[j]})$被秘密地保存在 R_j，且原始密钥 $\tilde{K}(K)$不能被恢复。

② R_1 为秘密信息 M 生成一个量子态

$$|\boldsymbol{\varphi}_1\rangle = |\boldsymbol{\psi}_{c_1\oplus a_1^{[1]},b_1^{[1]}}\rangle \otimes |\boldsymbol{\psi}_{c_2\oplus a_2^{[1]},b_2^{[1]}}\rangle \otimes \cdots \otimes |\boldsymbol{\psi}_{c_m\oplus a_m^{[1]},b_m^{[1]}}\rangle \tag{10-30}$$

其中对于每一 $i=1,\cdots,m$，量子比特$|\boldsymbol{\psi}_{c_i\oplus a_i^{[1]},b_i^{[1]}}\rangle$处于 4 个 Bell 态之一。$b_i^{[1]}$ 的值决定基。如果 $b_i^{[1]}$ 是 0，那么 $c_i\oplus a_i^{[1]}$ 用 Z 基$\{|0\rangle,|1\rangle\}$编码；如果 $b_i^{[1]}$ 是 1，那么 $c_i\oplus a_i^{[1]}$ 用 X 基$|\pm\rangle=(|0\rangle\pm|1\rangle)/\sqrt{2}$编码。编码有量子态$|\boldsymbol{\varphi}_1\rangle$的单光子形成 M 序列。

为了检测窃听，R_1 制备了一些随机处于上面 4 个非正交态之一的样本光子，且将这些单光子随机插入 M 序列。R_1 记录用于窃听检测的样本光子的插入位置。用于窃听检测的样本光子形成了 C 序列。然后 R_1 发送所有的光子给 R_2。

③ 在保证 $R_j j=2,\cdots,t$ 已接收到所有来自 R_{j-1} 的光子之后，R_{j-1} 公开宣布样本光子的位置和量子态。然后 R_j 使用和 R_{j-1} 所宣称的相同的基测量这些光子。通过比较结果，R_j 可以确定错误率。如果错误率超过门限值，该协议终止；否则，R_j 将 $W^{[j]}$ 施加到$|\varphi^{[j-1]}\rangle$。$W^{[j]}$ 被定义在式(10-31)。

$$W^{[j]} = \mathrm{U}_1^{[j]}V_1^{[j]} \otimes \mathrm{U}_2^{[j]}V_2^{[j]} \otimes \cdots \otimes \mathrm{U}_m^{[j]}V_m^{[j]} \tag{10-31}$$

其中

$$\mathrm{U}_i^{[j]} = \mathrm{U}(a_i^{[j]}), V_i^{[j]} = V(b_i^{[j]}) \tag{10-32}$$

$$\begin{aligned} &\mathrm{U}(1) = i\sigma_y = |0\rangle\langle 1| - |1\rangle\langle 0|, \\ &\mathrm{U}(0) = |0\rangle\langle 0| + |1\rangle\langle 1| \\ &V(1) = H = \frac{1}{\sqrt{2}}(|0\rangle + |1\rangle)\langle 0| + \frac{1}{\sqrt{2}}(|0\rangle - |1\rangle)\langle 1|, \\ &V(0) = |0\rangle\langle 0| + |1\rangle\langle 1|. \end{aligned} \tag{10-33}$$

R_j 利用幺正变换获得$|\boldsymbol{\varphi}^{[j]}\rangle$

$$W^{[j]}: |\boldsymbol{\varphi}^{[j]}\rangle \to |\boldsymbol{\varphi}^{[j]}\rangle \tag{10-34}$$

编码有量子态$|\boldsymbol{\varphi}^{[j]}\rangle$的单光子形成 M 序列。

为了检测窃听，R_j 制备了一些随机处于上面 4 个非正交态之一的样本光子，且将这些单光子随机插入 M 序列。R_j 记录用于窃听检测的样本光子的插入位置。用于窃听检测的样本光子形成了 C 序列。如果 $j<t$，R_j 发送所有的光子给 R_{j+1}；否则签名过程结束。

3. 群签名的验证过程

假设 t 个签名接收者 $R'_1,\cdots,R'_t$ 合作验证签名，对于每一 $j=1,\cdots t$，R'_j 首先计算 $K'^{[j]}=(a_1'^{[j]},b_1'^{[j]},a_2'^{[j]},b_2'^{[j]},\cdots,a_m'^{[j]},b_m'^{[j]})$，类似于群签名的生成阶段的步骤①。

从式(10-29)，可以知道：

$$\begin{aligned} &(a_1^{[1]}\oplus\cdots\oplus a_1^{[t]},\cdots,a_m^{[1]}\oplus\cdots\oplus a_m^{[t]}) = (a_1'^{[1]}\oplus\cdots\oplus a_1'^{[t]},\cdots,a_m'^{[1]}\oplus\cdots\oplus a_m'^{[t]}) \\ &(b_1^{[1]}\oplus\cdots\oplus b_1^{[t]},\cdots,b_m^{[1]}\oplus\cdots\oplus b_m^{[t]}) = (a_1'^{[1]}\oplus\cdots\oplus a_1'^{[t]},\cdots,a_m'^{[1]}\oplus\cdots\oplus a_m'^{[t]}) \end{aligned} \tag{10-35}$$

令$|\boldsymbol{\varphi}^{[t]}\rangle=|\boldsymbol{\psi}^{[0]}\rangle$。

① 在知道 R'_1 已接收到所有来自 R_t 的光子之后，R_t 公开宣布样本光子的位置和量子态。

然后 R'_1 使用和 R_t 所宣称的相同的基测量这些光子。通过比较结果，R'_1 可以确定错误率。如果错误率超过门限值，该协议终止；否则，R'_1 将 $W^{[1]}$ 施加到 $|\boldsymbol{\psi}^{[0]}\rangle$ 而获得 $|\boldsymbol{\psi}^{[1]}\rangle$。

编码有量子态 $|\boldsymbol{\psi}^{[1]}\rangle$ 的单光子形成 M 序列。

为了检测窃听，R'_1 制备了一些随机处于前面提及的四个非正交态之一的样本光子，且将这些单光子随机插入 M 序列。R'_1 记录用于窃听检测的样本光子的插入位置。用于窃听检测的样本光子形成了 C 序列。然后发送所有的光子给 R'_2。

② 在保证 $R'_j j=2,\cdots,t$ 已接收到所有来自 R'_{j-1} 的光子之后，R'_{j-1} 公开宣布样本光子的位置和量子态。然后 $'R_j$ 使用和 $'R_{j-1}$ 所宣称的相同的基测量这些光子。通过比较结果，R'_j 可以确定错误率。如果错误率超过门限值，该协议终止；否则，R'_j 将 $W^{[j]}$ 施加到 $|\boldsymbol{\psi}^{[j-1]}\rangle$。$R'_j$ 利用幺正变换获得 $|\boldsymbol{\psi}^{[j]}\rangle$。

$$W^{[j]}: |\boldsymbol{\psi}^{[j-1]}\rangle \rightarrow |\boldsymbol{\psi}^{[j]}\rangle \tag{10-37}$$

如果 $j=t$，R'_j 在基 $(0,0,\cdots,0)$ 上测量 $|\boldsymbol{\psi}^{[t]}\rangle$ 得到 $(c'_1,c'_2,\cdots,c'_m)$。如果 $(c'_1,c'_2,\cdots,c'_m)=(c_1,c_2,\cdots,c_m)$，则签名有效；如果 $j<t$，R'_j 实施下面的过程。编码有量子态 $|\boldsymbol{\psi}^{[j]}\rangle$ 的单光子形成 M 序列。

为了检测窃听，R'_j 制备了一些随机处于前面四个非正交态之一的样本光子，且将这些单光子随机插入 m 序列。R'_j 记录用于窃听检测的样本光子的插入位置。用于窃听检测的样本光子形成了 C 序列。然后发送所有的光子给 R'_{j+1}。

3. 抗联合幅度阻尼噪声的经典信息的仲裁量子签名

在仲裁签名方案中，所有的仲裁量子签名方案中仲裁者都可以访问到信息的内容。大多数仲裁签名方案[44][49][53][55]的安全性完全取决于仲裁者的可信。然而，在实际的应用中，仲裁者可能不诚实，现有的仲裁方案[44][49][53][55]不能阻止仲裁者的攻击，如假冒或伪造。值得注意的是 Cao 等[57]已经意识到这个问题，并指出 Zeng 的方案是人造的[49]，因为它的安全性完全依赖于可信仲裁者的存在。另外，现有的量子签名方案仅仅考虑了理想量子信道。本节提出了一种抗联合幅度阻尼信道噪声的经典信息的仲裁签名协议[61]。

前面所介绍的量子签名方案均是基于理想信道下，然而在实际的传输过程中，由于信道的缺陷（诸如光纤的双折射的波动改变光子的极化态），降低了量子通信的成功概率。窃听者可以将他的攻击行为伪装成信道噪声以避免被合法的通信方的安全检测检测到。一些方法提出来降低信道噪声的影响，诸如量子纠错[62]，[63]、量子避错和防错[64]，[68]、退相干无关(DF)子系统[69]，[70]、纠错纯化[71]～[75]等。通常，无论选择什么错误模型，信道噪声常常是联合噪声。换句话说，假定信道的波动是缓慢的以至于相邻的光子假定受相同噪声的影响。

退相干是量子信息处理应用中的一个主要成分。单量子比特级由退相干引起的变化如果不纠正会快速积累。因此，诸如 DF 子空间技术已经发展作为保护量子计算的工具[69]，[70]。如文献[76]所述，无限的安全需要无限的开销，这意味着实际的兴趣为零。因此，当在实际环境中实施协议时，根据特定的噪声模型合理地选择一适当的 DF 态。

许多量子系统中主要的噪声过程由幅度阻尼描述，诸如辐射衰变[77]～[79]。幅度阻尼噪声是非常重要的噪声模型之一，可以描述由量子系统的能量损耗引起的能量耗散效应。幅度阻尼的算子和表示[80]可以如下：

$$\xi(\rho) = E_0\rho E_0^{+} + E_1\rho E_1^{+} \tag{10-38}$$

其中 E 是描述幅度阻尼的操作元素：

$$E_0=\begin{bmatrix}1 & 0\\ 0 & \sqrt{1-\gamma}\end{bmatrix},E_1=\begin{bmatrix}0 & \sqrt{1-\gamma}\\ 0 & 0\end{bmatrix} \tag{10-39}$$

注意，没有 E_0 和 E_1 的线性组合正比于单位矩阵。E_1 操作将 $|1\rangle$ 态转化为 $|0\rangle$ 态，对应于一量子的能量耗散到环境中的物理过程。E_0 保持 $|0\rangle$ 态不变，但减少了 $|1\rangle$ 态的幅度；物理上，这对应于一量子能量没有耗散到环境中，因此环境认为系统更可能处于 $|0\rangle$ 态，而不是 $|1\rangle$ 态。

显然对于单量子比特，仅仅基态 $|0\rangle$ 在幅度阻尼噪声下保持不变。然而，多量子比特态可不受联合幅度阻尼噪声的影响，可以用作安全通信的量子信息载体。一些基于这种噪声信道的量子密码协议被提出[69]，[81]。在本节提出了一种抗联合幅度阻尼信道噪声的经典信息的仲裁签名协议。类似于文献[81]，所提出的协议利用了一类用于阻止联合幅度阻尼噪声的最优量子码[82]。

两个码字态可以描述为

$$|0\rangle_L=|00\rangle,\ |1\rangle_L=\frac{1}{\sqrt{2}}(|10\rangle-|01\rangle) \tag{10-40}$$

其中两个码字态在联合幅度阻尼噪声下不变。这里下标 L 表示逻辑比特，$|0\rangle_L$ 和 $|1\rangle_L$ 相互正交，构成二维 Hilbert 空间。例如，对于一般的单量子比特态 $\boldsymbol{\varphi}=a|0\rangle+b|1\rangle$，它可以编码为下面的态 $\boldsymbol{\varphi}_2=a|0\rangle_2+b|1\rangle_2=a|00\rangle+\frac{b}{\sqrt{2}}(|10\rangle-|10\rangle)$。显然，$\boldsymbol{\varphi}_L$ 不受联合幅度阻尼噪声的影响。编码操作如图 10-2 所示[81]，译码操作也是图 10-1 中相同的操作，但操作的方向相反。时间从左到右。

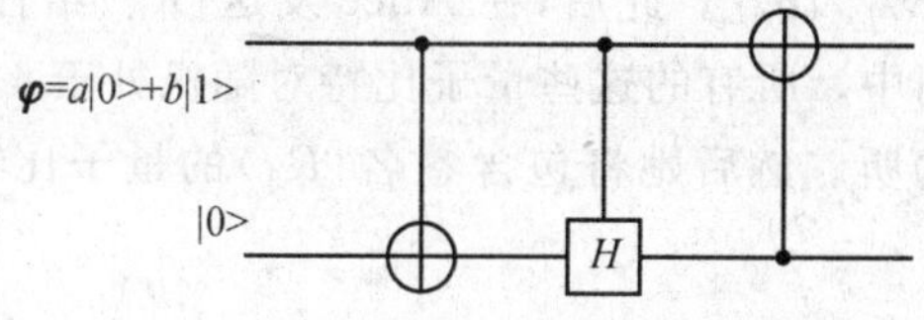

图 10-2　抗联合幅度阻尼噪声的编码电路

其中，$H=\frac{1}{\sqrt{2}}\begin{bmatrix}1 & 1\\ 1 & -1\end{bmatrix}$。

为了安全通信，需要至少两组非正交测量基。另一测量基选作

$$|\boldsymbol{E}\rangle_L=\frac{1}{\sqrt{2}}(|0\rangle_L+|1\rangle_L),\ |\boldsymbol{E}\rangle_L=\frac{1}{\sqrt{2}}(|0\rangle_L-|1\rangle_L) \tag{10-41}$$

可以证明 $|\langle\boldsymbol{E}|0\rangle_L|^2=|\langle\boldsymbol{\theta}|0\rangle_L|^2=|\langle E|1\rangle_L|^2=|\langle\boldsymbol{\theta}|1\rangle_L|^2=\frac{1}{2}$，

其中 $\{|0\rangle_L,|1\rangle_L\}$ 和 $\{|\boldsymbol{E}\rangle_L,|\boldsymbol{\theta}\rangle_L\}$ 形成了两个非正交无偏基。经典比特‘0’(‘1’)分别被编码为 $|0\rangle_L$ 和 $|E\rangle_L$($|1\rangle_L$ 和 $|\theta\rangle_L$)。

所提出的方案包括三方，也就是说，信息签名者 Alice、验证者 Bob 和仲裁者。

这里，简单地讨论方案中的安全需求。

● 不可伪造性：

外部敌手　外部敌手不能假冒 Alice 发送一伪造的信息给验证者 Bob，和/或截取从 Alice

发送给 Bob 的信息。

验证者　从未从 *Alice* 接收到信息的不诚实的验证者不能提供已接收到信息 M 的正确证据。

● 不可否认性　签名者已真正发送信息 M 给 Bob，并且此信息已被 Bob 接收为真实的不诚实的签名者以后不能否认已发送该信息。

验证者　已验证签名的不诚实的验证者不能否认他的参与。

本方案描述如下：

分发阶段

① Alice 与仲裁者通过量子密钥分发（QKD）协议[2]共享 k 比特秘密密钥 K_A。

② 同样，Bob 与仲裁者获得 k 比特秘密密钥 K_B。

③ 为了阻止仲裁者的伪造攻击，Alice 通过 QKD 协议发送给 Bob$k$ 比特秘密密钥 K_S。

签名阶段

① Alice 选取一随机数 $r_1\in\{0,1\}^{k-k_1}$ 并计算 $R_A=r_1\parallel H(M,ID_A,ID_B,\gamma_1,T)$，其中 T 和随机数 γ_1 的作用是确定这次会话的时间和抵制重放攻击。ID_A 和 ID_B 是 Alice 和 Bob 的身份，"$\parallel$"表示"级联"，hash 函数 $H(\cdot):\{0,1\}'\rightarrow\{0,1\}^{k_1}$ 用作生成摘要。

② 根据密钥 K_A 和 K_S 通过对串 R_A 进行编码生成签名$|R_A\rangle$，表示为 $E_{(K_S\oplus K_A)}[R_A]$。$K_A^i\oplus k_S^i$ 的值决定编码基，即如果 $K_A^i\oplus K_s^i$ 为 0，利用基$\{|0\rangle_L,|1\rangle_L\}$对$(R_A)^i$ 编码；否则如果 $K_A^i\oplus k_S^i$ 为 1，利用基$\{|\boldsymbol{E}\rangle_L,|\boldsymbol{\theta}\rangle_L$ 对$(R_A)^i$ 编码，其中 $K_A^i\oplus K_s^i$ 表示秘密密钥 $K_A\oplus K_s$ 的第 i 个比特。让$|0\rangle,|1\rangle,\frac{1}{\sqrt{2}}(|0\rangle+|1\rangle),\frac{1}{\sqrt{2}}(|0\rangle-|1\rangle)$通过信道编码器，即图 10-1 中的编码电路，可以生成量子态$|0\rangle_L,|1\rangle_L,|\boldsymbol{E}\rangle_L,|\boldsymbol{\theta}\rangle_L$。此后，在 Alice 发送$|R_A\rangle$给仲裁者之前，他将某一数量的量子比特对随机插入序列中。所有的这些量子比特对随机处于 4 个非正交态$\{|0\rangle_L,|1\rangle_L,|\boldsymbol{E}\rangle_L,|\boldsymbol{\theta}\rangle_L\}$之一，用于检测窃听。然后她将包含签名$|R_A\rangle$的量子比特序列经由联合的幅度阻尼噪声信道发送给仲裁者。

第一次安全检测阶段

① 当仲裁者接收到量子比特序列时，他通知 Alice 这一事实。

② 在得到仲裁者的通知之后，Alice 首先公布抽样粒子的位置和测量基。

③ 仲裁者对接收到的序列中的抽样粒子实施与 Alice 的宣称相同的测量基测量，并公布他的测量结果。

④ Alice 可以通过比较仲裁者的测量结果和抽样粒子的初始态来检测窃听。如果错误率低于一预定门限值，Alice 确认没有窃听存在，并宣布这一事实。然后他将串 M,ID_A,ID_B 经由一经典信道发送给 Bob 以及串 ID_A,ID_B 经由一经典信道发送给仲裁者；否则放弃通信。

验证阶段

① 仲裁者利用密钥 K_A 对$|R_A\rangle$解密得到 $E_{K_s}[\boldsymbol{R}_A]$。也就是说，如果 K_A^i 为 0，施加 I 操作于$(|\boldsymbol{R}_A\rangle)i$ 上；否则如果 K_A^i 为 1，施加 $\hat{\boldsymbol{H}}$ 操作于$(|\boldsymbol{R}_A\rangle)^i$ 上。$\hat{\boldsymbol{H}}$ 操作的矩阵表示为

$$\hat{\boldsymbol{H}}=\begin{bmatrix}\frac{1}{\sqrt{2}} & -\frac{1}{2} & \frac{1}{2} & 0\\ -\frac{1}{2} & \frac{1}{2}-\frac{1}{2\sqrt{2}} & \frac{1}{2}+\frac{1}{2\sqrt{2}} & 0\\ \frac{1}{2} & \frac{1}{2}+\frac{1}{2\sqrt{2}} & \frac{1}{2}-\frac{1}{2\sqrt{2}} & 0\\ 0 & 0 & 0 & 1\end{bmatrix} \tag{10-42}$$

其中 $\hat{H}$ 满足 $|\boldsymbol{E}\rangle_L=\hat{\boldsymbol{H}}|0\rangle_L$，$|\boldsymbol{\theta}\rangle_L=\hat{\boldsymbol{H}}|1\rangle_L=\hat{\boldsymbol{H}}|1\rangle_L$ 和 $\hat{\boldsymbol{H}}^+\hat{\boldsymbol{H}}=I$。

一个高效地实现 $\hat{H}$ 操作的量子电路如图 10-3 所示。

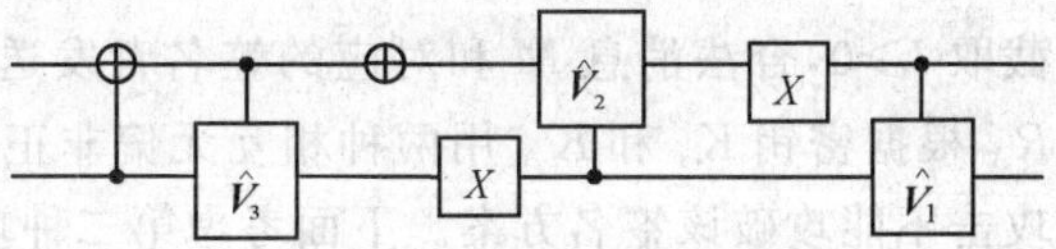

图 10-3 实现 $\hat{H}$ 操作的量子电路

其中：$\hat{\boldsymbol{V}}_1=\begin{bmatrix}\frac{2}{\sqrt{6}} & -\frac{1}{\sqrt{3}}\\ -\frac{1}{\sqrt{3}} & \frac{2}{\sqrt{6}}\end{bmatrix}$，$\hat{\boldsymbol{V}}_2=\begin{bmatrix}\frac{\sqrt{3}}{2} & \frac{1}{2}\\ \frac{1}{2} & -\frac{\sqrt{3}}{2}\end{bmatrix}$，$\hat{\boldsymbol{V}}_3=\begin{bmatrix}\frac{1}{\sqrt{3}}-\frac{1}{\sqrt{6}} & -\frac{1}{\sqrt{3}}-\frac{1}{\sqrt{6}}\\ -\frac{1}{\sqrt{3}}-\frac{1}{\sqrt{6}} & -\frac{1}{\sqrt{3}}+\frac{1}{\sqrt{6}}\end{bmatrix}$。

仲裁者利用 K_3 加密量子比特串 $E_{K_S}[R_A]$，表示为 $E_{(K_s\oplus K_B)}[R_A]$。例如，如果 K_B^i 为 0，$(E_{K_s}[R_A])^i$ 不变；否则如果 K_B^i 为 1，他在 $(E_{K_s}[R_A])^i$ 上施加操作 $\hat{H}$。为了检测窃听，在仲裁者和 Bob 之间的量子信道上，仲裁者将某一数量的量子比特对随机插入量子比特序列中。所有的这些量子比特对随机处于 4 个非正交态 $\{|0\rangle_2,|1\rangle_2,|\boldsymbol{\varphi}\rangle_2,|\theta\rangle_2\}$ 之一，用于检测窃听。然后仲裁者将量子比特序列经由联合的幅度阻尼噪声信道发送给 Bob。

② Bob 首先实施第二次安全检测。如果没有错误发生，Bob 使用密钥 K_B 和 K_S 解密 $E_{(K_s\oplus K_B)}[R_A]$ 得到 $R'_A=r'_2\parallel H'$。详细地，如果 $K_B^i\oplus K_s^i$ 为 0，Bob 对 $(E_{K_s\oplus K_B})[R_A]^i$ 实施基 $\{|0\rangle_L,|1\rangle_L\}$ 上的测量；否则 Bob 对 $(E_{(K_s\oplus K_s)}[R_A])^i$ 实施基 $\{|E\rangle_L,|\theta\rangle_L\}$ 上的测量。

③ 为了验证签名，Bob 不得不求助于 Alice 以得到 T。他请 Alice 公布 T。利用 Alice 的经典比特串 M，ID_A，ID_B 和 T，Bob 可以计算 $H(M,ID_A,ID_B,r_2^i,T)$ 并将它与 H' 进行比较。如果 $H(M,ID_A,ID_B,r'_2,T)=H'$，可以判断信息来自 Alice，并认证 Alice 的真实性和信息 M 的完整性。签名密钥 K_s 更新为 $K_s\oplus r'_2\parallel H'$；否则，Bob 拒绝，并且不得不建立新的秘密密钥。

第二次安全检测阶段

① 在收到 Bob 的通知之后，仲裁者首先公布抽样粒子的位置和 MB。

② Bob 对接收到的序列中的抽样粒子实施与仲裁者的宣称相同的测量基测量，并公布他的测量结果。

③ 仲裁者可以通过比较 Bob 的测量结果和抽样粒子的初始态来检测窃听。如果错误率低于一预定门限值，仲裁者确认没有窃听存在，并宣布这一事实。

到目前为止提出了一种联合幅度阻尼信道上的经典信息的仲裁签名方案。现在讨论一下协议的安全性。一个安全的量子签名方案应该满足两个安全需求：一个是信息不应该被攻击者伪造;另一个是信息源和验证者不可能否认。三个秘密密钥(即 K_s,K_A 和 K_B)分别被 Alice 和 Bob,Alice 和仲裁者,Bob 和仲裁者共享。保持 K_s,K_A 和 K_B 的秘密性是满足安全需求的关键。因此,如果 K_A 被 Bob 拥有或者 K_B 被 Alice 知晓,则该协议是脆弱的。现在将讨论几种可能的攻击情形:(a) 外部攻击;(b) Bob 实施个体伪造攻击;(c) Alice 实施个体伪造攻击;(d) 仲裁者和 Alice 合作实施否认攻击,以及(e) 仲裁者和 Bob 合作实施否认攻击。

(a) 外部攻击

首先,将表明任何人都不能获得 K_s 和 K_A 的异或,这是构造一个签名的关键。由于密钥 K_s 和 K_A 是利用量子力学的方法生成的,任何人不能获得它们的信息。所以,如果外部窃听者想要获得 K_s 和 K_A 的异或,有两种主要的窃听方法:一是截取重发攻击,另一个是利用辅助粒子与携带信息的粒子交互,然后测量辅助粒子以获得一些有用的信息。对于第一种截取重发攻击,假设外部窃听者截取 $l\geqslant 0$,合法消息 M 和对应的签名者发送给仲裁者的签名 $|R_A\rangle$,然而,签名者 Alice 将串 R_A 根据密钥 K_s 和 K_A 用两种相互无偏非正交基进行编码。根据量子理论的测量公设,这种攻击不能攻破该签名方案。下面考虑第二种攻击,假设攻击者将一辅助粒子与每个量子比特 $(|R_{\mathrm{A}}\rangle)^i$,$i=1,2,\cdots,k$ 纠缠,但是如果将辅助粒子态 $|\boldsymbol{E}^i\rangle$ 与量子比特 $(|R_{\mathrm{A}}\rangle)^i$ 纠缠,将不可避免地引入错误,并被验证者检测到,除非辅助粒子态 $|\boldsymbol{E}^i\rangle$ 和量子比特 $(|\boldsymbol{R}_{\mathrm{A}}\rangle)^i$ 处于乘积态,因此这种攻击将在第一次安全检测阶段被检测到。

现在将说明如果外部窃听者不知道 K_s 和 K_{A} 的异或,不能假冒 Alice 发送一伪造的信息。假设外部窃听者截取了 Alice 发送的信息 M,并发送一伪造的信息 M 给验证者而不是真实的信息 M。Eve 如果想要通过验证者的检测,必须制备信息 M 对应的签名。然而,他可以获得的公开信息诸如 $E_{(K_s\oplus K_A)}[R_{\mathrm{A}}]$和 $E_{K_s\oplus K_B}[R_A]$不能泄露关于秘密的 K_s 和 K_{A} 的异或值。他仅仅通过下面的两种方式制备信息 M 对应的签名。一个是基于他对签名者和验证者所使用的签名方案本身的了解。Eve 在制备签名时将以 50%的概率选取错误的编码基,因此他将引入不少于 25%的错误率,并在第一次安全检查过程中被仲裁者检测到。另一个是基于他所截取的消息和对应的签名。然而在本签名方案中,事先共享的秘密密钥和一随机数一起使用,即使再次传输相同的信息。外部窃听者不将获得相同的极化量子比特,另外,在成功地认证一个信息之后更新密钥,因此编码基在每一次签名过程中都是不同的。因此,对于外部窃听者来说采取伪造攻击也是无效的。

(b) Bob 实施个体伪造攻击

当 Alice 发送包含签名$|R_A\rangle$的量子序列时,不诚实的 Bob 截取串,并将它伪造的量子序列发送给仲裁者。然而它在第一次安全检测过程中将失败,这是因为 Bob 不能区分信息量子比特和检测量子比特。他的伪造攻击将给仲裁者对检测比特的测量结果中引入错误。详细地,假设 Bob 的伪造量子序列处于 n 个 φ^+ 态,其中 φ^+ 和 φ^- 具有下列性质,$I|\varphi^+\rangle=|\varphi^+\rangle$,$\hat{H}|\varphi^+\rangle=|\varphi^-\rangle$,$I|\varphi^-\rangle=|\varphi^-\rangle$,$\hat{H}|\varphi^-\rangle=|\varphi^+\rangle$,$\langle\varphi^-|\varphi^+\rangle=0$,其中 I 为 4×4 矩阵。Bob 的伪造攻击将给仲裁者对检测比特的测量结果中引入错误,这是因为他不能区分信息量子比特和随机处于 4 个非正交态$\{|0\rangle_L,|1\rangle_L,|\theta\rangle_L,|\theta\rangle_L\}$之一的检测量子比特。所以,这种攻击是无效的。

(c) Alice 实施个体伪造攻击

类似地,如果 Alice 试图通过在签名阶段发送一伪造的 n 个处于态 φ^+ 的量子比特序列给仲裁者,并在伪造的签名发送给 Bob 时截取它,这个行为将在第二次安全检测过程中被发现。

这是因为 Alice 不知道插入在量子串中的检测量子比特的正确位置。这个伪造攻击将给 Bob 的对检测比特的测量结果中引入错误。所以这种攻击也是无效的。

(d) 仲裁者和 Alice 合作实施否认攻击

现在将说明真的已经发送给 Bob 信息 M 并，且 Bob 已经接受为真实的不诚实的签名者 Alice 以后，就不能否认已经发送过该信息。

假设 Alice 否认她已经发送过该信息。然而 Alice 将参与验证过程。也就是说，对于 Bob 为了验证签名，Alice 需要提供给 Bob 经典信息 T。所以如果 Alice 之后否认已经发送过该信息，即使不诚实的仲裁者和 Alice 合作，Bob 可以证实 Alice 说谎。

(e) 仲裁者和 Bob 合作实施否认攻击。

如情况ⓓ所述，已经验证该签名的验证者 Bob 之后不能否认他的参与，因为他对信息的验证需要 Alice 的帮助。如果否认他的参与，即使他与仲裁者合作，Alice 也可以证实 Bob 在说谎。

现在将本仲裁签名方案与文献[38]，[43]，[47]，[48]，[49]相比较。绝大多数仲裁签名方案[44]，[49]，[53]，[54]，[55]的安全性取决于仲裁者的可信。他们的方案不能保护验证者抗仲裁者的仿冒攻击。然而即使仲裁者是不诚实的，本方案也是安全的。另外签名密钥仅仅使用一次。在本方案中，签名密钥和签名的长度固定，并且较短，也就是说签一 m-比特的信息消耗仅仅 $2k$ 个量子比特而不论 m 的值是多少。而且，可以在成功地验证一消息之后为下一轮产生一个密钥。这等价于重新使用签名密钥。所以，该方案比现有的方案[43]～[57]效率更高。另外，在现有的量子签名方案中，仅仅考虑了理想的量子信道，而没有考虑联合噪声，并进一步提出了一种抗联合幅度阻尼噪声的仲裁量子签名协议。

利用可阻止联合幅度阻尼的最优量子码提出了一种经典信息的仲裁签名方案。分析了协议的安全性，表明协议在仲裁者，甚至为不诚实的情况下也是安全的。另外，本协议不需要在任意两个想要通信的用户之间建立直接的量子链路。这种方式也是实际量子分布式网络的实现中的一个优点。

4. 基于经典纠错码的量子签名

(1) 算法预备知识

用户 A 选择一个纠 t_A 个错误的二进制$[n,k,d_A\geqslant 2t_A+1]$既约 Goppa 码 Γ_A，或者有大码类的其他码。$\boldsymbol{\Gamma}_{\mathrm{A}}$ 码的生成矩阵和校验矩阵分别为 $k\times n$ 阶的 $\boldsymbol{G}_{\mathrm{A}}$ 和$(n-k)\times n$ 阶的 $\boldsymbol{H}_{\mathrm{A}}$。用户 A 在公开密钥本中公布以下公钥[83,84]：

$$\boldsymbol{J}_{\mathrm{A}}=\boldsymbol{P}_{\mathrm{A}}^{-1}\boldsymbol{G}_{\mathrm{A}}^{*}\boldsymbol{S}_{\mathrm{A}}^{-1},\qquad \boldsymbol{W}_{\mathrm{A}}=\boldsymbol{G}_{\mathrm{A}}^{*}\boldsymbol{S}_{\mathrm{A}}^{-1}$$

$$\boldsymbol{T}_{\mathrm{A}}=\boldsymbol{P}_{\mathrm{A}}^{-1}\boldsymbol{H}_{\mathrm{A}}^{T}$$

保留私钥 S_{A}，G_{A} 和 P_{A}。

这里 $\boldsymbol{P}_{\mathrm{A}}$ 和 $\boldsymbol{S}_{\mathrm{A}}$ 分别是 $GF(2)$上的 $n\times n$ 阶的置换矩阵和 $k\times k$ 阶满秩的随机矩阵，$\boldsymbol{P}_{\mathrm{A}}^{-1}$ 和 $\boldsymbol{S}_{\mathrm{A}}^{-1}$ 分别是它们的右逆阵。$\boldsymbol{G}_{\mathrm{A}}^{*}$ 和 $\boldsymbol{G}_{\mathrm{A}}$ 满足以下关系

$$\boldsymbol{G}_{\mathrm{A}}\boldsymbol{G}_{\mathrm{A}}^{*}=\boldsymbol{I}_k \tag{10-43}$$

其中 $\boldsymbol{I}_k$ 是 $k\times k$ 阶单位方阵。$\boldsymbol{G}_{\mathrm{A}}^{*}$ 是一个 $n\times k$ 阶矩阵，$\boldsymbol{J}_{\mathrm{A}}$ 和 $\boldsymbol{W}_{\mathrm{A}}$ 都是 $n\times k$ 阶矩阵。$\boldsymbol{H}_{\mathrm{A}}^{T}$ 是 $\boldsymbol{H}_{\mathrm{A}}$ 的转置，它是一个 $n\times(n-k)$阶矩阵，$\boldsymbol{T}_{\mathrm{A}}$ 也是一个 $n\times(n-k)$阶矩阵。

(2) 基于经典纠错码的量子签名算法

现在考虑对量子信息的签名。一个量子信息是一个纯态序列：

$$M_k^{(n)} = \left\{ \sum_m \alpha_m^{(i)} \mid m\rangle \mid i = 1,2,\cdots,n \right\}$$

这里，$m=(m_1,m_2,\cdots,m_k)\in F_2^{(k)}$。不失一般性，只讨论一个纯态的签名。假设 Alice 想对一个纯态 $\sum_m \alpha_m \mid \boldsymbol{m}\rangle_k$ 签名，然后任何人都可以对这个签名进行验证。签名和验证过程如下：

1）签名过程

① 计算：

$$U_{S_A G_A} \sum_m \alpha_m \mid \boldsymbol{m}\rangle_k \mid 0\rangle_n = \sum_m \alpha_m \mid \boldsymbol{m}\rangle_k \mid mS_A G_A\rangle_n$$

幺正算符 $U_{S_A G_A}$ 被定义为：

$$\mathrm{U}_{S_A G_A} \mid \boldsymbol{m}\rangle_k \mid s\rangle_n = \mid \boldsymbol{m}\rangle_k \mid s \oplus mS_A G_A\rangle_n$$

② 计算：

$$U_{G_A^* S_A^{-1}} \sum_m \alpha_m \mid m\rangle_k \mid m\boldsymbol{S}_A \boldsymbol{G}_A\rangle_n = \sum_m \alpha_m \mid m \oplus m\boldsymbol{S}_A \boldsymbol{G}_A \boldsymbol{G}_A^* \boldsymbol{S}_A^{-1}\rangle_k \mid m\boldsymbol{S}_A \boldsymbol{G}_A\rangle_n$$

$$= \mid 0\rangle_k \sum_m \alpha_m \mid m\boldsymbol{S}_A \boldsymbol{G}_A\rangle_n$$

幺正算符 $U_{G_A^* S_A^{-1}}$ 被定义为：

$$\mathrm{U}_{G_A^* S_A^{-1}} \mid \boldsymbol{m}\rangle_k \mid s\rangle_n = \mid m \oplus s\boldsymbol{G}_A^* \boldsymbol{S}_A^{-1}\rangle \mid s\rangle_n$$

③ 计　算：

$$\boldsymbol{U}_{e^{(j)}} \sum_m \alpha_m \mid m\boldsymbol{S}_A \boldsymbol{G}_A\rangle_n = \sum_m \alpha_m \mid e^{(j)} \oplus m\boldsymbol{S}_A \boldsymbol{G}_A\rangle_n$$

幺正算符 $U_{e^{(j)}}$ 被定义为：

$$U_{e^{(j)}} \mid m\rangle_k = \mid \boldsymbol{m} \oplus e^{(j)}\rangle_k$$

④ 计　算：

$$\boldsymbol{U}_{P_A} \sum_m \alpha_m \mid e^{(j)} \oplus m\boldsymbol{S}_A \boldsymbol{G}_A\rangle_n \mid 0\rangle_n$$

$$= \sum_m \alpha_m \mid e^{(j)} \oplus m\boldsymbol{S}_A \boldsymbol{G}_A\rangle_n \mid e^{(j)} P_A \oplus m\boldsymbol{S}_A \boldsymbol{G}_A \boldsymbol{P}_A\rangle_n$$

幺正算符 $\boldsymbol{U}_{P_A}$ 被定义为：

$$\mathrm{U}_{P_A} \mid m\rangle_k \mid s\rangle_n = \mid m\rangle_k \mid s \oplus m\boldsymbol{P}_A\rangle_n$$

⑤ 计　算：

$$\boldsymbol{U}_{P_A^{-1}} \sum_m \alpha_m \mid e^{(j)} \oplus m\boldsymbol{S}_A \boldsymbol{G}_A\rangle_n \mid e^{(j)} \boldsymbol{P}_A \oplus m\boldsymbol{S}_A \boldsymbol{G}_A \boldsymbol{P}_A\rangle_n$$

$$= \sum_m \alpha_m \mid e^{(j)} \oplus m\boldsymbol{S}_A \boldsymbol{G}_A \oplus (e^{(j)} \boldsymbol{P}_A \oplus m\boldsymbol{S}_A \boldsymbol{P}_A) \boldsymbol{P}_A^{-1}\rangle_n \mid e^{(j)} \boldsymbol{P}_A \oplus m\boldsymbol{S}_A \boldsymbol{G}_A \boldsymbol{P}_A\rangle_n$$

$$= \mid 0\rangle_n \sum_m \alpha_m \mid e^{(j)} \boldsymbol{P}_A \oplus m\boldsymbol{S}_A \boldsymbol{G}_A \boldsymbol{P}_A\rangle_n$$

$$= \mid 0\rangle_n \sum_m \alpha_m \mid e^{(i)} \oplus m\boldsymbol{S}_A \boldsymbol{G}_A \boldsymbol{P}_A\rangle_n$$

幺正算符 $\mathrm{U}_{P_A^{-1}}$ 被定义为：

$$\mathrm{U}_{P_A^{-1}} \mid m\rangle_k \mid s\rangle_n = \mid m \oplus s\boldsymbol{P}_A^{-1}\rangle_k \mid s\rangle_n$$

最后得到：

$$\sum_m \alpha_m \mid e^{(i)} \oplus m\boldsymbol{S}_A \boldsymbol{G}_A \boldsymbol{P}_A\rangle_n$$

即为 Alice 的签名，然后发送出去。

2) 验签过程

① 计 算

因为 $w(E_j)\leqslant t_A$，而 P_A 是一个置换矩阵，所以 $w(E_i)\leqslant t_A$。

$$\begin{aligned}
&\mathrm{U}_{T_A}\sum_m \alpha_m \mid e^{(i)} \oplus m\boldsymbol{S}_A\boldsymbol{G}_A\boldsymbol{P}_A\rangle_n \mid 0\rangle_{n-k}\\
&= \sum_m \alpha_m \mid e^{(i)} \oplus m\boldsymbol{S}_A\boldsymbol{G}_A\boldsymbol{P}_A\rangle_n \mid e^{(i)} T_A \oplus m\boldsymbol{S}_A\boldsymbol{G}_A\boldsymbol{P}_A T_A\rangle_{n-k}\\
&= \sum_m \alpha_m \mid e^{(i)} \oplus m\boldsymbol{S}_A\boldsymbol{G}_A\boldsymbol{P}_A\rangle_n \mid e^{(i)} \boldsymbol{P}_A^{-1}\boldsymbol{H}_A^T \oplus m\boldsymbol{S}_A\boldsymbol{G}_A\boldsymbol{P}_A P_A^{-1}\boldsymbol{H}_A^T\rangle_{n-k}\\
&= \sum_m \alpha_m \mid e^{(i)} \oplus m\boldsymbol{S}_A\boldsymbol{G}_A\boldsymbol{P}_A\rangle_n \mid e^{(i)} H_A^T \oplus m\boldsymbol{S}_A\boldsymbol{G}_A\boldsymbol{H}_A^T\rangle_{n-k}\\
&= \sum_m \alpha_m \mid e^{(i)} \oplus m\boldsymbol{S}_A\boldsymbol{G}_A\boldsymbol{P}_A\rangle_n \mid S^{(j)}\rangle_{n-k}
\end{aligned}$$

幺正算符 U_{T_A} 被定义为

$$U_{T_A} \mid m\rangle_k \mid s\rangle_n = \mid m\rangle_k \mid s \oplus mT_A\rangle_n$$

测量第二个量子寄存器，得到 $s^{(j)}$。根据 Goppa 码的快速译码算法，从 $s^{(j)}$ 可以得到 $e^{(j)}$，因为

$$e^{(j)} = e^{(j)}\boldsymbol{P}_A$$

所以

$$\sum_m \alpha_m \mid e^{(i)} \oplus m\boldsymbol{S}_A\boldsymbol{G}_A\boldsymbol{P}_A\rangle_n = \sum_m \alpha_m \mid e^{(j)}\boldsymbol{P}_A \oplus m\boldsymbol{S}_A\boldsymbol{G}_A\boldsymbol{P}_A\rangle_n$$

② 计 算

$$\begin{aligned}
&U_{J_A}\sum_m \alpha_m \mid e^{(j)}\boldsymbol{P}_A \oplus m\boldsymbol{S}_A\boldsymbol{G}_A\boldsymbol{P}_A\rangle_n \mid 0\rangle_k\\
&= \sum_m \alpha_m \mid e^{(j)}\boldsymbol{P}_A \oplus m\boldsymbol{S}_A\boldsymbol{G}_A\boldsymbol{P}_A\rangle_n \mid e^{(j)}\boldsymbol{P}_A J_A \oplus m\boldsymbol{S}_A\boldsymbol{G}_A\boldsymbol{P}_A J_A\rangle_k\\
&= \sum_m \alpha_m \mid e^{(j)}\boldsymbol{P}_A \oplus m\boldsymbol{S}_A\boldsymbol{G}_A\boldsymbol{P}_A\rangle_n \mid e^{(j)}\boldsymbol{P}_A\boldsymbol{P}_A^{-1}\boldsymbol{G}_A^*\boldsymbol{S}_A^{-1} \oplus m\boldsymbol{S}_A\boldsymbol{G}_A\boldsymbol{P}_A P_A^{-1}G_A^* S_A^{-1}\rangle_k\\
&= \sum_m \alpha_m \mid e^{(j)}\boldsymbol{P}_A \oplus m\boldsymbol{S}_A\boldsymbol{G}_A\boldsymbol{P}_A\rangle_n \mid e^{(j)}\boldsymbol{G}_A^*\boldsymbol{S}_A^{-1} \oplus m\rangle_k\\
&= \sum_m \alpha_m \mid e^{(j)}\boldsymbol{P}_A \oplus m\boldsymbol{S}_A\boldsymbol{G}_A\boldsymbol{P}_A\rangle_n \mid e^{(j)}\boldsymbol{W}_A \oplus m\rangle_k
\end{aligned}$$

幺正算符 U_{J_A} 被定义为：

$$\mathrm{U}_{J_A} \mid m\rangle_k \mid s\rangle_n = \mid m\rangle_k \mid s \oplus m\boldsymbol{J}_A\rangle_n$$

③ 计 算

$$\begin{aligned}
&U_{J_A^{-1}}\sum_m \alpha_m \mid e^{(j)}\boldsymbol{P}_A \oplus m\boldsymbol{S}_A\boldsymbol{G}_A\boldsymbol{P}_A\rangle_n \mid e^{(j)}\boldsymbol{W}_A \oplus m\rangle_k\\
&= \sum_m \alpha_m \mid e^{(j)}\boldsymbol{P}_A \oplus m\boldsymbol{S}_A\boldsymbol{G}_A\boldsymbol{P}_A \oplus e^{(j)}\boldsymbol{W}_A j_A^{-1} \oplus m\boldsymbol{J}_A^{-1}\rangle_n \mid e^{(j)}\boldsymbol{W}_A \oplus m\rangle_k\\
&= \mid 0\rangle_n \sum_m \alpha_m \mid e^{(j)}\boldsymbol{W}_A \oplus m\rangle_k
\end{aligned}$$

幺正算符 $\mathrm{U}_{J_A^{-1}}$ 被定义为：

$$\mathrm{U}_{J_A^{-1}} \mid m\rangle_k \mid s\rangle_n = \mid m \oplus s\boldsymbol{J}_A^{-1}\rangle_k \mid s\rangle_n$$

④ 计 算

由于 $e^{(j)}$ 和 $\boldsymbol{W}_A$ 已知，所以

$$
\begin{aligned}
&\mathrm{U}_{e^{(j)}\mathrm{W}_{\mathrm{A}}} \sum_{m} \alpha_{m} \mid e^{(j)} \boldsymbol{W}_{\mathrm{A}} \oplus m\rangle_{k} \\
&= \sum_{m} \alpha_{m} \mid e^{(j)} \boldsymbol{W}_{\mathrm{A}} \oplus e^{(j)} \boldsymbol{W}_{\mathrm{A}} \oplus m\rangle_{k} \\
&= \sum_{m} \alpha_{m} \mid m\rangle_{k}
\end{aligned}
$$

幺正算符 $\mathrm{U}_{e^{(j)}\mathrm{W}_{\mathrm{A}}}$ 被定义为：

$$
\mathrm{U}_{e^{(j)}\mathrm{W}_{\mathrm{A}}} \mid m\rangle_{k} = \mid e^{(j)} \boldsymbol{W}_{\mathrm{A}} \oplus m\rangle_{k}
$$

从而 Bob 验签结束。

本节提出了一种基于公钥密码、经典纠错码和不同量子寄存器之间的计算的量子签名方案。一个签名可经过多个人验签。但如果一个验证者验证失败，则信息被破坏，其他人不能再进行签名验证。这一方案的优点是所采用的公钥和秘密密钥均为经典密钥，易于密钥管理。缺点是它是建立在大矩阵难分解的难题上的，具有计算上的安全性。

10.4 量子签名协议设计的基本要求和发展方向

10.4.1 量子签名协议设计的基本要求

量子签名协议一般分为初始(共享密钥的分配、量子态的制备等)、签名和验证三个阶段。量子签名协议设计的基本要求主要包括协议的安全性和协议的运行效率两个方面。

安全性首先要求签名不能被篡改和伪造，即接收方和可能的攻击者都不能篡改签名，也不能伪造签名；其次签名方不能否认他签名的信息。量子的密码的无条件安全性是利用量子的物理性质来保证的。上述的几种量子签名协议的无条件安全性都基于纠缠态的关联和量子一次一密。因此在设计量子签名协议时，应该充分利用量子性质来解决问题，以达到无条件安全的目的。如果再把基于经典密码的计算难题引入到量子数字签名协议中来，这就失去了本来意义。

在效率方面的要求是在保证无条件安全的前提下，尽可能地简化协议的运行步骤，降低协议运行的复杂度，提高协议的运行效率。这主要包括减少协议初始阶段需要共享的量子态和经典比特，减少协议交互过程中需要传输的量子位，减少量子测量、量子位串制备和量子位串比较的次数，降低产生签名和验证签名的复杂度等方面。

10.4.2 发展方向

大多数协议都需要一个可信的仲裁来帮助验证签名的正确性，不需要仲裁的、可行的签名协议还较少。Gottesman 的协议只是一个原理性的协议，而且需要一个可信的密钥发布中心来制备公私钥。那么研究建立一个量子密钥分布中心，尽可能少地依赖仲裁，甚至不依赖仲裁来帮助验证签名。在不失安全性的前提下，减少签名验证的环节，提高签名验证的效率是下一步量子数字签名研究的一个方向。签名实际上就是对信息的一种秘密编码，采用一个新颖的方式对信息量子位串进行编码也是量子数字签名协议研究的一个重点。一个安全的量子签名方案同时也是一个安全的加密方案，那么研究建立简单实用的量子加密方案是量子签名方案实现的基础。目前对于量子公钥密码系统的研究还处于开始状态，量子公钥密码系统的可能性、可行性还有待进一步研究。如果有了量子公钥密码系统这块基石，就会出现更多的量子签名协议，而且量子签名协议肯定会变得更加简单和实用。

由于量子测量的概率性和不可逆性，量子信息的不可克隆定理，对签名的验证带来了很大的困难。所以目前提出来的量子数字签名协议不多，而且签名验证过程都比较复杂，效率比较低，签名的方式也比较单一，要设计出比较新颖的方案就必须积极地发掘量子的新的物理性质。努力开发量子的物理特性来保证量子信息交互的无条件安全，是今后量子密码学研究的重中之重。目前量子密码研究已经取得了很大的进步，相信随着越来越多的学者投入到该领域的研究，量子密码的研究工作在不久将会有更大的突破。

习　题

1. 量子力学五大公设包括哪些？
2. 量子密码的基本原理包括哪些理论？
3. 量子身份认证协议主要分为哪几类？
4. 量子身份认证协议设计的基本要求包括哪些？
5. 量子数字签名协议设计的基本要求包括哪些？

参考文献

[1] P. W. Shor. Algorithms for quantum computation: discrete logarithms and factoring, In Proceedings of the 35th Annual Symposium of Foundation of Computer Science, 1994.

[2] Wiesner S. Conjugate coding. SIGACT News, 1983, 15: 78288.

[3] Bennett C H, Brassard G, Breidbart S, et al. Quantum cryptography, or unforgeable subway tokens. Advances in Cryp tography: P roceedings of CRYPTO 82. New York: Plenum P ress, 1983. 267 - 275.

[4] Bennett C H, Brassard G. Quantum cryptography and its application provably secure key expansion, Public-key distribut ion, and coin-tossing. IEEE International Symposium on Information Theory. St-Jovite: Q ebec Press, 1983. 91 - 95.

[5] Bennett C H, Brassard G. Quantum cryptography: public-key distribution and coin tossing. Proceedings of the International Conference on Computers, System s and Signal Processing. India: Ban-galore P ress, 1984. 1752179.

[6] Ekert A K. Quantum cryptography based on Bell's theorem. Phys Rev Lett, 1991, 67: 6612663.

[7] Bennett C H. Quantum cryptography using any two nonorthogonal states. Phys Rev. L ett. 1992, 68: 312123124.

[8] Miehael A. Nielsen, Isaac L. Chuang. Quantum Computation and quantum Information, Cambridge University Press(2000), 60 - 119.

[9] 量子计算和量子信息[M].(一)——量子计算部分. 赵千川译, 北京:清华大学出版社, 56 - 110.

[10] 李承祖, 黄明球, 陈平形等. 量子通信和量子计算[M]. 长沙:国防科技大学出版社(2000), 37 - 118.

[11] DuŠek M, Haderka O, Hendrych M, *et al.*, Quantum identification system, Phys. Rev. A, 1999, 60: 149 - 156.

[12] Curty M, Santos D J, Quantum authentication of classical messages, Phys. Rev. A, 2001, 64:062309 - 1 - 6.

[13] Mihara T, Quantum identification schemes with entanglements, Phys. Rev. A, 2002, 65: 052326; Dam W V, Comment on "Quantum identification schemes with entanglements", Phys. Rev. A, 2003, 68:026301.

[14] G. Zeng and W. Zhang, Identity verification in quantum key distribution, Phys. Rev. A 61, 022303 (2000).

[15] H. Barnum, Quantum secure identification using entanglement and catalysis, arXiv: quant-ph/9910072.

[16] D. Jonathan and M. Plenio, Entanglement-Assisted Local Manipulation of Pure Quantum States, Phys. Rev. Lett. 83, 3566 (1999).

[17] Zeng G H, Zhang W P, Identity verification in quantum key distribution, Phys. Rev. A,

2001,61:022303-1-5.

[18] Ljunggren D,Bourennane M,Karlsson A,Authority-based user authentication in quantum key distribution,Phys. Rev. A,2000,62:022305-1-7.

[19] Shi B S,Jian L ,L iu J M ,et al. Q uantum key dist ribut ion and quantum authentication based on entangled state [J]. Physics L et ters A281(2001)83-87.

[20] Wang J,Zhang Q,Tang C J,Multiparty simultaneous quantum identity authentication based on entanglement swapping,arXiv: quant-ph/0605006.

[21] Bouwmeester D,Pan J W,Daniell M,et al. ,Observation of Three-Photon Greenberger-Horne-Zeilinger Entanglement,Phys. Rev. Lett. ,1999,82:1345-1349.

[22] Pan J W,Daniell M,Gasparoni S,et al. ,Experimental Demonstration of Four-Photon Entanglement and High-Fidelity Teleportation,Phys. Rev. Lett. ,2001,86: 4435-1-4.

[23] A. Cabello,Quantum key distribution without alternative measurements,Phys. Rev. A 61,052312-1 (2000).

[24] A. Cabello,Multiparty key distribution and secret sharing based on entanglement swapping,arXiv: quant-ph/ 0009025.

[25] M. Bourennane, A. Karlsson and G. Björk,Quantum key distribution using multilevel encoding,Phys. Rev. A 64,012306 (2001).

[26] C. H. Bennett,G. Brassard and C. Crepeau et al. ,Teleporting an unknown quantum state via dual classical and Einstein-Podolsky-Rosen channels,Phys. Rev. Lett. 70,1895 (1993).

[27] M. Zukowski,A. Zeilinger and M. A. Horne et al. ,"Event-ready-detectors" Bell experiment via entanglement swapping,Phys. Rev. Lett. 71,4287 (1993).

[28] S. Bose,V. Vedral and P. L. Knight,Multiparticle generalization of entanglement swapping,Phys. Rev. A 57,822 (1998).

[29] S. Bose,V. Vedral and P. L. Knight,in The Physics of Quantum Information,edited by D. Bouwmeester,A. K. Ekert,and A. Zeilinger (Springer,Berlin,2000).

[30] Yang Yu-Guang,Wen Qiao-yan. Multi-party simultaneous quantum identity authentication with secret sharing. Science in China Series G-Physics and Astronomy,vol. 51,No. 3,321-327(2008).

[31] Lee H,Lim J and Yang H 2006 Phys. Rev. A,73 042305.

[32] Nguyen B A 2006 Phys. Lett. A 350 174.

[33] Yu-Guang Yang and Qiao-Yan Wen. Economical multiparty simultaneous quantum identity authentication based on Greenberger-Horne-Zeilinger states. Chinese Physics B,Chin. Phys. B 18(2009)3233.

[34] F. G. Deng,X. H. Li,H. Y. Zhou,*et al.* ,Improving the security of multiparty quantum secret sharing against Trojan horse attack,Phys. Rev. A 72(2005)044302.

[35] S. J. Qin,F. Gao,Q. Y. Wen,*et al.* ,Improving the security of multiparty quantum secret sharing against an attack with a fake signal,Phys. Lett. A,357:101-103.

[36] Deng F G,Li X H,Li C Y,Zhou P and Zhou H Y 2005 Phys. Rev. A 72 044301.

[37] F. Gao,Q. Y. Wen and F. C. Zhu,Phys. Lett. A 360(6) (2007)748.

[38] C. Y. Li,X. H. Li,F. G. Deng,P. Zhou,Y. J. Liang and H. Y. Zhou,Chin. Phys. Lett. 23 (2006) 2897.

[39] F. G. Deng,X. H. Li and H. Y. Zhou,arXiv:0705.0279.

[40] 杨宇光,温巧燕,朱甫臣. 基于纠缠交换的量子身份认证协议[J]. 北京邮电大学学报 2004 (4):46-49(被EI收录)

[41] M. Zukowski,A. Zeilinger,M. A. Horne,et al. "Event-ready-detectors"Bell experiment via entanglement swapping. Phys. Rev. Lett.,71(1993),4287-4290.

[42] V. Karimipour,A. Bahraminasab,S. Bagherinezhad. Entanglement swaping of generalized cat states and secret sharing. Phys. Rev. A,65(2002) 042320.

[43] D. Gottesman,I. L. Chuang. Technical Report,available at http://arxiv.org/abs/quant-ph/0105032,2001.

[44] H. Lee,C. Hong,H. KIM,J. Lim,H. J. Yang. Physics Letters A 321(2004)295.

[45] X. J. Wen,X. M. Niu,L. P. Ji,et al. Opt. Commun. 282(2009)666.

[46] X. J. Wen,Y. Liu,N. R. Zhou. Int. J. Mod. Phys. B 22(2008)4251.

[47] Y. G. Yang,Q. Y. Wen. Sci China Ser G-Phys Mech Astron,51(2008)1505.

[48] Y. G. Yang,Q. Y. Wen. Sci China Ser G-Phys Mech Astron,51(2008) 1079.

[49] G. H. Zeng,K. Christoph. Phys Rev A 2002,65: 042312-1-6.

[50] M. Curty ,N. Lutkenhaus. Phys. Rev. A 77(2008) 046301

[51] G. H. Zeng. Phys. Rev. A 78(2008)016301

[52] G. H. Zeng,M. H. Lee,Y. Guo,G. Q. He. Int. J. Quant. Inform. 5(2007)553.

[53] Q. Li,W. H. Chan,D. Y. Long. Phys. Rev. A 79(2009)054307.

[54] X. Lü, D. G. Feng. CIS 2004 Lecture Notes in Computer Science 3314,2004,1054-1060.

[55] X. Lü,D. G. Feng. available at http://arxiv.org/abs/quant-ph/0403046,2004.

[56] J. Wang, Q. Zhang, C. J. Tang. available at http://arxiv.org/abs/quant-ph/0511224v1,2005.

[57] Z. J. Cao,O. Markowitch. Int. J. Quan. Inform. 7(2009)1205.

[58] A. Shamir. Commun. ACM 22(11) (1979)612.

[59] Yu-Guang Yang, Qiao-yan Wen. Threshold proxy quantum signature scheme with threshold shared verification. Science in China Series G-Physics and Astronomy, vol. 51,No. 8,1079-1088(2008).

[60] Yu-Guang Yang,Qiao-yan Wen. Quantum threshold group signature. Science in China Series G-Physics and Astronomy,vol. 51,No. 10,1505-1514 (2008) .

[61] Yu-Guang Yang,Qiao-yan Wen. Optics Communications 283 (2010) 3198-3201.

[62] M. A. Nielsen,I. L. Chuang. Quantum Computation and Quantum Information (Cambridge: Cambridge University Press,2000).

[63] P. W. Shor. Phys. Rev. A 52 (1995)2493.

[64] D. Kalamidas. Phys. Lett. A 343(2005)331.

[65] X. H. Li, F. G. Deng, H. Y. Zhou. Appl. Phys. Lett. 91(2007)144101.
[66] D. B. de Brito, R. V. Ramos. Phys. Lett. A 352(2006)206.
[67] C. Han, Z. W. Zhuo, G. C. Guo. J. Phys. B 39(2006)1677.
[68] T. Yamamoto, J. Shimamura, S. K. Ä. Ozdemir, M. Koashi, N. Imoto. Phys. Rev. Lett. 95 (2005)040503.
[69] Z. D. Walton, A. F. Abouraddy, A. V. Sergienko, B. E. A. Saleh, M. C. Teich. Phys. Rev. Lett. 91(2003)087901.
[70] X. H. Li, X. J. Duan, Y. B. Sheng, H. Y. Zhou, F. G. Deng. Chin. Phys. B 18(2009)1674.
[71] C. H. Bennett, G. Brassard, S. Popescu, B. Schumacher, J. A. Smolin, W. K. Wootters. Phys. Rev. Lett. 76(1996) 722.
[72] J. W. Pan, C. Simon, C. Brukner, A. Zelinger. Nature 410(2001)1067.
[73] C. Simo, J. W. Pan. Phys. Rev. Lett. 89(2002)257901.
[74] Y. B. Sheng, F. G. Deng, H. Y. Zhou. Phys. Rev. A 77(2008)042308.
[75] Y. B. Sheng, F. G. Deng, H. Y. Zhou. Phys. Rev. A 77(2008)062325.
[76] N. Gisin et al. , Rev. Mod. Phys. 74(2002)145.
[77] R. J. Hughes, D. F. V. James, E. H. Knill, et al. Phys Rev Lett 77(1996)3240.
[78] J. I. Cirac, T. Pellizzari, P. Zoller. Science 273(1996)1207.
[79] S. J. van Enk, J. I. Cirac, P. Zoller. Science 279(1998)205.
[80] M. A. Nielsen, I. L. Chuang. Cambridge: Cambridge University Press, 2000.
[81] S. J. Qin et al. , Sci China Ser G-Phys Mech Astron, 52(2009)1208.
[82] L. M. Duan, G. C. Guo. Phys. Rev. A 58(1998) 3491.
[83] X. M. Wang, Digital signature scheme based on error-correcting codes, IEE Electronics Letters 1990, 26(13): 898～899.
[84] 王新梅,马文平,武传坤. 纠错密码理论[M]. 北京:人民邮电出版社,20001 年 3 月.

